KB096912

# 52주 여행,
# 우리가 사랑한
# 대한민국 762

**52주 여행,**
# 우리가 사랑한 대한민국 762

2024년 7월 20일 1판 1쇄 인쇄
2024년 8월 1일 1판 1쇄 발행

—

**지은이** 김미경, 김수린, 김경기, 이경화, 김보현, 강효진, 현치훈
**펴낸이** 이상훈
**펴낸곳** 책밥
**주소** 03986 서울시 마포구 동교로23길 116 3층
**전화 번호** 02) 582-6707
**팩스 번호** 02) 335-6702
**홈페이지** www.bookisbab.co.kr
**등록** 2007.1.31. 제313-2007-126호

—

**기획·진행** 박미정
**디자인** 디자인허브

—

**ISBN** 979-11-93049-50-1(13980)
**정가** 28,000원

—

# 52주 여행, 우리가 사랑한 대한민국 762

국내여행을 즐기는 762가지 방법


김미경, 김수린, 김경기
이경화, 김보현, 강효진
현치훈 지음

책밥

# 머리말

〈52주 여행, 남몰래 아껴둔 서울경기 255〉가 '52주 여행' 시리즈의 첫 책으로 세상에 나온 지 벌써 8년이 흘렀다. 하루가 멀다 하고 쏟아지는 여행책 중에서 10년 가까이 살아남았으니 참으로 강인한 생명력이라 할 수 있다. 그동안 개정판이라는 대대적인 수술 작업을 거쳐 현재 '52주 여행, 대한민국' 편의 여정까지 함께할 수 있게 되어 기쁘게 생각한다. 서울경기 외에 강원도, 전라도, 경상도, 충청도, 제주도가 만나 새로운 책을 만들어냈으니 더욱 멀리 뻗어 나가리라 믿는다. '진정한 여행이란 새로운 풍경을 바라보는 것이 아니라 새로운 눈을 가지는 데 있음'을 아는 진정한 여행자들에게 좋은 친구가 되길 바란다.

**〈52주 여행, 남몰래 아껴둔 서울경기 255〉 김미경 드림**

"감자와 바다"
사람들이 '강원도' 하면 가장 먼저 떠올리는 것 중 하나다. 오죽하면 강원도에서는 버스 카드 대신 감자를 찍고 다닌다는 말이 있을 정도다. 강원도는 전국에서 두 번째로 넓은 면적에 특색 있는 18개의 시·군으로 이루어져 있다. 감자와 바다도 좋지만 보다 특색 있는 장소, 그곳에서 느낀 경험과 감동을 좀 더 생생하게 전하고 싶다. 이 책으로 하여금 독자의 강원도가 조금 더 애틋하고 소중해지길 바란다. 마지막으로 책 출간에 도움을 주신 엄마, 아빠, 언니, 가족들, 남자친구, 친구들, 책밥출판사까지! 이 외에도 함께해준 모든 이들에게 감사를 전한다.

**〈52주 여행, 우리가 몰랐던 강원도 408〉 김수린 드림**

"내 삶의 절반은 여행으로 완성된다."
돌이켜 생각해보면 나는 살아가는 데 꼭 필요한 시간 외에는 대부분 여행을 다녔던 것 같다. 어릴 적에는 부모님과 함께, 성인이 되어서는 친구와 함께, 결혼 전에는 아내와 함께, 결혼 후에는 가족과 함께 여행을 떠났다. 여행은 내 삶에 많은 교훈과 기쁨을 주었다. 모든 일에는 예상치 못한 변수가 생긴다는 것을 알게 됐고, 어디를 가느냐보다 누구랑 가느냐가 더 중요하다는 것을 깨닫게 됐으며, 지금이 아니면 안 된다는 것을 이해하게 됐고, 세상을 더 아름답게 보는 눈을 갖게 됐다. 이 책에 담은 여행지는 지난 10여 년 동안 전라도 구석구석을 누비며 마주한 풍경을 엄선한 곳이다. 대부분 최소 서너 번 이상 다녀왔다. 이 여행지를 제철에 찾아간다면 그때 내가 받았던 감동을 오롯이 느낄 수 있으리라 확신한다.

**〈52주 여행, 사계절 빛나는 전라도 430〉 김경기 드림**

여행과 사진이 좋아서 시작했던 기록이 소중한 자산이 되어 두 권의 책을 내놓게 되었다. 경상도 구석구석 가는 곳마다 피와 땀이 묻어 있으니 어느 한 곳 소홀한 곳 없이 두 권의 책 속에 고스란히 담아 〈52주 여행, 마침내 완벽한 경상도 489〉를 내놓았다. 그리고 이제 경상도와 함께 서울경기, 강원도, 전라도, 충청도, 제주도를 엮어 '52주 여행, 대한민국' 편을 출간하게 되니 책 속에 묻어있는 작가들의 노고에 감사함을 전한다. 이 책을 들고 우리나라 곳곳으로 여행을 떠날 수 있도록 채워준 출판사에도 고마움의 인사를 전하고 싶다.

**〈52주 여행, 마침내 완벽한 경상도 489〉 이경화 드림**

'52주 여행, 대한민국' 편으로 전국 유명 여행지와 함께 충청도 여행지를 소개할 기회가 생겼다. 책 작업을 진행하면서 전국의 아름다운 여행지와 함께하니 충청도의 여행지가 더 빛나는 것을 확인할 수 있었다. 여행을 떠날 때는 여행지도 중요하지만, 시기적인 문제 또한 여행의 만족도를 평가하는 중요한 요소가 될 것이다. 이런저런 고민할 필요 없이 집을 나설 때 이 책 한 권을 들고 떠날 것을 추천한다. 해당 페이지를 열어보고 여행지를 선택할 수 있는 책이 되길 바라본다.
그래서 이번 주는 어디 가?

**〈52주 여행, 초록이 꽃피는 충청도 532〉 김보현 드림**

개정판을 출간한 지 벌써 1년이 지났지만, 책을 펼쳐볼 때마다 나는 여전히 설렌다. 각 계절에 방문하면 가장 좋을 법한 곳을 추리고 추려 책에 실었던지라 갖고 있기만 해도 마음이 든든하다. 우리 부부는 여전히 일상 여행자로 지내고 있다. 마음에 들었던 곳은 계절마다 다시 찾아가기도 하고 새로 생긴 곳들은 언젠가는 책에 실리기를 기대하며! 그러던 중 지금까지 출간된 시리즈를 모아 '52주 여행, 대한민국' 편이 나온다는 소식이 반갑게 전해졌다. 이 책 한 권이면 주중에는 제주에서, 주말이면 호기심에 반짝이는 여행자로 살아봐도 좋겠다는 생각이 든다. '시기적절 취향저격 여행지 안내서'답게 부지런하지 않아도, 혹은 귀차니스트여도 즐길 수 있다. 해당 주의 스팟을 살펴보고 부담 없이 떠날 수 있으니 말이다. 이 책과 함께하는 모든 이들에게 감사를 전하며, 우리나라의 숨은 매력을 발견함과 동시에, 떠나는 발걸음이 즐거움으로 가득하길 바란다.

**〈52주 여행, 숨 쉬고 물드는 제주도 528〉 강효진, 현치훈 드림**

# 이 책의 구성

52주 동안의 여행을 시작하기 전에 이 책의 구성을 상세히 소개합니다.

1~52주까지 한 주를 표시한다. 매주는 서울·경기, 강원도, 전라도, 경상도, 충청도, 제주도 순으로 해당 시기에 가면 좋을 만한 여행지 6~7개를 소개하는 것으로 구성된다. 또한 각 스팟의 위치를 확인할 수 있는 QR 코드와 더불어 해당 스팟이 어느 지역에 해당하는지를 쉽게 확인할 수 있도록 안내하고 있다.

각 스팟에는 주소, 가는 법, 운영시간, 전화번호, 홈페이지 등의 정보와 함께 소개글, 다채로운 사진을 수록했다. 더불어 주의할 점과 작가가 강조하고 싶은 여행 포인트 등을 팁으로 정리해 구성했다.

각 스팟마다 함께 즐기면 좋을 주변 볼거리와 먹거리를 사진 및 정보와 함께 간단히 소개했다. 따라서 스팟 하나만 골라서 떠나도 당일 여행 코스로 손색이 없다. 단, 다른 주의 스팟에서 소개한 주변 볼거리·먹거리와 중복될 경우 장소 이름과 해당 장소가 소개된 페이지, 간략한 정보만 기재했다. 처음 등장하는 새로운 곳일 경우 소개글과 함께 정보를 기입했다.

**| 일러두기 |**

이 책에 수록한 모든 여행지는 2024년 7월 기준의 정보로 작성되었습니다. 따라서 추후 변동 여부에 따라 대중교통 노선, 여행지의 입장료, 음식 가격 등의 실제 정보는 책의 내용과 다를 수 있음을 밝힙니다.

|CONTENTS|

# 1월의 대한민국
새로운 한 해의 시작

## 1 week


SPOT 1 서울경기 | 서해의 해넘이 명소 **궁평항** 26
SPOT 2 강원도 | 동해 일출 NO.1 **추암해수욕장** 28
SPOT 3 전라도 | 산 위에서 맞는 해돋이 **국사봉전망대** 30
SPOT 4 경상도 | 다이아몬드 브리지와 어우러진 **광안리해수욕장** 32
SPOT 5 경상도 | 볼거리 즐길 거리 가득한 최고의 해변 **해운대해수욕장** 33
SPOT 6 충청도 | 서해에서도 일출을 볼 수 있다 **왜목마을 일출** 34
SPOT 7 제주도 | 아름다운 풍경과 함께하는 일출 명소 **성산일출봉** 36


## 2 week


SPOT 1 서울경기 | 443평 초대형 헌책들의 보물섬 **서울책보고** 38
SPOT 2 강원도 | 겨울바다를 걷는다 **외옹치항둘레길 바다향기로** 40
SPOT 3 전라도 | 한국관광공사 선정 4대 눈꽃축제 **바래봉 눈꽃축제** 42
SPOT 4 경상도 | 가장 먼저 해가 뜨는 곳 **호미곶** 44
SPOT 5 충청도 | 꽃보다 아름다운 눈꽃을 보러 떠나자 **소백산 눈꽃 산행** 46
SPOT 6 제주도 | 서귀포의 풍경을 한눈에 담을 수 있는 오름 **군산** 48


## 3 week


SPOT 1 서울경기 | 운치 있고 고즈넉한 겨울 산중 찻집 **새소리물소리** 50
SPOT 2 강원도 | MZ세대가 열광하는 **아르떼뮤지엄 강릉** 52
SPOT 3 전라도 | 겨울 산의 매력 **덕유산 향적봉** 54
SPOT 4 경상도 | 전통문화의 향기가 넘치는 곳 **두들문화마을** 56
SPOT 5 충청도 | 빙벽과 눈썰매를 즐기자 **청양 알프스마을** 58
SPOT 6 제주도 | 한라산 설경을 품은 매력적인 장소 **1100고지** 60


## 4 week


SPOT 1 서울경기 | 책과 예술이 열리는 살롱 **최인아책방** 62
SPOT 2 강원도 | 대한민국 최북단 인공호수 **파로호** 64
SPOT 3 전라도 | 두 마리 학 같은 눈부신 자태 **목포대교** 66
SPOT 4 경상도 | 소나무숲과 기암절벽이 아름다운 **대왕암공원** 68
SPOT 5 충청도 | 추운 겨울 굴구이의 유혹 **천북굴단지** 70
SPOT 6 제주도 | 제주의 삼다를 담은 미로 여행 **메이즈랜드** 72

## 2 봄을 준비하는 대한민국
## 월의 대한민국

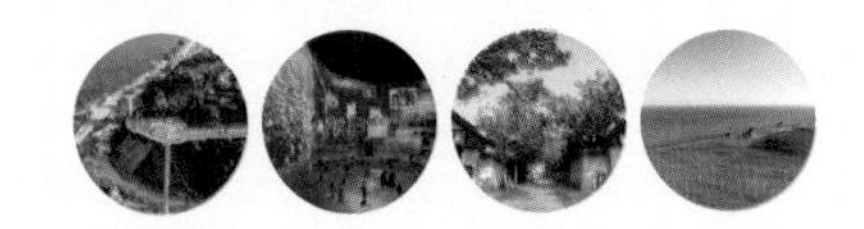

### 5 week


SPOT 1 서울경기 | 우리나라에서 가장 예쁜 학교, 〈겨울연가〉 촬영지 **서울중앙고등학교** 76
SPOT 2 강원도 | 정겨움과 짜릿함이 공존하는 곳 **논골담길과 도째비골** 78
SPOT 3 전라도 | 예술과 자연의 만남 **남원시립김병종미술관** 80
SPOT 4 경상도 | 다도해가 한눈에 내려다보이는 **미륵산케이블카** 82
SPOT 5 충청도 | 우리나라에도 사막이 있다 **태안신두리 해안사구** 84
SPOT 6 제주도 | 은은한 향기에 취하는 순백의 수선화 군락 **한림공원** 86


### 6 week


SPOT 1 서울경기 | 현대와 과거의 조우 **북촌 8경 여행** 88
SPOT 2 강원도 | 도심에서 벗어나 힐링여행 **이상원미술관** 90
SPOT 3 전라도 | 100년이 넘은 시장의 부활 **1913송정역 시장** 92
SPOT 4 경상도 | 바다와 섬 그리고 산을 잇는 **사천바다케이블카** 94
SPOT 5 충청도 | 하트나무가 있다? 없다? **성흥산성** 96
SPOT 6 제주도 | 거대한 전시관을 꽉 채운 화려한 색감 **노형수퍼마켙** 98


### 7 week


SPOT 1 서울경기 | 산책로, 볼거리, 먹거리 3박자를 모두 갖춘 **감고당길** 100
SPOT 2 강원도 | 속초 시내를 조망할 수 있는 곳 **영금정** 102
SPOT 3 전라도 | 아열대 식물원에서 만나는 봄의 향기 **전북특별자치도 산림환경연구소 고원화목원** 104
SPOT 4 경상도 | 바다 위 하늘을 나는 듯한 **송도해상케이블카** 106
SPOT 5 충청도 | 바닷물이 밀려오면 섬이 되는 사찰 **간월암** 108
SPOT 6 제주도 | 계곡에서 바라보는 유채꽃 물결 **엉덩물계곡** 110


### 8 week


SPOT 1 서울경기 | 하루의 여행 **피크닉** 112
SPOT 2 강원도 | 개방 3년차 **덕봉산 해안생태탐방로** 114
SPOT 3 전라도 | 가장 먼저 봄소식을 전하는 **금둔사** 116
SPOT 4 경상도 | 인생샷 갬성샷 핫플 **곤륜산** 118
SPOT 5 충청도 | 하루 두 번 바다에 잠기는 다리로 이어지는 섬 **웅도** 120
SPOT 6 제주도 | 노란 유채꽃밭 펼쳐지는 아름다운 해안 절경지 **섭지코지** 122

# 3 겨울의 끝, 봄의 시작
월의 대한민국

## 9 week


SPOT 1 서울경기 | 서울에서 가장 오래된 헌책방 **대오서점** 126
SPOT 2 강원도 | 내국인부터 외국인까지! 한류의 성지 **향호해변** 128
SPOT 3 전라도 | 자연을 담은 건강한 빵 **목월빵집** 130
SPOT 4 경상도 | 부항댐의 전경을 볼 수 있는 **부항댐출렁다리** 132
SPOT 5 충청도 | 일몰이 아름다운 곳 **옥녀봉** 134
SPOT 6 제주도 | 옛 여관을 리모델링한 문화 예술 공간 **산지천갤러리** 136


## 10 week


SPOT 1 서울경기 | 화가의 집 **박노수미술관** 138
SPOT 2 강원도 | 알록달록 고성 구암마을 **아야진해수욕장** 140
SPOT 3 전라도 | 매화 길 따라 그윽한 봄 내음 가득 **탐매마을** 142
SPOT 4 경상도 | 아름답고 희귀한 꽃과 숲의 만남 **경상남도수목원** 144
SPOT 5 충청도 | 역사를 잊은 자 미래는 없다 **독립기념관** 146
SPOT 6 제주도 | 원도심과 자연을 아우르는 문화 예술 도보 여행길 **작가의산책길** 148


## 11 week


SPOT 1 서울경기 | 농부와 요리사가 함께하는 도시형 농부장터 **마르쉐@혜화** 150
SPOT 2 강원도 | 10분 만에 이런 뷰가? **영랑호범바위** 152
SPOT 3 전라도 | 땅끝 마을에서 올라오는 봄 소식 **보해매실농원** 154
SPOT 4 경상도 | 가장 먼저 봄을 알리는 **통도사홍매화** 156
SPOT 5 충청도 | 대전에서 가장 먼저 만나는 봄 **동춘당** 158
SPOT 6 제주도 | 태고의 숲이 살아 숨 쉬는 곶자왈 여행 **곶자왈도립공원** 160

## 12 week


SPOT 1 서울경기 | 서울에서 가장 높은 미술관 **자하미술관** 162

SPOT 2 강원도 | 낭만이 가득한 **공지천유원지** 164

SPOT 3 전라도 | 바닷속 용궁보다 아름다운 비경 **용궁마을** 166

SPOT 4 경상도 | 노란 봄비가 내린 듯 **산수유꽃피는마을** 168

SPOT 5 충청도 | 논산에서 가장 먼저 봄이 찾아오는 곳 **종학당** 170

SPOT 6 제주도 | 바다 풍경과 함께 벚꽃 즐기기 **사라봉공원** 172


## 13 week


SPOT 1 서울경기 | 서울의 센트럴파크 **서울숲** 174

SPOT 2 강원도 | 초록빛 힐링 목장 나들이 **삼양라운드힐** 176

SPOT 3 전라도 | 섬진강 비탈 따라 **구담마을** 178

SPOT 4 경상도 | 1억 4천만 년 전 신비를 간직한 **우포늪** 180

SPOT 5 충청도 | 노란 별들이 가득한 고택의 봄 **서산유기방가옥** 182

SPOT 6 제주도 | 낮에도 밤에도 풍성하게 즐기는 벚꽃 터널 **전농로 벚꽃거리** 184

# 4월의 대한민국

우리, 꽃길만 걸어요

## 14 week


SPOT 1 서울경기 | 천년 고찰 마당에 가득 내려앉은 봄의 정령들 **봉은사** 188
SPOT 2 강원도 | 봄꽃들의 향연 **허균허난설헌기념공원** 190
SPOT 3 전라도 | 드넓은 초원 위에 노란 수선화 가득 **지리산치즈랜드** 192
SPOT 4 경상도 | 영원히 끝나지 않을 **쌍계사 십리벚꽃길** 194
SPOT 5 충청도 | 충청북도 진달래 등산은 여기로 **두타산 삼형제봉** 196
SPOT 6 제주도 | 캠퍼스 낭만을 느낄 수 있는 **제주대학교 벚꽃길** 198


## 15 week


SPOT 1 서울경기 | 구름 위의 산책 **아차산생태공원~워커힐 벚꽃길** 200
SPOT 2 강원도 | 원주 벚꽃 명소 **반곡역폐역** 202
SPOT 3 전라도 | 달빛 아래 벚꽃이 흩날리다 **왕궁리오층석탑** 204
SPOT 4 경상도 | 하얀 벚꽃 터널 아래 **여좌천** 206
SPOT 5 충청도 | 수양벚꽃과 겹벚꽃을 볼 수 있는 곳 **각원사** 208
SPOT 6 제주도 | 봄 향기 가득한 드라이브 코스 **녹산로** 210


## 16 week


SPOT 1 서울경기 | 국내 유일의 수양벚꽃 향연 **국립서울현충원** 212
SPOT 2 강원도 | 가족과 함께하는 봄 나들이 **강원특별자치도립화목원** 214
SPOT 3 전라도 | 고즈넉한 사찰에서 만난 분홍빛 사랑 **선암사** 216
SPOT 4 경상도 | 멋진 해안 경관의 명소 **설리스카이워크** 218
SPOT 5 충청도 | 형형색색 튤립 물결 **코리아플라워파크** 220
SPOT 6 제주도 | 아름다운 풍경 속에 담긴 아픈 역사의 흔적 **항파두리항몽유적지** 222


## 17 week


SPOT 1 서울경기 | 15만 그루의 진달래로 붉게 물들다 **원미산 진달래동산** 224
SPOT 2 강원도 | 한국의 나폴리 장호항 뷰 **삼척해상케이블카** 226
SPOT 3 전라도 | 삶이 쉼표가 되는 섬 **청산도슬로길 1코스** 228
SPOT 4 경상도 | 숲속 체험을 통해 배우는 산림휴양공간 **구미에코랜드** 230
SPOT 5 충청도 | 황매화가 가득한 사찰의 봄 **갑사** 232
SPOT 6 제주도 | 대한민국 최남단 수목원에서 즐기는 향기 가득한 봄나들이 **상효원** 234

# 5 싱그러운 풍경 속으로
월의 대한민국

## 18 week


SPOT 1 서울경기 | 꽃 선물할 때는 무조건 **강남 고속버스터미널 꽃시장** 238
SPOT 2 강원도 | 살랑살랑 불어오는 봄내음 **제이드가든** 240
SPOT 3 전라도 | 울긋불긋 꽃대궐 **완산칠봉 꽃동산** 242
SPOT 4 경상도 | 아름다운 숲과 저수지 **위양지** 244
SPOT 5 충청도 | 금강변을 가득 채운 유채꽃 **옥천금강수변 친수공원** 246
SPOT 6 제주도 | 오랜 세월을 담은 천년의 숲길 **비자림** 248


## 19 week


SPOT 1 서울경기 | 서울에서 30분이면 뚜벅뚜벅 거닐 수 있는 초원길 **원당종마공원** 250
SPOT 2 강원도 | 떠오르는 속초 신상 핫플 **뮤지엄엑스** 252
SPOT 3 전라도 | 서해 3대 낙조 명소 **솔섬** 254
SPOT 4 경상도 | 조선시대 소박한 정자 **무진정** 256
SPOT 5 충청도 | 겹벚꽃과 철쭉이 가득한 산사 **개심사** 258
SPOT 6 제주도 | 숲속을 달리는 낭만 기차여행 **에코랜드테마파크** 260


## 20 week


SPOT 1 서울경기 | 보랏빛 프로방스에서 로맨틱한 반나절 **연천허브빌리지 라벤더축제** 262
SPOT 2 강원도 | 알록달록 장미 세상 **삼척장미공원** 264
SPOT 3 전라도 | 들어가 보지 않고는 그 깊이를 알 수 없는 고택 **쌍산재** 266
SPOT 4 경상도 | 〈미스터선샤인〉 촬영지 **만휴정** 268
SPOT 5 충청도 | 목장도 구경하고 놀이공원도 가고 **벨포레** 270
SPOT 6 제주도 | 곶자왈에서 만나는 동화 속 세상 **산양큰엉곶** 272


## 21 week


SPOT 1 서울경기 | 바람과 평화 속에 가만히 머물다 **임진각 평화누리공원** 274
SPOT 2 강원도 | 역사의 산증인이자 작약이 예쁜 **선교장** 276
SPOT 3 전라도 | 숲을 걸었더니 도서관이 내게로 왔다 **학산숲속시집도서관** 278
SPOT 4 경상도 | 강줄기 따라 Y자형 **의령구름다리** 280
SPOT 5 충청도 | 일출과 일몰을 볼 수 있는 곳 **정북동 토성** 282
SPOT 6 제주도 | 한라산과 가까운 자연휴양림 **서귀포자연휴양림** 284

6 짙어지는 녹음, 싱그러운 초여름 정취
월의 대한민국

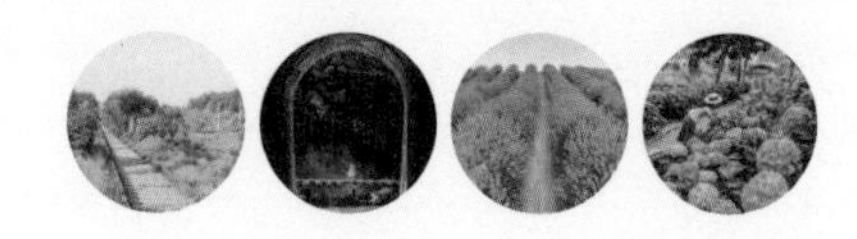

## 22 week


SPOT 1 서울경기 | 서울에서 가장 낭만적인 기찻길 **항동철길** 288
SPOT 2 강원도 | 새하얀 감자꽃밭 **의암호** 290
SPOT 3 전라도 | 방랑시인 김삿갓이 반한 비경 **화순적벽 투어** 292
SPOT 4 경상도 | 작지만 아름다운 숲 **장산숲** 294
SPOT 5 충청도 | 아담한 장미원이지만 인생 사진 포인트가 가득 **대전한밭수목원** 296
SPOT 6 제주도 | 신비스러운 플랜테리어와 비밀의 수국 정원 **보롬왓** 298


## 23 week


SPOT 1 서울경기 | 50만 권의 책 **파주출판도시 지혜의숲** 300
SPOT 2 강원도 | 국내 3대 이끼폭포 **무건리 이끼폭포** 302
SPOT 3 전라도 | 김대건 신부의 혼이 담긴 **나바위성당** 304
SPOT 4 경상도 | 손잡고 건너면 사랑이 이루어진다는 **콰이강의다리(저도스카이워크)** 306
SPOT 5 충청도 | 아름답지만 슬픈 역사를 품은 **노근리평화공원** 308
SPOT 6 제주도 | 20여 년 제주만을 사랑한 작가의 갤러리 **김영갑갤러리 두모악** 310


## 24 week


SPOT 1 서울경기 | 만리장성 부럽지 않은 완벽한 경관 **남한산성 성곽길 1코스** 312
SPOT 2 강원도 | 여름 바다 그리고 산책 **하조대해수욕장** 314
SPOT 3 전라도 | 보랏빛 물결 넘실대는 곳 **허브원** 316
SPOT 4 경상도 | 아름다운 풍광 **화산산성전망대** 318
SPOT 5 충청도 | 청풍호를 한눈에 내려다볼 수 있는 곳 **청풍호반케이블카** 320
SPOT 6 제주도 | 꽃을 사랑하는 마음이 담긴 **동광리수국길** 322


## 25 week


SPOT 1 서울경기 | 예술가의 마을에서 보낸 한나절 **헤이리예술마을** 324
SPOT 2 서울경기 | 짜릿한 물 위의 산책 **마장호수출렁다리** 325
SPOT 3 강원도 | 시원한 물줄기 **가령폭포** 326
SPOT 4 전라도 | 가장 슬픈 곳에서 가장 아름다운 꽃이 핀다 **소록도** 328
SPOT 5 경상도 | 걸으면 천수를 누리는 하늘길 **보현산 천수누림길** 330
SPOT 6 충청도 | 충청권에서 만나는 다양한 수국 **유구색동수국정원** 332
SPOT 7 제주도 | 천국의 계단에 피어난 산수국 **영주산** 334

7 어디선가 시원한 바람이
# 월의 대한민국


**26 week**

SPOT 1 서울경기 | 사라져가는 것들에 대한 애수 **배다리 헌책방 골목** 338
SPOT 2 강원도 | 신비로운 지질 사전 **능파대** 340
SPOT 3 전라도 | 그 섬에는 비밀의 정원이 있다 **쑥섬** 342
SPOT 4 경상도 | 힐링의 숲이 가득한 **가산수피아** 344
SPOT 5 충청도 | 젊은 여행자들을 등산하게 만드는 곳 **제비봉** 346
SPOT 6 제주도 | 제주의 자연을 담은 교회 **방주교회** 348

**27 week**

SPOT 1 서울경기 | 유네스코에 등재된 한국 최대 수목원 **광릉국립수목원** 350
SPOT 2 강원도 | 알록달록 포토존과 액티비티 가득한 **강촌레일파크** 352
SPOT 3 전라도 | 구름도 누워 가는 곳 **와운마을 천년송** 354
SPOT 4 경상도 | 형형색색 수국으로 아름다운 **저구수국동산** 356
SPOT 5 충청도 | 태안에서 최고의 수국을 만날 수 있는 곳 **팜카밀레** 358
SPOT 6 제주도 | 국내 최초 무동력 카트와 다양한 액티비티 존 **9.81파크** 360

**28 week**

SPOT 1 서울경기 | 산속의 우물 **산정호수** 362
SPOT 2 강원도 | 여름 시즌, 빼놓으면 섭섭한 **무릉계곡** 364
SPOT 3 전라도 | 지붕 없는 미술관 **예술의 섬 장도** 366
SPOT 4 경상도 | 근대 문화의 발자취를 따라 **근대문화골목** 368
SPOT 5 충청도 | 단양을 한눈에 내려다보는 **만천하스카이워크** 370
SPOT 6 제주도 | 아담하고 깨끗한 은빛 모래사장 **세화해수욕장** 372

29 week

SPOT 1 서울경기 | 붓꽃이 수놓인 친환경생태공원 **서울창포원** 374
SPOT 2 강원도 | 농촌체험과 관광을 한번에 **수타사 농촌테마공원** 376
SPOT 3 전라도 | 종남산 아래 펼쳐진 핑크빛 러브레터 **송광사 연꽃** 378
SPOT 4 경상도 | 아찔하고 스릴 있는 **등기산스카이워크** 380
SPOT 5 충청도 | 충청남도에서 연꽃은 여기 **궁남지** 382
SPOT 6 제주도 | 선상에서 바라보는 서귀포의 숨겨진 절경 **제이엠그랑블루요트** 384

30 week

SPOT 1 서울경기 | 서울 최초의 도시형 식물원 **서울식물원** 386
SPOT 2 강원도 | 이국적인 MZ 핫플 **나인비치37** 388
SPOT 3 전라도 | 33경을 찾아서 **구천동계곡** 390
SPOT 4 경상도 | 대나무로 숲을 이루는 **죽도산전망대** 392
SPOT 5 충청도 | 유네스코 지정 서원 **돈암서원** 394
SPOT 6 제주도 | 자연이 만들어낸 천연 풀장 **황우지해안** 396

8 태양을 즐길 시간
월의 대한민국

31 week

SPOT 1 서울경기 | 정감 가는 우리 그릇 **목련상점** 400
SPOT 2 강원도 | 바닷가를 달리다 **삼척해양레일바이크** 402
SPOT 3 전라도 | 소설 〈태백산맥〉의 배경이 된 곳 **보성여관** 404
SPOT 4 경상도 | 국내 최초 교각 없는 **우두산 Y자형 출렁다리** 406
SPOT 5 충청도 | 서해가 이렇게 맑다고? **파도리해수욕장** 408
SPOT 6 제주도 | 푸른 바다, 은빛 모래가 반짝이는 **협재해수욕장** 410

32 week

SPOT 1 서울경기 | 노을과 바람이 맞닿는 곳 **월드컵공원 노을광장&바람의 광장** 412
SPOT 2 강원도 | 동굴에서 만나는 빛과 보물 **천곡황금박쥐동굴** 414
SPOT 3 전라도 | 우리나라에서 두 번째로 긴 **두륜산케이블카** 416
SPOT 4 경상도 | 정자와 계곡이 어우러진 곳 **화림동계곡** 418
SPOT 5 충청도 | 더 이상 섬이 아닌 섬 **원산도** 420
SPOT 6 제주도 | 얼음장같이 시린 계곡에서의 물놀이 **돈내코유원지** 422

33 week

SPOT 1 서울경기 | 블루리본 4개의 위엄 **고기리막국수** 424
SPOT 2 강원도 | 단종의 비극이 남아 있는 **청령포** 426
SPOT 3 전라도 | 느림의 미학 **창평슬로시티** 428
SPOT 4 경상도 | 청량함에 반하다 **대원사계곡** 430
SPOT 5 충청도 | 낮과 밤이 매력적인 저수지 **의림지** 432
SPOT 6 제주도 | 드라마 〈구가의서〉 촬영지 **안덕계곡** 434

34 week

SPOT 1 서울경기 | 동심과 추억이 방울방울 솟는 상상마당 **한국만화박물관** 436
SPOT 2 강원도 | 몽환적인 분위기가 가득한 **백담마을** 438
SPOT 3 전라도 | 배롱나무꽃이 아름다운 정원 **명옥헌원림** 440
SPOT 4 경상도 | 연꽃 피는 계절에 가야 할 곳 **연꽃테마파크** 442
SPOT 5 충청도 | 소나무 그늘 아래 맥문동 보라 물결 **장항송림산림욕장** 444
SPOT 6 제주도 | 울창한 숲과 폭포의 만남 **천지연폭포** 446

9 가을이 들려주는 이야기
월의 대한민국

**35 week**

SPOT 1 서울경기 | 제주도 올레길 못지않은 **대부도 해솔길 1코스 트레킹** 450
SPOT 2 강원도 | 소설 속으로 **효석달빛언덕** 452
SPOT 3 전라도 | 보랏빛 다리, 보랏빛 섬을 만나다 **퍼플섬** 454
SPOT 4 경상도 | 한국의 지베르니 **낙강물길공원** 456
SPOT 5 충청도 | 대전의 야경을 제대로 즐기는 **식장산전망대** 458
SPOT 6 제주도 | 영화 〈늑대소년〉 촬영지 **물영아리오름** 460

**36 week**

SPOT 1 서울경기 | 궁궐 달빛 산책 **경복궁 야간 개장** 462
SPOT 2 강원도 | 우리나라를 대표하는 꽃 **무궁화수목원** 464
SPOT 3 전라도 | 바닷가 비탈길에 붉노랑상사화 가득 **변산마실길 2코스** 466
SPOT 4 경상도 | 무량수전 배흘림기둥에서 바라본 풍경 **부석사** 468
SPOT 5 충청도 | 자연 미술 작품과 인생 사진 **연미산자연미술공원** 470
SPOT 6 제주도 | 예능 〈효리네민박〉 촬영지 **수월봉** 472

**37 week**

SPOT 1 서울경기 | 성곽길 따라 밤의 서울을 걷다 **낙산공원** 474
SPOT 2 강원도 | 색다른 가을을 만나는 **붉은메밀꽃축제** 476
SPOT 3 전라도 | 코스모스 한들한들 **원구만마을 코스모스 십 리 길** 478
SPOT 4 경상도 | 엄마 아빠의 수학여행 1번지 **불국사** 480
SPOT 5 충청도 | 은빛 물결 팜파스그라스와 인생 사진 **청산수목원** 482
SPOT 6 제주도 | 드라마 〈맨도롱 또똣〉 촬영지 **한담해안산책로** 484

**38 week**

SPOT 1 서울경기 | 북한강변 따라 펼쳐지는 **문호리 리버마켓** 486
SPOT 2 강원도 | 역대급 뷰맛집 **신선대&화암사숲길** 488
SPOT 3 전라도 | 이루어질 수 없는 사랑이 피어나다 **불갑사** 490
SPOT 4 경상도 | 고대 가야인의 숨결을 느끼다 **가야산역사신화공원** 492
SPOT 5 충청도 | 대하 축제가 열리는 **남당항과 남당노을전망대** 494
SPOT 6 제주도 | 영화 〈시월애〉 촬영지 **산호해수욕장** 496

## 10 깊은 가을의 정취 월의 대한민국

### 39 week


SPOT 1 서울경기 | 도심 속 일상의 고요 **길상사** 500
SPOT 2 강원도 | 축구장 33개 넓이를 자랑하는 **고석정꽃밭** 502
SPOT 3 전라도 | 푸른 하늘과 땅이 하나되는 곳 **상하농원** 504
SPOT 4 경상도 | 빛나는 유산과 자연을 품은 **해인사** 506
SPOT 5 충청도 | 가을에 만나는 하얀 눈꽃 세상 **추정리메밀꽃** 508
SPOT 6 제주도 | 모두를 위로하는 따뜻한 메시지 **스누피가든** 510


### 40 week


SPOT 1 서울경기 | 거대한 억새 바람 **하늘공원억새축제** 512
SPOT 2 강원도 | 은빛 추억 **민둥산억새** 514
SPOT 3 전라도 | 우리나라에서 가장 긴 해상케이블카 **목포해상케이블카** 516
SPOT 4 경상도 | 수려한 경관에 반하다 **관음도** 518
SPOT 5 충청도 | 산에서 만나는 은빛 억새물결 **오서산** 520
SPOT 6 제주도 | 60년 편백나무숲이 만들어낸 동화 같은 풍경 **안돌오름 비밀의 숲** 522


### 41 week


SPOT 1 서울경기 | 물, 바람, 꽃과 함께 걷는 **물의정원** 524
SPOT 2 강원도 | 천상의 화원! 1,164m 트레킹 **곰배령** 526
SPOT 3 전라도 | 절벽 위에 핀 꽃 **사성암** 528
SPOT 4 경상도 | 산사에서 전해 오는 청량한 바람 소리 **청량산** 530
SPOT 5 충청도 | 깊은 산 속 웅장한 사찰 단풍여행 **구인사** 532
SPOT 6 제주도 | 바닷길을 따라 만나는 오랜 세월이 담긴 기암절벽 **용머리해안** 534

42 week


SPOT 1 서울경기 | 아름다운 낮과 밤의 절경 **방화수류정** 536

SPOT 2 강원도 | 일생에 한번은 봐야 할 **반계리 은행나무** 538

SPOT 3 전라도 | 핑크빛으로 물든 **꽃객프로젝트** 540

SPOT 4 경상도 | 영남의 알프스 억새 가득한 **간월재** 542

SPOT 5 충청도 | 이른 단풍과 마음의 위안을 한번에 **배론성지** 544

SPOT 6 제주도 | 비밀스러운 벙커에서 만나는 빛의 향연 **빛의벙커** 546


43 week


SPOT 1 서울경기 | 한국 최고의 단풍 명원 **창덕궁 후원** 548

SPOT 2 강원도 | 힐링 산책 문화생활 **뮤지엄 산** 550

SPOT 3 전라도 | 웅장하고 단아한 한국의 건축미 **나주향교** 552

SPOT 4 경상도 | 흙길이 정겨운 옛길, 한국인이라면 꼭 걸어야 할 **문경새재** 554

SPOT 5 충청도 | 3,000여 그루의 은행나무가 있는 **청라은행마을** 556

SPOT 6 제주도 | 제주 유일 유네스코 세계자연유산에 등재된 오름 **거문오름** 558

## 11 가을이 곱게 물들다 월의 대한민국

### 44 week


SPOT 1 서울경기 | 목가적인 풍경이 일품인 전원목장 **안성팜랜드** 562
SPOT 2 강원도 | 가을맞이 체험여행 **산너미목장** 564
SPOT 3 전라도 | 고창의 숨은 단풍 명소 **문수사** 566
SPOT 4 경상도 | 기암절벽이 화려한 옷을 걸치는 **주왕산** 568
SPOT 5 충청도 | 세조길 단풍길을 따라 만나는 산사의 가을 **법주사** 570
SPOT 6 제주도 | 사찰에서 누리는 단풍 구경 **관음사** 572


### 45 week


SPOT 1 서울경기 | 남미의 풍경 속에서 즐기는 늦가을의 정취 **중남미문화원** 574
SPOT 2 강원도 | 물안개와 서리의 마법 **비밀의정원** 576
SPOT 3 전라도 | 과거로 떠나는 시간여행 **송참봉 조선동네** 578
SPOT 4 경상도 | 노란색에 물들다 **좌학리 은행나무숲** 580
SPOT 5 충청도 | 아름다운 10대 가로수길 **현충사곡교천 은행나무길** 582
SPOT 6 제주도 | 은빛 억새 물결 출렁이는 **새별오름** 584


### 46 week


SPOT 1 서울경기 | 푸른 하늘과 맞닿은 고독 **우음도** 586
SPOT 2 강원도 | 영월 복합문화공간 **젊은달Y파크** 588
SPOT 3 전라도 | 이국적인 가을 풍경 **주천생태공원** 590
SPOT 4 경상도 | 하늘 위로 올라가볼까 **환호공원 스페이스워크** 592
SPOT 5 충청도 | 이국적인 메타세쿼이아숲 **온빛자연휴양림** 594
SPOT 6 제주도 | 깊고 넓은 분화구와 끝없이 펼쳐진 억새 물결 **산굼부리** 596


### 47 week


SPOT 1 서울경기 | 사계절 내내 멋지다 **올림픽공원 9경** 598
SPOT 2 강원도 | 에메랄드빛 호수를 품은 **무릉별유천지** 600
SPOT 3 전라도 | 자연이 빚어낸 데칼코마니 **백양사** 602
SPOT 4 경상도 | 경천섬이 보이는 **학전망대** 604
SPOT 5 충청도 | 최고의 뷰 포인트를 찾아 **장태산자연휴양림** 606
SPOT 6 제주도 | 탁 트인 바다 풍경을 감상하며 절벽을 따라 걷는 길 **송악산 둘레길** 608

# 12월의 대한민국
한 해 끝, 또 다른 여행의 시작

## 48 week


SPOT 1 서울경기 | 하루 종일 먹방 여행 **인천차이나타운** 612
SPOT 2 강원도 | 박물관의 색다른 변신! **국립춘천박물관** 614
SPOT 3 전라도 | 눈꽃이 시가 되어 내리다 **내소사** 616
SPOT 4 경상도 | 소백산의 수려한 경관이 보이는 **하늘자락공원** 618
SPOT 5 충청도 | 해 질 무렵 은빛 물결 **신성리갈대밭** 620
SPOT 6 제주도 | 바다가 보이는 옛 영화관의 변신 **아라리오뮤지엄 탑동시네마** 622


## 49 week


SPOT 1 서울경기 | 현명한 소비의 시작 **오브젝트** 624
SPOT 2 강원도 | 어서 와! 너와집은 처음이지? **신리 너와마을** 626
SPOT 3 전라도 | 64km의 드라이브 코스 **용담호 호반도로** 628
SPOT 4 경상도 | 커다란 도화지에 꿈이 가득한 **동피랑벽화마을** 630
SPOT 5 충청도 | 물안개와 일출을 동시에 **중앙탑 사적공원** 632
SPOT 6 제주도 | 공원 곳곳 진분홍 동백꽃으로 물드는 **휴애리** 634


## 50 week


SPOT 1 서울경기 | 〈별에서 온 그대〉 도민준이 장기 두던 그곳! **대학로 학림다방** 636
SPOT 2 강원도 | 새하얀 눈꽃 구경 **소양강댐정상길** 638
SPOT 3 전라도 | 동화 속 겨울왕국 **한국도로공사 전주수목원** 640
SPOT 4 경상도 | 해안 절경을 따라 즐기는 **해운대블루라인파크** 642
SPOT 5 충청도 | 온실에서 만나는 크리스마스 **국립세종수목원** 644
SPOT 6 제주도 | 여행에 쉼표를 찍는 잔잔한 시간 **만춘서점** 646

51 week

SPOT 1 서울경기 | 과거로 가는 어른들의 타임머신 **국립민속박물관 추억의 거리** 648
SPOT 2 강원도 | 단연코 가장 화려한 동굴 **화암동굴** 650
SPOT 3 전라도 | 가장 인간적인 도시로 가는 길 **첫마중길** 652
SPOT 4 경상도 | 노을이 아름다운 곳 **온더선셋** 654
SPOT 5 충청도 | 세종의 새로운 랜드마크 **금강보행교(이응다리)** 656
SPOT 6 제주도 | 아름다운 자연 속에 위치한 미술관 **제주현대미술관** 658

52 week

SPOT 1 서울경기 | 초대형 트리가 있는 로맨틱 크리스마스 일루미네이션 **시몬스테라스** 660
SPOT 2 강원도 | 동심 가득 메리 크리스마스! **산타우체국 대한민국 본점** 662
SPOT 3 전라도 | 담양 속의 작은 유럽 **메타프로방스** 664
SPOT 4 경상도 | 최고의 낙원이라는 카페 **엘파라이소365** 666
SPOT 5 충청도 | 케이블카를 타고 만나는 눈꽃 **대둔산 눈꽃 산행** 668
SPOT 6 제주도 | 동그란 애기동백나무 사이로 **제주동백수목원** 670

1월의 대한민국

# 새로운 한 해의 시작

1월 첫째 주

# 1 week

SPOT 1

## 서해의 해넘이 명소
# 궁평항

서울·경기

**주소** 경기도 화성시 서신면 궁평항로 1049-24 · **가는 법** 1호선 수원역 6번 출구 → 수원역, AK프라자 정류장에서 일반버스 400번 승차 → 궁평항 하차 → 궁평항 입구까지 도보 이동(약 10분) · **운영시간** 상시 개방 · etc 주차 무료

경기도 최대의 어항인 궁평항의 낙조는 화성8경 중 4경에 속한다. 특히 겨울 일몰이 아름답기로 유명한데, 맑은 날이 많아 선명한 일몰을 자주 볼 수 있어서 사진 애호가들이 즐겨 찾는다. 예로부터 해안과 갯벌 등 좋은 자연환경을 갖추고 있어 궁(宮)에서 관리하던 땅이 많다고 해서 '궁평'으로 불렸다고 한다. 싱싱한 수산물이 넘쳐나는 궁평항 수산물직판장, 누구나 이용 가능한 피싱피어(무료 바다낚시 데크), 해가 지면 황금빛으로 물드는 낭만적인 낙조를 여유롭게 감상할 수 있는 궁평항 전망대 카페 등 볼거리, 먹거리가 풍성해 당일 여행으로 좋다. 궁평항 주변에 맛있는 회가 천지지만, 포장마차에서 파는 꽃게튀김과 왕새우튀

김을 꼭 먹어보자. 어른 주먹만 한 왕새우를 즉석에서 튀겨내 뜨끈뜨끈하고 바삭한 식감이 일품이다. 근처 궁평어촌체험마을에서 운영하는 갯벌 체험장과 궁평유원지가 있고, 해송숲도 조성되어 있다.

**TIP**

- 방파제 위를 걸으며 바다를 감상하는 사람들과 낚시꾼들이 한데 섞여 조금 혼잡하다. 낚시꾼이 휘두르는 낚싯대 바늘에 다칠 수 있으니 낙조 감상 시 특별히 더 주변 상황에 주의하자.
- 유료로 갯벌 체험이 가능한데, 밀물 1시간 전에는 반드시 갯벌에서 나와야 한다.
- 궁평항에는 식당이 따로 없다. 수산물직판장에서 원하는 수산물과 해산물을 주문하면 즉석에서 회를 떠준다.

### 주변 볼거리·먹거리

**궁평항 수산물직판장**
주변에 누에섬, 대부도 해솔길, 전곡항, 탄도항 등 볼거리가 많고 싱싱한 해산물을 구입해 즉석에서 회를 떠서 먹을 수 있다.

Ⓐ 경기도 화성시 서신면 궁평항로 1049-24 Ⓣ 031-355-9692 Ⓗ tour.hscity.go.kr

**궁평항 전망대 카페**
이곳의 천사 날개 벽화는 궁평항의 필수 포토존이다. 궁평항 어촌계에서 운영하는 라이브 카페로 수산물직판장 2층에 있다. 바리스타 자격증이 있는 마을 주민이 직접 카페를 운영하고 있으며, 통기타 라이브 가수의 음악을 들으며 커피, 맥주, 간식 등을 즐길 수 있다.

Ⓐ 경기도 화성시 서신면 궁평항로 1049-24 Ⓞ 월~금요일 09:30~18:30, 토~일요일 09:30~19:30/연중무휴 Ⓣ 031-356-9337

SPOT 2

동해 일출 NO.1

# 추암해수욕장

**주소** 강원도 동해시 촛대바위길 28(추암해수욕장, 추암출렁다리)/강원도 동해시 촛대바위길 31(추암촛대바위) · **가는 법** 동해역(강릉선 고속철도)에서 버스 21-1번 승차 → 군부대앞 하차 → 도보 이동(약 2km) · **입장료** 무료 · etc 추암관광지 주변 공용주차장 이용(무료)

강원도

'강원도 동해' 하면 가장 먼저 떠오르는 수식어가 바로 추암이다. 넓은 주차장 내부에 식당가, 편의시설 등이 잘 갖추어져 있어 여행하기 편리하다. 그중에서도 추암해수욕장은 일출명소로 자리매김하며 1월 1일뿐만 1년 365일 인기가 많다.

추암해수욕장에서 해파랑길을 따라 조금만 걸으면 추암촛대바위, 추암출렁다리가 나온다. 해수욕장과는 또 다른 분위기가 펼쳐지는 곳이니 두 장소 모두 함께 방문해 보는 것을 추천한다. 추암촛대바위는 주변 기암괴석과 바다의 물결이 어우러져 장관을 이루는 곳으로, 이름 그대로 우두커니 솟아있는 촛대의 모습이 매력적이라 인증사진도 빼놓을 수 없다.

**주변 볼거리·먹거리**

**이사부사자공원** 삼척에 있는 쏠비치에서도 가까워 인기가 많은 여행지다. 말 그대로 신라의 장군 이사부를 주제로 조성하였으며, 계단을 따라 오르면 어린이 놀이터, 그림책나라, 대나무숲, 바다가 훤히 내려다보이는 전망대도 있어 둘러보기 좋다.

Ⓐ 강원도 삼척시 수로부인길 343 Ⓒ 무료 Ⓣ 033-570-4616

바다 위에 지어진 출렁다리를 건너는 경험을 할 수 있는 곳은 바로 추암출렁다리다. 다리의 일부 구간에서는 밑을 내려다볼 수 있어 약간의 스릴도 느껴볼 수 있다. 넘실대는 파도, 푸르른 바다를 보며 해안산책로를 따라 걸어보는 것은 어떨까?

SPOT 3

산 위에서 맞는 해돋이

# 국사봉전망대

전라도

**주소** 전북특별자치도 임실군 운암면 국사봉로 624 · **가는 법** 자동차 이용

해돋이 명소가 대부분 동해 쪽에 있어 서해와 남해를 끼고 있는 전라도는 내로라할 만한 곳이 거의 없다. 하지만 임실 국사봉은 바다가 아닌 산에서 맞는 해돋이 명소로, 전국적으로도 절대 빠지지 않을 만큼 유명하다. 한 번도 와 보지 않은 사람은 있어도 한 번만 다녀간 사람은 없다고 할 정도로 국사봉에서 맞이하는 일출은 매우 아름답다.

국사봉은 옥정호반의 11km 드라이브 코스 끝자락에 위치하고 있다. 작은 주차장에서 20분 정도 가파른 계단을 걸어 올라 숨이 턱 밑까지 차오를 때쯤이면 국사봉전망대에 도착한다. 전망대에 서면 드넓은 옥정호가 한눈에 들어온다. 옥정호는 농업용수를 대기 위해 만들어진 인공호수로, 우리나라에서 열 손가

락 안에 들 만큼 큰 호수다. 옥정호가 조성되면서 자연스럽게 생겨난 일명 '붕어섬(외앗날)'은 옥정호 최고의 명물이다. 특히 물안개가 피어오르는 11월과 3월에는 물안개와 어우러진 붕어섬 풍경을 담기 위해 방문한 사진가들이 장사진을 이룬다.

해돋이를 보기 위해서는 전망대에서 20분 정도를 더 걸어 올라가야 한다. 과연 해돋이를 볼 수 있을지 의문이 들 정도로 깊은 소나무숲을 지나면 일순간 앞이 확 트인 장소가 나타난다. 주변 산들에 막혀 있지 않아 멀리 산 능선이 겹겹이 보이고 날씨가 좋으면 마이산까지 볼 수도 있다. 경사진 언덕의 소나무 사이로 아침 해가 떠오르면 마치 애국가 2절에 나오는 '남산 위에 저 소나무' 같은 장면이 펼쳐진다.

**주변 볼거리·먹거리**

**전북도립미술관**

2004년 10월 개관한 전북도립미술관은 전북특별자치도의 대표적인 문화예술공간이다. 문화와 자연을 함께 공유할 수 있도록 모악산도립공원 내 모악산 아래에 위치하고 있다. 다양한 분야의 전시뿐만 아니라 문화예술 교육과 국제 교류 등을 통해 대중성과 전문성을 동시에 추구하고 있다.

Ⓐ 전북특별자치도 완주군 구이면 모악산길 111-6 Ⓞ 10:00~18:00/매주 월요일 휴관 Ⓒ 무료 Ⓣ 063-290-6888 Ⓗ www.jma.go.kr

**TIP**

- 국사봉전망대까지의 길은 경사가 가파르지만 거리가 짧아 어렵지 않게 오를 수 있다.
- 겨울에 국사봉전망대에 오르기 위해서는 아이젠을 꼭 준비해야 한다.
- 해돋이를 보기 위해서는 일출 1시간 전까지 주차장에 도착해서 등반을 시작해야 한다. 단, 새해 첫날은 해돋이 행사로 매우 혼잡하므로 피하는 것이 좋다.

SPOT 4

### 다이아몬드 브리지와 어우러진

# 광안리 해수욕장

**주소** 부산광역시 수영구 광안해변로 219 · **가는 법** 부산역에서 급행버스 1001번 승차 → 광안역 하차 → 도보 이동(약 14분)/부산역(1호선) → 서면역(2호선 환승) → 광안역 하차 → 도보 이동(약 13분) · **운영시간** 광안대교 조명 연출 시간 평일(일~목요일) 일몰~24:00, 주말(금~토요일) 일몰~02:00 · **입장료** 무료 · **전화번호** 051-622-4251 · **홈페이지** www.suyeong.go.kr/tour · etc 주차 무료/매년 11월이면 광안리해수욕장과 광안대교 일대에서 불꽃축제가 열린다.

경상도

바다 위로 떠오른 해를 볼 수 있는 새로운 해돋이 명소 광안리 해수욕장은 해운대해수욕장만큼이나 피서객이 많이 모여든다. 예전에는 멸치 등 고기잡이를 하던 어촌이었는데 일제강점기 학생들에게 수영을 가르치고 심신을 단련하는 공간으로 사용되면서 차츰 해수욕장으로 변모했다. 부산의 랜드마크인 광안대교는 다이아몬드 브리지라는 이름답게 밤이면 입체적으로 빛나는 조명이 아름답기로 유명하다. 300개가 넘는 횟집이나 식당도 있지만 광안리 해안가 주변으로 1백여 개의 카페가 생겨나면서 바다를 바라보면 커피를 마시려는 젊은 연인들이 많이 찾는다. 화려한 불빛의 야경으로 아름다운 광안대교가 바라보이는 전망 좋은 카페는 이국적인 분위기를 연출한다.

#### 주변 볼거리·먹거리

**F1963** 고려제강의 모태가 되는 첫 공장으로 1963년부터 2008년까지 45년 동안 와이어를 생산하던 공장이었다. 와이어공장이 문화공장 복합문화공간으로 탈바꿈했다. F1963은 2016년 부산비엔날레를 계기로 새롭게 탄생했으며 F는 Factory(공장), 1963은 수영공장이 완공된 연도를 의미한다.

Ⓐ 부산광역시 수영구 구락로 123 번길 20 Ⓞ 매일 09:00~21:00/F1963 도서관 화~일요일 10:00~18:00 Ⓣ 051-756-1963 Ⓔ 주차 30분당 1,500원

SPOT 5

볼거리 즐길 거리 가득한 최고의 해변

# 해운대 해수욕장

경상도

**주소** 부산광역시 해운대구 해운대해변로 264 · **가는 법** 부산역(1호선 노포 방면) → 서면역(2호선 장산 방면 환승) → 해운대역 하차 · **운영시간** 시간 제한은 없으나 늦은 시간이나 태풍 때는 바닷가 금지 · **입장료** 무료 · **전화번호** 051-749-7601 · **홈페이지** sunnfun.haeundae.go.kr · **etc** 성수기(7~8월) 1일 주차 15,000원, 비성수기 1일 주차 8,000원, 사설 주차장 1시간 3,000원

넓은 백사장과 아름다운 해안선, 얕은 수심에 잔잔한 파도로 전국에서 가장 으뜸으로 손꼽히는 해수욕장이다. 여름 휴가는 해운대해수욕장의 개장과 함께 시작된다고 해도 과언이 아니다. 길이 1.5km, 폭 40~80m의 넓은 백사장과 해안가를 따라 들어선 호텔들이 절묘하게 어우러져 세련된 해변 분위기를 빚어내며 해마다 천만 명이 넘게 이곳을 찾는다.

신라시대 문인 최치원의 자(字)가 '해운(海雲)'인데, 최치원이 벼슬을 버리고 가야산으로 가던 길에 이곳 일대의 풍광에 반해 지금의 동백섬 산책로 암벽에 '해운대(海雲臺)'라고 글자를 새긴 데서 이름이 유래했다. 최치원이 새긴 글씨는 지금도 남아 있다.

신년 해돋이를 보러 오는 사람들도 많지만 뭐니 뭐니 해도 해운대는 여름이 가장 핫하다. 해운대모래축제(5월), 부산바다축제(8월) 등 철철이 다양한 축제로 해운대의 열기는 늘 뜨겁다.

SPOT 6

서해에서도 일출을 볼 수 있다

# 왜목마을 일출

충청도

**주소** 충청남도 당진시 석문면 왜목길 15-5 · **가는 법** 당진버스터미널 → 왜목마을행 버스 130번 승차 → 교로2리, 왜목마을입구 하차 → 도보 이동(450m)

서해에서 일출을 본다고 하면 불가능하다고 말하는 이들이 많다. 그러나 가늘고 길게 뻗어 나간 서해의 특이한 지형 덕분에 이곳에서도 일출을 볼 수 있다. 사실 당진 왜목마을은 일출뿐만 아니라 일몰도 가능해 매년 12월 31일, 1월 1일에는 왜목마을 해넘이 해맞이 축제가 열리는데, 이 행사에 매년 10만 명이 다녀가곤 해 우리나라의 대표적인 해돋이 명소로 불린다.

왜목마을은 해안이 동쪽을 향해 돌출되어 있고 남양만과 아산만이 내륙으로 깊숙이 자리 잡고 있어 왜가리의 목처럼 안쪽으로 얇게 휘어져 있다 하여 왜목이라는 이름이 붙었다.

왜목마을 랜드마크인 새빛 왜목 조형물과 다양한 포토존이 마련되어 있어 사진을 남기기에도 좋은 곳이라 새해가 아니어도 사계절 일출, 일몰 명소라 할 수 있다.

**TIP**

- 당진 왜목마을 외에도 당진 한진포구, 장고항, 그리고 서천 마량포구에서 바다 너머 일출을 볼 수 있다.
- 11월과 2월은 촛대바위 뒤쪽으로 해가 뜨는 시기다. 바다에서 뜨는 해도 좋지만, 기암괴석 너머 해가 떠오르는 풍경으로 사진을 찍는 이들은 1월을 찾는다. 왜목마을 최고의 일출 시기를 찾는다면 11월과 2월을 추천한다.
- 해수욕장 주변에 편의점이 있으니 일출 전후 따뜻한 커피와 컵라면은 꿀조합이다.
- 왜목해수욕장에서 왜목항으로 걸어가면 작은 해식동굴이 있다. 규모가 작아 동굴 안에서는 사진을 찍을 수 없어 카메라를 동굴 안에 두고 동굴 밖 인물 사진을 찍으면 멋진 동굴 샷이 된다. 왜목항으로 가는 갈림길에서 10m면 바로 접근이 가능하다. 단, 물이 빠졌을 때만 접근 가능하다.

### 주변 볼거리·먹거리

**엄마손포장마차** 당진 안섬포구에는 포장마차들이 가득하다. 바지락칼국수, 회무침이 주메뉴인 식당인데 그중 이곳을 추천한다. 해감이 잘된 바지락에 시원한 국물이 일품이다. 또한 별도로 낙지나 주꾸미를 칼국수에 넣어 먹을 수 있으니 꼭 추가해서 바다가 보이는 창가에 앉아 먹어볼 것을 추천한다.

Ⓐ 충청남도 당진시 송악읍 안섬포구길 78-1 Ⓞ 10:00~20:00/매월 둘째·넷째 주 화요일 휴무 Ⓣ 0507-1350-8752 Ⓜ 바지락칼국수 10,000원(낙지 추가 시가), 간재미무침 35,000원 Ⓟ 주차 가능

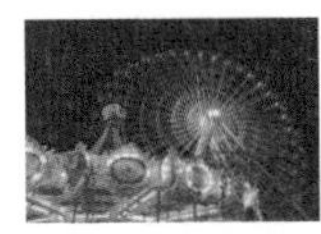

**삽교호놀이동산** 레트로 감성의 놀이공원이다. 저녁이 되면 화려한 조명으로 한낮과는 다른 분위기를 느낄 수 있다. 화려한 대형 회전관람차 덕분에 들판에서 함께 사진을 찍는 사진 명소이기도 하다.

Ⓐ 충청남도 당진시 신평면 삽교천3길 15 Ⓞ 10:00~21:00(우천 시 영업 종료) Ⓗ www.sghland.com

SPOT 7

**아름다운 풍경과 함께하는 일출 명소**

# 성산일출봉

**주소** 제주도 서귀포시 성산읍 성산리 1 · **가는 법** 급행버스 111번 승차 → 성산일출봉입구 정류장 하차 → 북쪽으로 83m → 우측 길로 73m → 좌측 길로 25m → 우측 길로 230m · **운영시간** 10~2월 07:30~19:00, 3~9월 07:00~20:00/매월 첫째 주 월요일 휴무 · **입장료** 성인 5,000원, 청소년·군인·어린이 2,500원 · **전화번호** 064-783-0959

제주 남동

바다 위 성처럼 우뚝 솟은 웅장한 모습이 눈길을 끄는 곳. 제주 동부권 여행의 랜드마크이자 제주 여행에서 절대 빼놓을 수 없는 곳 중의 하나. 비교적 얕은 바닷속에서 화산활동으로 인해 생긴 수성화산체인 성산일출봉은 지질학적으로도 큰 가치를 지닌다. 형성 초기에는 본섬과 떨어져 있었지만 파도에 의해 침식된 퇴적물들이 오랜 시간 쌓이면서 연결되었다. 경사가 있어 정상까지 등반하는 데는 조금 힘에 부치는 편이지만, 보통 성인 기준으로 30분 정도면 충분하다. 올라가는 길에 화산활동 당시 형

성된 독특한 바위와 중간중간 내려다보는 풍경을 감상하다 보면 금세 정상이다. 정상에는 8만여 평에 달하는 분화구가 펼쳐진다. 성벽처럼 보이는 99개의 봉우리가 분화구 주변을 둘러싸고 있는데, 거대한 성과 같다고 해서 성산이라는 이름이 붙여졌다. 제주에서 자연경관이 뛰어난 10곳을 이르는 영주10경 중 제1경으로 일출과 일몰을 둘 다 볼 수 있다. 매년 진행되는 성산일출축제는 희망찬 새해를 맞이하기 위해 성대하고 다채롭게 치러진다.

**TIP**

- 등산로가 계단으로 되어 있지만 폭이 좁고, 많은 계단을 올라가야 하니 편한 운동화를 착용하자.
- 음식물 반입 및 반려동물 동반은 금지하고 있다.

### 주변 볼거리·먹거리

**소심한책방** 제주의 독립 서점의 시작이라고도 할 수 있는 종달리 책방으로 모든 공간이 소중하고 사랑스럽다. 주인장의 세심한 주석은 물론 힌트를 통해 책을 만날 수 있는 숨겨둔 책과 프라이빗하게 이용할 수 있는 숨겨둔 방(유료 및 예약)이 있다.

Ⓐ 제주도 제주시 구좌읍 종달동길 36-10 Ⓞ 매일 10:00~18:00(휴무는 인스타그램에 별도 공지) Ⓣ 070-8147-0848 Ⓗ www.instagram.com/sosim book

**봉기네깡통구이** 제주산 흑돼지 삼겹살을 저렴한 가격으로 맛볼 수 있는 맛집. 냉동삼겹살은 더 저렴하다. 구수하고 시원한 차돌된장찌개는 꼭 먹어보자.

Ⓐ 제주도 서귀포시 성산읍 고성오조로 38 Ⓞ 매일 16:00~24:00 Ⓣ 0507-1358-7997 Ⓜ 봉기네세트메뉴(차돌박이+흑생삼겹+차돌된장찌개) 29,000원, 제주흑생오겹(200g) 13,900원, 냉동삼겹살(150g) 2인분 이상 8,000원, 차돌된장찌개 6,000원 등

1월 둘째 주

# 2 week

SPOT 1

443평 초대형 헌책들의 보물섬

## 서울책보고

**주소** 서울시 송파구 오금로1 · **가는 법** 2호선 잠실나루역 1번 출구 → 좌측으로 도보 이동(약 2분) · **운영시간** 화~금요일 11:00~20:00, 주말 및 공휴일 10:00~20:00/ 매주 월요일·1월 1일·설날 및 추석 연휴 휴관 · **전화번호** 02-6951-4979 · **홈페이지** www.seoulbookbogo.kr · **etc** 신천유수지 주차장 이용(5분당 150원)

서울·경기

일반 서점에서는 구할 수 없는 희귀본이나 절판된 책을 찾아 청계천 헌책방을 이리저리 헤매다 마침내 원하는 책을 찾았을 때의 희열을 기억한다. 헌책방이 하나둘씩 문을 닫으면서 청계천 헌책방 거리는 추억 너머로 사라지는 듯했다. 그런데 서울시의 주도하에 청계천 서점을 비롯해 25개의 헌책방들이 모여 오래된 책의 가치를 새로 담아 공공헌책방을 만들었다. 보유한 장서만 12만여 권에 달하니 그야말로 헌책 보물섬이다. 우선 신천유수지 창고를 리모델링한 443평에 달하는 규모에 입이 쫙 벌어진다. '책벌레'를 형상화한 아치형 곡선 공간이 압도적이다.

**주변 볼거리·먹거리**

**송리단길** 서울책보고에서 차로 10분 거리에 요즘 아주 핫한 송리단길이 있다.

Ⓐ 서울시 송파구 백제고분로43길 23(석촌호수 인근) Ⓔ 9호선 송파나루역 1번 출구 → 도보 5분

**TIP**

- 헌책의 특성상 교환 및 환불이 불가하다. 그리고 헌책을 기증받거나 매입하지 않으며 책을 훼손할 수 있는 외부 음식물 반입이 불가하다.

서가마다 책을 기증한 헌책방 이름이 적혀 있다. 이곳에서 판매되는 모든 책의 종류와 가격은 각 책방 운영자의 의견을 최대한 반영해 정한 것이다. 위탁 판매 수수료 10퍼센트를 제외하고 나머지 전액이 책방 주인에게 돌아간다. 좋은 책을 착한 가격에 살 수 있으니 다다익선이다.

독립출판물과 명사들이 기증한 도서는 열람만 가능하다. 고서, 희귀본, 절판본 등 가치 높은 귀한 책들도 전시돼 있다. 100만 원이 넘는 고가의 책들이니 함부로 만지지 말자.

이곳에 가면 세상에 단 한 권!
절판된 줄 알았는데 우연히 찾은 '책 보물'로 득템 횡재 가능!

영어 원서와 영어 동화책, 전집 등 아이들이 볼 만한 책도 굉장히 다양하다. 양장본도 새 책처럼 깨끗하다.

책을 굳이 사지 않아도 된다. 종일 앉아서 책을 읽어도 눈치 주는 사람이 없다.

서울책보고에 입점한 헌책방 운영자들이 수십 년간 수집한 추억의 잡지들을 전시한 〈잡지展〉. 1970년대부터 2000년대를 아우르는 600여 종 1,200권 이상의 잡지가 전시 중이다. 보존용 잡지를 제외하고 판매 가능하다.

SPOT 2

겨울바다를 걷는다

# 외옹치항 둘레길 바다향기로

강원도

**주소** 강원도 속초시 대포동 656-14 · **가는 법** 속초시외버스터미널에서 시외버스터미널역 이동 → 버스 7-1, 9-1, 1-1(속초)번 승차 → 성호아파트 하차 → 도보 이동(약 1.1km) · **운영시간** 매일 06:00~20:00(기상악화 시 통제) · **전화번호** 033-639-2362

속초해수욕장에서 출발해 외옹치항까지 걷는 길, 약 1.74km에 달하는 외옹치항둘레길 바다향기로이다. 이는 '해와 바다를 벗삼아 걷다'라는 슬로건을 가진 해파랑길, 속초 둘레길인 속초사잇길 구간의 일부이며, 데크길을 따라 푸르른 동해를 더 잘 볼 수 있어 매력적인 곳이다. 또한 롯데리조트 속초와도 연결되어 있어 투숙객들의 산책로로도 인기가 좋다. 외옹치항 구간의 경우에는 수십 년간 민간인 출입이 통제되었던 곳이라 비교적 훼손되지 않은 자연을 만끽할 수 있다. 겨울에 눈이 쌓이면 곳곳이 소복하게 눈으로 덮여 또 다른 분위기를 자아낸다. 파도의 출렁이는 노래를 들으며 가볍게 산책해 보자.

### 주변 볼거리·먹거리

**상도문돌담마을** 무려 500년의 전통을 품은 유서 깊은 마을이다. 2018년도부터 속초문화 특화지역으로 조성되었으며 상도문돌담마을이라는 이름에 걸맞게 곳곳에 돌담이 많다. 돌담 위에는 고양이, 강아지, 참새 등 그림이 그려져 있어 구경하는 재미가 있고 마을커뮤니티, 문화공간 돌담에서는 막걸리 만들기, 해설사 이야기 투어, 계란 꾸러미 만들기 등 다양한 체험도 준비되어 있다.

Ⓐ 강원도 속초시 도문동 208-1(문화공간 돌담) Ⓞ 평일 09:00~18:00/주말 휴무 Ⓣ 033-636-0671

SPOT 3

**한국관광공사 선정**
**4대 눈꽃축제**

# 바래봉 눈꽃축제

전라도

**주소** 전북특별자치도 남원시 운봉읍 바래봉길 214 · **가는 법** 자동차 이동 · **입장료** 8,000원(36개월 미만 무료) · **전화번호** 063-635-0301

날씨가 춥다고 방 안에만 있긴 싫고, 어디 가 볼 만한 곳이 없는지 찾고 있다면 남원 바래봉눈꽃축제를 추천한다. 지리산 자락의 바래봉은 스님들이 공양할 때 쓰는 그릇인 '발우'를 엎어 놓은 모양을 닮았다고 해서 붙여진 이름이다. 5월에는 철쭉이 붉게 물들고 7~8월이면 허브 향이 진하게 묻어나지만, 그래도 바래봉 최고의 풍경은 역시 겨울 설경이다. 대자연의 은빛 설원이 아름다워 '아시아의 알프스'로 불리기도 한다.

바래봉눈꽃축제는 전라도의 유일한 눈꽃축제로, 매년 1월 초부터 2월 중순까지 열린다. 지리산 천혜의 자연경관과 화려한 눈꽃 풍경이 어우러져 방문객의 눈과 마음을 정화해 준다. 눈썰매장, 얼음썰매장, 허브체험장, 먹거리장터 등 즐길 거리가 다양한데, 그중에도 바래봉눈꽃축제의 하이라이트는 길이가 무려 120m에 이르는 눈썰매장이다. 아이들의 환호성이 끊이지 않을 만큼 최고 인기 코스이며, 어른들도 바람을 가르며 내려오는 순간만큼은 동심으로 돌아간다. 짜릿한 속도감을 즐기려는 젊은 연인들에게도 인기 있다. 어린 시절, 비닐 포대에 짚을 가득 채워 동네 뒷동산에서 타던 눈썰매는 이제 아련한 기억 속에만 남아 있다. 바래봉눈꽃축제는 아이와 어른 모두에게 특별한 겨울 추억을 선물해 줄 것이다.

**TIP**

- 안전사고의 위험이 있으니 어린아이들은 보호자와 함께 눈썰매를 타는 것이 좋다.
- 눈썰매를 타면 옷이 젖을 수 있으니 여벌의 옷을 준비하자.
- 등산을 좋아한다면 바래봉 정상까지 다녀올 것을 추천한다.

### 주변 볼거리·먹거리

**국악의성지** 남원시 운봉읍 비전마을은 동편제 소리의 발상지이자 춘향가와 흥부가의 배경이 된 곳이다. 국악의 본고장으로서의 정체성을 확립하고 국악을 보전·계승하기 위해 이곳에 '국악의 성지'를 설립하여 전시 및 체험 프로그램을 제공하고 있다.

Ⓐ 전북특별자치도 남원시 운봉읍 비전길 69 Ⓞ 09:00~18:00/매주 월요일 휴관 Ⓣ 063-620-6905

SPOT 4

가장 먼저 해가 뜨는 곳

# 호미곶

**주소** 경상북도 포항시 남구 호미곶면 해맞이로 136 · **가는 법** 포항시외버스터미널 900번 버스 승차 → 신정리(동해지선 환승) → 호미곶 하차 → 도보 이동(약 9분) · **운영시간** 24시간/연중무휴 · **입장료** 무료 · **전화번호** 054-284-5026 · etc 주차 무료

경상도

동해안 바닷가 마을은 저마다 새해 첫날 가장 먼저 해가 뜬다고 한다. 호미곶이 있는 포항도 우리나라에서 가장 먼저 해가 뜬다고 하는 곳 중 하나이다. 포항의 옛 이름인 '영일(迎日)'이 '해를 맞이한다'는 뜻이기도 하다. 한반도 지도에서 호랑이 꼬리 부분에 해당하는 호미곶은 천하제일의 명당으로 손꼽힌다. 최남선은 백두산 호랑이가 앞발로 연해주를 할퀴는 형상으로 한반도를 묘사하면서 해가 뜨는 일출 제일의 호미곶을 '조선 10경' 중 하나로 꼽았다.

해맞이 광장에 화합의 의미로 만들어진 호미곶의 상징인 상생의 손 중 오른손은 바닷속에 잠겨 있고 왼손은 육지에 있다.

상생의 손 위로 해가 떠오를 때면 마치 손바닥 위에 해가 올려진 듯한데, 그 외에도 손가락을 배경으로 여러 가지 독특한 해돋이 광경을 볼 수 있다.

호미곶의 명물이 된 전국 최대의 가마솥은 2004년 1월 1일 호미곶에서 개최되는 한민족 해맞이 축전에 참여한 관광객에게 대접할 떡국을 끓이기 위해 제작된 우리나라에서 가장 큰 솥이다. 지름 3.3m, 둘레 10m로 2만 명분의 떡국을 끓일 수 있으며, 매년 1월 1일이면 나무로 불을 지펴 호미곶을 찾는 관광객에게 떡국을 대접한다.

**주변 볼거리 · 먹거리**

**호미반도해안둘레길** 호미반도해안둘레길은 한반도 최동단지역으로 영일만을 끼고 동쪽으로 뻗은 트레킹길로 모두 다섯 코스가 있다. 모든 코스가 바다로 연결되어 있는 포항 호미반도해안둘레길 그중에서도 가장 아름다운 코스는 연오랑세오녀테마공원을 시작으로 흥환해수욕장까지 걷는 2코스다. 곳곳에 숨어있는 비경과 전설을 간직한 기암절벽으로 아름다운 둘레길은 자연경관과 맑고 탁 트인 동해를 볼 수 있다.

Ⓐ 경상북도 포항시 남구 동해면 호미로 3012 Ⓞ 24시간/연중무휴 Ⓣ 054-270-3203 Ⓔ 주차 무료

SPOT 5

**꽃보다 아름다운 눈꽃을 보러 떠나자**

# 소백산 눈꽃 산행

충청도

**주소** 충청북도 단양군 단양읍 소백산등산길 12 다리안관광지 · **가는 법** 단양시외버스터미널에서 버스 301, 304번 승차 → 다리안관광지 하차 → 도보 이동(약 47m) · **운영시간** 09:00~19:00 · **전화번호** 043-423-1243

소백산은 1987년 18번째 국립공원으로 지정되었으며 면적은 322.011㎢로 지리산, 설악산, 오대산에 이어 산악형 국립공원 가운데 네 번째로 넓다. 해발 1,439.5m인 비로봉을 중심으로 국망봉(1,420.8m), 연화봉(1,383m), 도솔봉(1,314.2m) 등이 있다.

소백산 능선의 바람은 사계절 거칠지만 겨울에는 더욱 심해 방풍에 특별히 신경 써야 한다. 새하얀 눈 사이로 350년 이상 되는 주목 군락지도 볼 수 있다. 추천코스는 다리안국민관광지에서 출발해 천동탐방안내소를 지나 비로봉으로 가는 코스다. 완만해서 누구나 비로봉으로 갈 수 있는 코스이지만 15km라는 절대적인 거리가 있기에 체력과 시간을 잘 안배해야 한다.

**TIP**

- 소백산과 같은 높은 산은 눈이 오지 않더라도 습도가 높고 바람이 많이 불지 않는다면 상고대를 볼 수도 있다.
- 눈꽃 산행은 일반 산행보다 체력 소모가 크니 소백산 등산을 계획하고 있다면 미리 등산 연습으로 체력을 쌓아두자.
- 겨울 산행에는 아이젠, 방한장갑, 물과 간식 등을 미리 준비하자.
- 등산 시에는 면보다는 울 양말이 땀 배출을 빨리하고 체온을 유지할 수 있다.
- 중간 지점인 천동쉼터에서 간식을 먹고 보온/방한준비를 해 비로봉 능선 칼바람에 대비하는 것이 좋다.
- 기상 상황이 무엇보다 중요한 눈꽃 산행에서는 홈페이지를 통해 국립공원 탐방로 통제 정보를 실시간으로 확인하자.

## 주변 볼거리·먹거리

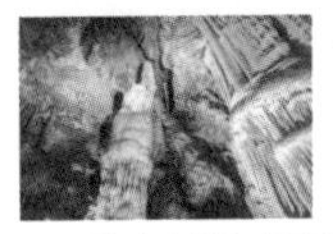

**고수동굴** 5억 년의 역사를 품고 200만 년 전에 생성된 것으로 알려진 석회암 동굴로 천연기념물 제256호다. 총 길이 1,395m로 직접 걸으며 신기한 모양의 종유석, 석순 등을 볼 수 있다. 동굴 안은 연중 14~15도의 기온을 유지하고 있어 추운 겨울에는 덜 춥고 더운 여름에는 시원해 사계절 찾기 좋다.

Ⓐ 충청북도 단양군 단양읍 고수동굴길 8 Ⓞ 09:00~17:00(입장 마감 17:00) Ⓣ 0507-1388-3072 Ⓒ 어른 11,000원, 청소년 7,000원, 어린이 5,000원, 경로 5,500원 Ⓔ 주차 3,000원(주차장 주변 식당 이용 시 무료)

**도담삼봉** 남한강 한가운데 우뚝 솟은 3개의 바위로 만들어진 섬으로 단양팔경 중 하나다. 겨울에는 꽁꽁 얼어붙은 남한강 위에 새하얀 눈이 쌓여 여름과 다른 겨울의 풍경을 볼 수 있다.

Ⓐ 충청북도 단양군 매포읍 삼봉로 644 Ⓣ 043-422-3037 Ⓔ 주차 3,000원(제3 주차장 무료)

SPOT 6

서귀포의 풍경을 한눈에 담을 수 있는 오름

# 군산

제주 남서

**주소** 제주도 서귀포시 안덕면 창천리 산 3-1 · **가는 법** 간선버스 151, 282번 승차 → 감산입구 정류장 하차 → 우측 길로 160m → 좌측 길로 151m → 우측 길로 1.3km(도보 이동시 약 40분)

군산은 서귀포의 대표 오름이자, 접근성이 좋으며 아름다운 제주 풍경을 조망할 수 있어 많은 이들의 사랑을 받고 있다. 오름의 모습이 군대에서 사용하는 군막 같다고 해서 군산이라는 이름이 붙여졌는데, 고려 목종 7년에 상서로운 산이 솟았다고 해서 서산이라 부르기도 했다. 그 외에 군뫼, 굴메 등 다양한 이름을 가지고 있다.

서쪽 진입로로 들어오면 주차장에서 정상까지 7분 정도면 충분히 올라갈 수 있고, 동쪽 진입로는 서쪽보다는 좀 더 걸어야 하지만 아름다운 풍경을 바라보며 걷다 보면 금방 정상에 도착한다. 북쪽은 시원스레 펼쳐지는 한라산과 중산간 마을을 품고 있으며, 남쪽으로는 해안 마을과 서귀포의 남쪽 섬들, 서쪽으로는 산방산을 비롯해 오름 군락들을 마주할 수 있다. 정상에서는 용의 머리에서 솟아났다고 하는 2개의 뿔바위를 비롯해 여러 기암괴석들과 오름의 남사면에 있는 수평층리 등을 관찰할 수 있다. 다른 오름과 달리 분화구가 없는 것이 특징이다. 예래마을의 이름이 유래한 사자암, 금장지의 유래와 더불어 9개의 진지동굴도 남아 있어 신화적으로나 역사적으로 많은 이야기가 담겨 있다.

TIP

- 도보 여행자들은 서쪽 진입로로 들어오면 도보 약 40분 소요되고, 동쪽 진입로로 들어오면 정류장에서 등산로 시작점까지 약 17분 소요된다. 차량으로 이동한다면 서쪽 진입로를 이용해야 정상까지 올라가는 시간이 단축된다.(군산오름 주차장으로 검색)
- 도보 여행자는 택시를 타고 서쪽 진입로에서 내려 정상까지 올라갔다가 동쪽 진입로로 내려오는 것이 좋다. 택시는 안덕계곡 삼거리에서 타면 된다.
- 정상에 있는 뿔바위 위로 올라갈 수 있지만 안전에 유의해야 한다.

### 주변 볼거리 · 먹거리

**대평포구** 포구 옆에 병풍처럼 펼쳐진 박수기정이 마을을 품어주듯 든든한 모습으로 우뚝 서 있다. 빨간 등대 위 소녀상도 많이 찾는 사진 포인트! 특히 일출이나 일몰 무렵 등대와 함께 어우러지는 박수기정과 주변 풍경은 환상 그 자체이다.

Ⓐ 제주도 서귀포시 안덕면 창천리 914-5

**소보리당로222** 도로명 주소를 카페 이름으로 사용하는 아담하고 다정한 카페. 깔끔한 흰색이 돋보이는 외관과 잘 정리된 실내는 모든 곳이 포토존이다. 시그니처 메뉴는 달콤한 아이스크림 베이스의 소보리라테! 달콤하고 쫀득한 팥 인절미 티라미수도 별미다.

Ⓐ 제주도 서귀포시 소보리당로 222 Ⓞ 12:00~18:00(라스트오더 17:30)/매주 화요일 휴무, 그 외 휴무일은 인스타그램 별도 공지 Ⓣ 010-3832-7896 Ⓜ 아메리카노 5,000원, 아인슈페너 6,500원, 소보리라테 6,500원, 티라미수 7,500원 Ⓗ www.instagram.com/choispresso

1월 셋째 주

# 3 week

SPOT 1

## 운치 있고 고즈넉한 겨울 산중 찻집
# 새소리물소리

**주소** 경기도 성남시 수정구 오야동 278번지 · **가는 법** 분당선 모란역에서 광역버스 9408번(야탑역, 고속버스터미널 후면) → 오야동, 신촌동주민센터 하차 → 도보 이동 10분(총 45분 소요) · **운영시간** 11:00~22:00/명절 당일 휴무 · **전화번호** 031-723-7541 · **홈페이지** solicafe.site123.me · **대표메뉴** 대추차·쌍화차·오미자차 각 13,000원, 단팥죽·팥빙수 각 15,000원, 가배차(커피) 11,000원, 3색 경단(9알) 6,000원, 꿀케이크 16,000원 · **etc** 주차 가능

서울·경기

좁은 흙길을 고불고불 올라가다 보면 산중 깊은 곳에 외딴 전통 한옥이 한 채 나온다. 앞마당에는 산에서 내려오는 물줄기가 흐르고, 뒷산에서는 새소리가 들린다. 어딜 둘러봐도 온통 한국적인 것들로 가득하고 이름처럼 새소리 물소리가 울려 퍼진다. 이곳은 원래 경주 이씨 집성촌으로 14대 때부터 살아온 80년 된 고택을 개조한 전통찻집이다. 대청마루 뒤에는 300년 수령의 느티나무가 있고, 산속 우물 옆 산책로를 오르면 사계절 내내 시원하고 아담한 정자가 있어서 차와 산책을 겸하며 시골의 정취를

느낄 수 있다. 대표 메뉴인 대추차, 쌍화차, 오미자차, 단팥죽 등은 지리산에서 공수한 100퍼센트 국내산 재료를 써서 집안 대대로 내려오는 방식으로 종일 달이고 끓여 만든다.

TIP

- 모든 차는 1인 1잔 주문이 원칙이다.
- 대중교통으로는 찾아가기 힘든 산속에 있으므로 차로 이동할 것을 추천.
- 방앗간 건물을 개조한 별채에 빔프로젝트 및 스피커가 설치되어 단독 미팅룸으로 예약 운영되고 있다.

## 주변 볼거리·먹거리

**화소반** 바닥에 마구 뒹구는 종이조차 구석구석 예쁘지 않은 것이 없는 그릇 가게. 도자기 그릇을 만드는 작업실이면서 그릇을 판매하는 숍이자 인테리어 소품을 전시 및 판매하는 복합공간이다. 100퍼센트 수제 그릇이라 가격대는 조금 높은 편이다.

Ⓐ 경기도 성남시 분당구 석운로16 Ⓓ 화~토요일 10:30~17:00/매주 일~월요일 휴무 Ⓣ 0507-1341-0679 Ⓗ www.instagram.com/hsoban_official

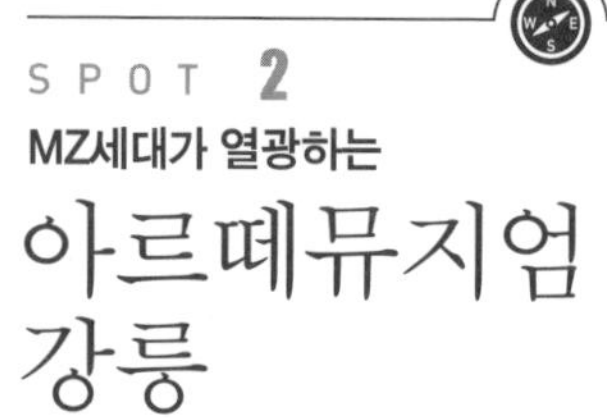

SPOT 2

MZ세대가 열광하는

# 아르떼뮤지엄 강릉

**주소** 강원도 강릉시 난설헌로 131 · **가는 법** 강릉시외고속터미널에서 강릉시외고속터미널 버스정류장 이동 → 버스 202-1, 207번 승차 → 허균허난설헌기념공원 하차 → 도보 이동(약 400m) · **운영시간** 매일 10:00~20:00(입장 마감 19:00) · **입장료** 성인 17,000원, 청소년 13,000원, 어린이 10,000원, 유아(36개월 이하) 무료 · **전화번호** 1899-5008 · **홈페이지** kr.artemuseum.com · **etc** 주차 무료

강원도

'강릉 와서 바다도 보고 맛있는 음식도 먹었는데 이제는 뭐하지?'라는 생각이 든다면 이곳에 주목해 보자. 저녁에도 데이트하기 좋은 곳, 아르떼뮤지엄 강릉이다. 개관 1년 만에 방문객 100만 명을 돌파한 이곳은 대형 주차장에 거대한 미술관 건물을 자랑한다. 발권을 마치고 내부에 들어서면 꽃, 폭포, 동굴 등 다양한 테마와 반짝반짝 알록달록한 수천, 수만 개의 불빛 향연으로 마치 또 하나의 세계가 펼쳐지는 듯하다. 아이들을 위한 체험 공간도 별도로 마련되어 있고, 전시회 곳곳에는 포토존 역시 가득

하다. 아르떼뮤지엄 강릉에서 문화생활을 즐기며 인생사진도 남기고 미디어아트의 매력에 빠져보는 것은 어떨까. 둘러보는 데에 1시간 이상이 소요되기 때문에 여유 있게 방문하는 것을 추천한다.

TIP
전시장 내부는 다소 어둡고, 일부 공간은 사방이 거울로 되어 있다. 따라서 만약 어린 아이와 함께 방문할 경우 손을 잡고 다니는 것을 추천한다.

**주변 볼거리·먹거리**

**강문해변** 경포해변에서 강문솟대다리를 건너면 바로 강문해변이다. 바다를 담을 수 있는 포토존 등이 조성된 아담하고 예쁜 해변이다.

Ⓐ 강원도 강릉시 강문동 159-43 Ⓣ 033-640-4920

SPOT 3

겨울 산의 매력

# 덕유산 향적봉

전라도

**주소** 전북특별자치도 무주군 설천면 백련사길 819 · **가는 법** 자동차 이용 · **관광 곤돌라 운영시간** 09:00~16:00(절기와 요일에 따라 달라질 수 있음, 홈페이지 참고) · **관광 곤돌라 이용 요금** 대인 왕복 22,000원, 편도 17,000원/소인 왕복 17,000원, 편도 14,000원 · **전화번호** 063-322-9000 · **홈페이지** www.mdysresort.com

겨울을 대표하는 꽃은 누가 뭐래도 눈꽃(雪花, 설화)이다. 덕유산은 전라도를 넘어 전국 최고의 눈꽃 산행지다. 특히 겨울 산행을 좋아하는 등산객과 사진가들에게는 꼭 한 번 다녀와야 할 성지 같은 곳이다. 소담스럽게 내린 눈이 나무에 쌓여 빛을 받으면 시시각각 다양한 빛깔로 물든다. 겨울 덕유산은 대자연의 신비와 화려한 눈꽃을 볼 수 있는 최적의 장소다.

덕유산은 전라도 무주와 장수, 경상도 거창과 함양에 걸쳐 있는 큰 산이며, 최고봉인 향적봉은 높이가 무려 1,614m에 달해 우리나라에서 네 번째로 높다. 이렇게 높은 산의 설경을 어렵지 않게 볼 수 있는 이유는 덕유산리조트의 관광 곤돌라 덕분이다. 설천하우스에서 곤돌라를 타고 20분 정도 올라가 설천봉에서 내린 뒤 30분 정도 쉬엄쉬엄 등산하면 향적봉에 도착한다. 운이 좋으면 설천봉에서 향적봉으로 가는 길에 눈부시게 아름다운 눈꽃 터널을 만날 수도 있다. 고사목에 핀 눈꽃과 설경 사이로 끝없이 펼쳐진 산 능선이 그대로 수묵담채화가 된다. 왜 덕유산이 전국 최고의 눈꽃 산행지로 손꼽히는지 향적봉에 올라봐야 비로소 그 이유를 알 수 있다.

**주변 볼거리·먹거리**

**생두부촌** 두부 요리 전문점답게 다양한 종류의 두부 요리를 맛볼 수 있다. 두부는 100% 국내산 콩을 사용하고 있으며, 매일 새벽에 직접 두부를 만든다.

Ⓐ 전북특별자치도 무주군 설천면 만선로 20 Ⓞ 08:30~20:00 Ⓣ 0507-1405-7826 Ⓜ 능이버섯해물두부전골(大) 59,000원, 버섯해물순두부전골(大) 49,000원, 한방두부수육보쌈 42,000원

**TIP**

- 덕유산리조트 스키장 개장 기간에는 교통이 매우 혼잡하기 때문에 곤돌라를 타기 위해서는 아침 일찍 도착하는 것이 좋다.
- 곤돌라 탑승권 구매 방법은 절기와 요일에 따라 구매 방법이 다르다.
  - 동절기(10~2월) 주말 및 공휴일 : 인터넷 사전 예약만 가능(www.mdysresort.com)
  - 동절기(10~2월) 평일 및 하절기(3~9월) : 현장 구매만 가능(인터넷 예약 불가)
- 곤돌라에서 내려 향적봉까지 등산할 계획이라면 아이젠, 스패츠, 장갑, 모자 등 눈과 추위를 이길 수 있는 장비를 반드시 준비해야 한다.
- 덕유산리조트 내에는 호텔, 콘도, 유스호스텔 등 다양한 숙박 시설이 있으며, 리조트 입구에도 펜션, 모텔 등의 숙박 시설이 많다.

SPOT 4

전통문화의 향기가 넘치는 곳

# 두들문화마을

**주소** 경상북도 영양군 석보면 두들마을길 92 · **가는 법** 영양터미널에서 농어촌버스 172, 173번 승차 → 석보 하차 → 도보 이동(약 8분) · **운영시간** 정해진 시간은 없지만 마을 주민들이 거주하는 곳이니 아침 일찍이나 밤늦은 시간에는 방문 자제 · **전화번호** 054-682-1480(석계고택) · **홈페이지** dudle.co.kr · **etc** 주차 무료

경상도

두들문화마을은 조선시대 광제원이 있던 곳으로 언덕 위에 있는 마을이라는 뜻을 지니고 있다. 1640년 석계 이시명 선생이 병자호란을 피해 들어와 개척한 후 그 후손인 재령 이씨 자손들이 집성촌을 이루며 지금까지 살고 있는 문화와 문학 그리고 열사의 고장으로 알려져 있다. 마을에는 석계 선생이 살았던 석계고택과 석천서당이 있으며 전통가옥에는 아직도 후손들이 마을을 이루며 살고 있다.

마을 앞으로는 화매천이 흐르고 뒤편에는 잔디가 심어진 도토리공원과 산책로를 따라 소나무를 비롯해 각종 나무들이 수

백 년 동안 훼손이 없이 잘 보존되어 자라고 있다. 이곳은 우리나라 최초로 음식재료와 조리법을 한글로 기록한 장계향의 《음식디미방》으로도 유명하며, 소설가 이문열의 고향이기도 하다. 마을을 걷다 보면 이문열 작가와 이곳 출신 문인들의 작품과 역사문화를 직접 체험할 수 있는 공간인 두들책사랑 카페도 만날 수 있다.

#### 주변 볼거리·먹거리

**카페율** 두들마을이 보이는 언덕 위 하얀 건물의 카페 율은 꽃들의 안식처다. 카페 주변으로는 겨울에 피는 눈꽃까지 사계절 꽃을 볼 수 있는 곳으로 해 질 무렵이면 노을도 아름다우니 모든 것을 갖춘 곳이다. 카페 입구에는 밤이 그려져 있어서 밤 농사를 짓고 있나 했더니 꿀을 생산·판매하고 있다 한다.

Ⓐ 경상북도 영양군 석보면 두들마을1길 39 ⓞ 09:30~21:00/연중무휴 Ⓣ 0507-1411-4443 Ⓜ 아메리카노 3,500원, 카페라테 4,000원, 바닐라라테 4,500원 Ⓔ 주차 무료

SPOT 5

빙벽과 눈썰매를 즐기자

# 청양 알프스마을

충청도

**주소** 충청남도 청양군 정산면 천장호길 223-35 · **가는 법** 청양시외버스터미널에서 출구 좌측 길로 202m → 버스 701번 승차 → 천장리 하차 → 천장교 방면 좌측 길로 634m · **운영시간** 09:00~18:00, 야간 개장 시 22:00까지 · **입장료** 9,000원, 썰매 이용료 29,000원 · **전화번호** 041-942-0797 · **홈페이지** m.alpsvill.com

충청남도의 알프스라 불리는 칠갑산 아래 자리 잡은 천장리는 천장호수가 어우러지는 풍경으로 천장리 알프스마을로 불린다. 2004년부터 농촌마을 개발사업을 시작해 2008년 제1회 칠갑산얼음분수축제를 개최하고 현재까지 대표 겨울 축제를 이어오고 있다.

더 추워야 더 아름다워지는 곳이 바로 청양 알프스마을이다. 매년 12월부터 2월 중순까지 물을 뿌려 만든 인공빙벽과 수십 개의 얼음조각상 그리고 눈썰매 등 다른 곳에서는 만날 수 없는 겨울 나라 풍경을 볼 수 있다. 거기에 얼음 썰매, 군밤 굽기, 깡통열차 타기 등 다양한 체험도 가능해 아이들과 함께하기 좋다.

### 주변 볼거리·먹거리

**농부밥상** 청양 지역 농민들이 직접 재배하고 공급하는 로컬푸드 식당이기에 재료가 신선하다. 창가에서 칠갑저수지를 내다보며 넓은 실내에서 식사할 수 있어 더욱 좋다.

Ⓐ 충청남도 청양군 대치면 칠갑산로 704-18 Ⓞ 화~금요일 11:00~17:00(라스트오더 16:00), 토~일요일 11:00~20:00(브레이크타임 15:30~17:00, 라스트오더 19:00)/매주 월요일 휴무 Ⓣ 041-944-0900 Ⓜ 버섯전골 한상 15,000원. 청양농부한상 19,900원(2인 이상), 스페셜 한상 24,000원(2인 이상), 구기자떡갈비 한상 15,000원. 평일 점심특선 12,000원(1인 이상)

**천장호출렁다리** 청장호출렁다리는 2017년 개통 당시 국내 최장 출렁다리로 청양을 상징하는 고추모형의 주탑을 통과해 천장호수를 돌아볼 수 있다. 천장호에는 용과 호랑이의 전설이 전해진다. 천년의 세월을 기다려 승천하려던 황룡이 자기 몸을 바쳐 다리를 만들어 한 아이의 생명을 구하고, 이를 본 호랑이가 영물이 되어 칠갑산을 수호하고 있다는 이야기가 전한다.

Ⓐ 충청남도 청양군 정산면 천장리(천장호출렁다리) Ⓞ 천창호출렁다리 매주 금~일요일 야간 개장(11~2월 20:00까지, 3~10월 21:00까지)

**TIP**

- 주차장이 입구 가까이에 있지만 금방 만차가 되기 때문에 가능하면 마을 입구에서 200~300m 떨어진 주차장에 차를 세우고 걸어가는 것이 좋다.
- 인터넷으로 사전 결제 시 빠르게 입장 가능하니 사전 예매를 추천하며, 아이들과 함께 방문 시 체험이 포함된 통합권 구매를 추천한다.
- 미끄러우니 안전하고 따뜻한 신발을 추천하며 핫팩은 필수다.
- 입구보다는 집라인이 있는 안쪽으로 들어가면 펜스 없이 사진을 찍을 수 있다.

SPOT 6

**한라산 설경을 품은 매력적인 장소**

# 1100고지

제주 남

**주소** 제주도 서귀포시 색달동 산 1-2 · **가는 법** 간선버스 240번 승차 → 1100고지 휴게소 정류장 하차

한라산 중턱인 1,100m 해발고도에 위치해 한라산을 가깝게 만날 수 있는 곳 중 하나다. 제주시와 서귀포시를 연결하는 도로 중 하나인 1100도로에 위치해 있다. 1100도로 역시 구불구불한 길과 함께 한라산의 산세를 즐길 수 있어 최고의 드라이브 코스로 손색없다. 봄과 여름에는 싱그러움을, 가을에는 단풍을, 겨울에는 설경을 감상할 수 있어 1년 내내 매력이 넘친다. 하지만 가장 인기 많은 계절은 겨울, 그중에서도 눈이 많이 내린 다음 날이다.

1100고지에는 우리나라에서 12번째로 람사르 습지에 등록된 1100고지 습지가 있다. 데크길로 되어 있는 자연학습탐방로를 한 바퀴 산책하며 습지를 관찰할 수 있다. 다양한 동식물이 살아가는 곳으로 계절마다 각기 다른 매력이 있지만, 겨울의 습지는 잠시 숨을 고르고 단잠을 자는 듯 고요함만이 머문다.

습지를 한 바퀴 둘러보았다면 맞은편 1100고지 휴게소 2층으로 올라가 보자. 1층에는 간단한 먹거리와 물건을 판매하는 휴게소, 2층에는 습지 전시관이 있다. 습지에서 휴게소 방향을 바라보는 풍경도 아름답지만, 2층 테라스에서 한라산을 바라보는 풍경도 너무 아름답다. 망원경까지 있어 한껏 가까이 한라산을 살펴볼 수 있는데, 습지와 함께 눈 덮인 한라산 풍경은 비현실적으로 느껴지는 신비로움으로 가득하다.

TIP

- 눈이 있을 때 방문하고 싶다면 홈페이지에서 한라산 실시간 CCTV를 확인하자.(www.jeju.go.kr/tool/halla/cctv.html)
- 눈이 많이 내린 후에는 설경을 보기 위해 찾는 사람들이 많아 교통이 혼잡한 편이다. 여행 일정을 일찍 잡아야 여유롭게 돌아볼 수 있다.

**주변 볼거리·먹거리**

**카페사분의일** 귤 창고를 개조한 핸드드립 커피 전문점. 앤틱한 소품, 예쁜 패브릭으로 꾸며진 아담하고 예쁜 공간이다. 커피는 4종류로 취향에 맞게 선택할 수 있고, 음료와 간단한 디저트도 준비되어 있다.

Ⓐ 제주도 제주시 신비마을1길 1-3 Ⓞ 10:30~19:00/부정기 휴무, 인스타그램 별도 공지 Ⓣ 064-745-6935 Ⓜ 핸드드립 7,000원, 감귤에이드 7,000원 Ⓗ www.Instagram.com/cafe_onefourth

**어승생악** 한라산 등반 코스 중 가장 짧지만 한라산과 제주 시내가 한눈에 내려다보이는 기가 막힌 전망을 가진 곳이다. 분화구를 비롯해 주변으로 완만하게 뻗어나간 모양이 한라산을 닮았다고 해서 작은 한라산이라고도 부른다.

Ⓐ 제주도 제주시 해안동 산 220-12 Ⓞ 동절기(1~2월, 11~12월) 입산 시간 06:00, 탐방로 입구 16:00부터 입산 제한 Ⓒ 무료 Ⓣ 064-713-9953 Ⓔ 주차요금 이륜차 500원, 경형 1,000원, 승용차 1,800원

1월 넷째 주

# 4 week

SPOT 1

### 책과 예술이 열리는 살롱

## 최인아책방

**주소** 서울시 강남구 역삼동 696-37 · **가는 법** 2호선 선릉역 7번 출구 → 도보 이동(약 3분) · **운영시간** 12:00~19:00/연중무휴 · **전화번호** 02-2088-7330 · **홈페이지** www.facebook.com/choiinabooks · **대표메뉴** 아메리카노 5,000원 · **etc** 엘리베이터를 타고 4층에서 내려 책방으로 들어간다. 거기에서 복층 계단을 올라가면 편안하게 책을 읽을 수 있는 공간이 나온다. 3층에는 자기만의 방처럼 혼자 조용히 책을 읽고 생각할 수 있는 공간 '혼자의 서재'가 마련돼 있다.(혼자의 서재 2시간 이용+음료 22,000원)

서울·경기

강연, 콘서트 등 다양한 프로그램이 주기적으로 진행되는 문화 살롱 겸 책방. 삼성의 첫 여성 임원이자 광고계의 전설로 유명한 제일기획 부사장 출신의 최인아 대표와 정치헌 디트라이브 대표가 2016년에 오픈했다. 높은 층고와 오래된 앤티크 건물, 고풍스러운 인테리어, 잔잔히 흐르는 클래식 선율 덕분에 개인 서재에 들어선 듯한 착각마저 든다. 거의 모든 사람들이 책 읽기에 몰입하고 있어 저절로 책에 집중하게 된다.

책마다 추천 이유와 책 속의 문장을 손글씨로 적은 쪽지가 끼워져 있다.

일반적인 도서 분류법 대신 '책방 주인이 즐겨 읽는 책', '책방 주인의 선후배, 친구들이 추천하는 책' 등 소위 잘나가는 유명인사들의 '인생 서적'을 소개하는 테마별 스토리로 책을 큐레이팅한 것이 특징이다.

## 주변 볼거리·먹거리

**모찌방** 셰프와 파티시에 출신의 부부가 꾸린 찻집이자 일본식 떡집. 모찌와 양갱, 흰 앙금과 쌀가루를 넣고 쪄서 만든 화과자 등 다양한 수제 디저트를 유기농 차와 함께 즐길 수 있다.

Ⓐ 서울시 강남구 삼성로75길 41 Ⓞ 수~일요일 11:30~19:00/매주 월요일 휴무 Ⓣ 0507-1325-6851 Ⓗ www.instagram.com/mochibang Ⓜ 모찌 오하기 1~4만 원대, 제주산 유기농 세작 24,000원 Ⓔ 선물 포장 가능/당일 생산, 무방부제, 무첨가물을 원칙으로 하기에 변질되기 쉬우니 당일 먹을 것을 권한다./2인석 테이블 3개뿐이니 한산한 평일에 이용하는 것이 좋다.

**선릉(선릉성종왕릉)** 조선 제9대 왕 성종과 성종의 계비 정현왕후 윤씨의 무덤. 서울에서 가장 화려한 강남 한복판의 빌딩 속에 이처럼 잘 정돈된 녹지와 솔숲이 있다는 사실이 놀랍다. 고즈넉한 공원을 산책하는 기분으로 한번 들러보자. 최인아책방에서 도보 5분 거리에 있어 접근성도 좋다.

Ⓐ 서울시 강남구 선릉로100길 1 Ⓞ 화~일요일 06:00~21:00(마감 1시간 전까지 입장)/매주 월요일 휴무 Ⓒ 성인 1,000원, 만 24세 이하 청소년 무료 Ⓣ 02-568-1291 Ⓗ royaltombs.cha.go.kr

SPOT 2

## 대한민국 최북단 인공호수

# 파로호

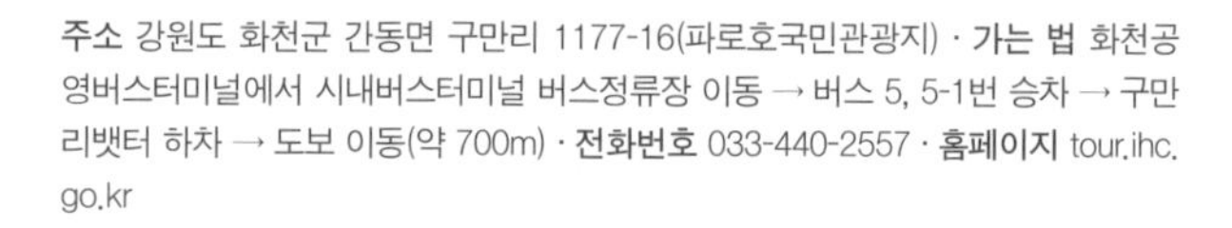

**주소** 강원도 화천군 간동면 구만리 1177-16(파로호국민관광지) · **가는 법** 화천공영버스터미널에서 시내버스터미널 버스정류장 이동 → 버스 5, 5-1번 승차 → 구만리뱃터 하차 → 도보 이동(약 700m) · **전화번호** 033-440-2557 · **홈페이지** tour.ihc.go.kr

강원도

파로호는 1944년 화천댐이 생기며 만들어진 곳으로 대한민국 최북단에 위치한 인공호수다. 잔잔한 호수 뒤로 산에 둘러싸여 있어 바라보며 힐링하기 좋다. 특히 눈이 펑펑 내리는 강원도의 겨울이면 하얗게 변신한 산 풍경이 더할 나위 없이 예쁘다. 만약 파로호에서 특별한 경험을 해보고 싶다면 청정지역 비수구미 등을 조망할 수 있는 유람선 물빛누리호를 타고 돌아보는 것도 추천한다. 유람선은 약 90분이 소요되며 사전예약도 가능하다. 10시와 14시 하루에 2회 운행하고 있으니 여행 일정에 참고해 보자!

**TIP**
유람선 탑승 시에는 신분증은 필수로 지참하자.

## 주변 볼거리·먹거리

**국제평화아트파크**
탱크와 함께 있는 놀이터? 화려한 색의 탱크와 지구 모양 조형물. 어딘가 낯선, 기존에 알고 있던 탱크와는 전혀 다른 모습에 잠시 생각에 빠진다. 상반되는 구조물을 통해 '평화'라는 의미를 되새겨 볼 수 있다.

Ⓐ 강원도 화천군 화천읍 평화로 3518 Ⓣ 033-440-2361

SPOT 3

**두 마리 학 같은 눈부신 자태**

# 목포대교

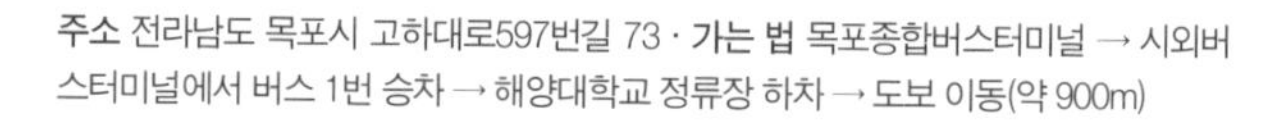

**주소** 전라남도 목포시 고하대로597번길 73 · **가는 법** 목포종합버스터미널 → 시외버스터미널에서 버스 1번 승차 → 해양대학교 정류장 하차 → 도보 이동(약 900m)

전라도

삼면이 바다로 둘러싸인 목포는 해가 지고 어둠이 깔리면 한 폭의 수채화가 된다. 유달산 능선과 삼학도로 이어지는 경관 조명, 항구에 정박 중인 어선들의 조명이 은은한 조화를 이루며 아름다운 야경을 뽐낸다. 하지만 목포 최고의 야경은 역시 목포대교의 야경이다. 마치 두 마리 학처럼 눈부신 자태를 뽐내는 목포대교는 목포 시내와 고하도를 연결하는 약 4.1km의 다리로, 2012년에 개통되었다. 주탑을 먼저 세우고 케이블로 연결하는 사장교 형식의 다리이지만, 우리나라 최초로 '3웨이 케이블 공법'이라는 고난도 방식을 시도해 대교 건설의 새로운 역사를 썼다. 굳이 이렇게 어려운 공법을 택한 이유는 다리 양쪽의 경관을 살리기 위해서라고 한다.

목포대교의 야경을 볼 수 있는 곳은 유달산, 어민동산, 신안비치호텔 등 여러 곳이 있지만 차량을 이용해 비교적 쉽게 갈 수 있는 목포해양대학교 앞 방파제를 추천한다. 유달산에서는 고하도와 목포대교를 한눈에 내려다볼 수 있지만 목포대교의 웅장함을 가까이서 느껴 보고 싶다면 목포해양대학교 앞 방파제가 제격이다. 야경은 완전히 어두운 밤보다 해 질 무렵부터 일몰 직후가 가장 아름답다. 검푸른 하늘을 배경으로 수놓은 불빛은 눈이 시리도록 황홀하고, 바다에 비친 풍경은 오색 물감을 풀어 놓은 듯 아름답다. 겨울밤, 이곳에서 낭만적인 야경을 만끽해 보자.

**주변 볼거리·먹거리**

**다순구미마을** 유달산 아래 오순도순 집들이 모여 바다를 굽어보는 동네가 다순구미마을이다. '다순'은 '따뜻하다'라는 뜻의 전라도 사투리고, '구미'는 '바닷가의 후미진 곳'을 뜻하는 말이다. 다순구미마을은 목포의 전형적인 달동네로 골목길이 미로처럼 뻗어 있고, 일부는 반쯤 허물어진 곳도 있다. 일제강점기 때부터 근현대사까지의 풍경이 오롯이 남아 있는 곳이다.

Ⓐ 전라남도 목포시 올뫼나루길15번길

SPOT 4

## 소나무숲과 기암절벽이 아름다운

# 대왕암공원

**주소** 울산광역시 동구 일산동 산907 · **가는 법** KTX 울산역에서 버스 5002번 승차 → 일산해수욕장 하차 → 버스 104번 환승 → 대왕암공원 하차 → 도보 이동 · **운영시간** 24시간/연중무휴 · **입장료** 무료 · **전화번호** 052-209-3738 · **etc** 주차 평일 무료/주말·공휴일 20분 이내 면제, 20~30분 이내 500원, 기본시간 초과 시 1시간 이내 1,000원 추가

경상도

지도상으로 보면 동해에서 가장 뾰족하게 나온 부분에 대왕암이 있다. 울주군 간절곶과 함께 우리나라에서 해가 가장 빨리 뜨는 곳으로 알려져 있으며, 주변에는 기암절벽과 오래된 해송숲이 어우러져 산책하기에 좋은 곳이다.

대왕암이 울산에만 있는 것은 아니다. 경주에 있는 대왕암은 문무대왕릉이고, 울산의 대왕암은 문무대왕비릉이다. 죽어서 용이 되어 나라를 지키겠다며 바다에 묻으라고 했던 문무대왕의 뜻을 같이하고자 대왕비도 바다에 묻으라는 유언을 남겼다. 문무대왕이 묻힌 경주의 대왕암과 대왕비가 묻힌 대왕암은 비

록 떨어져 있지만, 죽은 후에도 호국용이 되어 나라를 지키겠다는 마음은 한결같으리라.

새롭게 단장한 대왕교를 지나 문무대왕비가 묻힌 곳까지 걸어갈 수도 있다. 대왕암으로 가는 길에는 100년 넘은 해송들이 600m의 숲을 이루고 있다. 해송의 진한 향기와 대왕암 주변의 기암괴석이 바다의 운치를 더한다.

**주변 볼거리·먹거리**

**대왕암공원출렁다리** 울산에서 생긴 최초의 출렁다리로 대왕암공원 내 해안산책로인 헛개비에서 수루방 사이에 바다 위로 연결되어 있어 대왕암 주변의 해안 비경을 감상할 수 있다. 길이는 303m이며 중간에 지지대 없이 연결되어 있어 스릴과 짜릿함을 동시에 경험할 수 있다.

Ⓐ 울산광역시 동구 등대로 140 Ⓞ 09:00~17:40(입장 마감), 18:00(운영 종료)/매월 둘째 주 화요일 휴장 Ⓣ 052-209-3738 Ⓔ 대왕암공원주차 적용

**슬도** 파도에 부딪치면 거문고 소리가 난다고 해서 슬도라고 부르며 해안산책로를 따라 대왕암까지 걸어가는 길은 기암절벽과 해송으로 아름답다.

Ⓐ 울산광역시 동구 성끝마을11 Ⓞ 연중무휴 Ⓒ 무료 Ⓔ 주차 공간 협소

SPOT 5

## 추운 겨울 굴구이의 유혹

# 천북굴단지

**주소** 충청남도 보령시 천북면 장은리 · **가는 법** 홍성 광천역 신진에서 버스 750번 승차 → 장은3리 하차 · **운영시간** 10:00~22:00(업체별 상이) · **대표메뉴** 굴찜 40,000원, 굴구이 45,000원, 굴구이반찜반 45,000원, 굴칼국수 7,000원

충청도

추운 겨울, 뜨거워지는 바다가 있다. 바로 보령 천북 굴단지다. 굴은 가을 찬바람이 불기 시작해 이듬해 봄까지가 가장 싱싱하고 맛있기에 이를 맛보려는 사람들로 이곳은 문전성시를 이룬다.

몇 해 전까지만 해도 무허가 불법 임시 건물이었지만 2018년 상가 건물부터 주차 공간까지 새로 정비하면서 명실상부한 보령의 관광지로 자리매김하고 있다.

굴구이와 굴찜 외에도 돌솥 영양굴밥, 굴칼국수, 굴물회, 굴전 등 다양한 굴요리를 맛볼 수 있다.

**TIP**

- 굴구이는 껍질이 튀고 조리과정이 불편할 수 있으니 편하게 먹고 싶다면 굴찜을, 타닥타닥 불 위에 구우며 맛보고 싶다면 굴구이/굴찜 반반 메뉴를 추천한다.
- 굴구이나 굴찜은 20kg 한 망 기준으로 양이 넉넉하니 4~5인이 함께하면 좋다.
- 굴구이는 굴이 신선한 3월까지 운영한다.
- 80여 개의 가게가 있으니 한 바퀴 둘러보고 마음에 드는 곳으로 들어갈 것을 추천한다.

## 주변 볼거리·먹거리

**우유창고** 보령우유를 생산하는 개화목장에서 운영하는 유제품 복합 문화공간이다. 귀여운 우유팩 모양의 외관으로 인기를 끌었는데 현재는 건너편으로 카페를 옮겨 또 다른 느낌의 우유창고를 경험할 수 있다.

Ⓐ 충청남도 보령시 천북면 홍보로 573 Ⓞ 11:00~19:00 Ⓣ 064-783-9877 Ⓜ 우유아이스크림 4,300원, 목장크림라테 7,500원, 우유한잔 3,500원

**천북양조장카페** 오래된 양조장이 카페로 변신했다. 곳곳에 이곳의 역사를 느낄 수 있는 항아리 등 소품이 가득하고 드넓은 천북의 들판에 자리 잡아 들판이 한눈에 보인다. 넓은 공간과 오래된 소품 덕분에 추운 겨울에 방문해도 실내 공간에서 시간을 보내기 좋다.

Ⓐ 충청남도 보령시 천북면 동산동길 9-2 Ⓞ 11:00~19:00/매주 월요일 휴무 Ⓣ 0507-1392-0830 Ⓜ 아메리카노 4,500원, 카페라테 5,000원, 크로크무슈 6,000원

**보령충청수영성** 드라마 〈동백꽃 필 무렵〉 촬영지로 유명해진 곳이다. 과거 서해로 침입하는 외적을 막기 위해 돌을 쌓아 올린 석성이다. 조선 중종 4년(1509년) 수군절도사 이장생이 축성한 1,650m의 성으로 자라 모양의 지형을 이용해 바다와 섬의 동정을 살피는 해안방어 요충지였다.

Ⓐ 충청남도 보령시 오천면 소성리 661-1 Ⓞ 09:00~19:00/연중 무휴

SPOT 6

## 제주의 삼다를 담은 미로 여행

# 메이즈랜드

**주소** 제주도 제주시 구좌읍 비자림로 2134-47 · **가는 법** 버스 260번 승차 → 메이즈랜드 정류장 하차 → 우측 골목으로 도보 이동(약 3분) · **운영시간** 매일 09:00~18:00(매표 마감 17:00) · **입장료** 성인 12,000원, 청소년 10,000원, 어린이·경로 9,000원 · **전화번호** 064-784-3838 · **홈페이지** mazeland.co.kr

제주 남동

메이즈랜드는 제주를 상징하는 삼다인 바람, 여자, 돌을 테마로 한 이색 미로 테마파크이다.

3개의 메인 미로는 돌하루방 모양의 현무암, 태풍 모양의 측백나무, 해녀 모양의 애기동백과 랠란디 나무로 구성되어 있다. 특히 겨울에는 해녀 미로에 동백꽃이 피어나 향기로움도 함께 한다. 메인 미로 외에도 2개의 작은 미로와 포토 존이 있는 숲길이 마련되어있어 감성 산책도 가능하다. 야외 미로공원을 돌아봤다면 알찬 체험거리를 제공하는 미로퍼즐박물관도 꼭 둘러보자! 그리스 신화에 나오는 미노타우로스를 통해 미로의 기원을 만날 수 있는 영상관과 갤러리, 퍼즐 체험장과 퍼즐 전시실, 퀴즈를 풀며 미로를 탈출하는 지식의 미로 등으로 구성되어 있다. 마지막으로 미로퍼즐박물관의 전망대를 통해 마무리하면 더욱 좋다. 한눈에 들어오는 미로와 메이즈랜드 주변으로 펼쳐진 제주의 오름들을 만날 수 있다.

**주변 볼거리·먹거리**

**아부오름** 나지막하고 완만해 어른 걸음으로 5~7분이면 충분히 올라갈 수 있다. 오름 둘레는 약 2km로 평탄한 편이라 40분 정도면 한 바퀴를 돌아볼 수 있으니 주변 풍경을 감상하며 여유롭게 걸어보는 것도 좋다.

Ⓐ 제주도 제주시 구좌읍 송당리 2263

**월정리 유메이우동** 카페 같은 분위기의 우동집으로 소고기와 소고기 카레, 곱창우동이 준비되어 있다. 진한 소고기 육수를 베이스로 건더기가 듬뿍 들어가 있어 보기만 해도 입맛이 돈다. 진하고 깔끔한 맛이 좋다면 소고기우동, 얼큰하고 칼칼한 맛이 좋다면 곱창우동을 선택한다.

Ⓐ 제주도 제주시 구좌읍 월정3길 52 월정리 Ⓞ 10:00~18:00/매주 화요일 휴무 Ⓣ 064-783-9877 Ⓜ 소고기우동 10,000원, 곱창우동 13,000원, 소고기카레우동 13,000원 Ⓗ www.instagram.com/umayudon

2월의 대한민국

# 봄을 준비하는 대한민국

2월 첫째 주

# 5 week

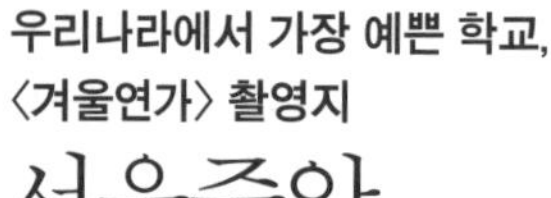

SPOT 1

**우리나라에서 가장 예쁜 학교, 〈겨울연가〉 촬영지**

## 서울중앙 고등학교

서울·경기

**주소** 서울시 종로구 창덕궁길 164(계동) · **가는 법** 3호선 안국역 3번 출구 → 현대빌딩 옆 골목으로 도보 이동(약 10분) · **개방시간** 토요일 1·3·5주 13:00~18:00, 2·4주 09:00~18:00, 일요일 및 공휴일 2·4주 09:00~18:00 · **전화번호** 02-742-1321 · **홈페이지** www.choongang.hs.kr

안국역 3번 출구로 나와 10분 남짓 걸어가면 계동 골목길 끝자락에서 만나게 되는 서울중앙고등학교는 영화 〈해리포터〉의 호그와트처럼 고풍스러운 건물이 멋스럽다. 1908년에 개교해 100년이 넘는 전통을 자랑하는 이 학교는 드라마 〈겨울연가〉 촬영지로 한류 바람을 타고 관광객이 몰리면서 더욱 유명해졌다.

**TIP**

• 평일에는 학생들이 수업 중이라 개방하지 않으나 주말에는 건물 내부까지 모두 개방한다.

### 주변 볼거리 · 먹거리

**북촌문화센터&북촌 한옥마을** 조선시대에 북촌은 고관과 왕족, 사대부들이 거주하던 동네다. 원래 솟을대문이 있는 집 몇 채와 30여 호의 한옥만 있었으나 일제강점기 말부터 많은 한옥이 지어졌으며, 1994년 고도 제한이 풀리면서 일반 건물들이 들어서기 시작했다. 북촌문화센터에서 북촌한옥마을에 관한 다양한 정보를 얻고 전통문화를 체험할 수 있다.

SPOT 2

**정겨움과 짜릿함이 공존하는 곳**

# 논골담길과 도째비골

**주소** 강원도 동해시 논골 1길 2(논골담길)/강원도 동해시 묵호지동 2-109(도째비골) · **가는 법** 동해시종합버스터미널에서 공영버스터미널·뉴동해관광버스정류장 이동 → 버스 21-1, 102, 111, 121, 132, 141, 152, 161, 171번 승차 → 우리은행 앞 하차 → 도보 이동(약 970m, 논골담길), 논골담길에서 도째비골까지 도보 이동(약 540m) · **운영시간** 도째비골 스카이밸리 화~일요일 10:00~18:00/매주 월요일 휴무 · **입장료** 도째비골 스카이밸리 어른 2,000원, 청소년·어린이 1,600원, 미취학 아동 무료/자이언트 슬라이드 3,000원, 스카이사이클(하늘자전거) 15,000원

강원도

묵호항 주변, 어촌 마을만의 특색 있는 이야기가 벽화로 그려져 있어 보는 재미가 있는 곳이다. 실제로 주민이 거주하고 있는 곳이기에 조용히 구경하는 매너는 필수다. 마을 위쪽으로 오르다 보면 포토존과 알록달록한 마을 풍경이 눈길을 사로잡는다. 바다뷰 카페거리와 소품숍도 조성되어 있으니 함께 둘러보아도 좋다.

반짝이는 윤슬을 바라보며 조금만 걷다 보면 도째비골에 다다른다. 도째비란 도깨비의 방언으로 곳곳에서 도깨비 모양의 조형물도 만날 수 있다. 조성된 지 얼마 되지 않아 최근 많은 방문객들이 찾는 이곳은 바닥이 투명한 유리로 되어 있는 스카이워크뿐만 아니라 자이언트 슬라이드, 스카이사이클 등 액티비티도 가능하며, 출구 주변에는 해랑전망대도 있으니 함께 둘러보자.

**주변 볼거리·먹거리**

**연필뮤지엄** 국내 최초의 연필박물관으로 작가들의 연필에 대한 애정도를 느낄 수 있는 공간이다. 내부에 들어서면 직접 수집한 수많은 연필 패키지가 끝도 없이 펼쳐진다. 실제 사용한 연필을 모아놓거나 다른 작가들의 연필 사용법, 연필 그림 등을 전시해 놓고 있으며 포스트잇에 나만의 연필 그림을 공유하는 체험형 공간도 있다.

Ⓐ 강원도 동해시 발한로 183-6 Ⓞ 10:00~18:00(입장 마감 17:30)/매주 화요일 휴관 Ⓒ 성인·청소년 7,000원, 동해시민·어린이 4,500원 Ⓣ 033-532-1010

SPOT 3

예술과 자연의 만남

# 남원시립 김병종미술관

전라도

**주소** 전북특별자치도 남원시 함파우길 65-14 · **가는 법** 남원공용버스터미널 → 택시 이용(약 2km) · **운영시간** 10:00~18:00 · **전화번호** 063-620-5660 · **홈페이지** nkam.modoo.at

2018년에 개관한 남원시립김병종미술관은 짧은 기간에도 불구하고 입소문을 타고 많은 사람에게 회자되고 있다. 서울대학교 미술대학 교수이자 서울대학교미술관 관장을 역임한 김병종 작가의 명성 때문이기도 하지만 조형성이 뛰어난 미술관의 건축 디자인도 한몫했다. 건축에 조금 관심 있는 사람들은 세계적인 건축가 안도 타다오가 설계한 작품으로 착각하곤 하지만 김병종미술관은 전주의 젊은 건축가가 설계한 것이라고 한다.

김병종미술관은 남원시에서 직접 운영하는 공립미술관으로 시민들에게 보다 품격 있는 문화 체험의 기회를 제공하고 있다. 유년 시절을 남원에서 보낸 김병종 작가가 자라면서 늘 갈망했던 문화 예술에 대한 혜택을 고향 후배들이 누릴 수 있도록 400여 점의 작품을 기증하면서 지금의 미술관이 건립되었다. 김병종미술관은 숲으로 둘러싸인 정원형 미술관으로 새소리와 물소리가 가득하고 자연을 즐기며 마음을 치유할 수 있는 복합문화공간이다.

김병종미술관은 총 3개의 갤러리로 구성되어 있다. 갤러리 1에서는 김병종 작가의 작품을 감상할 수 있고, 갤러리 2에서는 기획 전시 작품과 남원 지역 젊은 작가들의 작품을 만날 수 있다. 갤러리 3은 빛과 어둠을 대조적인 콘셉트로 꾸민 독특한 공간이다. 일상에 지친 바쁜 현대인들이 작품을 감상하며 잠시 마음의 평안을 얻고, 멀리 창밖으로 지리산의 푸근한 능선을 보며 지친 마음을 위로 받는다.

### 주변 볼거리·먹거리

**광한루원** 광한루원은 남원을 대표하는 관광지로 〈춘향전〉의 공간적 배경이다. 성춘향과 이몽룡의 사랑만큼이나 애틋하고 아름다운 곳이다. 특히 광한루원의 중심인 광한루는 옥황상제의 궁전을 재현했다고 전해질 만큼 조형미가 뛰어나다.

Ⓐ 전북특별자치도 남원시 요천로 1447 Ⓞ 하절기(4~10월) 08:00~22:00(18:00~22:00 무료), 동절기(11~3월) 08:00~20:00(18:00~20:00 무료) Ⓒ 어른 4,000원, 청소년 2,000원, 어린이 1,500원 Ⓣ 063-620-8907 Ⓗ www.gwanghallu.or.kr Ⓔ 주차 2,000원

**TIP**

- 미술관 입구에 위치한 북카페 '화첩기행'에서는 미술과 문학 관련 도서를 볼 수 있고, 너무 맛있어서 미안하다는 일명 미안커피를 마실 수 있다.
- 갤러리 1에 전시하는 김병종 작가의 작품은 주기적으로 교체되기 때문에 두세 달에 한 번씩 방문하면 새로운 작품을 만날 수 있다.

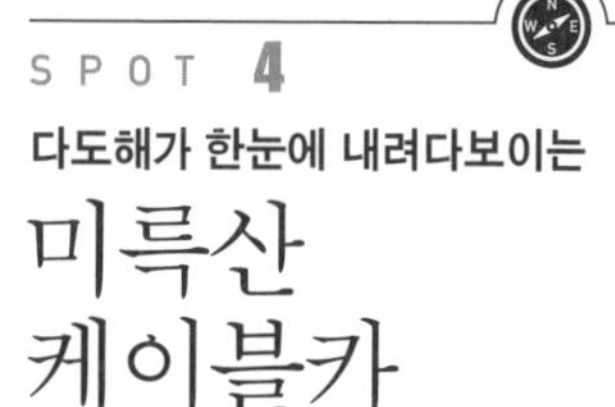

SPOT 4

**다도해가 한눈에 내려다보이는**

# 미륵산 케이블카

**주소** 경상남도 통영시 발개로 205 · **가는 법** 통영종합버스터미널에서 버스 141번 승차 → 케이블카하부역사 하차 → 도보 이동(약 3분) · **운영시간** 동절기(10~3월) 10:00~16:00, 춘추계(4·9월) 10:00~17:00, 하절기(5~8월) 09:00~18:00/매월 둘째·넷째 주 월요일 휴장(기상에 따라 운행 금지) · **전화번호** 1544-3303 · **홈페이지** cablecar.ttdc.kr · **etc** 케이블카 대인 (왕복)17,000원, (편도)13,500원, 소인 (왕복)13,000원, (편도)11,000원

경상도

산림청이 지정한 100대 명산 중 하나인 미륵산은 통영의 대표적인 산으로 봄에는 진달래, 가을이면 화려한 단풍이 아름다운 곳이다. 해발 461m 높이의 미륵산 정상에 서면 아래로 빼어난 풍광을 자랑하는 한려수도와 올망졸망 작은 섬들이 어우러진 아름다운 통영 앞바다가 펼쳐진다. 맑은 날이면 멀리 대마도까지 볼 수 있고, 안개 낀 날은 또 다른 멋스러운 풍광을 자아낸다. 우리나라에서 가장 긴 1,975m 길이의 케이블카를 타고 10

여 분쯤 올라가면 미륵산 정상이다.

한산대첩전망대를 비롯해 한려수도전망대, 통영항전망대 등 각각 다른 위치에서 보는 풍광은 10폭짜리 산수화 병풍을 보는 듯 아름답다.

#### 주변 볼거리·먹거리

**스카이라인루지통영**

산이 많은 통영에서 지형적인 장점을 살려 자연을 만끽할 수 있고 정상에서 비탈진 길을 따라 속도와 스릴을 즐길 수 있다. 루지를 타기 위해 정상까지 올라가다 보면 아름다운 한려수도와 통영 앞바다에 떠있는 크고 작은 섬들이 내려다보이고 발아래로 루지 트랙이 펼쳐져 있다. 한번 타면 멈출 수 없다는 루지는 아름다운 통영의 자연 속에서 잊지 못할 추억을 남기기에 더없이 좋다.

Ⓐ 경상남도 통영시 발개로 178 Ⓓ 월~금요일 10:00~18:00, 토~일요일, 공휴일 09:30~19:00/연중무휴 Ⓒ 루지&스카이라이드 3회 개인 30,400원/어린이동반 탑승 12,000원 Ⓣ 1522-2468 Ⓗ skylineluge.kr/tongyeong Ⓔ 주차 무료

SPOT 5

우리나라에도 사막이 있다

# 태안신두리 해안사구

충청도

**주소** 충청남도 태안군 원북면 신두해변길 201-54 · **가는 법** 태안공용버스터미널에서 버스 311, 315, 316번 승차 → 신두리사구센터앞 하차 · **운영시간** 하절기 09:00~18:00, 동절기 09:00~17:00/신두리사구센터 매주 월요일 휴무 · **전화번호** 041-672-0499

태안 신두리 해안사구는 우리나라 최고의 사구지대로 사막처럼 펼쳐진 넓은 모래벌판이 특징이다. 해변을 따라 길이 약 3.4km, 폭 500m~1.3km 규모로 원형 보존이 잘된 북쪽 지역은 환경적, 생태적 중요성을 인정하여 천연기념물 431호로 지정되었다.

신두리 해안사구는 빙하기 이후 약 1만 5천 년 전부터 서서히 형성된 것으로 추정되며 강한 바람에 모래가 해안가로 운반되면서 오랜 세월을 거쳐 모래언덕으로 만들어졌다.

이곳의 사구가 중요한 이유는 해안 사구만이 가지고 있는 독특한 생태계 때문인데, 다른 곳에서는 보기 힘든 해당화, 통보리사초 등 희귀식물과 맹꽁이, 쇠똥구리 등을 볼 수 있다. 더불어 사구는 육지와 바다의 완충지대로 해안에서부터 불어오는 바람으로부터 농토를 보호하고 바닷물의 유입을 막아주는 역할을 한다.

**TIP**

- 신두리 해안사구의 핵심코스를 보고 싶다면 가장 짧은 A코스, 조금 더 사구를 보고 느끼고 싶다면 B, C코스를 추천한다.
- 빨리 모래사막을 보고 싶다면 A코스의 역방향으로 가서 모래언덕을 먼저 보고 산책을 이어가자.
- 모랫길과 데크길이 이어져 있어 신발에 모래가 들어갈 수 있으니 편한 신발을 신도록 하자.
- 가장 사막 같은 풍경을 보고 싶다면 초록 풀이 자라기 전인 겨울을 추천한다.

**신두리해안사구 탐방로**

- A코스(1.2km, 소요시간 30분) : 신두리사구센터 - 모래언덕입구 - 초종용군락지 - 순비기언덕 - 탐방로 출구
- B코스(2km, 소요시간 1시간) : 신두리사구센터 - 모래언덕입구 - 초종용군락지 - 고라니동산 - 염랑게달랑게 - 순비기언덕 - 탐방로 출구
- C코스(4km, 소요시간 2시간) : 신두리사구센터 - 모래언덕입구 - 초종용군락지 - 고라니동산 - 곰솔생태숲 - 작은별똥재 - 억새골 - 해당화동산 - 염랑게달랑게 - 순비기언덕 - 탐방로 출구

### 주변 볼거리·먹거리

**카페 림즈** 원북면에 있는 감각적인 카페다. 교외에 있는 카페도 아닌 원북 주민센터 옆에 있는데 이런 힙한 감각이라니 다시 한 번 놀라게 된다. 2층 규모의 카페라 공간도 넓고 답답하지 않으며 커피뿐만 아니라 구움과자도 추천한다.

Ⓐ 충청남도 태안군 원북면 원이로 841-3 Ⓞ 수~금요일 11:00~19:00, 토~일요일 10:00~19:00 Ⓣ 0507-1321-3846 Ⓜ 아메리카노 5,000원, 카페라테 5,500원, 피넛크림라테 6,500원 Ⓗ www.instagram.com/cafe.leemz

SPOT 6

**은은한 향기에 취하는 순백의 수선화 군락**

# 한림공원

**주소** 제주도 제주시 한림읍 한림로 300 · **가는 법** 간선버스 202번 승차 → 한림공원 정류장 하차 → 도보 이동(약 4분) · **운영시간** 3~5월, 9~10월 09:00(매표 마감 17:30), 6~8월 09:00(매표 마감 18:00), 11~2월 09:00(매표 마감 16:30) · **입장료** 성인 15,000원, 청소년 10,000원, 어린이 9,000원 · **전화번호** 064-796-0001 · **홈페이지** www.hallimpark.com

제주 북서

이국적인 정취와 제주스러운 풍경을 동시에 만날 수 있는 자연관광공원이다. 10만 평 대지에 아열대식물원과 파충류원, 야자수길, 산야초원, 협재굴과 쌍용굴, 제주석과 분재원, 트로피칼 둘레길 투어, 재암민속마을, 사파리조류원, 재암수석관, 연못정원 총 10개의 테마가 펼쳐져 있다. 아열대식물원을 시작으로 하늘에 닿을 듯한 야자수길에서는 이국적인 풍경을, 천연기념물로 지정된 협재굴과 쌍용굴을 지나 옛 초가의 모습을 복원해놓은 재암민속마을에서는 제주다움을 느낄 수 있는 풍경과 마주하게 된다.

1년 내내 계절별 다른 컨셉으로 진행되는 꽃 축제를 즐길 수 있는데, 1월부터 겨울 추위를 견디고 피기 시작하는 50만 송이에 달하는 수선화 군락이 2월 초 절정에 이르러 더욱 특별하다. 정원으로 들어설 때부터 수선화 향기가 은은하게 전해지고, 금잔옥대 수선화와 겹꽃으로 피는 제주 수선화를 동시에 감상할 수 있어 보기만 해도 마음이 설렌다.

**TIP**

- 공원 안은 생각보다 넓다. 최소 2시간 이상 머물게 되므로 편한 신발을 신고 여유 있게 관람한다.
- 2km 구간을 에코 버스를 타고 해설과 함께 둘러보는 트로피칼 둘레길 투어도 운영하고 있다.(성인 3,000원, 어린이 2,000원)

### 주변 볼거리·먹거리

**명월성지** 제주의 서쪽 부분을 방어했던 곳으로 현재는 극히 일부만 남아 있다. 비양도와 한림항이 바라보이며, 성곽 위를 걸어보며 오래된 역사의 흔적을 느끼기 좋다.

Ⓐ 제주도 제주시 한림읍 명월리 2237

**카페 이면** 브루잉 커피 전문점으로 테이블에 비치된 4개의 원두를 직접 시향해 본 후 선택하면 된다. 몇 테이블 없는 작은 카페이지만 그 안을 가득 채운 커피 향기, 빈티지한 찻잔, 제주 돌담이 보이는 창 등 카페 이면만의 특별함과 잔잔함이 느껴지는 곳이다.

Ⓐ 제주도 제주시 한림읍 금능5길 13 1층 Ⓞ 월~토요일 09:00~17:00/매주 일요일 휴무 Ⓣ 0507-1444-8864 Ⓜ 브루잉커피 7,000원, 밀크티 7,000원

2월 둘째 주

# 6 week

SPOT 1

## 현대와 과거의 조우

# 북촌 8경 여행

서울·경기

**주소** 서울시 종로구 가회동과 삼청동 일대 · **가는 법** 3호선 안국역 2번 출구 → 도보 이동(약 10분) · **전화번호** 02-731-0114 · **홈페이지** bukchon.jongno.go.kr

경복궁과 창덕궁 사이에 위치한 곳으로 전통한옥이 밀집되어 있으며, 많은 사적들과 문화재, 민속자료가 있어 도심 속 거리 박물관으로 불린다. 예전에는 청계천과 종로 윗동네라고 불렸으며, 가회동과 송현동, 안국동 그리고 삼청동으로 이루어져 있다. 북촌 윗동네는 한옥마을이, 아랫동네는 현대식 거리가 어우러져 현대와 과거를 한 번에 체험할 수 있다. 한옥의 멋과 분위기가 살아 있는 북촌 골목길 곳곳에 북촌의 8가지 백미, 즉 북촌 8경이 숨어 있으니 꼭 감상하자!

**TIP**

- 북촌 8경의 각 지점마다 사진을 찍기 좋은 '포토 스팟(photo spot)'을 두었다.
- 북촌한옥마을은 주민들이 거주하고 있는 곳이므로 소란스럽지 않게 주의하자.
- 북촌전망대에서 북촌한옥마을의 전경을 볼 수 있다.

북촌 1경

북촌 2경

북촌 3경

북촌 4경

북촌 5경

북촌 6경

북촌 7경

북촌 8경

**북촌 1경 : 창덕궁 전경**
돌담 너머로 창덕궁 전경이 가장 잘 보이는 장소다. 북촌문화센터에서 나와 북촌 언덕길을 오르면 나온다.

**북촌 2경 : 원서동 공방길**
창덕궁 돌담길을 따라 걷다 보면 골목 끝에서 만날 수 있다. 왕실의 일을 돌보며 살아가던 사람들의 흔적이 고스란히 남아 있다.

**북촌 3경 : 가회동 11번지 일대**
한옥 내부를 감상할 수 있는 일대로, 아름다운 한옥과 다양한 전통문화를 체험할 수 있는 여러 공방이 자리하고 있어 북촌 문화를 고스란히 만날 수 있다.

**북촌 4경 : 가회동 31번지 언덕**
본격적인 한옥 밀집 지역인 가회동 31번지 일대를 한눈에 담을 수 있다. 북촌 꼭대기에 위치한 이준구 가옥도 한눈에 들어온다.

**북촌 5경 : 가회동 골목길(내림)**
한옥의 경관과 흔적이 가장 많이 남아 있는 곳으로 한옥들이 빼곡히 늘어서 있다.

**북촌 6경 : 가회동 골목길(오름)**
한옥 지붕과 처마 사이로 보이는 서울 시내의 전경이 북촌 산책의 백미로 손꼽힌다.

**북촌 7경 : 가회동 31번지(내림)**
한옥 특유의 고즈넉하고 소박한 골목 풍경을 만날 수 있다.

**북촌 8경 : 삼청동 돌계단길**
화개1길에서 삼청동길로 내려가는 돌계단길. 커다란 바위 하나를 통째로 조각해 만든 이색적인 조경이 시선을 사로잡는다.

**주변 볼거리 · 먹거리**

**국립현대미술관** 지하철 3호선 경복궁역에서 내려 경복궁 담벼락을 따라 고즈넉한 운치를 느끼며 미술관까지 걸어가다 보면 경복궁과 마주한 국립현대미술관을 만날 수 있다. 넓은 통유리 너머로 바라보는 미술관 마당과 교육동 3층 옥상 '경복궁 마당'에서 내려다본 풍경이 일품이다.

Ⓐ 서울시 종로구 삼청로 30(소격동) Ⓞ 월·화·목·금·일요일 10:00~18:00, 수·토요일 10:00~21:00/1월 1일·설날 및 추석 당일 휴무 Ⓒ 무료(전시관 관람료는 통합 입장권 5,000원) Ⓣ 02-3701-9500 Ⓗ www.mmca.go.kr

**아띠인력거** 젊은이들이 두 발로 페달을 밟아 운행하는 북촌의 명물 아띠인력거를 타고 북촌, 서촌, 광화문을 색다르게 여행해 보자.

Ⓞ 매일 10:00~18:00/연중무휴 Ⓒ 1시간 투어, 인력거 1대(45,000원)에 성인 2명과 어린이 1명(7세 미만)이 탑승 가능하며 3명 이상일 경우 2대 예약 필수 Ⓣ 1666-1693 Ⓗ www.rideartee.com Ⓔ 대표 번호 혹은 홈페이지에서 사전 예약 후 이용하면 편하다. 우천 시 운행하지 않는다. 탑승을 원하는 장소가 어디든 신속하게 달려온다.

SPOT 2

도심에서 벗어나 힐링여행

# 이상원미술관

**주소** 강원도 춘천시 사북면 화악지암길 99 · **가는 법** 춘천역 경춘선에서 KT 버스 정류장 이동 → 버스 사북2-1(사북203)번 승차 → 이상원미술관 하차 · **운영시간** 매일 10:00~18:00(입장 마감 17:00) · **입장료** 성인 6,000원, 65세 이상·청소년 4,000원 · **전화번호** 0507-1437-9035 · etc 주차비 무료

강원도

미술관 관람부터 공예 공방 체험, 맛있는 식사, 자연 속 스테이까지 가능한 곳이 바로 춘천 이상원미술관이다. 화악산 자락에 위치한 이상원미술관은 인상적인 동그란 모양의 외관과 더불어 안쪽으로 들어가면 카페와 쉴 수 있는 공간, 2층 위쪽으로는 전시가 이어져 있다. 미술관 내에 채광이 예쁘게 들고, 대부분 유리창으로 되어 있어 작품을 보다가 고개를 돌리면 자연이 보인다. 덕분에 자연 속에 파묻혀 전시를 감상하는 듯한 기분도 든다. 이상원 화백의 작품 외에 다른 작가들의 작품도 함께 전시해 더욱 풍요롭다. 전시는 기간에 따라 변경되니 문화생활을 즐기고 싶다면 언제든 편히 찾아 전시도 보고 자연 속에서 마음의 안정도 찾아보자.

### 주변 볼거리·먹거리

**알프스밸리 사계절 썰매장** 겨울철에 빠질 수 없는 액티비티는? 바로 눈썰매! 통통한 튜브 모양 썰매를 타고 눈밭을 가로지르면 나도 모르게 어린아이가 된 듯하다. 내부 공간에서는 어묵, 라면 등 간식을 판매하고 고즈넉한 분위기에 앉을 자리도 많다.

Ⓐ 강원도 춘천시 사북면 지암리 456 Ⓞ 매일 10:00~16:00 Ⓒ 1인당 10,000원 Ⓣ 080-3030-2580

SPOT 3

**100년이 넘은 시장의 부활**

# 1913송정역 시장

전라도

**주소** 광주광역시 광산구 송정로8번길 13 · **가는 법** 광주송정역 → 도보 이동(약 300m) · **전화번호** 062-942-1914 · **홈페이지** 1913songjungmarket.modoo.at · **etc** 공영주차장 시장 이용고객 1시간 무료, 초과 10분까지 250원, 10분당 150원 추가

쇠락해가던 재래시장인 송정역전매일시장이 '1913송정역시장'으로 다시 태어났다. 1913년부터 광주 송정역과 명맥을 같이 한 송정역전매일시장은 100년이 넘는 역사를 간직한 유서 깊은 전통시장이었다. 한때는 넘쳐나는 손님과 물건들로 북적거렸던 시장이 1990년대부터 생겨난 대형마트에 밀려 서서히 쇠퇴의 수순을 밟았다. 이렇게 쇠락해가던 시장에 새로운 바람을 불어 넣은 것은 공공기관이 아닌 디자인 경영으로 유명한 현대카드였다. 강원도 봉평장 프로젝트를 성공적으로 추진했던 현대카드가 전체적인 콘셉트와 디자인 기획을 담당해 큰 주목을 받았다.

2016년 4월, 현대카드 덕분에 완전히 태어난 1913송정역시장은 더 이상 낡고 오래된 재래시장이 아닌 20~30대도 한 번 방문

해 보고 싶은 젊고 트렌디한 전통시장으로 탈바꿈했다. 송정역시장 프로젝트는 기존 건물을 없애고 새로운 건물을 짓는 형태가 아니라 리모델링을 최소화하고 건물과 간판 디자인에 상인들의 역사와 추억을 담았다. 과거와 현대가 공존하는 모습, '바꾸기 위한 변화가 아니라 지키기 위한 변화'를 선택한 것이다.

1913송정역시장이 다른 전통시장과 조금 다른 점은 물건을 사고파는 상점의 기능보다는 먹거리가 우선인 '먹거리 중심 시장'이라는 것이다. 상점의 기능은 대형마트에 비해 경쟁력이 떨어지기 때문에 어쩔 수 없는 선택이었지만 오히려 이것이 시장의 차별화 전략이 되었다. 사람들이 왁자지껄한 분위기의 시장 음식이 그립다면 1913송정역시장에서 사람 냄새를 느껴 보자.

**주변 볼거리·먹거리**

**국립광주과학관** 대전, 과천에 이어 전국에서 세 번째로 개관한 과학관이다. 우주선 같기도 하고, 우주생명체 같기도 한 독특한 외관이 시선을 끈다. 전제 전시물의 80% 이상이 체험시설로, 어린이는 물론 어른들도 흥미롭게 관람할 수 있다.

Ⓐ 광주광역시 북구 첨단과기로 235 Ⓞ 09:30~17:30/매주 월요일 휴관 Ⓒ 어른 5,000원, 청소년·어린이 4,000원, 유치원생 2,000원 Ⓣ 062-960-6210 Ⓗ www.sciencecenter.or.kr Ⓔ 주차 2,000원

**TIP**

- 1913송정역시장은 낮과 해가 진 후의 풍경이 완전히 다르다. 좀 더 운치 있는 전통시장의 분위기를 느끼고 싶다면 해 질 무렵에 방문할 것을 추천한다.
- 시장 주변은 주정차 단속이 심하므로 자동차로 이동할 경우에는 시장 옆 공영주차장 이용을 추천한다. 시장 이용고객은 1시간 무료 주차가 가능하고, 1시간 초과 후에도 주차 요금이 매우 저렴하다.

SPOT 4

바다와 섬 그리고 산을 잇는

# 사천바다 케이블카

**주소** 경상남도 사천시 사천대로 18 · **가는 법** 사천시외버스터미널(삼천포행)에서 진주-사천직행 승차 → 삼천포터미널 하차 → 버스 104, 105번 환승 → 삼천포대교공원 하차 → 도보 이동(약 4분) · **운영시간** 월~화요일 09:30~18:00, 금요일 09:30~20:00, 토요일 09:00~20:00, 일요일 09:00~18:00/매월 첫째·셋째 주 수요일 휴무 · **입장료** 일반캐빈 (왕복)일반 18,000원, 소인 15,000원, (편도)일반 12,000원, 소인 9,000원/크리스탈캐빈 (왕복)일반 23,000원, 소인 20,000원, (편도)일반 15,000원, 소인 12,000원 · **전화번호** 055-831-7300 · **홈페이지** scfmc.or.kr/cablecar · **etc** 주차 무료/왕복권 발권하여 편도구간 이용 시 잔여금액 반환 불가

경상도

국내 최초로 바다와 산을 운행하는 바다케이블카는 바다와 섬 그리고 산이 연결되어 있다. 옅은 해무로 운치를 더했던 사천바다는 한려해상에 속해 있으며 한국의 아름다운 길로 알려진 삼천포대교와 창선대교 그리고 실안해안도로를 따라 올망졸망 솟아있는 섬을 케이블카에 탑승해 볼 수 있는 즐거움이 있다.

대방정류장에서 출발해 초양정류장과 각산정류장까지 총 길

이가 2.43km로 국내 최장거리를 자랑한다. 중간 정류장인 초양 정류장에서 하차가 가능한데 초양도는 일몰과 낙조로 아름다운 곳이다. 또한 봄이면 유채꽃이 피는 곳으로 유명하며 지금은 아쿠아리움과 장미정원을 따라 산책할 수 있도록 조성해놓았다.

각산정류장이 있는 각산은 해발 408m로 실안동을 말발굽처럼 둘러싸고 있으며 와룡산의 위세에 눌려 잘 알려져 있지 않은 산이지만 산세가 포근한 느낌을 준다. 정류장에 하차하여 계단을 따라 전망대에 오르면 바다와 창선삼천포대교가 한눈에 들어오는데, 흰 포말을 일으키며 지나는 배들과 창선삼천포대교는 이국적인 느낌 그 자체다.

### 주변 볼거리·먹거리

**삼천포대교공원** 창선삼천포대교는 늑도, 초양도 그리고 모개섬을 잇고 삼천포대교, 초양대교, 늑도대교, 창선대교, 단항교 이렇게 다섯 개 다리를 연결한다. 삼천포대교공원에서는 창선삼천포대교를 볼 수 있으며 해 질 무렵이면 붉게 물드는 노을과 밤이면 케이블카의 불빛, 창선삼천포대교의 화려한 조명으로 아름답다.

Ⓐ 경상남도 사천시 사천대로 17 Ⓞ 24시간/연중무휴 Ⓣ 055-831-2785 Ⓔ 주차 무료

SPOT 5

**하트나무가 있다? 없다?**

# 성흥산성

충청도

**주소** 충청남도 부여 임천면 군사리 산7-10 · **가는 법** 부여시외버스터미널에서 버스 301, 302, 303번 승차 → 임천 하차 → 도보 이동(약 2.2km)

성흥산성은 동성왕 때 사비성을 지키기 위해 268m의 성흥산에 쌓은 둘레 1,350m, 높이 3~4m의 석성이다. 축조 당시에는 가림성이었으나 성흥산의 이름을 따서 지금은 성흥산성으로 불린다.

주차장에 차를 세우고 오르다 보면 〈서동요〉, 〈호텔 델루나〉 등 수많은 드라마 촬영 안내문이 있어 이곳이 인기 드라마 촬영지임을 알 수 있다. 그곳에서 5~10분 정도를 걸어 올라 숨이 찰 때쯤 거대한 느티나무 한 그루를 만날 수 있다. 이것이 성흥산성 사랑나무라 불리는 느티나무다. 이 나무는 400년 이상 된 것으로 추정되며 나뭇가지가 오묘한 형태로 꺾여 있어 멀리서 보면 하트의 반쪽처럼 보이는 까닭에 사랑나무라 불린다. 특히 나뭇잎이 떨어지고 가지가 앙상해지는 겨울에는 하트모양이 더욱 선명해진다.

해의 위치는 계절에 따라 달라지지만 촬영 각도를 잘 맞춘다면 지는 해를 하트 속으로 넣어 인생 사진을 남길 수 있다.

**TIP**

- 마을 입구에서 2.2km 임도를 따라 오르거나 자동차로 이동이 가능하며 주차장은 450m 전에 위치, 마지막 100m는 가파른 계단을 따라 올라야 하니 안전하고 편한 신발 추천한다.
- 주말 일몰 시간에는 인생 사진을 남기려는 커플 여행자들이 줄을 서서 사진을 찍으니 참고하자.
- 일몰 명소이기도 하지만 일출 명소이기도 하니 이른 아침의 사랑나무와 일출을 추천한다. 운이 좋다면 운해와 일출을 동시에 감상할 수 있다.
- 사진을 두 장 촬영하고 붙여서 한 장의 하트나무를 만들어야 하니 삼각대는 필수다. 삼각대를 이용해 나무 아래에 서서 하트 절반을 찍고 같은 자리에 서서 다른 포즈로 찍는다. 그런 다음 한 장을 좌우 반전하고 반전한 사진과 또 다른 사진을 콜라주로 합성해 하트를 완성한다.

### 주변 볼거리·먹거리

**규암마을(자온길)** 백마강을 마주한 규암마을이 오래된 근현대 건물을 문화 공간으로 개조하고, 이곳에 알맞은 콘텐츠를 채우는 기업형 도시 재생 프로젝트 '자온길프로젝트'를 통해 변신을 꾀하고 있다. 새롭게 태어난 규암마을에 청년예술가들의 발길이 이어지면서 지금은 공방, 식당, 카페 그리고 사진관 등이 생겨나면서 점점 더 힙하게 젊어지고 있다.

Ⓐ 충청남도 부여군 규암면 규암리 155-9(공영주차장) Ⓞ 업체마다 다르나 매주 월~화요일 휴무가 많음

**수월옥** 사람의 손길이 끊긴 지 오래되어 흉가 같던 요정을 개조해 새롭게 태어난 카페다. '빼어난 달'이란 뜻을 지닌 수월옥은 세월의 흐름을 그대로 살리면서 그동안 시멘트로 가려져 있던 서까래를 찾아내 전통가옥을 복원하였다. 콘크리트의 모던함과 색동방석의 좌식 인테리어가 공존한다. 영화감독 출신의 바리스타가 내려주는 핸드드립 커피를 추천한다.

Ⓐ 충청남도 부여군 규암면 수북로 37 Ⓞ 12:00~18:00/매주 화요일 휴무 Ⓣ 010-5455-8912 Ⓜ 아메리카노 4,500원, 카페라테 5,000원, 바닐라라테 5,500원 Ⓗ instagram.com/swokheart

SPOT 6

**거대한 전시관을 꽉 채운 화려한 색감**

# 노형수퍼마켙

제주 북

**주소** 제주도 제주시 노형로 89 · **가는 법** 251, 252번 간선버스, 455, 461번 지선버스 → 제주아트리움 정류장 → 남쪽으로 136m · **운영시간** 매일 09:00~19:00(입장마감 18:00) · **입장료** 성인 15,000원, 청소년 13,000원, 어린이 10,000원 · **전화번호** 064-713-1888 · **홈페이지** nohyung-supermarket.com

두 개의 지구를 잇는 잊혀진 문을 찾는다는 재밌는 설정에서 시작하는 노형수퍼마켙은 다채로운 빛의 향연을 만날 수 있는 미디어아트 전시관이다. 무채색 공간 '노형수퍼마켙 프리쇼', 광섬유로 은은한 반짝거림을 전달해주는 '베롱베롱', 범상치 않은 분위기의 '뭉테구름'을 지나 메인 전시관인 '와랑와랑'으로 들어서면 높이가 주는 압도적인 개방감과 화려한 색감에 깜짝 놀라게 된다. 콜로세움을 연상시키는 원형 스타디움으로 최대 높이가 6층 건물 높이인 20m에 이르기 때문에 바닥부터 벽면까지 가득 찬 영상들은 웅장한 분위기를 연출한다. 추억 속의 장난감, 물감 파티, 제주의 들판, 흩날림 등등 다양한 테마들이 약 5분 간격으로 바뀌며 몇몇은 모션 인식도 되기 때문에 미디어 속으로 적극적으로 빠져들게 된다. 메인 전시 외에도 메인 홀 1층과 연결되는 곳에 제주어로 숨박꼭질을 나타내는 '곱을락'이라는 공간이 있다. 밤의 숲길을 걷듯 잔잔한 분위기를 연출하는 곳과 관객의 실시간 움직임에 반응하는 컨텐츠를 만날 수 있다.

**TIP**

- 어두울 수 있으니 계단으로 이동시에는 각별한 주의가 필요하다.
- 휠체어 및 유모차 이용이 제한된다.

### 주변 볼거리 · 먹거리

**제주도립미술관** 다양한 전시 및 프로그램을 운영하고 있는 제주도 대표 미술관이다. 건축물은 제주의 자연을 담아 설계되었으며 미술관 주변을 둘러싼 얕은 연못에 비친 풍경이 인상적이다.

Ⓐ 제주도 제주시 1100로 2894-78 Ⓞ 09:00~18:00/매주 월요일·1월 1일·설날 및 추석 당일 휴무 Ⓣ 064-710-4300 Ⓒ 성인 2,000원, 청소년 1,000원, 어린이 500원/전시에 따라 관람료 변동 Ⓗ www.jeju.go.kr/jmoa

2월 셋째 주

# 7 week

SPOT 1

## 산책로, 볼거리, 먹거리 3박자를 모두 갖춘

# 감고당길

서울·경기

**주소** 서울시 종로구 안국동 · **가는 법** 3호선 안국역 1번 출구에서 나와 횡단보도를 건너 풍문여자고등학교 방면으로 예쁘게 이어지는 돌담길을 따라 3분 정도 걷다 보면 좌우로 풍성히 뻗은 가로수길이 나오는데 이곳부터 감고당길이 시작된다.

인사동의 끝자락과 삼청동 초입에 위치한 감고당길. 서울 토박이에게도 생소한 이름인지 모른다. 조선시대 숙종이 인현왕후의 부모를 위해 지어준 집인 '감고당(感古堂)'에서 유래됐다. 정독도서관 삼거리 앞에서 끝나는 감고당길(이른바 '정독도서관길'이라 불림)에서는 낭만적인 돌담과 여심을 자극하는 예쁜 숍들, 문화예술은 물론 맛집으로 소문난 다양한 먹거리를 만날 수 있는데, 무엇보다 저렴한 가격이 장점이다. 또한 수많은 갤러리와 카페가 몰려 있어 먹으며, 구경하며, 쉬어가며 거닐 수 있다.

덕성여고와 덕성여중의 사잇길인 감고당길

TIP

- 정독도서관 삼거리를 기준으로 좌측 골목으로 들어가면 삼청동, 우측 커피방앗간 골목으로 올라가면 북촌한옥마을이 시작된다. 그리고 가운데 골목으로 직진하면 국립현대미술관이 나온다.

감고당길이 많은 이들로부터 사랑받는 이유는 이 낭만적인 돌담 때문이다.

## 주변 볼거리·먹거리

**토속촌삼계탕** 1983년 개업한 이래 현재까지 길게 줄을 서서 기다렸다 먹는 곳. 외국 관광객 사이에서도 유명해 발길이 끊이지 않는 글로벌 맛집이다.

Ⓐ 서울시 종로구 자하문로5길 5 Ⓞ 10:00~22:00/연중무휴 Ⓣ 02-737-7444 Ⓗ www.tosokchon.com Ⓜ 토속촌 삼계탕 20,000원

**풍년쌀농산** 풍년쌀농산은 손수 만든 집고추장으로 조미료를 넣지 않은 집떡볶이와 쫄깃한 1,000원짜리 떡꼬치 하나로 삼청동 일대를 평정한 맛집이다. 과거 쌀집이었으나 장사가 잘되지 않자, 쌀떡으로 떡볶이를 만들어 팔기 시작하면서 유명세를 탔다. 방앗간에서 직접 뽑은 쌀떡을 꼬치에 꽂아 튀겨 매콤달콤한 양념장을 발라주는 쌀떡꼬치와 밥알동동 식혜가 인기 메뉴. 〈수요미식회〉에 최고의 떡볶이집으로 소개되면서 사람들의 발길이 더욱 끊이지 않는 삼청동의 필수 '참새방앗간'이 되었다.

Ⓐ 서울시 종로구 북촌로5가길 32 Ⓞ 11:00~20:00/매주 화요일 휴무 Ⓣ 02-732-7081 Ⓜ 쌀떡꼬치 1,500원, 떡볶이·순대·튀김 각 4,000원, 식혜 3,000원, 어묵꼬치 1,500원

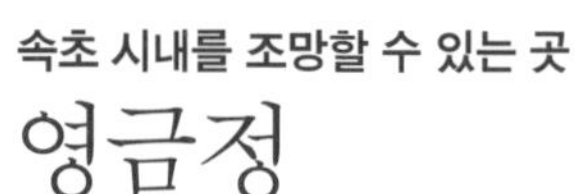

SPOT 2

속초 시내를 조망할 수 있는 곳

# 영금정

강원도

**주소** 강원도 속초시 영금정로 43 · **가는 법** 속초시외버스터미널에서 도보 이동(약 1km) · **전화번호** 033-639-2690

큰 바위 위에 설치된 해상 정자. 영금정은 파도가 바위에 부딪치면서 마치 거문고와 같은 소리가 들린다고 하여 붙여진 이름이다. 안타깝게도 그 신비한 소리는 일제강점기에 속초항의 개발로 파괴되며 더 이상 들을 수 없게 되었지만, 다리를 건너가 바다를 바라보고 있으면 마치 바다 한가운데에 서 있는 듯한 기분과 여전히 아름다운 풍경을 볼 수 있다. 정자 뒤쪽으로는 울산바위, 동명항이 펼쳐져 속초 시내가 한눈에 내려다보이고, 속초시외버스터미널 주변에 위치해 접근성도 좋다. 속초 영금정은 해돋이 명소로 잘 알려져 있지만 야간 관광을 하기에도 손색없을 만큼 멋진 경관을 만날 수 있으니 여행에 참고해 보자.

## 주변 볼거리·먹거리

**속초등대전망대** 과거에는 등대로만 사용했으나 이제는 전망대로 개방해 속초 전망을 내려다볼 수 있는 속초 8경 중 1경이다. 새하얀 등대가 매력적인 이곳은 등대 스탬프 투어 장소이기도 하다.

Ⓐ 강원도 속초시 영금정로5길 8- 28 Ⓞ 하절기 06:00~20:00, 동절기 07:00~18:00 Ⓣ 033-633-3406

**TIP**

영금정은 별도로 주차장이 없어 동명항 활어 직판장 유료 주차장 이용을 추천한다. 주말, 공휴일엔 속초항만지원센터, 속초항 국제여객터미널 주차장을 무료로 개방한다(30분 1,000원, 30분 초과 시 10분당 300원).

SPOT 3

아열대 식물원에서 만나는
봄의 향기

# 전북특별자치도 산림환경연구소 고원화목원

전라도

**주소** 전북특별자치도 진안군 백운면 덕현로 45-54 · **가는 법** 자동차 이용 · **운영시간** 하절기 09:30~17:30, 동절기 10:00~17:00 · **전화번호** 063-290-5494 · **홈페이지** forest.jb.go.kr

'대동강 물도 풀린다'는 우수(雨水)가 지나고 나면 슬슬 봄기운을 느끼고 싶은 시기가 온다. 여전히 아침저녁으로는 옷깃에 찬바람이 스며들지만 곳곳에서 들려오는 봄소식에 마음이 설레는 시기다. 전라도의 남도 지역은 비교적 따뜻해서 간간이 꽃 소식이 들려오지만 북도 지방은 아직 꽃을 보기엔 조금 이른 시기다. 하지만 이맘때 진안 내동산 아래 위치한 '고원화목원'에 방문하면 각양각색의 꽃을 만날 수 있다.

2017년 개원한 고원화목원은 전북특별자치도 산림환경연구소에서 운영하는 식물원이다. 사계절 다양한 식물을 만날 수 있는 곳으로 1,100여 종이 넘는 많은 식물을 보유하고 있다. 고원

지역인 진안의 지리적 특성에 맞게 고산 지역에서 주로 볼 수 있는 구름국화, 한라구절초, 구상나무 등 우리 꽃과 나무가 주종을 이룬다. 또한 아열대 온실에서는 금호선인장, 파인애플, 바나나 등 아열대 식물과 독특한 꽃을 볼 수 있다. 파릇파릇 새싹이 피어나는 봄에 찾는다면 주변을 산책하기도 좋을 것 같다.

아이들과 함께 방문한다면 산림문화홍보관도 둘러보는 것이 좋다. 평소에는 방문객이 많지 않아서 에너지 절약을 위해 소등하고 있지만 관리 담당자에게 문의하면 편안하게 관람할 수 있도록 친절하게 안내해 준다. 우리나라 산림에 대한 다양한 정보를 얻을 수 있고, 간단한 체험 공간도 있어 아이들에게 인기가 높다.

**TIP**

- 아열대 온실은 실내 기온이 높은 편이라 들어갈 때 옷차림을 가볍게 하는 것이 좋다.
- 아열대 온실을 다 둘러보는 데는 천천히 둘러봐도 1시간 정도면 충분하다.

### 주변 볼거리·먹거리

**마이산탑사** 마이산은 멀리서 보면 그 모양이 마치 말의 귀를 닮았다고 하여 붙여진 이름이다. 기이한 경관 때문에 오래전부터 영산(靈山)으로 여겨져 왔다. 탑사는 마이산의 남쪽에 있는 사찰로, 이갑용 처사가 쌓아올렸다는 80여 개의 돌탑이 인상적이다. 돌탑은 그 높이가 어른 키의 세 배를 넘는 것도 있는데, 이를 어떻게 쌓아올렸는지는 아직도 밝혀지지 않아 신비롭기만 하다.

Ⓐ 전북특별자치도 진안군 마령면 마이산남로 367 Ⓞ 09:00~18:00 Ⓣ 063-433-0012 Ⓒ 어른 3,000원, 청소년 2,000원, 어린이 1,000원 Ⓗ www.maisantapsa.com

SPOT **4**

**바다 위 하늘을 나는 듯한**

# 송도 해상케이블카

**주소** 부산광역시 서구 송도해변로 171(하부)/부산광역시 서구 암남공원로 181(상부) · **가는 법** 부산역에서 버스 26번 승차 → 암남동주민센터 하차 → 도보 이동(약 10분) · **운영시간** 1·2·12월 09:00~20:00/3~6월, 9~11월 09:00~21:00/7~8월 09:00~22:00 · **입장료** 크리스털크루즈 왕복 (대인)22,000원, (소인)16,000원, 편도 (대인)17,000원, (소인)13,000원/에어크루즈 왕복 (대인)17,000원, (소인)12,000원, 편도 (대인)13,000원, (소인)10,000원/케이블카 자유이용권(무제한 탑승) 대인 30,000원, 소인 25,000원/스피디크루즈(대기 없이 탑승 가능) 에어크루즈 40,000원, 크리스탈크루즈 50,000원 · **전화번호** 051-247-9900 · **홈페이지** busanaircruise.co.kr · **etc** 무료 주차 가능

경상도

하늘 위에서 내려다보는 바다는 어떤 모습일까? 최근에 생긴 송도해상케이블카는 바닥이 투명한 크리스털 캐빈 케이블카와 8인승 케이블카를 포함해 총 39기가 운행되면서 송도의 멋진 바다 풍경을 선사한다. 높이가 무려 86m로 위에서 내려다보면 오금이 저릴 정도로 짜릿하다.

1964년 국내 처음으로 해상에 설치되었으나 노후화로 1988년 철거되었다가 29년 만에 복원되어 운행 중이다.

케이블카에서 새롭게 정비한 해안가 산책로 암남공원과 남항 그리고 영도까지 빼어난 풍광을 만날 수 있다.

### 주변 볼거리·먹거리

**용궁구름다리** 송림공원과 거북섬을 연결했던 송도구름다리가 암남공원과 동섬을 잇는 송도용궁구름다리로 새롭게 재탄생했다. 바다 위를 걷는 짜릿한 기분, 바다의 수려한 경관과 바다 풍광 그리고 기암절벽의 천혜의 비경을 용궁구름다리 위에서 생생하게 볼 수 있다.

Ⓐ 부산광역시 서구 암남동 620-53 Ⓞ 09:00~18:00(입장 마감 17:30)/첫째·셋째 주 월요일, 설날·추석 명절 당일 휴무 Ⓒ 일반 1,000원/영유아 무료 Ⓣ 051-240-4087 Ⓔ 암남공원에 주차 가능, 기상악화 시 입장 불가

SPOT 5

## 바닷물이 밀려오면 섬이 되는 사찰

# 간월암

충청도

**주소** 충청남도 서산시 부석면 간월도1길 119-29 · **가는 법** 서산공용버스터미널에서 버스 610번 승차 → 간월도 하차 · **운영시간** 간조 시 입장 가능

바닷물이 밀려오면 섬이 되고 빠져나가면 육지가 되는 곳이 바로 간월암이다. 바다가 허락해야만 들어갈 수 있는 사찰이다. 밀물일 때는 간월암으로 가는 길이 사라져 암자가 마치 외로이 떠 있는 섬처럼 보인다. 그래서 이곳에 가기 위해서는 물때를 꼭 확인해야 한다.

간월암은 조선 태조 이성계의 왕사였던 무학대사가 창건한 암자로, 무학이 이곳에서 달을 보고 깨달음을 얻었다 해서 간월암이라는 이름이 유래하였다. 간월도에서 유명한 간월도 어리굴젓은 이곳을 창건한 무학대사가 간월암에서 수도하면서 태조에게 진상한 후 서산의 대표 특산물로 이어지고 있다. 간월도 어리굴젓은 다른 지역 어리굴젓보다 조금 더 익혀서 먹는다.

간월암은 탁 트인 조망으로 일출과 일몰 모두 가능한 곳이다. 특히 안면도 방향으로 해가 지기 때문에 일몰을 감상하기 좋다. 해 질 무렵 노을과 함께 간월암을 담으려는 사진작가들이 많이 찾는다.

**TIP**

- 간월암에 들러 보고 싶다면 꼭 인터넷을 통해 물때 시간을 확인하고 간조 시에 방문하자.
- 만조 시에는 가는 길이 물로 가득 차 통행이 불가능한 완벽한 섬이 된다.

## 주변 볼거리·먹거리

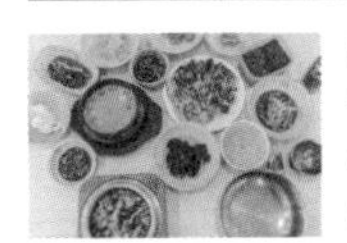

**큰마을영양굴밥** 간월도에서는 굴밥과 어리굴젓을 꼭 먹어 봐야 한다. 간월도의 수많은 굴밥집 중에서도 이곳은 40년을 훌쩍 넘은 식당이다. 따로 주문하지 않아도 굴전이 먼저 나오고 돌솥에 갓 지은 굴밥이 뒤이어 나온다. 달래간장을 넣거나 어리굴젓을 넣어 비벼 먹어도 좋다.

Ⓐ 충청남도 서산시 부석면 간월도 1길 65 Ⓞ 09:00~19:30 Ⓣ 041-662-2706 Ⓜ 영양굴밥 17,000원, 바지락영양밥 17,000원

**카페간월** 간월암 가는 길 2층에 있는 전망 좋은 카페다. 삼면으로 넓은 창 덕분에 홍성 방향, 안면도 방향 바다 조망이 가능하며 일몰 또한 실내에서 가능하다. 바다를 제대로 보고 싶다면 밀물 때에 방문하길 추천한다. 베이커리류도 다양하고 야외 테라스에는 애견 동반이 가능하다.

Ⓐ 충청남도 서산시 부석면 간월도1길 117 2층 Ⓞ 월~금요일 10:30~19:00, 토~일요일 10:30~20:00 Ⓣ 041-664-4501 Ⓜ 흑임자라테 7,500원, 간월슈페너 7,500원 Ⓗ www.instagram.com/cafeganwol

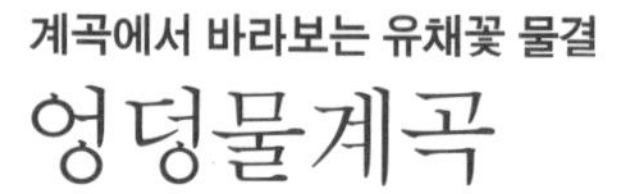

SPOT 6

계곡에서 바라보는 유채꽃 물결

# 엉덩물계곡

**주소** 제주도 서귀포시 색달동 3384-4 · **가는 법** 버스 240, 251, 252번 승차 → 한라병원 정류장 하차 → 공항버스 600번 환승 → 리틀프린스뮤지엄 정류장 하차 → 도보 이동(약 10분)

제주 남

예전에는 큰 바위가 많고 길이 험해 산짐승들도 물을 마시러 왔다가 접근하기 힘들어 엉덩이만 살짝 내밀다 갔다고 해서 이름 붙여진 엉덩물계곡은 독특한 이름만큼이나 재밌는 이야기가 숨겨져 있다. 제주도 대부분의 유채꽃밭들이 넓은 평지에 있는 것과 달리 엉덩물계곡 곳곳에 펼쳐지는 유채꽃 향연을 감상할 수 있다. 평지는 물론 넓은 언덕에도 유채꽃이 가득 피어나 더욱 활력이 넘친다. 계곡을 따라 데크길이 잘 조성되어 있어 여유롭게 산책하며 유채꽃 구경하기에 그만이다.

졸졸졸 들릴 듯 말 듯 흐르는 계곡물에 귀 기울이며 걷다 보면 '미라지'라는 작은 연못에 다다른다. 명칭 공모전 입상작으로

'아름다움이 비단처럼 펼쳐진 땅'이란 뜻이다. 제주도 어디에서도 만날 수 없는 그림 같은 유채꽃 풍경을 만날 수 있다.

**TIP**

- 중문색달해수욕장 북측 주차장 인근에 위치해 있으며, 중문관광단지 전기차충전소를 찾아도 된다. 한국콘도 주차장에 주차하고 산책로로 이동해도 된다.

**주변 볼거리·먹거리**

**고근산** 서귀포 시내와 한라산, 주변의 섬들까지 한눈에 조망할 수 있는 오름. 설문대 할망이 한라산을 베개 삼고, 고근산 분화구에 앉아 범섬에 다리를 걸치고 누워서 물장구를 쳤다는 재미있는 전설이 있다.

Ⓐ 제주도 서귀포시 서호동 1287

**마노커피하우스** 로스터리&핸드드립 전문점으로 좋은 생두만을 한 알 한 알 골라내 밝게 로스팅한다. 커피색은 연하지만 카페인은 그대로 유지되며 기존 커피와는 차원이 다른 풍부한 맛을 느낄 수 있다. 진정한 커피 장인이 내린 커피를 맛보고 싶은 이들에게 추천한다.

Ⓐ 제주도 서귀포시 천제연로188번길 6-6 1층 Ⓞ 매일 09:00~20:30 Ⓣ 0507-1381-7373 Ⓜ 파나마 에스 멜라다 게이샤 30,000원, 자메이카 블루마운틴 No.1 15,000원 등 Ⓗ manocoffeeshop.modoo.at/

2월 넷째 주

# 8 week

SPOT 1

**하루의 여행**

## 피크닉

**주소** 서울시 중구 남창동 194 · **가는 법** 4호선 회현역 3번 출구 → 도보 이동(약 3분) · **운영시간** 11:00~19:00/매주 월요일 휴관 · **입장료** 일반 15,000원, 청소년 12,000원, 어린이 10,000원 · **전화번호** 02-318-3233 · **홈페이지** www.piknic.kr · etc 원활한 관람을 위해 인원수를 조정하므로 정해진 시간에만 입장할 수 있다./1층 물품보관함(무료 이용)에 가방을 넣어두고 입장한다./DSLR 촬영 금지

서울·경기

2018년 5월 26일 피크닉(Piknic)은 세계적인 음악가 류이치 사카모토의 첫 개인전을 세계 최초로 전시하며 포문을 열었다. 전시, 카페, 와인바, 레스토랑, 문구 편집숍 등 다양한 공간들을 큐레이션한 디자인 놀이터이자 감성을 충전하는 복합문화공간이다. 1970년대 한 중견 제약 회사의 오래된 사옥을 최대한 보존하는 방식으로 리노베이션했다. 전시장, 카페, 프렌치 레스토랑, 국내외 독립 브랜드 편집숍, 남산이 한눈에 보이는 루프톱 등 온종일 문화와 휴식을 즐길 수 있는 공간이다.

① 낮에는 카페로, 저녁에는 바(Bar)로 사용되는 바 피크닉. 드리스 반 노튼 패션쇼에서 영감을 받아 제작된 파격적인 샹들리에가 단순한 원목 테이블과 대조를 이루며 강렬함을 선사한다.

② 전시 연계 상품과 기념품을 판매하는 숍 피크닉과 카페 피크닉(kafe piknic).

③ 지하 1층부터 지상 3층까지 모든 전시 관람을 끝내고 옥상 문을 열고 마지막 계단을 올라서면 남산타워가 한눈에 보이는 루프톱이다. 탁 트인 풍경이 360도로 펼쳐지는 이곳은 또 다른 전시 공간이자 휴식처다.

④ 70여 개의 국내 소규모 독립 브랜드를 판매하는 편집숍 키오스크키오스크.

⑤ 관객의 공감각적 체험을 이끄는 전시 공간. 관객이 적극적으로 참여하며 마음껏 사진도 찍을 수 있는 전시 형태가 다른 전시관들과 차별화된다. 덕분에 개관 한 달 만에 핫플레이스로 등극했다.

### 주변 볼거리·먹거리

**동묘벼룩시장** '없는 것 빼고 다 있다'는 일명 '도깨비시장'. 옛 이름은 황학동 벼룩시장이다. 지하철 1·6호선 동묘역 3번 출구에서 청계천변까지 골목마다 빼곡히 들어찬 만물상들이 세상에 존재하는 모든 물건들을 판매한다.

Ⓐ 서울시 중구 황학동 Ⓞ 보통 오전 10시부터 일몰까지/연중무휴 Ⓔ 카드는 받지 않으니 현금 필수

SPOT 2

**개방 3년차**

# 덕봉산 해안생태 탐방로

강원도

**주소** 강원도 삼척시 근덕면 교가리 산136 · **가는 법** 삼척역(삼척선)에서 자동차 이용(약 8.7km) · **전화번호** 033-570-3845 · **홈페이지** samcheok.go.kr/tour.web · **etc** 맹방해수욕장에 주차

2021년 개방한 바다 위에 있는 산. 이곳은 과거 덕산도로 불리다가 현재는 육지와 이어지며 덕봉산이라 부르고 있다. 탐방로는 전망대 오르막길을 제외하고는 대부분 평지이며, 산 전체를 돌아도 30분이면 충분해 산책하기 제격이다. 덕봉산은 맹방해수욕장과 덕산해수욕장 사이에 위치해 바다와 함께 사진 찍기에도 좋다. 덕산해수욕장과 덕봉산을 잇는 외나무다리 또한 인기있는 사진스폿 중 하나다. 이 일대는 동해에서 몇 안 되는 일몰 장소이니 방문 전 일몰 시간을 검색하고 20분 전에 방문해 예쁜 노을 풍경을 만나 보아도 좋을 것이다.

### 주변 볼거리·먹거리

**삼척민물고기전시관**

귀여운 새끼 물고기부터 철갑상어까지 살아있는 민물고기들을 한눈에 볼 수 있는 곳이다. 외부에는 대형 수조가 있고, 내부에는 체험관, 수초터널, 생태관, 해저터널, 닥터피시체험관 등이 있어 아이와 함께 방문해볼 만하다.

Ⓐ 강원도 삼척시 근덕면 초당길 234 Ⓞ 동절기 09:00~16:00, 하절기 3~10월 09:00~17:00/매주 월요일 정기휴무 Ⓒ 무료 Ⓣ 033-570-4451

SPOT 3

가장 먼저 봄소식을 전하는

# 금둔사

전라도

**주소** 전라남도 순천시 낙안면 상송리 산2-2 · **가는 법** 자동차 이용 · **전화번호** 061-754-6942

순천에는 송광사, 선암사 등 이름만 들어도 알 만한 사찰이 많다. 하지만 금둔사를 아는 이는 그리 많지 않다. 낙안읍성 근처 금전산 자락에 기대어 있는 금둔사는 본래 통일신라 때 세워졌지만 후에 소실되었다가 1980년대에 복원된 것으로 전해진다. 절의 규모가 작고 고색창연한 기품도 없지만 입구의 돌다리는 선암사 승선교와 비교할 만큼 조형미가 뛰어나다.

최근 금둔사는 우리나라에서 가장 먼저 봄소식을 전하는 홍매화인 납월매로 유명해졌다. '납월'은 음력 섣달을 뜻하는 말로, 음력 섣달에 피는 매화라 하여 '납월매'라 부르는 것이다. 뒤쪽의 금전산이 바람을 막아 주고 앞쪽에는 햇볕이 잘 들어 일찍

핀 홍매화가 다른 곳보다 빨리 봄을 알린다. 금둔사에는 여섯 그루의 매화나무가 있다. 전각 사이에 핀 분홍빛 꽃송이에 눈이 환해지고 마음에 봄빛이 스며든다. 꽃의 생김새가 겹겹으로 성글고, 외래종과 달리 향이 짙고 그윽하다. 금둔사의 홍매화를 제대로 즐기려면 2월 말부터 3월 초 사이에 방문할 것을 권한다. 빠르면 1월 말부터도 피기 시작하지만 3월 초쯤에 가장 화려한 자태를 뽐낸다. 특히 검은 기와지붕과 어우러진 분홍빛 홍매화가 눈부시게 아름답다. 겨울철 칼바람과 추위를 오롯이 견뎌 내고 이렇게 화려한 꽃을 피운 홍매화가 참으로 대견하다.

**TIP**
홍매화는 어두운 배경에 역광으로 촬영하는 것이 좋다.

**주변 볼거리·먹거리**

**낙안읍성민속마을**
나지막한 산으로 둘러싸인 분지에 위치한 낙안읍성은 100여 가구가 마을을 형성하며 살고 있는 곳이다. 조선 중기에 만들어진 읍성으로 성곽 둘레가 1.4km에 이른다. 관아 건물을 빼고는 대부분이 초가로 이루어져 있다. 마을 전체를 한눈에 굽어보고 싶다면 조그만 구릉이 있는 서북쪽 성곽 위쪽을 추천한다.

Ⓐ 전라남도 순천시 낙안면 평촌리 6-4 Ⓞ 2~4월·10월 09:00~ 18:00, 5~9월 08:30~18:30, 1월·11~12월 09:00~17:30 Ⓣ 061-749-8831 Ⓒ 어른 4,000원, 청소년·군인 2,500원, 어린이 1,500원 Ⓗ www.suncheon.go.kr/nagan

SPOT 4

인생샷 갬성샷 핫플

# 곤륜산

**주소** 경상북도 포항시 흥해읍 칠포리 산85-1 · **가는 법** 포항역에서 버스 5000번 승차 → 흥해환승센터 하차 → 버스 청하, 580번 환승 → 흥해하수처리장 하차 → 도보 이동(약 3분) · **운영시간** 24시간(밤늦은 시간에는 어두워 위험할 수 있으니 주의 필요)/연중무휴 · **전화번호** 054-270-8282(포항시청 문화관광과) · etc 입구에 주차 가능

경상도

요즘 포항에서 SNS 인생사진이나 갬성사진 찍기로 최고의 핫플레이스는 곤륜산이다. 정상에 오르면 보이는 흥해와 칠포해수욕장의 푸른 바다가 분위기를 사로잡는다. 흥해읍 칠포리에 위치한 곤륜산은 활공장으로도 이용되고 운 좋은 날이면 패러글라이딩하는 모습도 볼 수 있다.

해발 200m 높이로 주차장에서 정상까지 25분이면 오를 수 있는데 그다지 높지 않지만 가파른 오르막길이 계속 이어진다. 막상 정상에 올라오면 광활하게 펼쳐진 바다를 볼 수 있느니 감탄이 절로 나온다. 한 번도 안 온 사람은 있어도 한 번만 온 사람은 없다는 요즘 새롭게 뜨는 핫플레이스. 곤륜산 정상에서 바라본 동해는 답답했던 일상에서 벗어나 힐링과 쉼을 동시에 느낄 수 있다.

### 주변 볼거리·먹거리

**칠포해수욕장** 포항 북쪽 13km 거리에 있는 칠포해변은 왕모래가 많이 섞여 있으며 해수욕보다는 갯바위 낚시로 유명하다. 칠포해변이 있는 칠포리는 과거 수군만호진이 있던 곳으로 고종 8년 동래로 옮겨가기 전까지 군사요새였다. 7개의 포대가 있는 성이라 하여 칠포성이라 불렀으며, 옻나무가 많고 해안의 바위와 바다색이 짙은 파란색을 띠고 있다 해서 칠포라 부르기도 한다.

Ⓐ 경상북도 포항시 북구 흥해읍 Ⓞ 24시간/연중무휴 Ⓣ 054-270-8282 Ⓔ 주차장 이용

**칠포해오름전망대** 앞에서 보면 영화 〈타이타닉〉을 닮아있는 해오름전망대는 한가운데가 U자 모양으로 휘어져 바다와 더 가깝고 구멍 뚫린 발판 사이로 동해의 속살이 보인다. 칠포해오름전망대 가는 길은 영일만 북파랑길에 속해있으며 과거 군사보호구역으로 해안경비 이동로로 사용되던 길이었다. 풍광이 아름다워 동해안의 자연경관을 감상하며 탐방할 수 있는 아름다운 길이다.

Ⓐ 경상북도 포항시 북구 흥해읍 칠포리 산2-2 Ⓞ 24시간/연중무휴 Ⓣ 054-270-8282

SPOT 5

## 하루 두 번 바다에 잠기는 다리로 이어지는 섬

# 웅도

**주소** 충청남도 서산시 대산읍 웅도리 · **가는 법** 서산공용버스터미널에서 버스 920번 승차 → 대산농협 정류장 하차 → 버스 246번 환승 → 웅도리 하차 → 도보 이동(약 464m) 또는 대산버스터미널에서 버스 246번 승차 → 웅도리 하차 → 도보 이동(약 464m)

충청도

하루에 두 번 바다에 잠기는 다리가 있다. 실제 주민들이 섬으로 오가기 위해 이용하는 서산 웅도로 가는 유두교 이야기다. 섬의 모양이 웅크리고 있는 곰같이 생겼다 해서 웅도 또는 곰섬이라 불린다. 조수 간만의 차에 따라 때로는 섬이 되었다, 때로는 육지와 연결되기도 한다. 그래서 유두교를 보고 모세의 기적이 펼쳐지는 다리라고도 한다.

유두교에 물이 차는 것을 보고 싶다면 물론 만조에 가야 하지만 다리를 건너 섬에 들어가고 싶다면 간조에 방문해야 한다. 웅도에 들어갔다 다시 나오려면 물이 빠지는 간조시간에 나와야 하니 물때를 잘 보고 섬에 들어가자. 만조 1시간 전후로는 차량 통행이 불가능하다.

웅도의 유두교만 보고 돌아가는 여행자들이 많지만 만조 후 물이 빠지는 2시간 후 섬으로 들어가 한 바퀴 돌아보자. 웅도 반송은 밑에서부터 줄기가 여러 갈래로 갈라져 쟁반 같은 모양이다. 400년 정도 된 웅도 반송은 야산 기슭에 있지만 안내문이 잘 되어 있어 찾기 어렵지 않다. 소원을 들어준다는 전설도 있으니 소원을 빌어보자.

바지락, 굴 등이 많이 나오는 섬으로 다양한 갯벌체험도 진행되고 있으니 아이들과 함께 방문하기도 좋다.

바다에 잠기는 웅도 유두교는 2025년이면 더 이상 볼 수 없다. 여행자들에게는 바다에 잠겼다 나타나는 신기한 다리지만 바닷물이 다리 아래로 소통할 수 없어 갯벌 퇴적, 수산물 감소 등 해양 생태 환경 문제가 지속적으로 발생하고 있어 폐쇄형 유두교를 철거하고 다리 아래로 바닷물이 잘 통하는 교량을 만들 예정이다. 유두교 철거가 2025년이지만 그사이 공사가 진행될 수도 있으니 참고하자.

**TIP**

- 웅도로 가기 위해서는 인터넷에서 물때 시간을 읽을 수 있어야 한다. 만조는 밀물이 들어와 물이 가득 차는 때, 간조는 썰물로 물이 빠져나가 해수면이 낮아지는 때를 말한다.
- 유두교에 물이 차는 것을 보고 싶다면 만조 전에 여유 있게 방문해 물이 차오르는 것을 천천히 보기를 추천한다.
- 별도로 주차장이 없으니 유두교 가기 전에 있는 주변 공터에 안전하게 주차해야 한다.
- 물에 잠긴 유두교에 살짝 들어가 보고 싶다면 안전을 위해 만조가 지난 시간을 추천하며, 장화 또는 슬리퍼, 수건 등을 준비하자.

### 주변 볼거리·먹거리

**벌천포해수욕장** 자갈해변으로 서산에서 맑은 바다를 볼 수 있는 곳이다. 해수욕장 끝에는 솔밭 야영장이 있어 조용하게 여름 바다를 즐기고 싶은 이들이 많이 찾는 곳이다. 솔밭 야영장으로 가는 쪽 앞에는 흰발농게 조형물이 있는데 바로 멸종위기 해양생물인 흰발농게 서식지이기 때문이다.

Ⓐ 충청남도 서산시 대산읍 오지리

**황금산 코끼리바위** 156m 낮은 산을 넘으면 만날 수 있는 5m의 바위는 코끼리가 물을 먹고 있는 모습을 하고 있어 코끼리 바위라 부른다. 파도에 침식되어 만들어진 몽돌도 있으니, 잠깐의 수고스러운 등산을 즐겨보자.

Ⓐ 충청남도 서산시 대산읍 독곶리 산 230-2

SPOT 6

## 노란 유채꽃밭 펼쳐지는 아름다운 해안 절경지

# 섭지코지

**주소** 제주도 서귀포시 성산읍 고성리 87 · **가는 법** 버스 212번 승차 → 고성환승 정류장 하차 → 도보 이동(약 3분) → 고성리 구 성산농협 정류장 버스 295번 환승 → 섭지코지 정류장 하차 → 섭지코지 해안도로 방향으로 도보 이동(약 30분, 섭지코지 정류장에서 택시로 이동 추천) · **입장료** 무료 · **주차료** 승용차 1,000원, 승합차 2,000원, 버스 2,000원 · **전화번호** 064-782-2810

제주 남동

제주도 동쪽 해안도로를 따라 달리다 보면 신양해수욕장 너머 바다를 향해 볼록 튀어나온 섭지코지를 만난다. 코지는 '곶'의 제주어로 바다로 돌출되어 나온 지형을 뜻한다. 섭지코지는 성산일출봉을 한눈에 조망할 수 있으며 조선시대 봉화를 올렸던 협자연대, 기암괴석, 붉은 화산송이길이 제주의 푸른 바다와 함께 펼쳐진 해안절경지다. 뛰어난 풍경 덕분에 국내외 많은 관광객들이 방문하며, 〈올인〉, 〈단적비연수〉, 〈이재수의 난〉 등 각종 드라마와 영화의 촬영 장소가 되기도 했다.

방두포등대가 있는 언덕으로 올라가면 유채꽃 물결이 펼쳐지는 섭지코지의 풍경과 선돌바위가 눈에 들어온다. 선돌바위에는 선녀와의 사랑을 이루지 못한 용왕의 아들이 선 채로 돌이 되었다는 전설이 있는데, 선돌 앞에서 사랑을 맹세하고 결혼을 하면 훌륭한 아이를 낳는다고 하니 결혼 계획이 있는 연인들은 도전해보길! 섭지코지 내에는 안도 타다오가 설계한 글라스하우스와 유민미술관, 마리아 보타가 설계한 아고라(멤버십만 이용 가능)가 있어 건축 투어를 위해 방문하는 여행객도 많다.

모두 둘러보는 데 넉넉잡아 1시간 30분 정도 소요된다. 편하게 둘러보고 싶다면 휘닉스 제주 섭지코지로 진입해 유원지 매표소에서 카트를 이용하는 방법도 있다.

**TIP**

- 섭지코지 주차장에서 진입하는 방법과 휘닉스섭지코지로 진입하는 방법, 아쿠아플라넷 뒤편 해안산책로를 지나 진입하는 방법, 3가지가 있다. 첫 번째는 섭지코지의 주요 명소들에 접근하는 거리가 짧고, 두 번째는 주차요금이 무료이지만 꽤 먼 거리를 걸어가야 한다. 세 번째는 글라스하우스와 유민미술관과 가깝지만 주차장이 협소하다.
- 휘닉스 제주 섭지코지로 진입할 경우 유원지 레포츠에서 전동카트를 대여할 수 있다.(문의 : 064-731-7000/전동카트 5인승 1시간 30,000원, 전동카트 7인승 1시간 40,000원)

## 주변 볼거리 · 먹거리

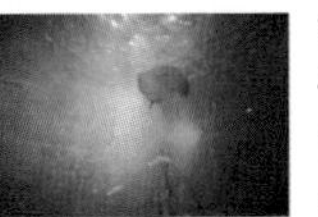

**한화아쿠아플라넷 제주** 63빌딩 씨월드의 11배에 달하는 엄청난 규모를 자랑하는 아시아 최대 규모의 아쿠아리움이다. 전시 생물은 500여 종 2만 8천 마리로 세계적인 규모를 자랑하며 보는 내내 눈이 휘둥그레진다. 날씨와 상관없이 사계절 언제든지 바다의 푸르름을 느낄 수 있고, 부대시설이 잘되어 있는 데다 특색 있는 전시회가 상설 진행된다. 대형 수조에서 특별한 장비 없이 잠수하는 현직 해녀의 모습, 서커스를 방불케 하는 화려한 아쿠아쇼 등 공연 프로그램도 많아 지루할 틈이 전혀 없다.

Ⓐ 제주도 서귀포시 성산읍 섭지코지로 95 Ⓞ 09:30~18:00(매표 마감 17:00) Ⓣ 1833-7001 Ⓒ 종합권(아쿠아리움+오션아레나+특별전시) 대인 43,700원, 청소년 41,800원, 소인(13세 이하) 39,700원 Ⓗ www.aquaplanet.co.kr/jeju/

**글라스하우스** 세계적인 건축가 안도 타다오가 설계한 건축물. 정동향으로 손을 벌린 기하학적 형태로 섭지코지의 주변 풍경과 잘 어우러져 예술 조형물처럼 보인다. 바다유리를 활용한 체험과 전시를 관람할 수 있는 스튜디오, 계절별 식물이 피어나는 정원과 제주의 바다가 펼쳐지는 카페와 레스토랑이 자리잡고 있다.

Ⓐ 제주도 서귀포시 성산읍 고성리 46 Ⓞ 민트 스튜디오 10:00~18:00(064-731-7698), 민트 레스토랑 11:00~21:00(064-731-7773), 민트 카페 10:00~18:00(064-731-7571) Ⓗ phoenixhnr.co.kr/static/jeju/architecture/glass-house

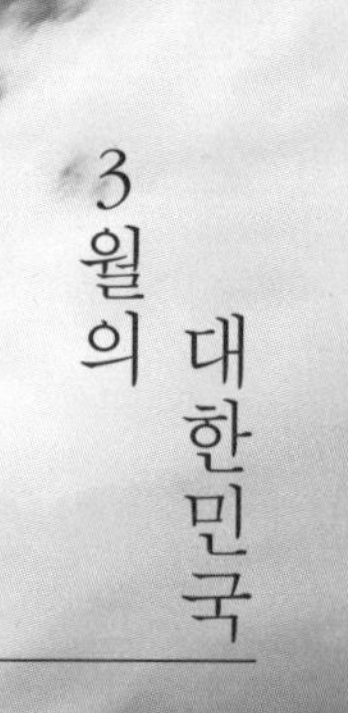


# 겨울의 끝, 봄의 시작

# 9 week

SPOT 1

### 서울에서 가장 오래된 헌책방

## 대오서점

**주소** 서울시 종로구 누하동 33 · **가는 법** 3호선 경복궁역 2번 출구 → 도보 이동(약 5분) → 우리은행 효자동 지점 앞 골목에서 좌회전 · **운영시간** 12:00~21:00/연중무휴 · **관람료** 입장료: 3,000원(엽서 증정) 혹은 1인 1음료 주문 중 선택 · **전화번호** 02-735-1349 · **대표메뉴** 아메리카노 및 유자레몬차 등 모든 음료 5,500원~6,000원(관람료 포함)

서울·경기

서울에서 가장 오래된 헌책방 대오서점은 서촌의 상징이다. 서울 같지 않은 서울 속 동네 서촌에 머물면 발걸음이 저절로 느려지고, 시간 또한 느릿느릿 흘러가는 듯하다. 그런 서촌의 모습을 가장 잘 보여주는 곳이 바로 대오서점이다. 60년이 훌쩍 넘은 시간 동안 서촌을 지켜온 대오서점은 서울에서 가장 오래된 헌책방이기도 하다. 하지만 지금은 중고서점이 아닌 작은 카페로 운영되고 있다. 할머니의 문갑과 학교 의자, 낡은 풍금이 정겹고 소박하다. 운이 좋으면 주인아주머니가 직접 연주하는 풍금 소리를 들을 수 있다.

## 주변 볼거리 · 먹거리

**효자베이커리** 통인동의 터줏대감이자 수십 년 동안 청와대에 빵을 납품한 빵집으로 유명하다. 사라다빵, 맘모스빵, 만주 등 어릴 적 먹던 추억의 빵부터 요즘 인기 있는 건강 발효 빵까지 다양한 종류의 빵을 맛볼 수 있다.

Ⓐ 서울시 종로구 통인동 43-1 Ⓞ 08:00~20:20/매주 월요일 휴무 Ⓣ 02-736-7629 Ⓜ 효자베이커리의 1등 빵 콘브레드 7,000원

**통인시장** 오랜 전통을 지닌 통인시장은 일제강점기인 1941년 효자동 인근의 일본인들을 위하여 조성된 공설시장이 모태이다. 6·25전쟁 이후 서촌지역에 인구가 급증함에 따라 옛 공설시장 주변으로 노점과 상점이 들어서면서 시장의 형태를 갖추게 되었다.

Ⓐ 서울시 종로구 통인동 44번지 Ⓞ 07:00~21:00(점포별 상이)/매달 셋째 주 일요일 시장 전체 휴무 Ⓣ 02-722-0911 Ⓗ tonginmarket.co.kr

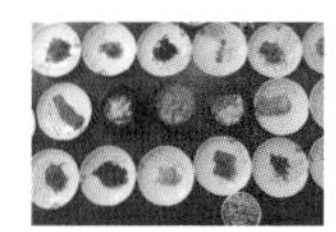

**청수정** 삼청동 한자리에서만 30년이나 지켜온 홍합 정식이 맛있는 집이다.

Ⓐ 서울시 종로구 삼청로 91 Ⓞ 11:00~20:30(휴게 시간 15:00~17:00, 라스트오더 19:30)/연중무휴 Ⓣ 0507-1366-8293 Ⓜ 홍합밥정식 19,800원, 홍합비빔밥 16,000원, 홍합밥도시락 13,000원

**TIP**

- 현재 대오서점은 책방이 아닌 카페로 운영되고 있다. 카페를 이용하지 않고 내부만 구경하려면 입장료 3,000원, 카페 이용 시 1인 1음료 주문 필수!
- 주인아주머니가 직접 담근 유자레몬차를 주문하면 추억의 달고나 사탕이 함께 곁들여 나오고, 유기농 커피와 펄자스민차 등의 음료와 수제 브라우니를 판매한다.

SPOT 2

**내국인부터 외국인까지!**
**한류의 성지**

# 향호해변

강원도

**주소** 강원도 강릉시 주문진읍 주문북로 210(주문진해수욕장) · **가는 법** 주문진시외버스종합터미널에서 주문진시외버스터미널 버스 정류장 이동 → 버스 300, 302, 314번 승차 → 주문진해변 하차 → 도보 이동(약 400m) · **전화번호** 033-640-4535(주문진관광안내소)

국내 BTS 촬영지 중 가장 많이 알려진 곳으로 BTS 버스 정류장이라 불린다. 이곳은 〈You Never Walk Alone〉 뮤직비디오 촬영 당시 임시로 만들었다가 철거했는데, 이후 관광 목적으로 재현해 놓은 곳이다. 현재까지 꾸준히 인기몰이하며 주문진의 대표 여행 코스로 자리 잡았다. 최근에는 BTS 멤버별로 의자를 새로 조성해놓았는데, 좋아하는 멤버의 이름이 있는 의자에 앉아 인증사진을 남기기도 한다. 또한 주문진해변에서부터 향호해변으로 향하는 구간에 있는 벤치, 그네 등도 BTS의 공식 컬러인 보라색으로 칠해 두어 덕후투어를 떠나기에도 좋다.

## 주변 볼거리·먹거리

**영진해변** 한국인부터 외국인 관광객까지 모두가 즐겨 찾는 바다다. 멀리서부터 〈도깨비〉 촬영지임을 알리는 표지판들이 여기저기 보인다. 인기 드라마 촬영지라 메인 포토존에서 사진을 찍기 위해서는 조금 기다려야 할 수도 있다.

Ⓐ 강원도 강릉시 연곡면 영진리 357-155 Ⓣ 033-660-3682

SPOT 3

## 자연을 담은 건강한 빵

# 목월빵집

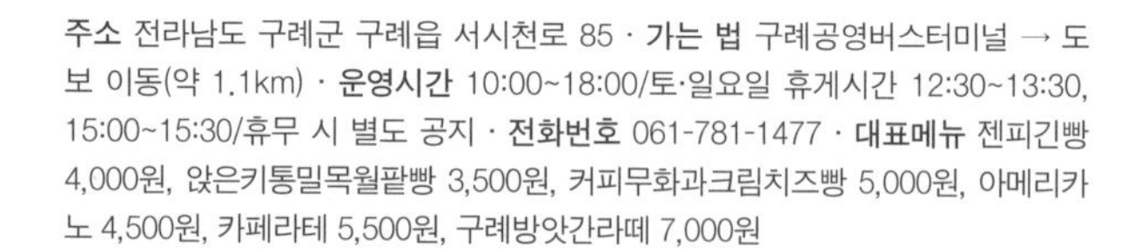
**주소** 전라남도 구례군 구례읍 서시천로 85 · **가는 법** 구례공영버스터미널 → 도보 이동(약 1.1km) · **운영시간** 10:00~18:00/토·일요일 휴게시간 12:30~13:30, 15:00~15:30/휴무 시 별도 공지 · **전화번호** 061-781-1477 · **대표메뉴** 젠피긴빵 4,000원, 앉은키통밀목월팥빵 3,500원, 커피무화과크림치즈빵 5,000원, 아메리카노 4,500원, 카페라테 5,500원, 구례방앗간라떼 7,000원

전라도

구례 소도읍 한산한 골목길에 문전성시를 이루는 작은 빵집이 있다. 인구도 많지 않은 읍내에 오직 빵을 먹기 위해 전국에서 사람들이 모여든다. 목월빵집은 TV 프로그램 〈한국인의 밥상〉, 〈생활의 달인〉 등에 소개되면서 줄 서서 먹는 빵집이 되었다. 목월빵집이 빵지순례의 명소가 된 것은 빵을 만드는 젊은 사장님의 철학 때문이다. 목월빵집은 100% 구례에서 생산하는 우리밀로 빵을 만들고, 대부분의 재료도 구례 농산물을 이용한다. 또한 대부분의 빵에는 우유, 달걀, 설탕, 버터를 사용하지 않는다. 그래서 많이 먹어도 속이 더부룩하지 않은 건강한 빵이 완성된다고 한다.

목월빵집이 이런 특별한 빵을 만들게 된 계기는 사장님이 독일 유학 시절 즐겨먹던 천연발효빵 맛의 추억 때문이다. 한국에 돌아온 뒤 독일에서 먹던 빵을 추억하며 직접 만들어 먹기 시작하다가 본격적으로 제빵을 배웠고, 2016년 고향인 구례에 빵집을 열었다. 우리밀 주산지인 구례의 특색에 맞는 우리밀 빵을 만들기 시작했고, 지금은 전국적으로 소문난 빵집으로 등극했다. 가게 이름은 사장님이 좋아하는 박목월 시인의 '밀밭 길을 구름에 달 가듯이 가는 나그네'라는 시구절에 반해 '목월빵집'이라 지었다고 한다.

**TIP**

- 빵 나오는 시간은 10:00, 11:30~13:30, 13:30~15:30 하루 세 번이며, 시간마다 나오는 빵의 종류가 다르다.
- 평일에도 웨이팅이 많은 편인데, 캐치테이블(CATCHTABLE)로 예약하고 기다리면 된다.
- 음료 주문은 캐치테이블 옆 키오스크에서 하면 된다.
- 구입한 빵과 음료는 빵집 2층, 옥상, 야외 테이블에서 먹을 수 있다.
- 주차는 갓길 주차라인이 그려진 곳에 주차하면 된다.

**주변 볼거리·먹거리**

**구례성당** 1970년 설립된 구례성당은 광주 대교구 소속의 성당이다. 구례는 주민의 약 70%가 불교 신자였는데, 한국전쟁 이후 구호물자로 전쟁난민을 도우면서 천주교 전파가 시작되었다고 한다. 목련 꽃이 필 때 성당에 방문하면 하얀 목련 꽃과 본당이 아름답게 어우러진 멋진 풍경을 만날 수 있다.

Ⓐ 전라남도 구례군 구례읍 학교길 99

**쌍산재**

Ⓐ 전라남도 구례군 마산면 장수길 3-2 Ⓞ 11:00~16:30(입장 마감 16:00) Ⓒ 1인당 10,000원(웰컴티 제공) Ⓣ 061-782-5179 Ⓗ www.ssangsanje.com Ⓔ 안전 사고 예방을 위해 중학생 이상부터 관람 가능

5월 20주 소개(266쪽 참고)

SPOT 4

**부항댐의 전경을 볼 수 있는**

# 부항댐 출렁다리

경상도

**주소** 경상북도 김천시 부항면 신옥리 121 · **가는 법** 김천공용버스터미널에서 버스 김천885-1번 승차 → 신옥리 하차 → 도보 이동(약 13분) · **운영시간** 3~11월 09:00~22:00, 12~2월 09:00~17:00/연중무휴 · **입장료** 무료 · **전화번호** 054-420-6831 · etc 주차 무료

김천의 8경 중 한 곳인 부항댐출렁다리는 가슴이 뻥 뚫릴 정도로 시원한 전망과 댐 수면 위를 걷는 듯한 스릴을 느낄 수 있는 길이 256m의 현수교로 성인 1,400명이 동시에 걸어도 안심할 정도로 튼튼하다. 다리 중간쯤에 투명유리를 설치해 밑으로 내려다보는 아찔함도 느낄 수 있으며 아름다운 부항댐을 볼 수 있다.

수변둘레길로 이어지는 길 끝에 위치한 부항정은 마을의 산세가 가마솥을 닮아 있고 마을이 그 입구에 자리 잡았다 하여 가마솥 부(釜) 자에 목 항(項) 자를 써서 부항이라 했다. 빼어난 길지에 건립되어 전통과 미래가 조화를 이룬 상징으로 세워진 부항정은 댐 주변을 조망할 수 있는 전망대이며 휴식처로 자리하고 있다. 부항댐출렁다리는 인간과 자연이 함께 어우러지길 상상하며 김천의 시조인 왜가리를 모티브로 하여 조성한 어울다리로 호수를 바라보면 마음이 편안해짐을 느낄 수 있다. 부항정에는 타워형 집와이어와 스카이워크가 있어 집와이어 체험도 가능하다.

### 주변 볼거리·먹거리

**부항댐물문화관** 김천시와 구미시 등 경북 서북부 지역의 용수공급과 홍수피해에 대비하고자 건설된 다목적댐으로 4층 전망대에서는 부항호가 한눈에 보인다. 물문화관에는 물과 댐에 대해 자세히 알 수 있도록 전시와 트릭아트, 그리고 재미있는 조형물이 설치되어 있다. 댐 위를 걸으며 부항호를 감상할 수도 있다.

Ⓐ 경상북도 김천시 지례면 부항로 195 Ⓞ 10:00~17:00/매주 월~화요일 휴무 Ⓣ 054-420-2600 Ⓗ www.kwater.or.kr

SPOT 5

일몰이 아름다운 곳

# 옥녀봉

충청도

**주소** 충청남도 논산시 강경읍 북옥리 · **가는 법** 강경역 → 도보 이동(약 20분) · **전화번호** 041-730-4601 · **주차장** 무료 공영주차장

강경읍 북쪽에 자리 잡은 낮은 야산이다. 봉우리에 오르면 낮지만 금강을 한눈에 내려다볼 수 있고 저녁이 되면 금강 너머로 지는 일몰을 볼 수도 있다. 큰 나무 아래 전망대가 있어 벤치에 앉아 일몰 보기에 안성맞춤이다.

달 밝은 보름날 하늘나라 선녀들이 이 산마루에 내려와 아름다운 경치를 즐겼고 맑은 강물에 목욕하고 놀았다는 전설이 있을 만큼 전망 좋은 곳이니 논산에 왔다면 이곳에 들러보기를 추천한다.

TIP

- 부여 성흥산성과 비슷한 구도에 금강까지 내려다볼 수 있는 일몰 포인트지만 아직은 많이 알려지지 않아 조용하게 일몰을 볼 수 있다.
- 2월 중순이 되면 나무 아래 벤치로 해가 지므로 이 시기 일몰을 추천한다.
- 차가운 금강 바람을 맞을 준비를 하고 따뜻하게 옷을 챙겨 입고 가길 추천한다.
- 공영주차장에 차를 세우고 계단을 올라오면 왼쪽에 있는 강경침례교회 최초예배지도 놓치지 말자.

### 주변 볼거리·먹거리

**강경구락부** 강경에는 근대화 건물과 적산가옥이 곳곳에 남아 있는데, 그 중심에는 구 한일은행 강경지점(현 강경역사관) 뒤쪽 강경구락부가 있다. 이곳은 100여 년 전 강경 개화기를 상징하는 복합문화공간으로 특별한 시간여행을 하고 싶은 여행자들에게 추천한다.

Ⓐ 충청남도 논산시 강경읍 계백로167번길 46-11

**선샤인랜드** 국내 최초의 민관합작 드라마 테마파크로 국내 유일의 개화기 촬영장이다. 연면적 6천 평 규모에 근대양식의 다양한 건축물을 지어 1900년대 초 개화기 한성을 그대로 재현하고 있다.

Ⓐ 충청남도 논산시 연무읍 봉황로 102 Ⓞ 하절기 09:00~18:00, 동절기 09:00~17:00/매주 수요일 휴무 Ⓣ 041-730-2955 Ⓗ www.nonsan.go.kr/sunshine

SPOT 6

**옛 여관을 리모델링한**
**문화 예술 공간**

# 산지천갤러리

**주소** 제주도 제주시 중앙로 3길 36 · **가는 법** 466번 지선버스 → 탐라광장 정류장 → 맞은 편 이동 후 우측길로 68m → 좌측길로 32m 이동(도보 3분) · **운영시간** 10:00~18:00(입장 마감 17:00)/매주 월요일·법정공휴일·4·3 희생자 추념일(4월 3일)·근로자의 날 휴무 · **전화번호** 064-725-1208 · **홈페이지** www.sjcgallery.kr

제주 북

한라산 중턱에서 발원해 제주 시내를 지나 바다로 연결되는 산지천은 옛 제주 무역의 거점이자 제주인들이 생활수로 이용하던 곳이다. 항구가 발달하면서 상업시설이 함께 발달했지만, 하천은 심각하게 오염되었다. 1995년부터 30여 년간 오염된 하천을 복원하고 노후된 건물을 철거했으며, 생태 공원을 조성하는 등 원도심 활성화 사업으로 지금의 산지천이 만들어지게 됐다. 녹수장, 금성장, 고씨주택, 유성식품 등 철거되지 않고 보존 건축물로 지정된 몇몇 장소는 갤러리, 책방, 쉼터 등 여러 쓰임으로 재탄생되었으며 산지천갤러리 역시 옛 여관을 리모델링해 조성된 곳이다. 낡은 굴뚝이 있는 독특한 외관은 녹수장과 금성장 2개의 여관을 하나로 합하면서 만들어졌다. 목욕탕의 상징이었던 굴뚝은 산지천갤러리의 또 다른 상징이 되고 있다. 1층은 코워킹스페이스, 카페, 산지천의 흔적을 살펴볼 수 있는 기억 공간, 2 ~ 4층은 갤러리로 운영된다. 산지천갤러리는 단순한 전시 공간이 아닌 제주의 과거 모습과 현재를 이어가는 문화 공간이다. 산지천 산책과 더불어 도보로 이동할 수 있는 기념관, 미술관이 제법 있으니 코스처럼 같이 둘러보면 좋다.

**주변 볼거리·먹거리**

**제주동문재래시장** 50년 역사의 제주도 대표 시장으로 농산물 및 특산품뿐 아니라 최대 규모 수산 시장, 이색 먹거리, 야시장과 청년몰 등 다양한 테마로 운영되고 있다.

Ⓐ 제주도 제주시 관덕로14길 20 Ⓞ 매일 08:00~21:00 Ⓣ 064-752-3001

**엘리펀트 힙** 빈티지한 가구와 소품, 구석구석 예쁘지 않은 곳이 없을 정도로 감성 가득한 브런치 맛집. 분위기만큼이나 플레이팅도 예쁘고, 맛도 좋아 먹는 내내 눈과 입이 즐겁다.

Ⓐ 제주도 제주시 탑동로 20 Ⓞ 10:30~14:00(라스트오더 13:00)/매주 수~목요일 휴무 Ⓣ 0507-1334-2877 Ⓜ 에그인더헬 13,900원, 프렌치토스트 변경 Ⓗ www.instagram.com/elephant.hip

3월 둘째 주

# 10 week

SPOT 1

화가의 집

## 박노수미술관

**주소** 서울시 종로구 옥인동 168-2 · **가는 법** 3호선 경복궁역 3번 출구→마을버스 종로 09번 승차 → 우리약국 하차→도보 이동(약 1분) · **운영시간** 10:00~18:00/매주 월요일·1월 1일·구정·추석 당일 휴관 · **입장료** 어른 3,000원, 청소년 1,800원, 어린이 1,200원 · **전화번호** 02-2148-4171 · **홈페이지** jfac.or.kr

서울·경기

원래 박노수 화가가 살던 집이었는데, 지금은 고풍스런 미술관으로 사용하고 있다. 일제강점기 대표적인 친일파 윤덕영이 딸을 위해 지은 곳으로 조선 말기 한식, 양식, 중국식, 서양식 등 다양한 건축 양식이 뒤섞인 절충식 가옥이다. 1972년부터 동양화가 박노수 화백이 소유하게 됐으며 그가 살던 옛집 그대로 보수해 2013년 9월 미술관으로 개관했다. 정확한 명칭은 '종로 구립 박노수미술관'이다.

**TIP** 관람 포인트

- 작은 뒷동산에 오르면 전망대가 있는데, 서촌이 한눈에 내려다보이는 최고의 뷰 포인트. 놀랍도록 멋진 서촌의 풍경을 놓치지 말 것!
- 3월에 방문하면 빨간 열매를 맺은 산수유나무를 만날 수 있다.
- 대나무가 군락을 이룬 뒷동산은 하얀 눈이 소복하게 쌓인 겨울에 절경을 맞는다.

**TIP**

- 문화재 보호 차원에서 신발을 벗고 입실해야 한다.
- 미술관 내부는 사진 촬영을 할 수 없다.
- 미술관 뒤쪽 전망대에 오르는 돌계단 말고 또 다른 흙길이 나오는데 조금 비탈지고 좁으니 비 오는 날 미끄러지지 않도록 각별히 주의하자.
- 전망대 주변이 주택가이므로 큰 소음은 자제하자!

산수유가 빨갛게 얼굴을 내밀고 봄을 알린다.

### 주변 볼거리·먹거리

**인왕산 수성동 계곡** '물소리가 유명한 계곡'이라 하여 수성동(水聲洞)이라 불리는 인왕산 계곡은 청계천의 발원지로 사계절 내내 아름답고 수려한 풍경이 일품이다. 천재 시인 이상이 자라고, 윤동주가 하숙을 했던 인왕산 자락에 걸쳐 있는 수성동 계곡의 웅장한 기운이 마치 강원도 산골의 깊은 계곡에 온 듯하다. 인왕산 수성동 계곡의 백미는 겸재 정선의 그림에도 나오는 기린교 암석 골짜기. 이 기린교는 조선시대 안평대군의 집터에 있던 돌다리를 가져다 만든 것이다. 1971년 수성동 계곡 우측에 준공된 옥인시범아파트는 근대사가 만들어낸 흉물이었다. 하지만 지금은 이를 허물고 인왕산의 자연경관을 회복했다. 현재는 주민들의 요구로 7동 일부분과 터만 남겨 근대사의 오류와 그 의미를 되새기고 반성하게 했다.

Ⓐ 서울시 종로구 옥인동 185-3 Ⓞ 상시 개방 Ⓣ 02-2148-2844

**영화루** 3대째 이어오는 서촌의 50년 터줏대감. 외관부터 세월의 흔적이 느껴진다. 청양고추와 고추기름으로 매콤한 맛을 낸 짜장소스와 고추짜장이 유명하다.

Ⓐ 서울시 종로구 누하동 25-1 Ⓞ 11:00~21:00(브레이크타임 14:00~17:00)/매주 화요일 휴무 Ⓣ 02-738-1218 Ⓜ 고추간짜장 11,000원, 짜장면 8,000원, 짬뽕 9,000원

SPOT 2

## 알록달록 고성 구암마을
# 아야진 해수욕장

강원도

**주소** 강원도 고성군 토성면 아야진해변길 157 · **가는 법** 간성터미널에서 신안리 버스 정류장 이동 → 버스 1, 1-1(속초)번 승차 → 아야진리·아야진항 입구 하차 → 도보 이동(약 717m) · **전화번호** 033-680-3356 · **홈페이지** ayajinbeach.co.kr · **etc** 해수욕장 반려동물 출입 제한

바다도 보고 특별한 여행 사진도 남기고 싶다면? 크고 작은 바위와 무지개 해안도로가 펼쳐져 있는 아야진해수욕장으로 떠나 보자. 깨끗하게 정비된 산책로를 따라 걸으며 무지개 해안도로에서 사진을 찍는 것은 아야진해수욕장의 필수 코스다. 더불어 해수욕장으로 내려와 깨끗한 백사장을 따라 걷다 보면 거북이 조형물이 하나 나온다. 이는 과거 아야진 등대 주변 마을에 복을 가져온다고 신성시했던 거북이 모양 바위와 관련이 있다. 아야진 일대의 구암마을 역시 거북이 바위에서 따온 이름인데, 안타깝게도 일제강점기에 철거되었으며 현재는 거북 조형물로 복원하여 남아 있다.

## 주변 볼거리·먹거리

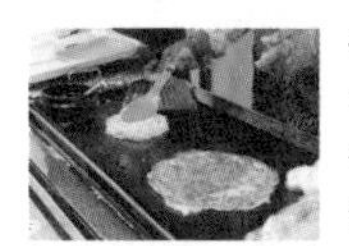

**속초중앙시장** 속초 여행에서 빠질 수 없는 관광지로, 속초 명물 만석닭강정을 비롯해 씨앗호떡, 속초샌드, 설악산단풍빵, 울산바위쿠키 등 다양한 속초 기념품을 맛보거나 구매하기 좋다.

Ⓐ 강원도 속초시 중앙시장로6길 4

**갯배선착장** 입장료 500원으로 즐기는 이색적인 체험! 갈고리로 직접 배에 연결된 와이어 줄을 끌어당기며 갯배를 운전할 수 있다. 갯배는 약 5분간 탑승하며 아바이마을로 향하는 길에 한 번쯤 탑승하기 좋다.

Ⓐ 강원도 속초시 중앙부두길 39 Ⓒ 성인 손수레 자전거 편도 500원, 소인(초등학생) 편도 300원 Ⓣ 033-633-3171

SPOT 3

**매화 길 따라 그윽한 봄 내음 가득**

# 탐매마을

전라도

**주소** 전라남도 순천시 매곡2길 48 · **가는 법** 순천종합버스터미널 → 버스터미널 정류장에서 버스 14, 52, 66, 71번 승차 → 옷장 정류장 하차 → 도보 이동(약 300m)

차갑고 민숭민숭했던 겨울이 지나고 울긋불긋 화려한 봄이 오고 있다. 어릴 적에는 겨울이 끝나야 봄이 온다고 생각했는데, 나이가 들수록 봄이 와야 비로소 겨울이 물러가는 게 아닌가 하는 생각이 든다. 남도의 작은 사찰에서 시작한 봄꽃 소식이 전라도 전체로 퍼지고 있다. 우리나라에서 가장 이른 꽃소식은 금둔사의 홍매화고, 사람들이 모여 사는 마을 중에는 단연 탐매마을의 홍매화다. 수백 그루의 홍매가 늘어선 거리는 몇 년 전부터 SNS를 통해 알려지면서 순천의 명소가 되었다. 홍매화는 '눈 속에서 피는 꽃'이라 하여 '설중매(雪中梅)'라 부르기도 한다.

탐매마을은 순천 매곡동에 위치하고 있다. 조선 중기의 학자

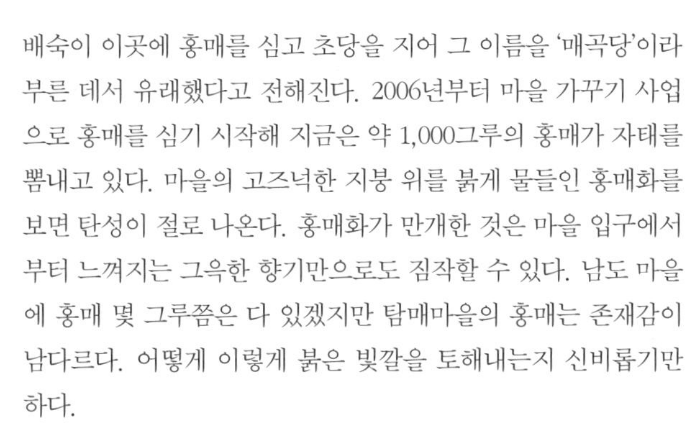

배숙이 이곳에 홍매를 심고 초당을 지어 그 이름을 '매곡당'이라 부른 데서 유래했다고 전해진다. 2006년부터 마을 가꾸기 사업으로 홍매를 심기 시작해 지금은 약 1,000그루의 홍매가 자태를 뽐내고 있다. 마을의 고즈넉한 지붕 위를 붉게 물들인 홍매화를 보면 탄성이 절로 나온다. 홍매화가 만개한 것은 마을 입구에서부터 느껴지는 그윽한 향기만으로도 짐작할 수 있다. 남도 마을에 홍매 몇 그루쯤은 다 있겠지만 탐매마을의 홍매는 존재감이 남다르다. 어떻게 이렇게 붉은 빛깔을 토해내는지 신비롭기만 하다.

탐매마을의 홍매화는 나무에만 피지 않는다. 미술 프로젝트를 통해 담장, 건물 벽에도 화려한 꽃이 피었다. 바람이 불 때, 나무에서 떨어진 꽃잎이 춤을 추며 주변 담장에 핀 꽃과 어우러지면 환상적인 풍경이 펼쳐진다. 잠시 붉은 빛깔에 취해 꽃멀미가 나고 발길을 옮길 때마다 은은한 매화 향이 머리 위로 흩어진다.

**주변 볼거리·먹거리**

**순천복음교회** 보통 매화는 사찰이나 고택과 어울리는 꽃이지만 순천복음교회 앞 정원에서는 갖가지 매화를 만날 수 있다. 은퇴한 이 교회 담임목사가 가꾼 '복음매화정원'에는 청매, 홍맥, 백매, 능수홍매 등 각양각색의 매화가 자라고 있다. 2012년 교회를 이전하면서 다양한 수형의 매화나무를 가져다 심었다. 축구장 절반 정도의 면적에 150여 그루의 매화나무가 있는데, 꽃이 만개할 때는 이곳이 천국이 아닌가 하는 생각이 들 정도로 아름답다.

Ⓐ 전라남도 순천시 왕지로 113 Ⓣ 061-725-8291

**TIP**

- 해마다 꽃 피는 시기가 조금씩 다를 수 있으니 미리 조사 후 가는 것을 추천한다.
- 탐매마을 여행은 '탐매희망센터'에서 시작하는 것이 좋다.
- 전용 주차장은 없고, 주변 갓길에 주차 가능하다.

SPOT 4

**아름답고 희귀한 꽃과 숲의 만남**

# 경상남도 수목원

**주소** 경상남도 진주시 이반성면 수목원로 386 · **가는 법** 진주시외버스터미널에서 버스 281번 승차 → 경상남도수목원 하차 → 도보 이동(약 10분) · **운영시간** 하절기(3~10월) 09:00~18:00, 동절기(11~2월) 09:00~17:00/매주 월요일·1월 1일·설날 휴무 · **입장료** 어른 1,500원, 군인·청소년 1,000원, 어린이 500원 · **전화번호** 055-254-3811 · **홈페이지** gyeongnam.go.kr/tree/index.gyeong · **etc** 주차 무료

경상도

봄이면 가봐야 할 곳 중 한 곳이 수목원이다. 지역마다 크기에 상관없이 하나쯤 수목원이 있고 봄이면 그곳의 숲과 나무가 만들어준 그늘에 앉아 있으면 숲에서 부는 바람이 꽤나 시원하다는 걸 느낄 수 있다. 경상남도 진주에는 꽤 큰 규모의 수목원이 있는데 그곳이 진주시 이반성면에 위치한 경상남도수목원이다. 침엽수원, 잔디원, 민속식물원, 열대식물원 등 다양한 국내외 식물들이 전시되어 있으며, 숲해설과 유아 숲체험을 할 수 있으며 2008년 5월에 문을 연 생태놀이공간인 숲속놀이터와 메

타세쿼이아 가로수길은 아이들과 함께해도 좋을 듯하다. 더위를 피할 수 있는 작은 정자가 있는 곳엔 연못이 있어 수생식물이 자라는 모습도 볼 수 있다. 수목원 안에 위치한 산림박물관에서는 산림과 임업에 관한 역사적 자료를 수집·전시하고 있어 다양한 산림테마 전시를 관람할 수도 있다.

### 주변 볼거리·먹거리

**공간이음** 한옥을 카페로 개조한 공간이음은 모래밭이 있어서 아이들이 놀기에도 좋은 곳이다. 한옥의 아름다운 선과 현대식으로 꾸며놓은 공간이 서로 조화를 이룬다. 한옥 카페답게 내부는 작은 교자상이 놓인 좌식과 입식이 있어 편한 곳을 선택해 앉으면 된다. 햇빛 가득한 마루에 앉으면 초록 잔디밭이 눈에 들어온다. 핸드드립 원두를 선택할 수 있고 음료와 함께 먹을 수 있는 빵과 쿠키도 판매하고 있다.

Ⓐ 경상남도 진주시 사봉면 동부로1769번길 27 Ⓞ 10:00~18:00(라스트오더 17:30)/매주 월요일 휴무 Ⓣ 0507-1347-2579 Ⓗ www.instagram.com/space_eeum_artwork Ⓜ 아메리카노 5,500원, 카페라테 6,000원 Ⓔ 카페 뒤 주차 무료

SPOT 5

**역사를 잊은 자 미래는 없다**

# 독립기념관

**주소** 충청남도 천안시 동남구 목천읍 독립기념관로 1 · **가는 법** 천안종합버스터미널에서 버스 383, 390, 400번 승차 → 독립기념관 하차 · **운영시간** 하절기(3~10월) 09:30~17:00, 동절기(11~2월) 09:30~16:00/매주 월요일 휴관, 휴관일에도 야외시설은 이용 가능 · **전화번호** 041-560-0114 · **홈페이지** i815.or.kr · **etc** 주차 소형 2,000원, 대형 3,000원, 장애인·경차·하이브리드카·저공해차 등 1,000원

충청도

삼일절과 광복절이 되면 생각나는 곳이다. 1987년 국민 성금으로 개관해 지난 30년 동안 대한민국의 역사관을 확립하는 중심이 되고 있다. 나라의 광복을 위해 목숨을 바친 수많은 애국지사의 희생과 독립운동의 역사 및 나라의 역사에 대해 알 수 있는 곳이다.

6개의 상설전시관과 특별전시관, 함께하는 독립운동(체험관), MR 독립영상관이 있다. 특히 고문실, 감옥 등을 실제처럼 꾸며 놓아 선조들의 고통과 아픔을 간접적으로 체험할 수 있다. 어렸을 때 의무감에 누구나 한번은 가봤을 독립기념관이지만 찬찬히 다시 한 번 돌아본다면 그 모습과 의미가 다르게 다가올 것이다.

**TIP**

- 주차장과 버스 정류장에서 도보로 1km 이상 걸어야 하니 편한 신발은 필수다.
- 걷기 힘들다면 유료(성인 1,000원)로 운영중인 태극열차를 이용해 겨레의 집으로 갈 수 있다(겨레의탑-단풍나무숲길 입구-솔숲쉼터-추모의자리-독립군학교-통일의길-겨레의집).
- 홈페이지에 다양한 교육 프로그램이 있으니 아이들과 방문 예정이라면 미리 교육 일정을 확인해 보자.
- 독립기념관 서편에 자리한 조선총독부 철거 부재 전시공원은 놓치기 쉬우나 꼭 들러보자.
- 4km에 이르는 단풍나무길은 가을철 단풍 명소로 산책하기 좋은 곳이다.

### 주변 볼거리·먹거리

**병천순대국밥거리**

충청남도 천안시 동남구 병천면 병천리에 있는 순대음식점 거리로, 1968년에 문을 열어 4대에 걸쳐 운영하고 있으면서 병천순대 골목을 있게 만든 청화집과 바로 맞은 편에 위치한 충남집순대가 가장 유명하다.

Ⓐ 충청남도 천안시 동남구 병천면 충절로 1749(청화집) Ⓞ 09:00~18:30/매주 월요일 휴무 Ⓣ 041-564-1558 Ⓜ 순대국밥 9,000원, 모듬순대 14,000원

**뚜쥬루 빵돌가마마을**

마을까지 이룬 천안의 오래된 빵집 뚜쥬르는 '언제나, 항상 변함없는'이란 뜻의 프랑스어로 안전하고 건강에 좋은 빵을 만들려는 이곳의 철학이 담겨 있다.

Ⓐ 충청남도 천안시 동남구 풍세로 706 Ⓞ 매장 08:00~22:00 Ⓣ 041-578-0036 Ⓜ 돌가마만쥬 2,300원, 거북이빵 2,500원, 돌가마브레드 9,800원 Ⓗ toujours.co.kr

SPOT 6

**원도심과 자연을 아우르는 문화 예술 도보 여행길**

# 작가의산책길

**주소** 제주도 서귀포시 이중섭로 29(이중섭거주지)/출발지 : 이중섭미술관 남쪽 방향 이중섭공원 · **가는 법** 지선버스 642번 승차 → 송산동주민센터 정류장 하차 → 서쪽으로 153m → 우측길로 29m → 좌측길로 74m → 우측길로 16m · **전화번호** 064-760-2485(서귀포시 문화예술과) · **홈페이지** culture.seogwipo.go.kr/artroad/index.htm

제주 남

서귀포 송산동, 정방동, 천지동 일원의 4.9km에 이르는 문화 예술 도보 여행길이다. 이중섭 공원을 시작으로 이중섭 거주지, 이중섭거리, 기당미술관, 칠십리시공원, 자구리해안, 소남머리, 서복전시관, 소정방폭포, 소암기념관 순으로 돌아보면 된다. 출발 지점과 종료 지점이 매우 가깝고 산책길 표시가 잘 되어 있어 어떤 곳에서 시작해도 작가의산책길을 즐기는 데 아무 문제가 없다. 예술 작품과 함께 서귀포 원도심을 지나고 나무가 우거진 공원을 걸으며 시원스레 펼쳐진 해안 절경을 만나는, 이 모든 것을 함께 할 수 있다는 것이 이곳의 가장 큰 매력이다.

서귀포를 사랑했던 거장 이중섭, 변시백, 현중화 님의 작품들은 이중섭미술관, 기당미술관, 소암기념관 3곳에서 만날 수 있다. 또한 작가의산책길 곳곳에서는 총 45점의 예술 조형물이 설치되어 있으니 걷는 동안 눈여겨보자.

서귀포이기 때문에 더욱 특별해지는 풍경들도 있다. 위에서 내려다보는 울창한 숲에 둘러싸인 천지연폭포는 한 폭의 액자에 담긴 그림이 되며, 현지인들이 머물던 자구리공원은 바다를 배경으로 한 지붕 없는 미술관이 되었다. 용천수가 흐르고 주상절리를 볼 수 있는 소남머리는 소암 현중화 선생이 영감을 찾고자 할 때 자주 방문했을 정도로 멋진 해안 절경을 자랑한다.

**TIP**

- 안내소에서 작가의산책길 Artist Map이 비치되어 있으니 챙겨오도록 하자. 걷다 보면 작품들을 놓치기 쉬운데 사전에 지도를 확인하면 도움이 된다.
- 매주 화, 목, 토, 일요일 13:00에 해설사와 함께하는 작가의산책길 프로그램을 운영한다.(작가의산책길 종합안내소 출발)
- 작가의 길 종합안내소 : 제주도 서귀포시 중앙로4번길 13

### 주변 볼거리·먹거리

**이중섭미술관** 불운의 시대의 천재 화가를 기리는 미술관으로 여러 작품과 가족들의 편지 등이 전시되어 있다. 부정기로 여러 작가들의 전시가 열린다.

Ⓐ 제주도 서귀포시 이중섭로 27-3 Ⓞ 09:30~17:30/매주 월요일 휴관 Ⓣ 064-760-3567 Ⓒ 어른(25~64세) 1,500원, 청소년(13~24세) 800원, 어린이(7~12세) 400원 Ⓗ culture.seogwipo.go.kr/jslee

**너븐** 옛 농가 주택을 개조해 만든 카페로 '너븐'은 '넓은'을 뜻하는 제주어이다. 초록의 감귤밭에 놓인 싱그러운 노란색 테이블과 의자, 카페 안 창으로 내다보이는 야자수들, 갤러리 느낌의 별관까지 제주스러우면서 이국적인 느낌이 물씬 전해진다.

Ⓐ 제주도 서귀포시 칠십리로214번길 26 Ⓞ 매일 10:00~19:00 Ⓣ 0507-1427-2412 Ⓜ 아메리카노 6,000원, 너븐라떼 7,500원, 제주 한라봉 에이드 7,500원 등 Ⓗ www.instagram.com/nurven.jeju

3월 셋째 주

# 11 week

SPOT 1

## 농부와 요리사가 함께하는 도시형 농부장터

# 마르쉐@혜화

서울·경기

**주소** 서울시 종로구 동숭동 1-121 마로니에 공원 · **가는 법** 4호선 혜화역 2번 출구 → 도보 이동(약 3분) · **운영시간** 매월 둘째 주 일요일 11:00~16:00 · **홈페이지** www.marcheat.net · **etc** 우천 시 혹은 너무 추운 한겨울에는 마켓이 취소될 수 있으니 방문 전 홈페이지 공지를 미리 확인하자.

농부와 요리사, 수공예사들이 여는 도시형 농부시장 '마르쉐@'에서는 다양하고 건강한 로컬푸드를 만날 수 있다. 생산자와 소비자가 직접 만나 대화를 나누며 조금 더 안심할 수 있는 먹거리를 구입할 수 있는 것이 최대 장점이다. 전국 각지에서 올라온 농부들의 채소와 꿀, 도시에서 귀촌한 농부들이 직접 재배한 개성 넘치는 다품종 소량 생산의 농산물과 제철 토종 식자재, 그리고 요리사들이 그 재료로 만든 먹거리들이 가득하다.

## 주변 볼거리 · 먹거리

**낙산성곽길** 서울의 '몽마르트 언덕'이라 불리는 낙산공원은 낮에도 멋지지만 야경이 정말 아름다워 서울에서 가장 아름다운 달밤 산책길이라고 말할 수 있다.

Ⓐ 서울시 종로구 낙산길 41 Ⓞ 상시 개방 Ⓒ 무료 Ⓣ 02-743-7985

**이화동 벽화마을** 낙산공원에서 대학로 방면으로 내려오면 아기자기한 벽화가 그려진 이화동 벽화마을이 나온다. 마을 전체가 동화 같은 분위기를 자아내 서울에서 가장 아름다운 동네로 명성이 자자하여 사진 좀 찍는다는 이들이 반드시 거쳐 가는 출사지다.

Ⓐ 서울시 종로구 이화동

**TIP**

- '마르쉐'는 프랑스어로 '시장'이라는 뜻이며, 2012년 10월에 처음 열렸다.
- 마켓에 참여하는 셀러들을 홈페이지에서 미리 확인할 수 있다.
- 인기 많은 제품은 12시 전에 품절되므로 오전에 방문하는 것이 좋다.
- 온갖 먹거리를 풍성히 맛보려면 배 속을 가볍게 하고 가자.
- 장바구니와 텀블러, 수저 등 개인 용기를 가져가자. 소액의 보증금을 내면 수저와 음식 용기를 대여해 주지만 개인 용기를 가져온 사람들에게는 덤으로 후하게 퍼주니 참고하자.
- 마르쉐@는 혜화, 성수, 합정, 서울국립대미술관 네 곳에서 정기적으로 열린다(마로니에공원 앞, 성수연방, 무대륙, 서울국립현대미술관 마당). 각각 일정이 다르므로 방문 전 홈페이지에서 시간을 확인하자.

SPOT 2

10분 만에 이런 뷰가?

# 영랑호범바위

**주소** 강원도 속초시 영랑호반길 140 · **가는 법** 속초시외버스터미널에서 도보 이동(약 1.7km) · **입장료** 무료 · **전화번호** 033-639-2690 · **etc** 영랑호수윗길 주차장 이용(무료)

강원도

접근성이 좋아 주차 후 단 10분이면 오를 수 있는 곳, 탁 트인 속초 풍경을 볼 수 있는 속초 영랑호 범바위다. 올라가기 전부터 보이는 범바위의 어마어마한 규모에 헉 소리가 절로 나온다. 산책로 정상에 다다르면 정자가 하나 있어 잠시 숨을 고를 수 있다. 범바위는 속초 8경 중에 하나로 호랑이가 웅크리고 앉아있는 듯한 모양을 하고 있다. 영랑호와 설악산 울산바위가 잘 보이기 때문에 경치를 감상하러 방문하기에도 좋다. 주변에는 영랑호수윗길이 있어 함께 둘러보기 좋다. 이는 영랑호를 가로지르는 부교로 2021년에 개통했으며, 호수 위에 데크길이 조성되어 있어 마치 물 위를 걷는 듯한 기분이 든다. 봄에는 산책로를 따라 벚꽃, 영산홍, 갈대 등을 볼 수 있으니 다가온 봄을 마중 나가보는 것은 어떨까.

## 주변 볼거리·먹거리

**속초해수욕장** 속초 고속버스터미널에서 도보로도 이동할 수 있는 거리에 있어 뚜벅이 여행자에게도 추천하는 곳이다. 탁 트인 바다를 배경으로 일출을 보기 좋으며 해변가 곳곳에 설치된 트렌디한 조형물과 함께 사진 찍기에도 좋다. 주변에는 사계절 내내 푸른 소나무 숲과 작은 공원이 조성되어 있어 일출을 보고 나서 아침 산책을 즐겨보는 것은 어떨까?

Ⓐ 강원도 속초시 조양동

**엑스포타워** 1999년 강원국제관광엑스포를 기념해 만들어진 전망대다. 매표 후 15층으로 올라가면 360도 속초 시티뷰, 오션뷰를 조망할 수 있다. 설악산, 대청봉, 울산바위, 청초호 등 속초를 대표하는 장소들이 한눈에 내려다보이며, 야경도 아름다워 이를 보기 위해 찾는 사람도 많다.

Ⓐ 강원도 속초시 엑스포로 72 Ⓞ 매일 09:00~22:00 Ⓒ 성인 2,500원, 청소년·군경 2,000원, 어린이 1,500원 Ⓣ 033-637-5083

SPOT 3

땅끝 마을에서 올라오는 봄 소식

# 보해매실농원

전라도

**주소** 전라남도 해남군 산이면 예덕길 125-89 · **가는 법** 자동차 이용 · **운영시간** 매화가 피는 기간 상시 개방 · **전화번호** 061-532-4959

매화는 우아한 모습과 청아한 향기 때문에 사군자 중에서도 으뜸으로 여겼다. 고고한 자태와 은은한 향으로 많은 문학 작품의 소재가 되기도 했다. 단순히 꽃만 사람들의 사랑을 받은 것이 아니라 그 열매인 매실도 건강식품으로 사람들에게 사랑을 받고 있다.

보해양조(주)는 1978년 전라남도 해남에 국내 최대 규모인 매실농원을 조성하였고, 매화가 만개할 때는 일반인들에게 무료로 개방하고 있다. 흔히 남도의 매화 하면 광양의 '섬진강 매화마을'이 먼저 떠오르지만 호젓하고 여유롭게 매화를 즐기고 싶다면 '보해매실농원'을 추천한다. 섬진강 매화마을처럼 화려한 포토존이나 잘 가꾸어진 산책로는 없지만 오롯이 꽃에 집중하

고 싶다면 이곳이 제격이다. 축구장 60배가 넘는 면적에 매화나무 14,000여 그루가 만드는 매화 터널은 그야말로 환상적이다. 백매화가 주종이지만 간혹 홍매화가 조화를 이루고 매화밭 양쪽에는 동백꽃이 울타리 역할을 한다. 드넓은 언덕에 가득 흐드러진 꽃을 보면 감탄이 절로 나온다. 바닥은 녹색 양탄자를 깐 듯 초록의 풀밭이고 곳곳에 야생화들이 피어난다.

보해매실농원은 일반인들에게 잘 알려지지 않았다가 영화 〈너는 내 운명〉, 〈연애소설〉 등의 배경이 되면서 입소문이 나기 시작했다. 꽃잎 날리는 봄날의 아름다운 장면을 이곳에서 촬영했다. 시기를 잘 맞춰 방문한다면 마치 영화의 주인공이 된 것처럼 아름다운 풍경을 만날 수도 있다.

**TIP**

- 해마다 꽃 피는 시기가 다를 수 있으니 미리 조사를 해보고 방문할 것을 추천한다.
- 관리사무실 옥상을 전망대로 개방하고 있으며, 이곳에서는 농원 전체를 조망할 수 있다.
- 민간기업에서 무료로 개방하는 곳이므로 나무와 꽃 등이 상하지 않도록 세심한 주의가 필요하다.

### 주변 볼거리·먹거리

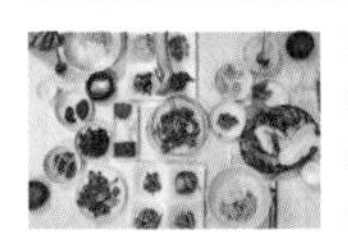

**달동네보리밥집** 보리밥은 한때 배고픔과 가난함의 상징이었지만 이제는 건강식으로 주목받고 있다. 해남읍에서 대흥사로 가는 길에 감탄사가 절로 나오는 보리밥집이 있다. 달동네보리밥집의 대표 메뉴인 '보리밥쌈밥'은 갖가지 반찬을 넣어 비벼 먹을 수 있는 보리밥과 함께 쌈 채소, 석쇠에 구운 제육볶음이 나온다. 흔히 먹는 보리비빔밥과는 차원이 다른 풍미를 느낄 수 있다.

Ⓐ 전라남도 해남군 삼산면 고산로 656 Ⓞ 09:00~20:00/매주 월요일 휴무 Ⓣ 061-532-3667 Ⓜ 보리밥쌈밥 10,000원, 버섯전골 15,000원, 도토리묵 10,000원, 묵은지생삼겹 15,000원

SPOT 4

가장 먼저 봄을 알리는

# 통도사홍매화

**주소** 경상남도 양산시 하북면 통도사로 108 · **가는 법** 통도사신평버스터미널에서 마을버스 지산1번 승차 → 평산삼거리 하차 → 도보 및 택시 이용(도보 이동 시 약 38분) · **운영시간** 06:30~17:30 · **입장료** 무료 · **전화번호** 055-382-7182 · **홈페이지** tongdosa.or.kr · **etc** 주차 요금 경차 2,000원, 17인승 미만 4,000원, 17인승 이상 9,000원

경상도

조금 이른 시각 차 한잔으로 몸을 녹이고 있으면 승려복 차림의 불자들이 길목마다 단정하게 합장하며 통도사로 향하는 모습을 볼 수 있다. 통도사에 들어서는 순간 엄청난 규모에 놀라게 마련이다. 신라 27대 선덕여왕 때 세워진 천년 고찰 통도사는 우리나라 3대 사찰 중 하나로 경내 전각의 수를 다 헤아릴 수 없을 정도다. 대웅전과 금강계단(국보 제290호)에 부처의 진신사리를 모신 불보사찰이기도 하다. 매표소에서 일주문까지 소나무숲길이 길게 이어져 솔향을 맡으며 걷는 것만으로도 힐링이 된다.

1400년의 역사를 지닌 통도사보다 더 유명한 것은 다름 아닌 전국에서 가장 먼저 꽃망울을 터트려 봄을 알린다는 360년 된 홍매화다. 1650년 사찰을 창건한 자장율사의 뜻을 기리기 위해 심은 홍매화는 자장매라고도 불린다. 봄철 통도사로 여행자들의 발길을 끌어들이는 것은 바로 이 홍매화다. 엄숙한 분위기의 경내를 붉고 화사하게 물들이는 홍매화를 담기 위해 수많은 사진작가들이 통도사로 몰려든다.

**주변 볼거리·먹거리**

**이즈원카페** 통도사 근처에 새로 생긴 대형카페로 원통형의 카페 외관과 건물 뒤편에 펼쳐진 보리밭이 인상적이다. 카페 앞마당에는 작은 분수도 있고 야외 좌석과 옥상 루프톱은 색다른 분위기를 연출한다. 원통형 건물이라 계단을 가운데로 두고 어디서든 경치를 볼 수 있다는 장점이 있다.

Ⓐ 경상남도 양산시 하북면 지산로 99-41 Ⓞ 10:30~21:30(라스트오더 21:00)/연중무휴 Ⓣ 055-386-1112 Ⓜ 아메리카노 5,500원, 카페라테 6,000원, 아인슈페너 6,500원 Ⓔ 주차무료

SPOT 5

대전에서 가장 먼저 만나는 봄

# 동춘당

충청도

**주소** 대전광역시 대덕구 동춘당로 80 · **가는 법** 대전 KTX역에서 버스 314번 승차 → 동춘당 하차 · **운영시간** 08:00~17:00

동춘당은 대전에서 제일 먼저 매화를 만날 수 있는 곳으로 대전 동구 도심 한가운데 위치해 있다. 동춘당은 조선 후기 병조판서 송준길의 별당으로 서북쪽에는 송준길의 고택인 사랑채와 안채 사당 등이 별도의 건물로 위치해 도심 한가운데 고택을 중심으로 공원처럼 조성되어 있다.

도심에 있어서인지 햇살이 잘 들어 이곳의 봄꽃은 대전의 다른 곳보다 빠르다. 매화가 피기 시작하면 산수유와 살구꽃 등 색색의 꽃이 피면서 화려한 도심 속 정원으로 변신한다.

동춘당은 송준길의 호를 따서 지은 이름이다. 동춘당의 현판

## 주변 볼거리·먹거리

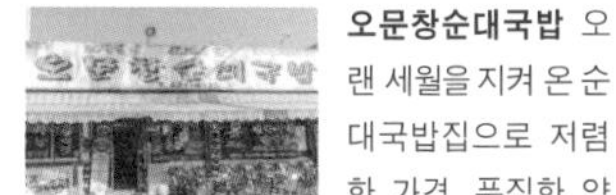

**오문창순대국밥** 오랜 세월을 지켜 온 순대국밥집으로 저렴한 가격, 푸짐한 양으로 가벼운 주머니에도 부담 없이 즐길 수 있다. 순대보다는 머릿고기와 내장이 더 많이 들어가 있어 진한 순대국밥을 좋아하는 이들에게 특히나 인기가 많으며 내장을 좋아하는 사람이라면 특으로 주문할 것을 추천한다. 24시간 영업으로 언제든지 찾을 수 있는 식당이다.

Ⓐ 대전광역시 대덕구 한밭대로 1153 Ⓞ 00:00~24:00/연중무휴 24시간 영업 Ⓣ 042-621-4325 Ⓜ 순대국밥(특) 7,500원, 순대국밥(보) 7,000원, 돼지미니족발 8,000원

은 어린 시절부터 송준길과 함께 공부하며 우의를 다졌던 송시열 선생의 글씨이니 이곳에 들른다면 현판을 보도록 하자.

**TIP**

- 뒤편에 있는 주차장은 협소해 혼잡할 수 있으니 주변 유료 공영주차장(송촌 공영주차장) 이용을 추천한다.

SPOT 6

**태고의 숲이 살아 숨 쉬는 곶자왈 여행**

# 곶자왈 도립공원

제주 남서

**주소** 제주도 서귀포시 대정읍 에듀시티로 178 · **가는 법** 급행버스 151번 승차 → 삼정지에듀 정류장 하차 → 서쪽으로 110m · **운영시간** 3~10월 09:00~18:00(입장 마감 16:00), 11~2월 09:00~17:00(입장 마감 15:00) · **입장료** 성인 1,000원, 청소년 800원, 어린이 500원 · **전화번호** 064-792-6047 · **홈페이지** www.jejugotjawal.or.kr

곶자왈은 수풀을 뜻하는 '곶'과, 덤불을 뜻하는 '자왈'의 합성어로 나무와 덤불, 돌 등이 마구 헝클어진 모습을 일컫는다. 경작이 불가능해 쓸모없는 땅이었지만, 용암이 분출되어 만들어진 지형에 지하수를 머금고, 다양한 동식물이 공존하며, 자연생태계가 잘 유지되고 있어 현재에는 보존 가치가 매우 높은 자연유산이다.

곶자왈도립공원은 제주의 서쪽 지역인 무릉, 신평, 보성, 구억리의 곶자왈을 포함한 생태공원이다. 탐방로는 총 5개 코스로, 걷기 쉬운 데크길부터 원형 그대로의 곶자왈 지형을 느낄 수 있는 길까지 다양하다. 탐방로 중간중간 마련된 곶자왈 퀴즈도 놓치지 말 것! 각 코스마다 4층으로 된 약 15m 높이의 전망대에서 또 다른 시선으로 곶자왈을 바라볼 수 있다. 나무가 빼곡히 들어선 곶자왈의 지붕과 동서남북 시원하게 펼쳐지는 풍경, 주변 오름까지 푸르름으로 가득 찬 제주를 두 눈에 가득 담고 가자.

**TIP**

- 등산화, 운동화를 반드시 착용해야 하며, 구두나 샌들 등 부적절한 복장은 입장이 제한된다. 또한 스틱, 아이젠 등도 공원 훼손 방지를 위해 사용이 금지된다.
- 곶자왈도립공원 내에는 화장실이 없으니 탐방 전에 화장실을 이용해야 한다.
- 반려동물은 출입을 금지한다.
- 해설가와 함께하는 탐방은 사전 예약 없이 당일 현장 선착순으로 참여 가능하다.
- 탐방안내소 2층 전시학습실에서 전시 및 360도 VR을 통해 미리 곶자왈을 만날 수 있다.

## 주변 볼거리 · 먹거리

**단산(바굼지오름)** 박쥐(바구미)가 날개를 편 모습 같다고도 하고, 바구니 모습 같다고도 해서 바구미오름, 바굼지오름이라고 한다. 응회 퇴적층으로 지형이 독특하고, 높지는 않지만 경사가 꽤 가팔라 안전에 주의해야 한다.

Ⓐ 제주도 서귀포시 안덕면 사계리 3123-1

**제주추사관** 건축가 승효상이 추사 김정희의 작품 〈세한도〉에 나오는 집을 바탕으로 설계한 건축물로 절제미가 높이 평가되어, 2010년 제주특별자치도 건축 문화대상을 수상하기도 했다. 제주추사관 외부에는 추사 김정희가 유배 생활을 했던 강도순의 집이 있다. 4·3항쟁 때 불에 탔지만 1984년 고증을 통해 복원되어 제주 전통가옥의 구조와 생활상, 추사의 흔적을 엿볼 수 있다.

Ⓐ 제주도 서귀포시 대정읍 추사로 44 Ⓞ 09:00~18:00(입장 마감 17:30)/매주 월요일·1월 1일·설날·추석 휴관 Ⓒ 무료 Ⓣ 064-710-6803 Ⓗ www.jeju.go.kr/chusa

3월 넷째 주

# 12 week

SPOT 1

**서울에서 가장 높은 미술관**

## 자하미술관

**주소** 서울시 종로구 부암동 362-21 · **가는 법** 3호선 경복궁역 3번 출구 → 일반버스 7022, 1020, 7212번/5호선 광화문역 2번 출구 → 교보빌딩 앞에서 일반버스 7212, 1020번 → 부암동주민센터 하차 → 우측 골목길로 도보 이동(약 15분) · **운영시간** 10:00~18:00/매주 월요일 휴관 · **입장료** 무료 · **전화번호** 02-395-3222 · **홈페이지** www.zahamuseum.com

서울·경기

부암동주민센터에서 우측 골목길로 덩굴이 많은 스러져 가는 높은 담과 귀여운 새끼 길고양이들과 조우하며 꽤 비탈진 언덕길을 걷고 쉬기를 반복하다 보면 인왕산 중턱에서 만나게 되는 고요하고 아름다운 미술관. 자하미술관은 서울의 미술관 중 가장 높은 곳에 위치해 있다. 2층 전시장의 야외 테라스에 올라서면 북악산과 부암동 일대가 한눈에 내려다보이는 전망과 병풍처럼 둘러친 비봉 능선에 탄성이 절로 나온다. 놀랍도록 조용하고, 아늑하며, 분위기 좋은 곳이라 연인 혹은 친구와 함께 가도 좋고, 홀로 찾아도 사색이 가능한 시크릿 스팟이다. 갈 때마다 늘 바뀌는 작은 전시공간에서 감성 예술 산책은 보너스.

## 주변 볼거리·먹거리

**윤동주문학관** 윤동주 시인의 사진 자료와 친필 원고, 시집, 당시에 발간된 문학 잡지 등을 전시하는 문학관이다.

Ⓐ 서울시 종로구 창의문로 119 Ⓞ 10:00~18:00(휴게 시간 13:30~14:00, 입장 마감 17:30) Ⓒ 무료 Ⓣ 02-2148-4175 Ⓔ 제3전시관은 매시 정각, 20분, 40분 상영(상영 시간 약 11분)

**백사실계곡** 도심 속 비밀정원이라 불리는 백사실계곡은 〈오성과 한음〉으로 유명한 백사 이항복의 별장지가 있어 붙은 이름이다. 북악산의 아름답고 수려한 산천으로 둘러싸인 이곳은 잠시 앉아 조용히 휴식하기 좋다.

Ⓐ 서울시 종로구 부암동 115 Ⓞ 상시 개방 Ⓒ 무료 Ⓣ 02-731-0395

**TIP**

- 전시 준비 중에는 개관하지 않으니 홈페이지를 통해 전시 일정을 꼭 확인하고 방문하자.
- 산으로 둘러싸인 동네답게 자하미술관까지 꽤 비탈진 언덕길을 올라가야 하니 편한 신발을 착용하자.
- 2층 전시실의 야외 테라스에서 해 질 녘의 북악산과 부암동 일대를 감상하는 것도 잊지 말자.

SPOT 2

낭만이 가득한

# 공지천 유원지

강원도

**주소** 강원도 춘천시 근화동 690-1 · **가는 법** 남춘천역에서 버스 정류장 이동 → 버스 200-1번 승차 → 공지천사거리 하차 → 도보 이동(약 323m) · **전화번호** 033-250-3089

춘천 사람이라면 절대로 모를 수 없는 곳으로 서울에 한강공원이 있듯이 춘천에는 공지천이 있다. 이곳은 북한강과 이어지는 지방하천을 따라 조성된 유원지로 오랜 기간 춘천 사람들의 소풍과 운동, 휴식을 책임지고 있다. 춘천 출신 소설가 김유정 문학비 등이 있는 조각공원, 춘천 출신 베스트셀러 작가 이외수 작품 이름을 딴 황금비늘테마거리, 야외무대와 분수대도 조성되어 있으며 하천을 따라 데크길이 잘 되어 있으니 산책을 하거나 자전거를 대여해 의암호라이딩코스까지 달려보는 것도 좋겠다. 노을 시간대를 맞춰 방문하면 윤슬이 잘 보여 낭만적인 풍경을 자아낼 것이다. 또한, 매년 4월 초 이 일대에는 벚꽃이 가득 피어나니 참고해보자.

### 주변 볼거리·먹거리

**춘천풍물시장** 야시장 문화가 MZ세대에게 큰 사랑을 받으며 핫하게 떠오르는 곳이다. 봄부터 가을까지 야시장이 열려 밥과 술을 먹으러 오는 사람들이 많은데 주메뉴는 전병, 빈대떡, 치킨 등이다. 매월 끝자리가 2, 7일이 되면 민속 5일장이 열린다.

Ⓐ 강원도 춘천시 영서로 2352-24 Ⓞ 금·토·일 직거래장(4~11월) 06:00~10:00/야시장(3~5월) 18:00~24:00, 야시장(6~10월) 19:00~24:00/매주 월~목요일 휴무 Ⓣ 033-253-5814

**에티오피아한국전참전기념관** 에티오피아 전통가옥 양식인 돔 형태의 참전 기념관이다. 6·25 전쟁 당시 참전했던 에티오피아군의 공로를 기리기 위해 공지천 유원지에 참전 기념탑을 세우고 기념관을 건립했다. 참전 당시 물품과 에티오피아의 역사, 문화에 관해 전시되어 있다.

Ⓐ 강원도 춘천시 이디오피아길 1 Ⓞ 09:00~18:00(입장 마감 17:00)/매주 월요일·공휴일 휴관 Ⓒ 무료 Ⓣ 0507-1361-5178

SPOT 3

바닷속 용궁보다 아름다운 비경

# 용궁마을

전라도

주소 전북특별자치도 남원시 주천면 용궁리 67 · 가는 법 자동차 이용

많은 사람이 전라도의 산수유마을은 구례 산동면에만 있다고 생각하지만, 남원의 '용궁마을'도 대표적인 산수유마을 중 하나다. 지리산 영재봉 기슭에 자리 잡은 용궁마을은 3월 중순이 넘어가면 마을을 뒤덮은 노란 산수유꽃이 장관을 이룬다. 일설에 의하면 용궁마을의 풍광이 마치 바닷속 궁궐 같다 하여 '용궁마을'이라 불렀다고 전해진다.

용궁마을은 수령 3~400년 된 고목과 수백 그루의 산수유나무가 어우러져 독특한 풍경이 펼쳐진다. 마을이 고지대에 위치해 경관이 수려할 뿐만 아니라 각종 산나물과 농산물 등이 풍부하다. 또한 용궁마을의 산수유꽃은 다른 곳과 달리 유난히 색깔이 진하고 꽃망울이 크다. 오래된 돌담길 따라 이어진 산수유꽃

길을 걸으면 눈앞에 펼쳐진 풍경에 순간순간 감탄이 절로 나온다. 마을의 논과 밭, 여유로운 전원 풍경이 어릴 적 살던 고향처럼 포근한 느낌을 준다. 용궁마을은 아기자기한 돌담과 아름다운 농촌의 정취를 잘 간직하고 있어 봄나들이를 즐기는 여행객과 사진가들 사이에 인기가 높다.

TIP

- 별도의 주차장이 없으므로 자동차를 이용할 경우 당산나무가 있는 공터 앞에 주차하면 편리하다.
- 어르신들이 많이 살고 있는 마을이므로 큰 소리로 떠들거나 동네 사람들에게 피해를 주는 행위를 하지 않도록 주의하자.
- 산수유꽃을 감상하고 사진을 찍을 때는 꽃과 농작물이 상하지 않도록 각별히 주의하자.

### 주변 볼거리·먹거리

**한우회관** 한우회관은 한우 전문점이지만 한우보다는 육회비빔밥이 훨씬 더 유명하다. 돌솥밥에서 밥을 덜어 김가루, 달걀, 육회와 야채를 넣고 쓱쓱 비비면 맛있는 육회비빔밥이 된다. 밥을 덜어낸 돌솥에 뜨거운 물을 부어 두면 식사 후 고소한 누룽지를 먹을 수 있다. 이곳은 신뢰를 높이기 위해 식재료에 대한 '특산물 등급 판정 확인서'를 손님에게 공개하고 있다.

Ⓐ 전북특별자치도 남원시 정문길 10 Ⓞ 11:00~21:00(휴게 시간 15:00~17:00, 라스트오더 20:15)/매월 둘째·넷째 주 목요일 휴무 Ⓣ 063-625-4777 Ⓜ 육회비빔밥·곰탕 11,000원, 갈비탕·불고기백반 15,000원

SPOT 4

노란 봄비가 내린 듯

# 산수유 꽃피는마을

경상도

**주소** 경상북도 의성군 사곡면 산수유2길 2 · **가는 법** 의성버스터미널에서 농어촌버스 145-1번 승차 → 화전3리 하차 → 도보 이동 · **전화번호** 054-834-3398 · **홈페이지** www.usc.go.kr/tour · **etc** 주차 무료/산수유꽃 축제 기간에는 별도의 주차장이 마련된다.

2006년 '살기좋은지역만들기 자연경영대회'에서 대상을 받은 화전리 숲실마을. 조선시대부터 자생한 산수유나무 3만 그루가 군락을 이루어 4월 초부터 중순까지 화전리 일대의 산이며 냇가, 마을 전체가 노란 산수유꽃으로 뒤덮인다. 삶이 녹록지 않았던 마을 사람들은 저마다 산수유를 심어 그 열매를 팔아 자식을 키웠다고 하는데, 옹기종기 모인 집들 사이로 지붕을 훌쩍 넘긴 커다란 산수유나무가 한 그루씩 서 있다.

푸릇한 초록색 논밭과 어우러진 노란 산수유꽃은 화려하고 강렬한 봄의 색채를 빚어낸다. 봄 햇살을 받으며 4km가 넘는 산수유 꽃길을 걸으면 마치 그림 속을 걷고 있는 듯 황홀하다. 가을이면 빨간색 열매를 맺어 또 다른 장관을 연출한다.

## 주변 볼거리·먹거리

**고운사** 짙은 노송 향을 맡으며 아름다운 천년의 숲길을 지나면 천년 고찰 고운사에 이른다. 신라 신문왕 때 의상대사가 창건했고 최치원이 중건한 고운사. 흘러내리는 계류 위에 지어진 가운루는 위용이 넘친다. 고운사에는 조선시대에 그려진 유명한 호랑이 벽화가 있는데, 사방 어디에서 봐도 호랑이 눈을 피할 수 없다고 한다.

Ⓐ 경상북도 의성군 단촌면 고운사길 415 Ⓒ 무료 Ⓣ 054-833-2324 Ⓗ gounsa.net Ⓔ 주차 무료

**산운생태공원** 폐교가 된 산운초등학교 부지에 연못, 산책로, 쉼터 등을 조성해 자연생태공원으로 만들었다. 운동장으로 쓰였던 넓은 마당에는 잔디가 깔려 있고 그 주위로 꽃과 나무들이 있다. 교실은 전시실로 꾸몄고, 뒤편에는 정원도 있다. 산운생태공원 뒤편으로 가면 걷기 좋은 산운마을이 있다.

Ⓐ 경상북도 의성군 금성면 수정사길 19 Ⓞ 11~2월 09:00~17:00, 3~10월 09:00~18:00/매주 월요일·1월 1일·설날 및 추석 연휴 휴무 Ⓒ 무료 Ⓣ 054-832-6181 Ⓗ sanun.usc.go.kr Ⓔ 주차 무료

SPOT 5

**논산에서 가장 먼저 봄이 찾아오는 곳**

# 종학당

충청도

**주소** 충청남도 논산시 노성면 병사리 산41-10 · **가는 법** 논산시외버스터미널 승강장에서 버스 517, 514번 승차 → 병사1리/종학당 정류장 하차 → 도보 이동(약 394m) · **운영시간** 09:00~19:00

여름에는 배롱나무꽃과 연꽃으로 유명해 사람들이 많이 찾는 종학당은 햇살이 잘 드는 곳에 위치해 이른 봄꽃을 만나기 좋은 곳이다.

종학당은 파평 윤씨 문중의 자녀와 내외척, 처가의 자녀들이 모여 합숙교육을 받던 곳이다. 인조 21년(1643년) 윤순거가 문중의 자녀교육을 위해 세웠으나 화재로 인해 소실되었다가, 1970년 윤정규가 지금의 종학당을 다시 지었다.

홍살문 근처에 있는 종학당이 초등반이라면 뒤쪽에 있는 정수루는 고등반이라 할 수 있다. 봄에는 이 정수루로 가야 봄꽃 구경을 제대로 할 수 있다. 작은 공간이지만 홍매화, 청매화, 백매화, 살구꽃 그리고 산수유까지 다양한 꽃이 피어 알록달록 꽃 대궐이 된다.

신발 벗고 정수루에 올라 앉아 밖을 보면 봄 풍경이 그림처럼 펼쳐지고 병사저수지를 한눈에 내려다볼 수 있다.

TIP

- 매화와 산수유는 정수루 뒤쪽에 가득하다.
- 꽃이 아직 피고 있는 단계라면 언덕 위에 올라가 보자. 풍성한 꽃과 함께 고택을 사진에 담을 수 있다.

주변 볼거리·먹거리

**황산항아리보쌈** 부드러운 수육과 신선한 쌈채소, 정갈한 밑반찬이 항아리에 담긴 공기밥과 함께 나온다. 메뉴 고민 없이 모두 먹을 수 있는 보쌈정식 또는 굴비보쌈정식을 주문하자.

Ⓐ 충청남도 논산시 노성면 읍내리 453-4 Ⓞ 10:30~21:00/매주 목요일 휴무 Ⓣ 041-735-8933 Ⓜ 보쌈정식 12,000원, 굴비보쌈정식 20,000원

SPOT 6

바다 풍경과 함께 벚꽃 즐기기

# 사라봉공원

**주소** 제주도 제주시 사라봉길 75 · **가는 법** 간선버스 322번 승차 → 제주여자상업고등학교 정류장 하차 → 좌측 길로 200m → GS칼텍스 주유소 방향으로 393m → 계단으로 사라봉 정상까지 이동 · **전화번호** 064-728-4643

제주 북

제주 시내에 위치한 오름 중 하나로 별도봉과 나란히 있는 사라봉 정상에 오르면 제주항과 제주 시내가 한눈에 내려다보이는 아름다운 풍경을 감상할 수 있다. 여기서 바라보는 낙조가 영주10경 중 2경에 속한다. 벚꽃 시즌이 되면 사라봉을 오르는 계단부터 정상까지 쭉 늘어선 벚꽃길을 만날 수 있다. 제주도에서 벚꽃과 함께 바다를 감상할 수 있는 곳은 많지 않으므로 꼭 방문해볼 것을 추천한다.

사라봉을 둘러봤다면 별도봉 둘레길도 걸어보자. 사라봉 등산로는 조금 쉽게 올라갈 수 있지만, 별도봉 정상과 둘레길은 약간 난이도가 있다. 하지만 깎아지른 듯한 절벽과 '고래굴', '애기업은돌'이라고 불리는 기암 등 이색적인 해안 절경을 만날 수 있다.

사라봉공원 내 모충사에는 애국지사를 기리기 위한 의병항쟁 기념탑과 순국지사 조봉호 기념탑, 그리고 조선시대 거상이자 제주도민에게 나눔을 실천한 김만덕의 묘비가 있다.

TIP

- 등산로 입구는 2곳으로, 우당도서관으로 진입하는 길과 충혼각 인근으로 진입하는 길이 있다. 별도봉 산책로까지 돌아보려면 충혼각 인근으로 진입 후 사라봉에서 다시 별도봉으로 이동하는 것이 편하다. 길이 다 연결되어 한 바퀴 쭉 둘러보고 나올 수 있다.
- 동쪽 등산로 입구에서 별도봉 정수장 좌측 방향으로 진입하면 별도봉 정상에 수월하게 올라갈 수 있다.

**주변 볼거리·먹거리**

**산지등대** 약 100년의 역사를 지닌 무인 등대로 국제 여객항 전망과 일몰 풍경이 아름다운 곳이다. 등대에는 책방이자 카페인 '물결'과 갤러리가 운영되고 있다.

Ⓐ 제주도 제주시 사라봉동길 108-1 Ⓞ 09:00~19:30 Ⓣ 0507-1353-2674/카페 물결 Ⓞ 09:00~19:30 Ⓗ www.instagram.com/cafe_waves

**슬기식당** 얼큰하고 진득한 동태찌개 맛집. 순한맛, 매운맛 2가지만 판매한다. 아침과 점심에만 영업하지만 찾아오는 사람들로 가득하다. 사라봉공원을 둘러본 후 아침 겸 점심으로 먹는 걸 추천!

Ⓐ 제주시 사라봉7길 36 Ⓞ 10:00~14:00/매주 토~일요일 휴무 Ⓣ 064-757-3290 Ⓜ 동태찌개 10,000원(매운맛, 순한맛)

3월 다섯째 주

# 13 week

SPOT 1

서울의 센트럴파크

## 서울숲

**주소** 서울시 성동구 뚝섬로 273(성수1가 1동 635) · **가는 법** 2호선 뚝섬역 8번 출구 → 도보 이동(약 10분)/분당선 서울숲역 3번 출구 → 도보 이동(약 5분) · **운영시간** 상시 개방 · **전화번호** 02-460-2905 · **홈페이지** parks.seoul.go.kr/seoulforest · **etc** 서울숲 주차장 이용 시 5분당 150원, 하절기에 서울숲 내 여름캠핑장 이용 가능-당일 13:00~익일 11:00, 이용요금 10,000원, 공공서비스예약 홈페이지(yeyak.seoul.go.kr)에서 사전 접수(이용일 1일 전까지)

서울·경기

뉴욕에 센트럴파크, 영국에 하이드파크가 있다면 서울에는 서울숲이 있다. 원래 뚝섬을 재개발하면서 만든 대규모 공원인 서울숲은 5개의 테마공원과 야외무대, 환경놀이터, 산책로, 광장시설, 이벤트 마당, 곤충 식물원 등을 갖추고 있다. 서울, 아니 대한민국 숲 중 단연 최대 규모를 자랑하며(무려 35만여 평), 공기 좋고, 파릇파릇한 드넓은 잔디와 초록초록한 나무들이 어우러져 어디를 둘러봐도 푸르름이 넘쳐난다. 그야말로 자연과 함께 숨 쉬는 생명의 숲이며, 서울 시민의 웰빙 공간이다.

TIP

- 공원은 연중무휴이나 전시관은 매주 월요일 휴관이다.
- 숲 내 자전거 사고가 빈번하니 사람이나 자전거 모두 반드시 서행할 것!
- 반려견을 데리고 출입할 수 있는데, 쓰레기는 다시 가져가고 각별히 깨끗하게 뒷정리를 하는 데 유의하자.
- 여름에는 산모기가 많으니 주의하자.
- 서울숲 내 자전거 대여요금 : 아동용 페달 키트 7,000원, 성인용 페달 키트 13,000원, 1인용 자전거 5,000원, 2인용 자전거 10,000원(모두 1시간 기준)
- 거울분수 : 푸른 하늘과 주변의 풍광이 투명하게 비쳐 일명 거울분수라 불리는 문화예술공원 광장의 바닥 분수와 스케이트 파크, 숲속 놀이터, 가족 마당으로 새롭게 꾸며졌다. 가족 혹은 연인들이 여가를 즐기기에 더욱 안성맞춤이다.

- 거울연못 : 서울숲의 명소는 거울연못이다. 계절과 시간, 바라보는 위치에 따라 물에 비친 풍경을 감상하고 있노라면 마치 앙코르와트 연못에 비친 그것처럼 매혹될 수밖에 없다.

- 꽃사슴 먹이 주기 : 서울숲에는 꽃사슴이 산다. 꽃사슴방사장에 있는 꽃사슴 먹이 자판기에서 먹이를 구입할 수 있으며, 사전 예약을 통해 꽃사슴에게 먹이 주기를 할 수 있다. 서울시 공공서비스예약 홈페이지(yeyak.seoul.go.kr)에서 예약 가능하며 참가료는 무료.
- 곳곳에 나무 그늘과 잔디가 많아서 돗자리 펴고 드러누워 한갓지게 고독을 즐기며 책 보기에 좋다. 피크닉의 필수품, 돗자리는 필수!
- 녹음이 우거진 5월과 6월에 찾아도 좋지만 알록달록 수채화 물감을 칠해 놓은 듯 아름다운 서울숲의 가을 비경 또한 놓치지 말자.

### 주변 볼거리·먹거리

**성수동 아틀리에길**

성수동의 상징이 된 붉은 벽돌 건물이 즐비한 이 골목에 공방과 카페 등이 들어서면서 아틀리에길이라는 별명을 얻었다.

Ⓐ 2호선 성수역 2·4번 출구 일대, 분당선 서울숲역 1·4번 출구 일대

SPOT 2

초록빛 힐링 목장 나들이

# 삼양라운드힐

**주소** 강원도 평창군 대관령면 꽃밭양지길 708-9 · **가는 법** 횡계시외버스터미널에서 자동차 이용(약 7km) · **운영시간** 5~10월 09:00~17:00, 11~4월 09:00~16:30 · **입장료** 대인 12,000원, 소인 10,000원, 36개월 미만 무료 · **전화번호** 033-335-5044 · **홈페이지** www.samyangroundhill.com · **etc** 동절기에는 자동차로 목장 내부 관람 가능

강원도

과거 '대관령 삼양목장'이라 불리던 이곳은 현재 이름을 바꿔 '삼양라운드힐'이 되었다. 600만 평을 자랑하는, 대규모에 내부에서 이동하려면 셔틀버스 탑승은 사실상 필수에 가깝다. 가장 높은 곳에 있는 전망대에서는 평창과 강릉의 멋진 풍경을 전부 조망할 수 있어 풍력발전기, 바다를 배경으로 사진 찍기에 좋다. 시간 맞춰 셔틀버스를 타고 양몰이 공연장으로 향하면 목양견 보더콜리와 양들이 함께하는 이색 공연도 볼 수 있고, 삼양식품의 라면, 과자, 유제품 등을 구매할 수 있어 여행 중 간식이 필요하다면 구매해 보아도 좋다. 유기농 우유로 만든 아이스크

림은 더위를 식혀주기에도 제격이다. 양과 타조 먹이 주기 체험 뿐만 아니라 계절별로 개화한 꽃을 볼 수 있는 정원도 조성되어 있으니 여유롭게 방문하는 것을 추천한다.

**TIP**

- 양몰이 공연은 5~10월에만 진행한다.
- 운영시간 : 주중 13:00, 14:30, 16:00, 주말 11:00, 13:00, 14:30, 16:00(소요시간 약 15분)

**주변 볼거리·먹거리**

**모나파크 용평리조트**
산 정상까지 케이블카가 연결되어 있어 등산이 어려운 사람들도 부담 없이 방문하기 좋다. 1,000m가 넘는 고지대라 케이블카에서 내리면 마치 구름과 함께 둥둥 떠있는 듯하다. 더 높은 곳에 올라 풍경을 조망할 수 있도록 천국의 계단, 유리바닥 스카이워크 등이 있어 스릴 넘치는 경험을 할 수 있다.

Ⓐ 강원도 평창군 대관령면 올림픽로 715

SPOT 3

## 섬진강 비탈 따라

# 구담마을

전라도

**주소** 전북특별자치도 임실군 덕치면 천담2길 287-4 · **가는 법** 자동차 이용

섬진강 상류에 위치한 구담마을은 아름다운 강촌이다. 김용택 시인도 가장 아름다운 섬진강의 물길로 구담마을을 거쳐 장군목으로 흘러가는 길목을 꼽았다. 구담마을에 들어서면 들녘과 매화, 강물의 조화가 너무도 아름다워 잠시 멍해진다. 걷기 좋은 곳으로 입소문이 나면서 봄에 이곳을 찾는 사람들이 부쩍 늘었다고 한다.

구담마을은 10여 가구가 모여 오순도순 살고 있는 동네로, 주민 대부분이 70세를 넘긴 어르신이다. 고령화가 심해지면서 마을 내 수익 창출을 위해 20여 년 전부터 하나둘 심기 시작한 매화나무가 지금은 구담마을의 상징이 되었다. 매년 3월 말이 되면 산비탈에 만개한 매화가 섬진강 물길과 어우러져 장관을 이

### 주변 볼거리·먹거리

**장군목유원지** 섬진강을 따라 흐르는 600리 길 중 가장 아름다운 장소로 꼽히는 곳이다. 장군목에는 수만 년간 물살이 굽이치며 빚어낸 기묘한 모양의 바위가 가득하다. 마치 살아 움직이는 듯한 모양새에 감탄이 절로 나온다. 장군목의 백미는 요강바위인데, 구덩이가 요강처럼 생겼다고 하여 붙여진 이름이다. 마을 사람들은 요강바위를 수호신처럼 받들며 신성시한다.

Ⓐ 전북특별자치도 순창군 동계면 장군목길 686-1 Ⓣ 063-650-5721

룬다. 마을 어귀 전망대에 오르면 굽이치는 섬진강 물줄기를 한 눈에 내려다볼 수 있다.

**TIP**

- 매화나무밭에 들어갈 때는 농작물이 상하지 않도록 주의하자.

SPOT 4

**1억 4천만 년 전 신비를 간직한**

# 우포늪

**주소** 경상남도 창녕군 유어면 대대리 1197 · **가는 법** 창녕시외버스터미널 오리정 사거리에서 버스 14, 12-2번 승차 → 우포늪 하차 → 도보 이동(약 24분) · **운영시간** 연중무휴/늦은 시간에는 탐방 금지 · **입장료** 무료 · **전화번호** 055-530-2121 · **홈페이지** www.cng.go.kr/tour/upo.web · **etc** 주차 무료/자전거 대여 2시간 3,000원, 2인용 4,000원

경상도

우포늪의 사계절은 철새들의 움직임으로 시작된다. 겨우내 움츠렸던 버드나무에 초록 물이 오르는 봄, 지천에 널린 개구리밥과 수생식물들이 맘껏 피어오르는 여름, 갈대와 물억새들이 바람에 흩날리는 가을, 그리고 겨울이면 160여 종의 철새들이 날아와 자기 집인 양 머무는 광경을 볼 수 있다. 우리나라 최초의 늪지인 우포늪은 천연보호구역으로 주남저수지와 더불어 낙동강변에 형성된 배후습지다. 우포늪, 목포늪, 사지포, 쪽지벌 4개의 늪으로 이루어진 70만 평의 국내 최대 자연 늪으로 한반도

## 주변 볼거리·먹거리

**카페줄풀** 우포늪 바로 옆에 위치한 카페 줄풀은 포근한 느낌의 작은 카페다. 빨간 벽돌이 그대로 드러난 인테리어에 사랑방도서관으로 꾸며놓아 하루종일 책을 읽는다고 해도 눈치 보이지 않을 정도로 고요하고 친절하다. 북적거리는 대형카페도 좋지만 시골의 작은 변두리에 따뜻한 카페는 힐링의 시간을 선물로 준다.

Ⓐ 경상남도 창녕군 유어면 우포늪길 195 Ⓞ 09:00~19:00 Ⓣ 0507-1323-2439 Ⓜ 아메리카노 4,500원, 카페라테 5,500원, 바닐라라테 5,500원 Ⓔ 주차 무료

지형과 탄생 시기를 함께하는 것으로 알려져 있다.

철새뿐 아니라 수생식물과 물고기, 곤충들까지 집단 서식하는 우포늪은 그야말로 자연생태의 보고라 할 수 있다.

물에 젖어 있는 땅, 물도 아니고 땅도 아닌 지역을 늪이라 부른다. 홍수를 막아주고 다양한 생물들의 보금자리가 되어주며 지구온난화를 예방해 주니 더없이 고마운 자연이다. 우포늪 생태길을 천천히 걸어보는 것도 좋지만 한 바퀴 둘러보려면 족히 4시간은 걸리니 자전거를 타고 바람을 가르며 습지의 자연을 만끽해 보자.

SPOT 5

**노란 별들이 가득한 고택의 봄**

# 서산 유기방가옥

충청도

**주소** 충청남도 서산시 운산면 이문안길 72-10 · **가는 법** 서산공용버스터미널 서산터미널 정류장에서 버스 9600번(매일 1회) 승차 → 여미리 하차 → 도보 이동(약 850m) · **운영시간** 수선화 개화 시즌 07:00~19:00, 일반 09:00~18:00 · **입장료** 수선화 시즌 성인 5,000원, 소인 4,000원(4세~초등학생), 경로 4,000원(65세 이상), 유아(36개월 미만) 무료 · **전화** 0507-1356-4326

꽃이 늦게 개화하는 서산에서 화사한 수선화가 피기 시작한다. 국내에서 가장 큰 규모의 수선화 군락지가 있는 이곳은 1900년대 초 건립된 일제강점기의 전통가옥이다. 이곳은 서해안의 전통가옥 구조를 볼 수 있어 2018년 충청남도 민속문화재 제23호로 등재되었다. 서산유기방가옥은 한옥 민박 체험부터 민화 그리기 체험, 궁중의상, 한복과 교복 사진 촬영 등 다양한 체험을 할 수 있는 곳이기도 하다.

3월 중순이 되면 별 같은 수선화가 100년 고택 뒤편의 언덕 1만 평을 노랗게 물들인다. 워낙 넓어 위치별로 개화 시기가 다른데 3월 중순부터 4월 중순까지는 수선화를 오래 볼 수 있다. 수선화 너머에는 소나무 산책길이 조성되어 있어 숲길을 걸으며 힐링의 시간을 보낼 수 있다.

TIP

- 수선화는 해가 보이는 방향으로 꽃이 피니 꽃을 마주 보며 사진을 찍어야 별 모양의 수선화를 담을 수 있다.
- 4월 중순에 방문하면 벚꽃과 함께 수선화가 어우러진 풍경을 만날 수 있다.
- 수선화가 피는 계절이 되면 운영시간도 연장되고 입장료도 인상되니 확인하고 방문해 보자.

**주변 볼거리·먹거리**

**안국사지** 고려시대에 번창했던 것으로 추정되는 안국사의 절터로 원래는 은봉산 중턱에 위치하지만 현재 안국사는 안국사지에서 500m 산 아래에 위치해 있다. 안국사지 석불입상, 안국사지 석탑 그리고 배바위가 있으며, 봄에는 진달래, 매화, 수선화로 화려해진다.

Ⓐ 충청남도 당진시 정미면 원당골1길 188 Ⓣ 041-356-8405

**서산한우목장** 한우 개량사업소를 중심으로 나지막한 언덕에 초지가 조성되어 있고 한우가 한가로이 풀을 뜯고 있는 모습에 이곳이 마치 스위스가 아닌가 하고 놀라게 된다. 서산 8경으로 꼽히지만, 이곳은 전염병 예방을 위해 출입을 금하니 담장 너머 멀리서 초록 풍경을 눈에 담는 것으로 아쉬움을 달래자.

Ⓐ 충청남도 서산시 운산면 태봉리 산2-1

SPOT 6

**낮에도 밤에도 풍성하게 즐기는 벚꽃 터널**

# 전농로 벚꽃거리

제주 북

**주소** 제주도 제주시 삼도1동 · **가는 법** 지선버스 440, 444, 462번 승차 → 제주중앙여자중학교 정류장 하차 → 우측 골목길로 260m(이디야커피 제주삼도점 방면)

도로 폭이 넓지 않아 벚나무 가로수가 가깝고 더욱 풍성해 보이는 벚꽃터널을 연출하는 곳으로, 총길이 약 1.2km 구간에 자생지가 제주도인 왕벚나무가 늘어서 있다. 제주벚꽃축제 중 가장 규모가 큰 서사라문화거리축제가 매년 열리는데, 축제 기간이 임박하면 벚나무를 따라 청사초롱을 걸어놓는다. 풍성한 벚꽃과 함께 청사초롱 불빛이 어우러져 낮에도, 밤에도 화사한 벚꽃을 즐길 수 있다. 게다가 축제 기간에는 차량을 통제하기 때문에 봄날의 낭만을 만끽할 수 있다.

대로변에 높은 빌딩도 많지만 벚꽃거리에는 초기의 모습을 간직한 아기자기한 가게들이 많이 모여 있다. 거리를 걷다 보면 카페 및 디저트, 제주과자, 식당, 술집, 선물가게, 옷가게 등 다양한 업종을 만날 수 있다. 벚꽃 시즌에는 벚꽃비, 여름에는 싱그러운 초록 벚나무, 가을에는 단풍이 든 벚나무를 즐길 수 있다.

**주변 볼거리·먹거리**

**삼성혈** 삼성혈은 탐라(제주의 옛 지명)를 창시한 삼성 시조가 용출했다는 전설이 있는 사적지이다. 여러 수종의 키 큰 나무들이 우거져 있어 사계절 언제 방문하더라도 좋다. 오래된 수령의 커다란 벚나무가 있어 예스러운 건축물과 함께 벚꽃을 감상할 수 있다.

Ⓐ 제주도 제주시 삼성로 22 Ⓞ 09:00~18:00(매표 마감 17:30)/1월 1일·설날 휴무/추석 10시 개장 Ⓒ 성인 4,000원, 청소년·군인 2,500원, 어린이·경로 1,500원 Ⓣ 064-722-3315 Ⓗ www.samsunghyeol.or.kr

**하빌리스 커피 로스터스** 전면 유리로 벚꽃길이 눈앞에 펼쳐진다. 벚꽃 향과 색을 담은 달달한 벚꽃라테가 시그니처 메뉴!

Ⓐ 제주도 제주시 전농로 37 Ⓞ 매일 11:00~19:20(라스트오더 19:00) Ⓣ 064-724-0037 Ⓜ 에스프레소 4,500원, 아메리카노 4,500원, 벚꽃라테 6,000원, 생강라테 6,500원 Ⓗ www.instagram.com/jeju_habilis_coffee

**TIP**

- 벚나무 구간은 큰 도로를 중심으로 2개의 구간으로 나눠져 있다. 길지 않으니 벚꽃이 시작되는 거리에 주차 후 왕복으로 걸어도 큰 부담이 없다.(동쪽으로 KT플라자 제주점, 서쪽으로 전농로 17길 인근)
- 벚꽃거리에는 주차장이 거의 없기 때문에 골목에 주차하거나 대중교통을 이용하는 것이 좋다.

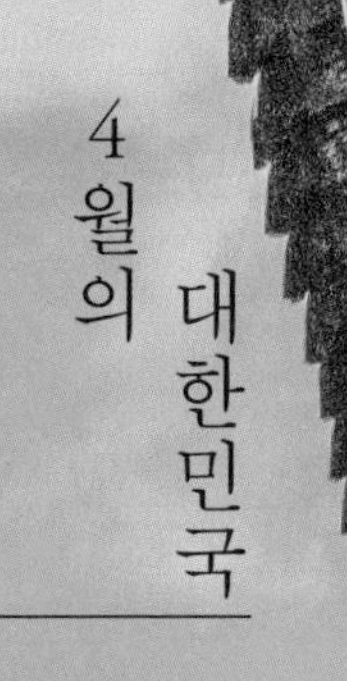

4월의 대한민국

# 우리,
# 꽃길만 걸어요

4월 첫째 주

# 14 week

SPOT 1

## 천년 고찰 마당에 가득 내려앉은 봄의 정령들

# 봉은사

서울·경기

**주소** 서울시 강남구 봉은사로 531 · **가는 법** 9호선 봉은사역 1번 출구/2호선 삼성역 6번 출구 → 도보 이동(약 10분) · **운영시간** 03:00~22:00 · **입장료** 무료 · **전화번호** 0507-1429-4800 · **홈페이지** www.bongeunsa.org

신라 원성왕 10년(794) 연화국사가 창건한 1200년 역사의 사찰 봉은사. 4월이면 천년 고찰 봉은사 마당에 한가득 봄이 내려앉는다. 강남의 화려한 고층 빌딩숲 사이에서 이토록 온갖 초록빛 나뭇잎과 꽃향기가 어우러지는 곳이라니! 여기저기서 낭랑한 풍경 소리와 맑은 새소리가 울리고, 사락거리는 바람 소리를 듣고 있노라면 마치 지리산 깊은 산사에 들어와 있는 듯한 착각이 든다. 특히 봄꽃이 내려앉은 이맘때의 봉은사는 마음의 여유와 낭만을 안겨준다.

봉은사의 꽃은 굉장히 다양하여 '도심 속 사찰 화원'으로 불러도 손색없을 정도다. 3월 말부터 4월 초까지는 홍매화, 4월 초부

터 중순까지는 벚꽃, 4월 말에는 만개한 진달래와 철쭉을 감상할 수 있다. 평일 낮에 찾으면 한국인보다 외국인 관람객이 더 많아서 외국의 유적지에 와 있는 듯한 느낌이 든다.

오후 5시쯤 방문해 해 질 녘까지 머물러 보자. 고층 빌딩 너머로 걸린 산사 풍경이 굉장히 유혹적이다. 봉은사는 국제적 규모의 템플스테이(www.templestay.com)를 운영하는 사찰 중 하나로, 해마다 1만여 명에 가까운 내외국인이 모여드는 곳이기도 하다.

**TIP**

- 메가박스 코엑스점에서 영화를 본 후 조금 어둑해진 저녁 시간 때 봉은사에 들러 보자. 화려하면서도 정갈하게 수놓인 야경과 고요한 자연 속에 둘러싸여 있노라면 이곳이 도심이 맞나 싶다. 봉은사에서 바라보는 야경은 서울에서도 아름답기로 손꼽힌다.

### 주변 볼거리·먹거리

**코엑스몰** 국내 최초로 자라 홈(ZARA Home)이, 국내 최대 규모의 자주(JAJU) 인테리어 숍이 입점되어 있고 미식, 쇼핑, 문화, 예술 그리고 엔터테인먼트까지 거의 모든 것을 원스톱으로 즐길 수 있다. 파르나스몰에서 출발해 코엑스몰까지 걷는 '몰링 여행'에 제격이다.

Ⓐ 서울시 강남구 영동대로 513 Ⓞ 10:30~22:00/연중무휴 Ⓣ 02-6002-5300 Ⓗ www.starfield.co.kr/coexmall/main.do

SPOT 2

**봄꽃들의 향연**

# 허균허난설헌 기념공원

**주소** 강원도 강릉시 난설헌로193번길 1-16 · **가는 법** 강릉시외고속터미널에서 강릉시외고속터미널 버스 정류장 이동 → 버스 206, 207번 승차 → 강릉고정문 하차 → 도보 이동(약 763m) · **운영시간** 허균허난설헌기념관 09:00~18:00(휴게 시간 12:00~13:00)/매주 월요일·1월 1일·설날·추석 당일 휴무 · **입장료** 무료 · etc 주차 무료

강원도

순두부로 유명한 초당동 방면으로 향하다 보면 저 멀리 한옥이 눈에 띈다. 허균, 허난설헌 남매를 기념하기 위한 공원이다. 이곳에는 허난설헌 생가터, 동상, 시비 그리고 소나무숲 등이 있으며, 4월부터는 벚꽃을 비롯해 명자나무, 겹황매화, 겹수선화, 겹벚꽃 등 다양한 꽃이 피어난다. 덕분에 봄을 연상하게 하는 알록달록한 풍경을 발견할 수 있다. 기념공원 바로 옆에는 초당달빛산책로도 조성되어 있어 공원을 둘러보고 난 뒤, 물가를 따라 걸어보는 것은 어떨까.

## 주변 볼거리·먹거리

**경포생태저류지** 강릉 메타세쿼이아길과 함께 보다 가까이서 자연을 만날 수 있는 장소이다. 바로 옆에 생태 하천이 조성되어 있고, 꽃향기 낭만길에는 계절마다 예쁜 꽃이 피어난다. 사람들에게도 많이 알려지지 않아 비교적 한적하게 사진을 찍을 수 있다.

Ⓐ 강원도 강릉시 죽헌동 745 Ⓣ 033-640-5135(강릉시청 관광과)

SPOT 3

**드넓은 초원 위에 노란 수선화 가득**

# 지리산 치즈랜드

전라도

**주소** 전라남도 구례군 산동면 산업로 1590-62 · **가는 법** 자동차 이용 · **운영시간** 09:00~18:00 · **입장료** 어른 5,000원, 어린이(5~13세) 3,000원 · **전화번호** 061-782-2587 · **홈페이지** www.instagram.com/jcheeseland

지리산치즈랜드는 치즈 만들기, 양 먹이 주기 등을 할 수 있는 체험형 목장이다. '구만제'라는 호수 뒤로 드넓은 초원이 펼쳐져 일명 '한국의 알프스', '3초 스위스'로 불릴 만큼 풍광이 아름답다. 구만제에는 호수를 가로지르는 다리가 놓여있고, 이 다리를 건너 20분 정도 언덕을 오르면 지리산치즈랜드와 호수가 발아래 내려다보이는 전망대에 이르게 된다. 눈앞에 펼쳐진 시원한 풍경에 감탄이 절로 나온다.

하지만 4월 초에 지리산치즈랜드에 방문해야 하는 이유는 따로 있다. 지리산치즈랜드의 드넓은 초원을 가득 메운 수선화 때문이다. 입구에 들어서면 노란 꽃물결이 눈앞에서 출렁거린다. 샛노란 수선화가 아름다운 건물을 배경으로 파란 하늘과 어

우러진 풍경은 동화 속의 한 장면 같다. 왜 수선화 꽃말이 자기애인지 실감할 수 있다. 꽃이 예쁘다고 꽃만 보고 가는 것은 지리산치즈랜드를 반만 즐기는 것이다. 목장 둘레의 산책길을 따라 걸으며 자연을 즐기고, 양, 젖소 등이 있는 우리에서 먹이 주기 체험을 할 수 있다. 좀 더 오래 머물다 갈 계획이라면 간단한 먹을거리를 준비해 나무 그늘 아래 돗자리를 펴고 쉬었다 가는 것도 좋은 방법이다.

**TIP**

- 지리산호수공원 전망대로 가는 길은 지리산치즈랜드 옆 길(울타리)을 따라가면 되기 때문에 입장료를 지불하고 들어갈 필요가 없다.
- 지리산치즈랜드는 간단한 먹을거리와 돗자리를 들고 들어갈 수 있다.
- 지리산치즈랜드 내 매점에서 직접 생산한 요구르트, 치즈 등을 구매할 수 있으며 입장권을 보여주면 할인을 받을 수 있다.

### 주변 볼거리·먹거리

**구례산수유마을** 지리산 아래 구례산수유마을은 척박한 땅에 농사짓기가 힘들어 시작한 것이 효시인데, 지금은 매년 전라도 봄의 전령사로 여행객을 끌어모으고 있다. 해발 약 400m에 위치한 산동면 일대는 3월 말, 4월 초가 되면 노란 산수유꽃이 만발한다. 대표적인 산수유마을로는 상위마을, 하위마을, 반곡마을 등이 있다.

Ⓐ 전라남도 구례군 산동면 상관1길 45

SPOT 4

**영원히 끝나지 않을**

# 쌍계사 십리벚꽃길

경상도

**주소** 경상남도 하동군 화개면 화개로 142 · **가는 법** 화개버스터미널에서 시작 · **운영시간** 24시간/연중무휴 · **입장료** 무료 · **전화번호** 055-880-2380

화개장터에서 쌍계사까지 하늘이 보이지 않을 정도로 벚꽃이 빽빽하게 뒤덮인다. '한국의 아름다운 길 100선'으로 죽기 전에 꼭 걸어봐야 할 길에 선정된 하동 쌍계사길은 벚꽃이 필 때면 말 그대로 꽃길만 걷게 한다. 십리벚꽃길이라고 하지만 10리(4km)가 넘는다. 쌍계사 십리벚꽃길은 사랑하는 남녀가 두 손을 꼭 잡고 걸으면 백년해로 한다고 하여 혼례길이라고도 불린다.

화개장터에서 쌍계사로 가는 길 외에 화개장터에서 섬진강을 따라 난 길에도 벚꽃이 장관을 이룬다. 강을 따라 벚꽃 띠가 구불구불 이어지고 터널까지 이뤄 차를 타고 달리면 가장 아름다운 드라이브를 경험하게 된다. 나룻배가 떠 있는 강물 위로 벚꽃이 드리운 모습은 그야말로 한 폭의 그림이다.

**주변 볼거리·먹거리**

**화개장터** 김동리의 단편소설 〈역마〉의 배경지였던 화개장터는 경상도와 전라도 사이에 흐르는 섬진강 줄기 따라 영호남 사람들이 어울려 장을 이루는 곳으로 유명하다. 예전에는 닷새마다 한 번씩 장이 열렸는데 지금은 365일 화개장터를 구경할 수 있다. 섬진강에서만 잡힌다는 재첩과 참게는 꼭 한번 먹어봐야 할 하동의 대표 먹거리다.

Ⓐ 경상남도 하동군 하계면 쌍계로 15 Ⓞ 09:00~18:00/연중무휴 Ⓣ 055-883-5722 Ⓔ 주차 무료

**스타웨이하동스카이워크** 지리산 형제봉 자락 고소산성 아래 위치한 스타웨이 하동 스카이워크는 2019년 경상남도 건축대상에서 금상을 수상했을 정도로 세련미가 있으며, 산 중턱부터 170m 정도 돌출되어 자연과 조화를 이룬다. 낮이면 아름다운 산과 강 그리고 풍요로운 논밭과 넓은 들이 펼쳐지고, 밤이면 머리 위로 별이 쏟아진다.

Ⓐ 경상남도 하동군 악양면 섬진강대로 3358-110 Ⓞ 3~10월 09:30~18:00, 11~2월 09:30~17:00/연중무휴 Ⓒ 성인 3,000원, 청소년 2,000원 Ⓣ 055-884-7410 Ⓗ starwayhadong.com Ⓔ 주차 무료

SPOT 5

**충청북도 진달래 등산은 여기로**

# 두타산 삼형제봉

충청도

**주소** 충청북도 진천군 초평면 화산리 산51-9 한반도지형전망공원 · **가는 법** 진천종합버스터미널 → 택시 이동(약 15분 소요), 진천종합버스터미널에서 버스 200, 202번 승차 → 붕어마을 하차 → 도보 이동 · **etc** 동절기 차량 이동 제한으로 붕어마을에 주차 후 도보 이동

두타산은 진천의 대표 산 중 하나로 높이가 598m이며, 마치 부처가 누워있는 형상을 한 산이다. 두타산이라는 지명은 단군이 팽우에게 높은 산과 냇물 등 산천을 다스리게 했는데 하루도 빠짐없이 비가 내려 산천이 모두 물에 잠기게 되자 높은 곳으로 피난을 가야 했고 팽우는 이 산에 머물게 되었다. 산꼭대기가 섬처럼 조금 남아 있었다고 하여 두타산이 되었다.

해마다 3월 말부터 4월 초에는 진달래가 가득해 삼형제봉으로 진달래 등산을 추천한다. 편도 600m의 짧은 등산으로 진달래 군락지와 진달래 너머 한반도 지형을 볼 수 있어 더욱 좋다.

실제로 이곳에서 보는 한반도 지형이 전망대보다 더 한반도 지형에 가깝다.

**TIP**

- 두타산 정상이 아닌 삼형제봉 등산은 한반도지형전망공원에 차를 세우고 다시 중간 즈음 내려와 시작하는 삼형제봉 등산을 추천한다.
- 전망공원으로 가는 길은 오르막 산길이니 안전운전이 필요하다.
- 등산 코스는 한반도지형전망공원-삼형제봉-돌탑-KT통신대-한반도지형전망공원(2km, 소요시간 1시간 30분)을 추천한다.

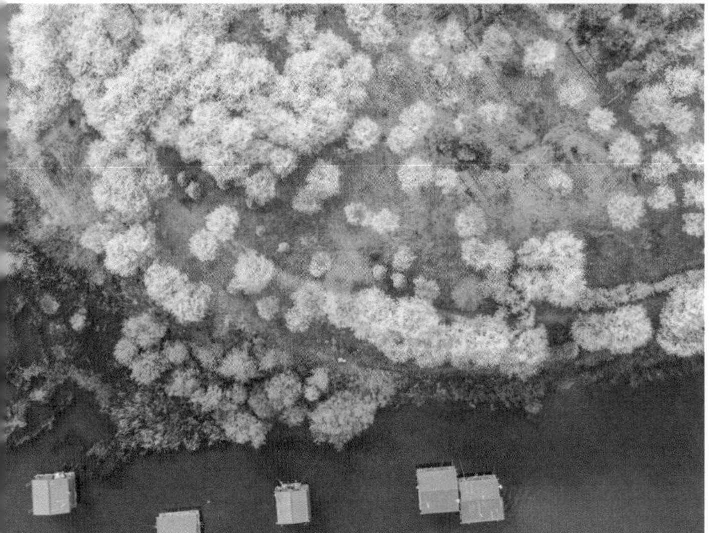

### 주변 볼거리·먹거리

**진천농다리** 천년을 이어온 돌다리로 우리나라에서 가장 오래되고 긴 돌다리다. 길이 93.6m, 폭 3.6m의 규모로 돌을 물고기 비늘처럼 쌓아 올린 모양이다. 돌을 깎아 차곡차곡 쌓아 만든 다리가 아니라 원래 돌 모양 그대로 투박하게 쌓아 올리고 속을 채우지 않아 더욱 신기하다. 신비로운 다리 모양과 주변 경관이 잘 어우러져 드라마 촬영지로 종종 등장한다. 매년 5월이 되면 농다리 축제를 개최하고 있다.

Ⓐ 충청북도 진천군 문백면 구산동리129-4

**초평호** 충청북도에서 가장 큰 저수지로 전국에서 손꼽히는 낚시터다. 초평호를 따라 벚꽃이 가득해 저수지에 떠 있는 좌대 낚시터와 벚꽃이 어우러진 멋진 풍경을 볼 수 있다.

Ⓐ 충청북도 진천군 초평면 평화로 482 초평호다목적광장

**할머니집** 1974년부터 50년 가까운 세월 동안 3대째 운영하고 있는 식당으로 일명 욕쟁이 할머니집이다. 오리 목에서 손가락 크기로 한두 마디밖에 나오지 않는 귀한 오리목살 부분만 발골하여 먹는 오리목살 참숯구이는 이 집을 찾는 사람들에게 1순위 추천 메뉴다.

Ⓐ 충청북도 진천군 이월면 화산동길 18 Ⓞ 11:00~21:00(브레이크타임 14:30~16:10)/매주 화요일 휴무 Ⓣ 0507-1432-7906 Ⓜ 오리목살 참숯화로구이 19,000원, 보리쌀고추장 오리주물럭 19,000원, 오리목살 감자짜글이 19,000원(2인 이상 주문), 흑미 오리탕 65,000원

SPOT 6

캠퍼스 낭만을 느낄 수 있는

# 제주대학교 벚꽃길

제주 북

**주소** 제주도 제주시 아라1동 · **가는 법** 급행버스 112, 122, 132번 승차 → 제주대학교입구 정류장(제주대학교 사거리 기준) 하차

제주대학교 사거리에서 제주대학교 입구까지 총 1km에 이르는 2차선 도로 양옆으로 늘어선 왕벚나무 가로수는 3월 말부터 4월 초까지 분홍색 벚꽃이 가득 피어난다. 제주도가 자생지인 왕벚나무로 1983년 현평효 초대 총장 당시 왕벚나무의 원산지가 제주도임을 알리고, 종합대학으로 승격된 것을 기념해 8년생 벚나무 250그루를 심었다.

제주대학교는 해발 400m에 위치해 제주도에서 벚꽃이 가장 늦게 피고 늦게 진다. 마지막으로 들르는 벚꽃 여행의 종착지인 셈! 45년 수령의 키 큰 벚나무는 매년 4월, 웅장하고 화려한 벚꽃길을 연출한다. 중간중간 카페와 간단한 간식거리를 즐길

수 있다는 것도 장점이다. 제주대학교 사거리와 정문 인근에 주차장이 마련되어 있고, 갓길에도 주차가 가능하지만 벚꽃 시즌이 되면 차량 통행이 워낙 많고 인파가 몰려 북적북적하니 참고하자.

**TIP**

- 대중교통이 매우 잘되어 있는 편이다. 제주대학교입구 정류장에서 내려 정문까지 걸어갔다가 맞은편으로 다시 돌아오면 된다. 힘들다면 정문에서 버스를 이용한다.
- 제주대학교 정문 인근에 학생들이 자주 가는 맛집들이 몰려 있다.

**주변 볼거리·먹거리**

**시민복지타운광장 일원 벚꽃길** 간단한 먹거리와 돗자리를 챙겨와 느긋하게 쉬어 갈 수 있는 곳이다. 도로변에는 벚꽃나무 가로수가 풍성한 벚꽃길을 연출한다.

Ⓐ 제주도 제주시 도남동 582 시민복지타운광장

**텐동아우라** 일본식 튀김덮밥 전문으로 조금 기다려야 하지만 그만큼 바삭바삭한 튀김을 맛볼 수 있다. 밥은 무료로 추가 가능!

Ⓐ 제주도 제주시 제주대학로7길 9 Ⓞ 10:30~19:30(라스트오더 18:30)/매주 일요일 휴무 Ⓣ 0507-1325-3774 Ⓜ 바삭 에비텐동 12,500원, 치키동 13,500원, 사르르 돌문어텐동 18,000원 Ⓗ www.instagram.com/aurajeju

4월 둘째 주

# 15 week

가장 아름다운 뷰 포인트는 2차선 도로를 따라 핀 왕벚꽃나무다.

SPOT 1

구름 위의 산책

## 아차산 생태공원~워커힐 벚꽃길

서울·경기

**주소** 서울시 광진구 아차산 벚꽃길(워커힐길) · **가는 법** 5호선 광나루역 1번 출구→아차산 생태공원까지 도보 이동(약 15분) · etc 워커힐길 산책 소요 시간은 약 1시간 30분

아차산 생태공원부터 시작해 쉐라톤 워커힐 호텔까지 이르는 2km 남짓한 산책길은 4월이면 벚꽃으로 빼곡히 뒤덮여 많은 연인들이 찾는다. 가파르지 않은 나무 데크 길이어서 구두를 신고도 가볍게 걷기 좋으며 유모차를 끌거나 아이들과 함께 걷기에도 안전하다. 워커힐길 초입에 위치한 아차산 생태공원에도 들러 가볍게 산책해 보자.

서울시 광진구 광장동 530-1번지의 광나룻길에서 광장동 365번지 워커힐아파트에 이르는 1,840m, 너비 10m의 도로를 '워커힐길'이라고 하는데, 광장동에 있는 쉐라톤 워커힐 호텔 앞까지 이어진 데서 비롯되었다.

**TIP**

- 워커힐 호텔에서 제공하는 무료 셔틀버스를 이용하면 워커힐 호텔 '더글라스 하우스'에서 '제이드가든' 방향 내리막길에 핀 벚꽃들을 편안하게 구경할 수 있다.

## 주변 볼거리·먹거리

**아차산 생태공원** 광진 둘레길과 워커힐 길을 잇는 아차산 생태공원은 다른 공원에 비해 규모는 크지 않지만 건강을 위한 황톳길과 지압 보도 같은 주요 시설을 갖추고 있다. 자생식물원, 나비정원, 습지원 등이 있어 자연 학습을 하기에도 좋은 아기자기한 녹지 쉼터다.

Ⓐ 서울시 광진구 워커힐로 127 Ⓞ 상시 개방 Ⓣ 02-450-1192 Ⓗ www.gwangjin.go.kr/achasan

**워커힐 와인&비어 페어** 매년 4월 초면 워커힐에서 벚꽃맞이 페스티벌이 다양하게 열린다. '워커힐 구름 위의 산책'이라고도 불리는 '와인&비어 페어'에서 3백 종 이상의 와인을 할인 판매하는데 이를 무제한으로 시음해 볼 수 있으며, 다양한 어쿠스틱 밴드 공연도 즐길 수 있다.

Ⓐ 서울시 광진구 워커힐로 177 워커힐호텔앤리조트 Ⓞ 매년 4월 초에 열리며 정확한 일정은 홈페이지 확인 Ⓒ 1인당 50,000원

SPOT 2

원주 벚꽃 명소

# 반곡역폐역

강원도

**주소** 강원도 원주시 달마중3길 30 · **가는 법** 원주시외버스터미널에서 시외고속버스 터미널 버스 정류장 이동 → 버스 16번 승차 → 한국관광공사 하차 → 도보 이동(약 450m) · **전화번호** 1544-7788 · **홈페이지** letskorail.com · **etc** 주차 무료

반곡역은 원주 벚꽃 명소이자 등록문화재로 지정된 곳이다. 1941년 영업을 시작해서 현재는 폐역이지만, 역 주변에 큰 벚꽃 나무 두 그루가 우거져 있어 매년 벚꽃 시즌이면 나무 사이에서 사진을 남기려는 사람들로 붐빈다. 원주에 있는 다른 벚꽃 명소들에 비해 벚꽃 개화가 늦어 마지막까지 꽃구경 하기 좋은 곳이다. 옆으로 가면 앉을 수 있는 공간도 조성되어 있어 휴식을 취할 수 있고, 안쪽으로 들어가면 철도길이 이어져 길을 따라 걸으면서 산책도 할 수 있다. 현재 파빌리온 스퀘어 관광열차 기반 시설을 설치하고 있어 조만간 더욱 예쁜 모습이 기대되는 곳이다.

## 주변 볼거리·먹거리

**원주천** 원주천에는 하천을 따라 줄지어 벚꽃길이 있다. 그중에서도 단구동 주변 원주천은 개화가 가장 빠르고 벚꽃과 개나리가 함께 피어 있어 다채로운 꽃놀이를 할 수 있다. 많이 알려지지 않아 비교적 한적하게 꽃구경을 할 수 있으며, 가족 단위로 소풍을 즐기기에도 좋다.

Ⓐ 강원도 원주시 단구동 일대

SPOT 3

**달빛 아래 벚꽃이 흩날리다**

# 왕궁리 오층석탑

전라도

**주소** 전북특별자치도 익산시 왕궁면 궁성로 666 · **가는 법** 삼례공용터미널 → 삼례터미널 정류장에서 버스 65번 승차 → 왕궁유적전시관 정류장 하차 → 도보 이동(약 200m) · **운영시간** 09:00~18:00(백제왕궁박물관)/매주 월요일·1월 1일 휴무 · **전화번호** 063-859-4631 · **홈페이지** www.iksan.go.kr/wg

익산 왕궁리는 마을 이름에서 짐작할 수 있듯이 옛날 왕궁이 있었던 곳이다. 1989년부터 발굴이 시작되어 백제 왕궁의 모습이 조금씩 세상에 그 존재를 드러내고 있다. 현재는 터만 남아 있기 때문에 옛 왕궁의 모습을 완벽히 재현할 수는 없지만 발견한 유물을 토대로 온전한 왕궁이 있었다는 사실은 확인되었다. 학자들은 발굴한 내용을 바탕으로 백제 말기인 무왕 때 건립한 왕궁임을 확신하고 있다.

나중에 왕궁이 사라지고 이 자리에 사찰을 세웠는데, 무왕의 명복을 빌기 위해 지은 사찰로 추정하고 있다. 현재 남아 있는 사찰의 흔적은 왕궁리 오층석탑뿐이다. 형태가 단순하지만 촌스럽지 않고, 직선이지만 곡선보다 더 유려한 왕궁리 오층석탑은 백제의 절제된 조형미가 잘 드러난 석탑이다. 어느 각도에서 봐도 선이 곧고 조형미가 뛰어나다. 특히 해 질 무렵 석양에 비치는 실루엣은 왕궁리 오층석탑 최고의 백미다.

하지만 왕궁리 오층석탑이 유명해진 계기는 또 있다. 3월 말경 석탑 주위를 하얗게 물들이는 벚꽃 때문이다. 특히 달빛 아래 석탑과 벚꽃이 어우러진 풍경은 눈을 뗄 수 없을 정도로 숨 막히게 아름답다. 마치 하늘에 한 땀 한 땀 수를 놓은 듯 야간 조명에 비치는 벚꽃이 화려하게 빛난다.

**TIP**

- 왕궁리 오층석탑은 야외에 위치하고 있어서 관람 시간 제한이 없다.
- 왕궁리 오층석탑은 국보 제289호, 석탑 안에서 발굴된 사리장엄구는 국보 제123호로 지정되어 있다.
- 깨끗한 야경을 찍으려면 삼각대를 꼭 준비하는 것이 좋다.

### 주변 볼거리·먹거리

**국립익산박물관(미륵사지석탑)** 미륵사지석탑 및 유물을 관리·보존하기 위해 1994년 건립한 미륵사지유물전시관이 2015년 국립미륵사지유물전시관으로 승격되었고, 2019년 국립익산박물관으로 변경되었다. 주요 유물로는 동양 최대의 탑으로 불리는 미륵사지석탑(국보 제11호)과 당간지주 2기, 미륵사지석탑 해제·복원 과정에서 출토된 국보급 유물인 사리장엄 등이 있다.

Ⓐ 전북특별자치도 익산시 금마면 미륵사지로 362 Ⓞ 09:00~18:00(국립익산박물관)/매주 월요일 휴무 Ⓣ 063-830-0915 Ⓗ iksan.museum.go.kr Ⓔ 미륵사지석탑은 야외에 위치하고 있어 관람 시간 제한이 없음

**익산고도리석불입상(석조여래입상)** 익산고도리석불입상은 돌로 만든 불상으로 두 개의 불상이 약 200m 거리를 사이에 두고 마주 보고 서 있는 남녀상이다. 불상은 머리부터 받침돌까지 돌기둥 한 개를 사용해 만들었으며 머리 위에 네모난 갓 모양의 관을 쓰고 있다. 고려시대에 만든 것으로 추정하고 있으며 불상이라기보다는 마을을 수호하는 석상에 가깝다.

Ⓐ 전북특별자치도 익산시 금마면 서고도리 400-2

SPOT 4

하얀 벚꽃 터널 아래

# 여좌천

**주소** 경상남도 창원시 진해구 여좌동주민센터 인근 · **가는 법** 진해시외버스터미널 인의동터미널정류장에서 버스 162, 160, 150번 승차 → 진해역 하차 → 도보 이동(약 9분) · **운영시간** 24시간/연중무휴 · **입장료** 무료 · **전화번호** 055-225-3691(창원시청 관광과) · etc 주차 공간 협소

경상도

진해 벚꽃은 여인내의 연분홍 속치마처럼 하늘거린다. 전날 아직 터트리지 못한 꽃망울이 밤새 흰 눈이라도 내린 듯 가지마다 활짝 피어난다. 벚꽃이 필 무렵 함께 열리는 군항제로 진해는 그야말로 축제의 도시가 된다. 4월이면 도시 전체가 벚꽃 물결을 이루는데 그중 진해역 뒤쪽에 자리 잡은 여좌천은 벚꽃 터널을 볼 수 있어 최고의 벚꽃 명소로 꼽힌다. 특히 드라마 〈로망스〉에서 주인공 남녀가 처음 만나는 장소로 등장해 '로망스 다리'로 기억하는 사람들이 더 많다.

드라마에서 다리 위로 하얀 터널을 이룬 벚꽃 아래 연인의 모습이 인상적이었던 탓에 여좌천은 유독 청춘남녀들로 발 디딜 틈이 없다. 그래서일까. 벚꽃이 활짝 핀 나무 아래 서 있으면 여기저기서 팝콘 터지는 듯한 소리가 들려오는 듯하다. 바람이 불면 꽃비가 흩날리는 환상적인 풍경에 숨이 멎을 듯하다. 여좌천은 조명으로 한껏 멋을 낸 밤 풍경이 더욱 근사하다.

### 주변 볼거리·먹거리

**제황산공원** '일년계단'이라 불리는 365개의 계단을 올라가면 만날 수 있는 제황산공원 전망대에 오르면 진해 시내가 한눈에 내려다보인다. 정상까지 모노레일이 있지만 사람들이 붐빌 때는 2시간을 기다려야 탈 수 있다. 부엉이가 앉아 있는 모습과 닮았다고 해서 부엉산으로도 불린다.

Ⓐ 경상남도 창원시 진해구 중원동로 54 Ⓞ 09:00~18:00(휴게 시간 12:00~13:00)/매주 월요일 휴무 Ⓒ 무료/모노레일 왕복 3,000원, 편도 2,000원 Ⓣ 0507-1494-0465 Ⓔ 주차 무료

**경화역공원** 멀리서 기적 소리가 들리면 약속이라도 한듯 철로 주변에 사람들이 모여든다. 기차가 벚꽃 터널을 뚫고 빠져나가는 장면을 포착하려는 것이다. 영화 〈소년, 천국에 가다〉와 드라마 〈봄의 왈츠〉 촬영지이기도 한 경화역. 한국의 꼭 가봐야 할 아름다운 50곳 중 다섯 번째로, 벚꽃이 흐드러지게 핀 철길이 황홀함을 준다.

Ⓐ 경상남도 창원시 진해구 진해대로 649 Ⓞ 24시간/연중무휴 Ⓒ 무료 Ⓣ 055-225-3691(창원시청 관광과) Ⓔ 주차 무료

SPOT 5

수양벚꽃과 겹벚꽃을 볼 수 있는 곳

# 각원사

충청도

**주소** 충청남도 천안시 동남구 각원사길 245 · **가는 법** 천안종합버스터미널에서 버스 81번 승차 → 각원사 하차 → 도보 이동(약 679m) · **전화번호** 041-561-3545 · **홈페이지** www.gakwonsa.or.kr/

태조산 자락에 자리 잡은 각원사는 1975년 창건된 조계종 사찰이다. 남북통일을 기원하기 위해 만든 높이 15m, 무게 60톤에 달하는 청동아미타불상이 유명하다. 이는 우리나라에서 가장 큰 좌불상으로 귀 길이만 1.75m, 손톱 길이만 해도 30㎝에 이른다. 향을 들고 화살표 방향으로 세 번 돌면서 나무아미타불 이름을 부르며 기도하면 소원이 이루어진다고 전해진다. 부처님 오신 날 즈음 청동아미타불이 있는 언덕에서 대웅전을 내려다보면 경내를 가득 채운 연등과 한눈에 보이는 풍경이 일품이다.

### 주변 볼거리·먹거리

**산둘레** 집에서 쉽게 맛볼 수 없는 정성스러운 10여 종의 산나물 반찬이 대나무통에 담겨 나오고 그 외에도 각종 김치와 된장찌개 그리고 신선한 쌈채소를 연잎밥과 함께 맛볼 수 있다. 구운 김에 싸 먹어도 좋고 쌈채소와 함께 먹어도 좋다.

Ⓐ 충청남도 천안시 동남구 성불사길 60 Ⓞ 11:00~20:00/매주 월요일 휴무 Ⓣ 041-562-9995 Ⓜ 영양연잎밥정식 15,000원, 연잎오리훈제 30,000원

**북면 벚꽃길** 다른 곳보다 기온이 낮고 산세가 좋아 천안의 알프스라 불리는 북면 연춘리에서 전곡리까지 15km 벚꽃길이 펼쳐진다. 매년 개화 상황에 따라 달라지나 4월 둘째 주에서 셋째 주 사이 천안 북면 벚꽃축제가 은석초등학교를 중심으로 펼쳐진다.

Ⓐ 충청남도 천안시 동남구 북면 용암3길 4

**TIP**

- 각원사에서는 일반 왕벚꽃, 수양벚꽃, 겹벚꽃을 모두 볼 수 있는데 4월 초부터 왕벚꽃, 수양벚꽃, 겹벚꽃이 순차적으로 피기 시작하니 보고 싶은 꽃의 개화 시기에 맞춰 방문하길 추천한다.
- 수양벚꽃은 천불전과 산신각 앞에, 겹벚꽃은 청동아미타불 근처에 특히 많다.
- 수도권에서 1시간이면 만나는 겹벚꽃 명소로 입소문이 나면서 방문하는 사람이 많아져 이른 시간 방문을 추천한다.

SPOT 6

## 봄 향기 가득한 드라이브 코스
# 녹산로

**주소** 제주도 서귀포시 표선면 녹산로 가시리사거리(시작점) · **가는 법** 간선버스 222번, 지선버스 732-1번 승차 → 가시리취락구조 정류장 하차 → 가시리사거리에서 서북쪽 방향부터 녹산로 시작

제주 남동

봄을 알리는 벚꽃과 유채꽃을 동시에 감상하며 드라이브할 수 있는 곳. 건설교통부가 선정한 '한국의 아름다운 길 100' 중에 한 곳이며, 가시리 마을에서 가장 아름다운 가시10경 중 제1경이 이곳 '녹산유채'이다. 약 7km 구간으로 도로 양옆에는 노란 유채꽃과 분홍 벚꽃 향연이 펼쳐진다. 벚나무의 키가 높지 않아 웅장하지는 않지만 아기자기한 멋이 넘치며, 유채꽃과 벚꽃을 한 번에 담아 사랑스러운 구도를 연출한다.

가시리 마을은 예부터 목장 지대로 활용했던 곳으로 넓은 초원들이 펼쳐져 있다. 아름다운 오름 군락의 풍경과 풍력발전단지를 바라보며 드라이브를 즐길 수 있는 것도 매력이다. 벚꽃 시즌을 놓쳤다면 가을에 녹산로를 방문해 보자. 아름다운 코스모스가 도로 옆에 가득 피어나 소박한 정취를 자아낸다.

**TIP**

- 주차장은 따로 없고 도로 중간중간에 주차할 곳이 있지만 많지는 않다. 조랑말체험공원에 주차 후 이동하는 게 편하다.
- 횡단보도와 인도가 없기 때문에 도보 여행을 하거나 반대편으로 이동할 때 각별히 주의한다.

### 주변 볼거리·먹거리

**가시리풍력발전단지** 여러 오름들이 광활한 초원을 둘러싸고 있는 중산간 가시리 마을. 조선시대에 최고 등급의 말을 기르던 갑마장이 있었던 방목지에 국내 최초로 공모를 통해 선정된 풍력발전단지가 들어서 있다. 초원과 돌담이 어우러진 가시리풍력발전단지는 목가적인 느낌과 이국적인 느낌을 동시에 선사하기에 어느 곳에서 사진을 찍어도 작품이다.

Ⓐ 제주도 서귀포시 표선면 녹산로 421-58

**가시식당** 현지인들이 사랑하는 맛집으로 돼지고기는 모두 제주산이며, 삼겹살과 목살이 저렴해 부담 없이 먹기 좋다. 가시식당에서 꼭 먹어봐야 할 음식 중 하나는 순대! 선지가 굉장히 많이 들어가 뻑뻑해 보이지만 메밀가루가 선지 본연의 맛과 어우러져 씹을수록 고소함이 느껴진다.

Ⓐ 제주도 서귀포시 표선면 가시로565번길 24 Ⓞ 08:30~20:00(브레이크타임 15:00~17:00, 라스트오더 18:30)/매월 둘째·넷째 주 일요일 휴무 Ⓣ 064-787-1035 Ⓜ 두루치기 10,000원, 목살 15,000원, 삼겹살 15,000원, 순대백반 10,000원, 몸국 10,000원, 순대국수 6,000원, 수육 한접시 15,000원, 순대 한접시 10,000원

4월 셋째 주

# 16 week

SPOT 1

**국내 유일의 수양벚꽃 향연**

## 국립서울 현충원

서울·경기

**주소** 서울시 동작구 현충로 210 · **가는 법** 4호선 동작역 4번 출구 → 도보 이동(약 3분)/9호선 동작역 8번 출구 바로 앞 · **운영시간** 06:00~18:00/11월 공휴일·12~2월 토요일·공휴일 전시관 휴관 · **입장료** 무료 · **전화번호** 1522-1555 · **홈페이지** www.snmb.mil.kr

현충원 하면 나라를 위해 스러져간 선열들이 떠올라 왠지 모르게 비장한 기분마저 들지만 4월의 국립현충원은 서울의 그 어느 곳보다 화려한 꽃 천지다. 조선시대 청나라에 볼모로 잡혀간 효종이 북벌을 대비해 활을 만들려고 심었다는 수양벚꽃. 길가마다 꽃줄기가 쏟아져 내릴 듯 피어난 수양벚꽃을 국내에서 유일하게 볼 수 있는 곳이다. 발걸음 닿는 곳마다 상춘객들의 머리 위로 가지를 늘어뜨린 자태에 탄성이 절로 나온다. 4월 중순을 전후로 가지마다 치렁치렁 늘어진 수양벚꽃을 번잡하지 않게 음미할 수 있다.

### 주변 볼거리 · 먹거리

**국립중앙박물관** 30만여 점의 유물을 보관, 전시하고 있는 세계적 규모의 박물관. 수많은 외국 유물들을 볼 수 있는 상설전시관과 더불어 기획전시관, 어린이전시관, 야외전시관 등이 있고, 전문 공연장(극장용)과 도서관까지 갖춘 종합문화공간이다. 또한 아름다운 건축미와 더불어 어디서든 빛이 잘 들어와 출사지로도 유명하다.

Ⓐ 서울시 용산구 서빙고로 137 Ⓞ 월·화·목·금·일요일 10:00~18:00(입장 마감 17:30), 수·토요일 10:00~21:00/1월 1일·설날·추석 당일 휴관 Ⓣ 02-2077-9000 Ⓗ www.museum.go.kr

**예술의전당** 1988년 개관한 대한민국 최초의 복합아트센터. 예술의전당 야외 공간은 음악당, 미술관, 오페라하우스 등 각종 문화공간이 유기적으로 연결되어 누구나 쉽게 접근할 수 있도록 꾸며졌다. 선선한 봄날, 유료 음악회가 아니더라도 분수가 있는 야외 마당에 앉아 자연과 아름다운 음악 선율을 만끽할 수 있다.

Ⓐ 서울시 서초구 남부순환로 2406 Ⓣ 1668-1352 Ⓗ www.sac.or.kr

**TIP**

- 쭉쭉 늘어지는 가장 멋들어진 수양벚꽃의 자태를 사진에 담을 수 있는 포인트는 정문 도로변과 충무정, 팔각정이다.
- 벚꽃 행사 기간에는 18:00~21:00까지 3시간 연장 개방(기간은 홈페이지 확인).

SPOT 2

### 가족과 함께하는 봄 나들이

# 강원특별자치도립화목원

**주소** 강원도 춘천시 화목원길 24 · **가는 법** 춘천시외버스터미널에서 시외버스터미널 버스정류장 이동 → 버스 2번 승차 → 인성병원 하차 → 버스 12번 환승 → 화목원 하차 → 도보 이동(약 200m) · **운영시간** 3~10월 09:00~18:00, 11~2월 09:00~17:00/매월 첫째 주 월요일·1월 1일·설날·추석 휴원 · **입장료** 어른 1,000원, 청소년 700원, 어린이 500원/3D 영상요금 어른 2,000원, 청소년·군인 1,500원, 어린이 1,000원 · **전화번호** 033-248-6685 · **홈페이지** gwpa.kr · etc 주차 무료, 반려동물 출입금지

강원도

춘천에는 강원도에서 운영하는 공립 수목원, 강원특별자치도립화목원이 있다. 입장료도 저렴하고 어린이를 위한 놀이시설도 잘 갖춰져 있어 가족 단위 방문객이 많다. 봄에는 다채로운 꽃을, 여름에는 분수 광장에서 시원한 물놀이를, 가을에는 단풍 구경, 그리고 겨울에는 따뜻한 유리온실을 둘러볼 수 있어 사계절 내내 방문하기가 좋다. 내부에는 산림박물관, 잔디원, 어린이정원, 사계 식물원이 있는데 이정표가 잘되어 있어 찾기가 수월하

다. 강원특별자치도립화목원 내에는 판매점이 있는데 음료를 마시고 일회용 컵을 반납하면 스위트 바질 허브 씨앗을 심어 준다. 식물이 주는 소소한 행복을 느껴보며, 꽃과 함께 지친 일상 속 재충전의 시간을 가져보자.

**주변 볼거리·먹거리**

**춘천중도물레길** 카누를 타고 중도유원지 일대를 둘러보는 체험을 할 수 있다. 안전교육 및 카누교육 후에 탑승하기 때문에 초보자도 부담 없이 방문할 수 있으며, 혹시 다른 길로 가더라도 직원이 친절하게 안내해준다. 코스는 총 5개로 초급 3코스, 중급 1코스, 전문가급 1코스로 나뉘어 있다.

Ⓐ 강원도 춘천시 스포츠타운길223번길 95 1층 Ⓞ 매일 10:00~19:00 Ⓒ 카누(성인 2인 기준) 30,000원/성인 1인 추가 10,000원, 어린이 1인 추가 5,000원 Ⓣ 033-243-7177

**TIP**

- 아이와 함께 방문했다면 산림박물관에 있는 3D 영상관에 방문해 3D 특수 입체 영상을 관람해 보는 것도 추천한다.
- 상영시간 : 10:00, 11:00, 13:30, 14:00, 15:00, 16:00, 17:00

SPOT 3

**고즈넉한 사찰에서 만난 분홍빛 사랑**

# 선암사

전라도

**주소** 전라남도 순천시 승주읍 선암사길 450 · **가는 법** 자동차 이용 · **운영시간** 하절기 06:00~19:30, 춘추기 07:00~19:00, 동절기 07:00~18:00 · **입장료** 무료 · **전화번호** 061-754-5247 · **홈페이지** www.seonamsa.net

선암사는 지금 꽃대궐이다. 4월 중순, 선암사의 백미는 누가 뭐래도 분홍빛 겹벚꽃이다. 벚꽃이 다 지고 나서 만개하는 겹벚꽃은 색감이 화려해 존재감이 남다르다. 절문을 들어서면 꽃향기가 경내에 가득 넘쳐난다. 선암사는 예로부터 꽃이 많아 '화훼사찰'로 불리기도 했다. 생강나무과 산수유꽃이 봄을 알리기 시작하면 매화, 개나리, 겹벚꽃, 진달래, 영산홍, 철쭉이 누가 먼저랄 것도 없이 피어나기 시작한다. 4월에 잊지 말고 선암사에 방문해야 하는 이유가 여기에 있다.

선암사에는 겹벚꽃 말고도 눈여겨봐야 할 것이 두 가지 더 있다. 하나는 '우리나라에서 가장 아름다운 돌다리'로 불리는 '승선교'다. 큰 돌을 이음새 없이 맞물려 쌓은 선조들의 뛰어난 건

축술이 감탄스러울 뿐만 아니라 자연과 어우러진 조화가 가히 신의 경지다. 돌들이 서로에게 기댄 채 300여 년의 세월을 온전히 지켜온 게 그저 신비롭기만 하다.

또 하나 그냥 지나칠 수 없는 게 선암사의 뒷간 '해우소(解憂所)'다. 300년이 넘은 2층 누각 건물인 해우소는 그 자체가 문화재급이다. 우리나라 목조 건물의 특징을 유감 없이 보여주고, T자형 구조로 입구에 들어서면 자연스럽게 남자용(좌)과 여자용(우)으로 구분된다. 또한 사방이 나뭇살로 이루어져 자연 환기가 뛰어나 냄새가 거의 나지 않는다. 오죽했으면 김훈 작가가 수필집 〈자전거 여행〉에서 '인류가 똥오줌을 처리한 역사 속에서 가장 빛나는 금자탑'이라고 극찬했을까.

**TIP**

- 선암사 겹벚꽃이 피는 시기에는 여행객이 넘쳐나므로 편안하게 사진을 찍고 싶다면 평일에 방문하거나 주말에는 오전 9시 이전에 도착하는 것이 좋다.
- 자동차를 이용할 경우 주차장에 주차 후 선암사까지 약 1.5km 걸어가야 한다.
- 승선교의 아름다움을 제대로 느끼고 싶다면 계곡으로 내려가 감상하는 것을 추천한다.

**주변 볼거리·먹거리**

**낙안읍성민속마을**

Ⓐ 전라남도 순천시 낙안면 평촌리 6-4 Ⓞ 2~4월·10월 09:00~18:00, 5~9월 08:30~18:30, 1월·11~12월 09:00~17:30 Ⓣ 061-749-8831 Ⓒ 어른 4,000원, 청소년·군인 2,500원, 어린이 1,500원 Ⓗ www.suncheon.go.kr/nagan

2월 8주 소개(117쪽 참고)

SPOT 4

**멋진 해안 경관의 명소**

# 설리 스카이워크

경상도

**주소** 경상남도 남해군 미조면 미송로 303번길 176 · **가는 법** 남해공용터미널에서 농어촌버스 502번 승차 → 설리 하차 → 도보 이동(약 17분) · **운영시간** 09:00~18:00(휴게시간 12:30~15:30)/그네 10:00~18:00/계절 및 기상상태에 따라 운영시간 변동 · **입장료** 스카이워크(대인) 2,000원, (소인) 1,000원/그네(대인) 7,000원, (소인) 5,000원(7세 이하) · **전화번호** 055-867-4252 · **etc** 주차 가능

불과 2~3년 사이에 새로운 관광지가 많이 생겼는데 남해도 그중 한 곳으로 멋진 해안 경관을 볼 수 있는 설리스카이워크가 눈에 띈다. 스카이워크까지는 엘리베이터가 설치되어 있어 어르신도 불편함 없이 오를 수 있는 가족여행 코스로 추천할 만하다. 엘리베이터를 타고 스카이워크로 올라가면 바람이 불 때마다 돌아가는 오색바람개비가 반기는 듯하다.

낮게 깔린 구름은 남해와 어울려 운치를 더한다. 유리로 된 통로가 있고 유리를 통해 바다를 볼 수 있는 남해의 설리스카이워크에는 발리섬의 그네를 모티브로 제작했다는 스윙그네가 있다. 높이 38m로 발아래 바다가 펼쳐져 짜릿하고 스릴 넘치는 기분을 느낄 수 있으며 드라마 〈여신강림〉 촬영지로 알려져 유명해졌다.

국내 최초 비대칭형 캔틸레버 교량으로 만들어졌으며 해 질 무렵 노을빛과 야간의 조명이 아름답다. 올망졸망 작은 섬들이 보이고 송정솔바람 해변과 해안도로를 따라 크고 작은 기암절벽들이 환상적이다.

**주변 볼거리·먹거리**

**상주은모래비치** 남해에서 풍광이 가장 빼어난 상주은모래비치는 높은 곳에서 내려다보면 활처럼 휘어 있다. 은가루를 뿌려 놓은 듯 부드러운 모래는 신발을 벗고 걸어야 그 느낌을 알 수 있다. 바닷가 주변으로 솔숲이 있고 바다인지 호수인지 알 수 없을 정도로 잔잔해 여름철 물놀이 하기에 안성맞춤이다.

Ⓐ 경상남도 남해군 상주로 17-4 Ⓞ 24시간/연중무휴 Ⓣ 055-863-3573 Ⓔ 주차 무료

SPOT 5

형형색색 튤립 물결

# 코리아플라워파크

충청도

**주소** 충청남도 태안군 안면읍 꽃지해안로 400 · **가는 법** 태안공영버스터미널에서 버스 1001번 승차 → 꽃지해수욕장 하차 → 도보 이동(약 100m) · **운영시간** 09:00~18:00 · **전화번호** 0507-1497-5536 · **홈페이지** www.koreaflowerpark.com/

매년 4월이면 전 세계 100여 종의 화려한 튤립을 만날 수 있는 태안 세계튤립꽃박람회가 코리아플라워파크에서 열린다. 태안에서 가장 큰 규모의 행사로, 튤립 덕분에 2015년, 2017년 두 차례에 걸쳐 세계 5대 튤립 도시로 태안이 선정되기도 했다.

튤립 축제지만 루피너스, 마가렛 등 다양한 꽃을 볼 수 있고 실내 온실에서는 여름 축제를 준비하는 수국도 만날 수 있다.

**TIP**

- 전망대가 있어 위에 올라가면 드론처럼 내려다보며 사진을 찍을 수 있다.
- 태안은 벚꽃이 늦게 개화하는 탓에 축제 초반에는 벚꽃과 튤립, 후반에는 겹벚꽃과 튤립이 함께하는 모습을 볼 수 있다.
- 축제 기간에 따라 혹은 꽃 개화 상태에 따라 입장료가 달라질 수 있으니 참고하자.

## 주변 볼거리·먹거리

**안면암** 대한불교조계종 제17교구 금산사의 말사이며 1998년 천수만이 내려다보이는 안면도에 창건된 오래되지 않은 절이다. 앞에는 여우섬이라 불리는 무인도를 100m 부교를 따라 걸어갈 수 있고 그곳에 안면암 불상탑이 있어 밀물에는 바다에 떠 있는 모습을 볼 수 있다. 여타 사찰과는 다른 이국적인 풍경, 늦게 개화하는 벚꽃과 서부해당화가 잘 어우러진다.

Ⓐ 충청남도 태안군 안면읍 여수해길 198-160 Ⓣ 041-673-2333

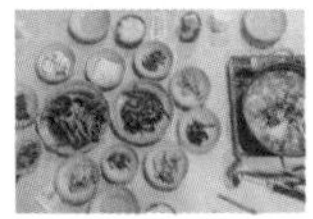

**딴뚝통나무집식당** 꽃지해수욕장 가까이 오면 딴뚝이란 이름의 가게가 많다. 그만큼 유명세를 치르는 곳인데 이곳은 안면도 게국지의 원조이며 태안의 대표 음식 간장게장, 양념게장을 맛볼 수 있다. 게국지, 간장게장, 양념게장, 새우장을 맛볼 수 있는 세트 메뉴를 추천한다.

Ⓐ 충청남도 태안군 안면읍 조운막터길 23-22 Ⓞ 월~금요일 09:30~20:00, 토~일요일 09:00~20:00(라스트오더 19:00) Ⓣ 041-673-1645 Ⓜ 세트(게국지+간장게장+양념게장+새우장) 2인 75,000원, 3인 100,000원, 4인 120,000원, 게국지·꽃게탕(小) 50,000원, (中) 60,000원, (大) 70,000원, 간장게장 30,000원, 양념게장 30,000원 Ⓗ www.ttanttuk.co.kr

SPOT 6

**아름다운 풍경 속에 담긴 아픈 역사의 흔적**

# 항파두리항몽 유적지

제주 북

**주소** 제주도 제주시 애월읍 항파두리로 50 · **가는 법** 지선버스 791번 승차 → 항몽 유적지 정류장 하차 · **운영시간** 09:00~18:00(입장 마감 17:30)/실내 전시실과 실외 순의비 등 유적지에 한함 · **전화번호** 064-710-6721~2 · **홈페이지** www.jeju.go.kr/hangpadori/index.htm

고려시대 몽골의 침략에 맞서 끝까지 항쟁하다 최후를 맞은 삼별초의 저항 정신이 담긴 곳이다. 1271년 진도에서 여몽 연합군에 패한 후 제주로 들어와 쌓은 약 4km의 토성으로 내성과 외성이 있다. 내성 안에는 건물터와 다양한 유물이 출토되어 당시 삼별초의 생활상을 짐작할 수 있다. 출토된 유물은 삼별초 기록화 등 여러 자료와 함께 실내 전시관에 전시되어 있다.

높은 언덕처럼 보이는 토성은 부분적으로 남아 있는데 토성에 올라가면 제주의 바다와 마을이 펼쳐지는 한없이 평화로운 풍경을 마주하게 된다. 유적지 외에 포토스팟으로 더욱 유명한

곳이다. 봄에는 청보리와 유채꽃, 여름에는 수국과 해바라기, 가을에는 코스모스, 백일홍과 양귀비, 메밀, 국화, 비밀의 정원 녹차밭까지 계절별로 만날 수 있다.

**TIP**

- 유채꽃밭과 항파두리 내 성지 사이에 토성 가는 길이 올레표식과 함께 표시되어 있다.
- 토성 위로 올라갈 수 있지만 한쪽은 완만하고 다른 한쪽은 급경사이니 주의하자.
- 매월 마지막 주 수요일에는 〈문화가 있는 날〉 행사로 항몽유적 역사 해설과 함께 토성 탐방 프로그램을 운영한다.(홈페이지 공지 사항 참조)
- 유채꽃과 청보리밭에 무료로 들어가 사진 촬영을 할 수 있다.
- 순의문에서 남서쪽으로 도보 10분 거리에 토성에 인접한 커다란 나무가 홀로 서 있는데, 이곳도 포토스팟 중 하나!

### 주변 볼거리 · 먹거리

**카페 퍼시몬** 일본 감성이 느껴지는 정갈한 분위기의 카페. 동그란 창문과 큰 창문 너머에 있는 시골 풍경이 예쁘다.

Ⓐ 제주도 제주시 애월읍 하소로 611-6 Ⓞ 11:30~18:00/매주 금요일 휴무 Ⓣ 0507-1402-7817 Ⓜ 아메리카노 6,000원, 버터크림 라떼 7,500원, 한라봉 스무디 7,500원 Ⓗ www.instagram.com/persimmon_cafe_jeju

**한라수목원** 제주자생식물의 수집 및 보존, 연구를 위해 조성된 곳으로 5만여 평 부지에 1,300여 종, 10만여 본이 식재되어 있다. 한라수목원에 자리 잡은 광이오름까지 쉽게 올라갈 수 있어 도민들이 산책 및 운동을 하기 위해 즐겨 찾는 도심 속 쉼터이기도 하다.

Ⓐ 제주도 제주시 수목원길 72 Ⓞ 야외전시원 및 산책로 상시 개방(연중무휴) 가로등 점등 시간 04:00~일출 전, 일몰 후~23:00 Ⓣ 064-710-7575 Ⓜ 입장료 무료/주차료 경차 500원, 소형·중형·대형 1,000원(초과 30분당 추가 요금) Ⓗ www.jeju.go.kr/sumokwon/index.htm

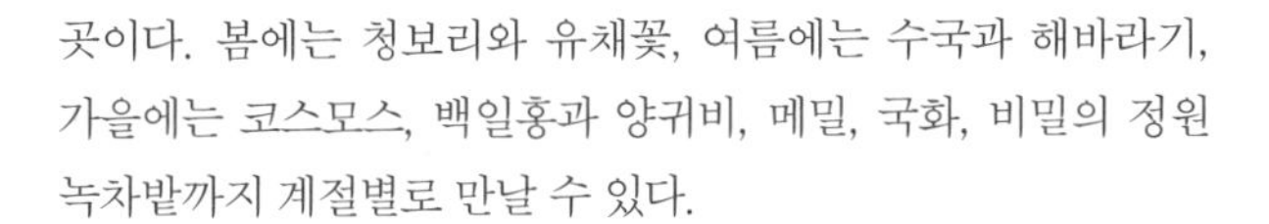

4월 넷째 주

# 17 week

SPOT 1

**15만 그루의 진달래로 붉게 물들다**

## 원미산 진달래동산

서울·경기

**주소** 경기도 부천시 원미구 춘의동 산22-1 · **가는 법** 7호선 부천종합운동장역 2번 출구 → 도보 이동(약 5분) → 활박물관 옆 · **운영시간** 상시 개방 · **입장료** 무료 · **전화번호** 032-625-5762~4 · **홈페이지** www.bucheon.go.kr

전라남도 영취산만큼은 아니지만 서울 근교에도 핑크빛 가득한 진달래꽃을 실컷 볼 수 있는 곳이 있다. 바로 부천 원미산이다. 15만 그루의 진달래 꽃물결은 그야말로 장관이다. 무엇보다 높이 123m의 낮은 야산으로 남녀노소 모두 쉽게 오를 수 있어 봄철 연인 및 가족들의 꽃나들이를 위한 최적의 장소다. 게다가 잠시 피었다 후두둑 져버리는 벚꽃과 달리 진달래는 오래도록 피어 있으니 봄나들이에 늦은 상춘객들도 만개한 진달래를 볼 수 있다.

진달래숲에서 내려다본 부천종합운동장의 모습

**TIP**

- 동산의 규모에 비해 축제 기간에는 엄청난 인파가 북적거린다. 축제가 시작되기 하루 이틀 전에 미리 방문하면(특히 오전) 핑크빛 진달래동산을 훨씬 더 여유롭게 즐길 수 있다.
- 중간 중간 그늘이 있긴 하지만 거의 땡볕이므로 선글라스와 생수를 챙겨 가자.
- '동산'이지만 엄연히 산이므로 운동화나 편한 신발 착용을 권한다.
- 둘레길이 잘 정비되어 있어 2시간이면 사진 찍으며 슬렁슬렁 한 바퀴 돌 수 있다.
- 주차장 만차 시 부천종합운동장 2번 출구 건너편에 부설 주차장을 이용하면 된다.

## 주변 볼거리 · 먹거리

**봉순게장** '밥도둑'이라는 말은 봉순게장에 딱 어울리는 훈장이다. 메뉴는 간장게장 하나뿐이며 짜지 않고 담백한 게장정식이 입맛을 돋운다.

Ⓐ 경기도 부천시 오정구 작동 204-2 Ⓞ 10:30~19:30 Ⓜ 봉순정식 21,000원, 간장게장 8,000원 Ⓣ 032-682-0029 Ⓔ 간장게장 및 양념게장 포장 판매 1kg 40,000원

SPOT 2

한국의 나폴리 장호항 뷰

# 삼척 해상케이블카

**주소** 강원도 삼척시 근덕면 삼척로 2154-31(용화역) · **가는 법** 삼척종합버스정류장에서 자동차 이용(약 23km) · **운영시간** 09:00~18:00/매월 첫째·셋째 주 화요일 휴무 · **입장료** 대인 왕복 10,000원, 소인 왕복 6,000원 · **전화번호** 1668-4268 · **홈페이지** samcheokcablecar.kr · **etc** 주차 무료

강원도

유리 바닥을 통해 바다를 내려보는 짜릿한 경험. 맑다 못해 투명한 바닷물의 색에 여기저기 탄성이 터져 나온다. 특히 용화역에서 장호역 방향으로 케이블카를 발권하면 '한국의 나폴리' 장호항까지 둘러볼 수 있다. SNS 명소로 자리 잡은 장호항에서는 투명카약, 스노쿨링 등의 활동도 가능하다. 투명카약의 경우 2인승과 4인승이 따로 있어 가족 단위로도 방문하기 좋다. 맑디 맑은 물을 바라보다 보면 자연스레 우리의 지친 마음이 치유되는 경험을 할 수 있다.

### 주변 볼거리·먹거리

**삼척해수욕장** 삼척해수욕장은 넓고 깨끗한 백사장, 옥색 빛깔 바닷물을 자랑하는 곳이다. 해안가를 따라 조형물이 설치되어 있어 인증사진을 찍기에도 좋고, 삼척고속버스터미널에서도 자동차로 10분이면 도착해 접근성도 좋다. 삼척해수욕장과 삼척항을 잇는 4.6km의 해안길, 삼척 이사부길은 '한국의 아름다운 길 100선'에 선정될 정도로 멋진 절경을 감상하기 좋은 곳이니 산책 혹은 드라이브를 떠나 보자.

Ⓐ 강원도 삼척시 테마타운길 76 Ⓣ 033-570-3074(삼척시청 관광정책과)

SPOT 3

**삶이 쉼표가 되는 섬**

# 청산도 슬로길 1코스

**주소** 전라남도 완도군 청산면 청산로 132 · **가는 법** 완도항에서 여객선 이용 · **여객선 운행시간** 여행객 및 차량 증감에 따라 달라짐/완도항 여객터미널 홈페이지(wando.ferry.or.kr) 참조 · **여객선 이용요금(편도)** 어른 8,700원, 청소년(중·고등학생) 7,900원, 어린이(초등학생 이하) 4,200원, 경로 우대 7,100원, 자동차 67,700원(왕복/운전자 포함)

전라도

전라도에서 가장 가 볼 만한 섬을 꼽으라면 한치의 망설임 없이 '청산도'를 꼽을 것이다. 완도에서 뱃길로 약 45분(약 19km) 거리의 청산도는 다도해에서 가장 아름다운 섬이다. 하늘, 바다, 산이 모두 푸르다 하여 청산도라 불렸다고 한다. 2007년 12월, 아시아에서는 최초로 슬로시티로 선정됐다.

청산도의 4월은 섬 전체가 온통 청보리와 유채꽃 풍경이다. 이 무렵에는 삼삼오오 배낭을 메고 슬로길을 걷는 여행객들을 쉽게 볼 수 있다. 걷기 여행자들의 성지가 된 청산도는 11개의 슬로길 코스를 갖췄다. 11개 코스 중 가장 인기 있는 코스는 단연 '슬로길 1코스'다. 슬로길 1코스는 여객선이 도착하는 '도청항'에서 시작해 '화랑포전망대'까지 이어지는 약 5.7km 구간이다. 이 구간에서 풍광이 가장 아름답기로 소문난 곳은 당리 언덕에서 내려다 본 해안 풍경이다. 특히 쪽빛 바다를 배경으로 펼쳐진 노란 유채꽃밭은 청산도를 상징하는 한 장의 이미지가 되었다. 영화 〈서편제〉에서 주인공 세 사람이 진도아리랑을 부르며 돌담길을 걷는 장면이 이 구간에서 촬영됐다. 〈서편제〉 촬영지에서 멀지 않은 곳에 드라마 〈봄의 왈츠〉 세트장이 있다. 관심 있다면 함께 둘러봐도 좋다.

**TIP**

- 청산도 여행은 여객선 왕복 시간 및 여행 코스를 고려하면 최소 1박 2일 이상을 추천한다.
- 유채꽃이 피는 4월 초 · 중순에는 여행객이 너무 많기 때문에 주말보다는 평일에 방문하는 것이 좋다.
- 슬로길 1코스는 도청항 → 도락리 → 〈서편제〉 촬영지 → 〈봄의 왈츠〉 촬영지 → 화랑포전망대까지 이어지는 구간(약 5.7km)으로 1시간 30분 정도 걸린다.
- 슬로길 코스는 전체 11개 구간으로 약 42km에 이르며, 전체를 다 걷는 데 꼬박 2박 3일이 걸린다.
- 청산도를 여행하는 방법은(걷기+버스, 자전거 타기, 자동차 이용 등) 상황에 맞게 선택할 수 있다.
- 자동차는 여객선에 선착순으로 탑승(예매 불가)하므로 출발 예정시각보다 1시간 정도 미리 도착하는 것이 좋다.

**주변 볼거리·먹거리**

**지리청송해변** 청산도의 대표적인 해수욕장으로 청산도에서 가장 아름다운 일몰을 볼 수 있는 곳이다. 폭 100m에 이르는 백사장이 펼쳐져 있으며, 해수욕장 뒤쪽에는 수령 200년 이상의 노송 500여 그루가 숲을 이루고 있다.

Ⓐ 전라남도 완도군 청산면 지리 1108-2

SPOT 4

**숲속 체험을 통해 배우는 산림휴양공간**

# 구미에코랜드

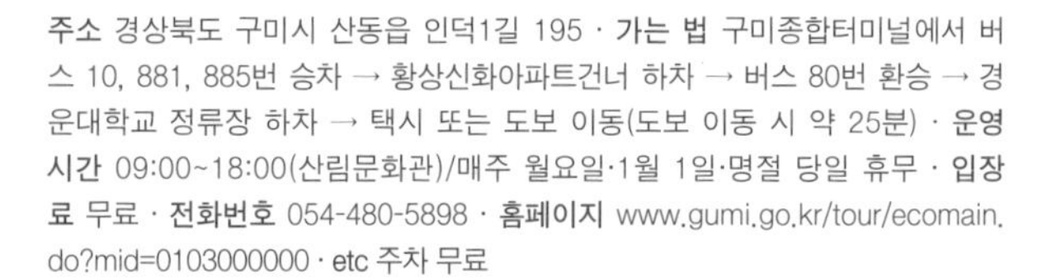
**주소** 경상북도 구미시 산동읍 인덕1길 195 · **가는 법** 구미종합터미널에서 버스 10, 881, 885번 승차 → 황상신화아파트건너 하차 → 버스 80번 환승 → 경운대학교 정류장 하차 → 택시 또는 도보 이동(도보 이동 시 약 25분) · **운영시간** 09:00~18:00(산림문화관)/매주 월요일·1월 1일·명절 당일 휴무 · **입장료** 무료 · **전화번호** 054-480-5898 · **홈페이지** www.gumi.go.kr/tour/ecomain.do?mid=0103000000 · **etc** 주차 무료

경상도

산동면 인덕리에 위치한 구미에코랜드는 산림문화관, 생태탐방모노레일, 산동참생태숲, 자생식물단지, 신림복합체험단지와 문수산림욕장 등의 휴양시설을 겸비한 공간으로 아이들과 함께할 수 있는 곳이다. 산림문화관은 3개의 층으로 1층과 2층은 산림생태전시와 체험장, 영상관과 카페, 어린이북카페로 구성되어 있고 생태탐방모노레일은 3층에서 탑승할 수 있다.

야외 탐방로인 참생태숲은 자생식물단지, 목공예체험장, 산동참생태숲과 숲속쉼터까지 걸어서 2시간 30분 정도 소요되는

## 주변 볼거리·먹거리

**구미에코랜드생태탐방모노레일** 산 정상까지 30분 정도 소요되며 힘들지 않게 정상에 오를 수 있다. 모노레일은 배차간격이 5분이지만 때에 따라 출발 간격이 달라질 수 있다. 총 8명 탑승으로 한정되어 있고 정원이 다 차지 않아도 출발 시간이 되면 바로 출발한다. 완만한 코스로 이어지다가 급경사 지역에서는 롤러코스터를 타는 듯한 스릴도 느낄 수 있다. 승강장이 있어 내렸다가 다음 모노레일로 갈아탈 수 있다.

Ⓐ 경상북도 구미시 산동읍 인덕1길 195 Ⓞ 하절기(3~10월) 09:00~17:00, 동절기(11~2월) 09:00~16:00 Ⓒ 일반 6,000원, 경로·청소년·어린이 4,000원 Ⓣ 054-480-5889 Ⓗ gumi.go.kr/ecoland Ⓔ 예약 필수

데 걷는 동안 나무와 숲, 꽃을 볼 수 있어 시간이 짧게 느껴진다. 에코랜드 전망대로 오르는 길은 완만하고 숲과 연결되어 있으며, 계절별로 다양한 꽃이 피는 생태숲에는 나무조각 작품들로 꾸며놓아 숲에서 노는 즐거움을 느끼게 한다.

SPOT 5

### 황매화가 가득한 사찰의 봄

# 갑사

**주소** 충청남도 공주시 계룡면 갑사로 567-3 · **가는 법** 공주종합버스터미널에서 버스 108번, 125번, 770번 승차 → 옥룡동주민센터에서 하차 → 버스 320번 환승 → 갑사 하차 · **입장료** 무료 · **전화번호** 041-857-8981 · **홈페이지** www.gapsa.org · **주차요금** 3,000원

충청도

대한불교조계종 제6교구 마곡사의 말사이며 420년 창건된 천년고찰이다. 하늘과 땅과 사람 가운데서 가장 으뜸가는 사찰이라는 뜻으로 갑사라 불린다. 춘마곡 추갑사(春麻谷 秋甲寺)라는 말이 있어 가을 단풍으로 유명한 갑사이지만 4월 초부터 5월 중순까지는 황매화가 개화해 춘갑사라 불러도 될 듯하다. 이곳은 국내 최대 황매화 군락지다.

황매화는 사람 키만큼 자라며 꽃이 매화와 비슷하고 노란색이라 붙여진 이름이다. 갑사 주차장에서 일주문까지 약 2km 구간의 오리 숲길은 걷기 좋은 아름다운 길로도 유명한데 그곳에 황매화가 피어 더욱 아름답다.

오리숲길을 따라 갑사를 둘러봤다면 내려올 때는 갑사 계곡을 따라 걸어 내려오자. 내려오는 길에 우리나라에서 유일한 통일신라시대 3m 당간을 만날 수 있다.

TIP
- 황매화는 주차장에서 매표소까지 계곡을 따라 갑사 오리숲 일대가 가장 풍성하며 매표하지 않고 이곳에서 황매화만 구경해도 좋다.
- 황매화가 만개하는 4월 중순 '계룡산 갑사 황매화 축제'가 열리니 참고하자.

**주변 볼거리·먹거리**

**금강사** 청벽산과 가까운 국사봉 자락에 자리 잡은 작고 조용한 사찰이지만 4월 중순부터 5월 초까지 꽃잔디와 철쭉이 피어 여행자들에게 인기 있는 사찰이 된다. 저녁이면 일몰을 경내에서 볼 수 있어 저녁 시간 방문도 추천한다.

Ⓐ 충청남도 공주시 반포면 마티고개로 175-4

**영평사** 1987년에 창건된 역사가 짧은 사찰이지만 계절마다 찾게 되는 매력이 있다. 가을이면 장군산을 뒤덮는 구절초로 먼저 유명해졌지만, 4월 말이 되면 경내에는 인근에서는 보기 드문 겹벚꽃이 가득 피어나는 사찰이다. 겹벚꽃이 필 무렵 철쭉과 영산홍까지 만개해 꽃세상이 된다. 영평사를 제대로 보려면 뒤쪽에 있는 짧은 등산로를 돌아 장군산을 따라 영평사를 내려다보는 것이다. 위에서 아미타대불 너머 대웅보전을 내려다보면 또 다른 풍경의 영평사를 볼 수 있다. 걷다 보면 영평사의 명물 장독대도 만나게 된다. 이곳에서 만드는 된장은 죽염으로 만들고 3년간 숙성시킨 약된장으로 인기가 좋다.

Ⓐ 세종자치특별시 장군면 산학리 444 Ⓣ 044-857-1854 Ⓗ www.youngpyungsa.co.kr

SPOT 6

**대한민국 최남단 수목원에서 즐기는 향기 가득한 봄나들이**

# 상효원

**주소** 제주도 서귀포시 산록남로 2847-37 · **가는 법** 간선버스 54번 승차 → 입석동 정류장 하차 → 택시 또는 도보 이동(도보 이동 시 약 35분) · **운영시간** 09:00~19:00(입장 마감 18:00)/연중무휴 · **입장료** 성인 9,000원, 청소년 7,000원, 어린이 6,000원 · **전화번호** 064-733-2200 · **홈페이지** www.sanghyowon.com

제주 남

8만여 평 규모의 대한민국 최남단 수목원으로 중산간에 위치해 푸르른 숲과 함께 한라산과 서귀포 바다가 펼쳐지는 풍경을 볼 수 있다. 1년 내내 꽃축제를 한다고 해도 과언이 아닐 정도로, 봄에는 튤립과 철쭉, 만병초, 여름에는 화려한 멋을 자랑하는 산파챈스와 수국, 가을에는 메리골드와 백일홍, 단풍, 겨울에는 동백꽃이 피어난다. 총 17개의 테마로 이루어진 정원을 모두 돌아보면 1시간 30분 정도 소요된다. 엄마의 정원을 시작으로 바닥에 표시된 흰색 화살표를 따라 이동하다 비밀의 정원에서 나온 후 노란 화살표를 따라 관람하면 된다.

소낭 아래 있는 커다란 소나무 두 그루는 대표 포토존으로 부부송이라고도 부른다. 이곳에서 함께 사진을 찍으면 사랑이 이루어진다는 이야기가 있다. 전망이 탁월한 카페 구상나무와 신비로운 기운을 담은 곶자왈, 200평 규모의 어린이 놀이터 에어바운스 등 각각의 테마로 매력이 넘친다.

**TIP**

- 외부 음식물 및 반려동물 출입은 금지한다.
- 공, 인라인스케이트, 자전거, 배드민턴 등 체육 기자재와 그늘막 텐트, 무선 조종 자동차 등은 반입을 금지한다.

### 주변 볼거리·먹거리

**친봉산장** 타닥타닥 장작 소리와 진한 나무 향기가 있는 곳. 친봉산장이라는 상호처럼 산장에 방문한 듯 이국적이면서 그윽한 분위기가 매력적이다. 음료뿐 아니라 술과 간단한 안주도 준비되어 있어 편하게 한잔 마실 때도 제격이다.

Ⓐ 제주도 서귀포시 하신상로 417 Ⓞ 매일 11:00~22:00(라스트오더 21:30) Ⓜ 아이리쉬 커피 10,000원, 에인절미 10,000원, 가가멜 스튜 20,000원 Ⓗ www.instagram.com/jeju_deerlodge

**서귀다원** 제주시에서 5·16도로를 타고 내려오다 보면 전혀 예상치 못한 위치한 녹차밭이 서귀다원이다. 이곳은 커다란 편백나무길과 녹차밭 뒤로 펼쳐지는 한라산이 이국적인 풍경을 자아낸다. 본래 감귤밭이었는데 노부부가 녹차밭으로 개간해 정성껏 일구고 있다. 차 한 잔과 함께 녹차밭을 바라보면서 여유 있는 시간을 즐겨보자.

Ⓐ 제주도 서귀포시 516로 717 Ⓞ 09:00~17:00/매주 화요일 휴무 Ⓒ 1인 5,000원(녹차 시음 포함) Ⓣ 064-733-0632

5월의 대한민국

# 싱그러운 풍경 속으로

5월 첫째 주

# 18 week

SPOT 1

꽃 선물할 때는 무조건

## 강남 고속버스터미널 꽃시장

서울·경기

**주소** 서울시 서초구 신반포로 194 · **가는 법** 3·7·9호선 고속터미널역 하차 → 경부선 건물 3층으로 가거나 1번 출구로 나와 우측에 보이는 고속터미널 상가 3층 · **운영시간** 생화시장 23:00~12:00, 조화시장 24:00~18:00/매주 일요일 휴무 · **전화번호** 02-535-2118(생화), 02-593-0991(조화) · etc 경부선 건물 좌우로 생화시장과 조화시장(부자재)이 나눠져 있다. 고속터미널 8번 출구 앞의 신세계백화점 바로 옆에 주차장이 있는데 꽃시장 입구 쪽에 있는 도장을 주차증에 찍어 가면 요금이 2천 원이다.

어버이날, 스승의날, 성년의날, 연인의날 등 5월은 그야말로 꽃을 선물하는 달이다. 하지만 꽃집에서 사면 장미 몇 송이에 포인트 꽃 하나만 꽂아도 족히 4만~5만 원이 훌쩍 넘는다. 지갑이 두둑하지 않아도 만 원이면 양손 가득 꽃을 살 수 있다. 사계절 내내 다양한 종류의 꽃과 부자재를 한 번에 구매할 수 있는 곳, 꽃의 달 5월에는 강남 고속버스터미널 꽃시장으로 꽃놀이를 떠나보는 것이 어떨까?

부자재 시장은 도매시장과 같은 층에 있다. 각종 다양한 조화, 화기, 크리스마스 소품부터 인테리어 소품, 캔들 재료, 그릇, 식기, 꽃을 다듬는 데 필요한 모든 재료와 포장, 꾸밈 재료 등 없는 것이 없다. 2층에는 그릇, 이불, 원단 등 홈 인테리어 전문상가가 있다.

**TIP**

- 도매 위주이기 때문에 보통 밤 12시부터 새벽 2시 사이가 가장 복잡하다.
- 오전 9시부터 오후 1시까지는 일반인들에게 그날의 신선한 꽃을 판매한다.
- 싱싱하고 좋은 꽃을 사려면 꽃이 새로 입고되는 월·수·금요일에 가는 것이 좋다.
- 화·목·토요일에는 전날 입고된 꽃들을 저렴하게 살 수 있다. 남은 꽃이라고 싱싱하지 않은 것은 아니지만 종류나 수량은 좀 적을 수 있다.
- 고급스러운 수입 꽃은 화요일에 입고된다.
- 꽃시장의 모든 꽃은 단으로 판매되는데 보통 한 단에 10송이가 기본이고 작약이나 카라처럼 꽃이 큰 것들은 5송이가 한 단이다. 최소한 어떤 색깔의 꽃을 살지 미리 정하고 가야 어울리지 않는 색을 마구 섞는 실수와 과소비를 막을 수 있다.
- 금요일에는 평소보다 더 많은 사람들이 찾으니 여유롭게 둘러보고 싶다면 다른 날을 추천한다.
- 꽃을 구입할 때 꽃집 사장님에게 아랫단을 잘라달라고 부탁하면 즉석에서 바로 싹둑 잘라준다. 이렇게 밑단을 살짝 다듬어 가면 집에서 다듬는 수고가 훨씬 줄어든다.
- 공식적인 폐장은 12시지만 대략 오전 11시 30분이면 거의 모든 꽃집이 폐장 준비에 한창이므로 여유 있게 방문하는 것을 추천한다.
- 조화시장은 생화시장보다 조금 더 오래 운영되기 때문에 오전에 가면 비교적 한가롭다.

**주변 볼거리·먹거리**

**매헌 시민의숲** 9만 4,800그루의 소나무, 느티나무, 당단풍, 칠엽수, 잣나무 등 도심에서는 보기 드문 울창한 수림대가 온통 초록을 이루고 있어 삼림욕을 즐길 수 있는 곳이다.

Ⓐ 서울시 서초구 매헌로 99(양재동 236) Ⓞ 상시 개방 Ⓣ 02-575-3895 Ⓗ parks.seoul.go.kr/citizen

**양재 화훼공판장** 1991년 문을 연 국내 최대 규모 수도권 유일의 화훼 도매시장이다. 절화, 분화, 화환 등은 물론 요즘 인테리어 필수품 스투키나 선인장 그리고 갖가지 화분이나 비료 같은 화훼 자재까지 편리하고 저렴하게 원스톱 쇼핑이 가능하다.

Ⓐ 서울시 서초구 강남대로 27 Ⓞ 생화도매(1, 2층) 월~토요일 00:00~13:00(주중 법정 공휴일은 12:00까지)/부자재점(2층) 01:00~15:00/매주 일요일 휴무, 분화온실(난, 허브, 선인장 등) 월~일요일 07:00~19:00/가나동 2동 중 일요일은 1동만 운영 Ⓣ 02-579-3414(생화 도매시장 및 부자재점), 02-573-8108(분화온실) Ⓗ flower.at.or.kr/yfmc

**TIP 꽃을 살 때 실패하지 않는 방법**

- 바로 사용할 꽃이라면 활짝 핀 것을, 하루이틀 뒤에 사용하려면 꽃봉오리 상태를 고르는 것이 좋다.
- 꽃잎이 구겨지거나 찢어진 상처가 있는 꽃은 사지 않는 것이 좋다.
- 자칫 줄기가 무르거나 꺾여 있을 수 있으니 줄기까지 세심히 살펴본다.
- 잎이 잘 붙어 있고 싱싱한 것을 고른다.

SPOT 2

**살랑살랑 불어오는 봄내음**

# 제이드가든

**주소** 강원도 춘천시 남산면 햇골길 80 · **가는 법** 굴봉산역에서 제이드가든 순환버스 이용(굴봉산역 출발) 10:45, 11:45, 13:45, 14:45, 15:45, 16:45/제이드가든 출발 11:30, 13:30, 14:30, 15:30, 16:30, 17:30 · **운영시간** 매일 09:00~18:00 · **입장료** 성인 11,000원, 중고생, 어린이 6,000원, 경로·유공자·장애인·군인·경찰·소방관·춘천시민·가평군민(증빙 필수) 8,000원, 36개월 미만 무료/카페(살롱제이드), 기프트숍·전시·클래스(스튜디오 제이드) 무료 · **전화번호** 033-260-8300

강원도

따스해진 날씨에 꽃구경하기 좋은 곳이라면 알록달록한 튤립부터 몽환적인 등나무꽃, 때 이른 수국까지 꽃과 정원이 아름다운 제이드가든을 추천한다. 행정구역상 춘천에 위치하지만 사실상 가평에 더 가까워 서울에서 접근성이 좋다. 약 10만㎡ 규모 정원에서 만나는 4,000여 종의 식물, 그 안에 꾸며진 '숲속의 작은 유럽' 테마는 이색적인 분위기를 내기 충분하다. 뿐만 아니라 BTS RM의 휴가지, 드라마 〈신사와 아가씨〉 촬영지로 알려지며

## 주변 볼거리·먹거리

**KT&G 상상마당** 더 이상 사용하지 않는 어린이회관 건물을 리모델링해 복합문화공간으로 만들었다. 시기별로 다양한 전시가 진행되어 문화생활을 즐기거나 의암호 뷰가 잘 보이는 카페에 앉아 휴식을 취하기에도 좋다. 또한, 이곳은 춘천 의암호 나들길(봄내길 4코스)를 지나는 길이라 산책 삼아 들르는 사람도 많다. 4월 말에는 보랏빛 등나무꽃이 흐드러지게 피어 봄 정취를 가득 풍긴다.

Ⓐ 강원도 춘천시 스포츠타운길399번길 25 Ⓞ 디자인스퀘어 화~일 11:00~19:00, 매주 월요일 휴무/아트갤러리 11:00~18:00, 매주 월요일 휴무/카페 매일 09:00~22:00(라스트오더 21:00) Ⓣ 033-818-3200

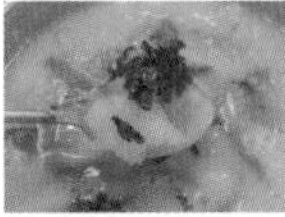

**풍물옹심이 칼국수** 동그랗다기에는 투박하고, 잘게 썰린 당근이 콕콕 박혀 있는 모양새. 하지만 입에 넣어 보면 쫄깃한 식감에 깊은 국물 맛까지! 사랑에 빠질 수밖에 없는 맛집이 있다. TV 프로그램에 출연해 인기가 높아지면서 점심 시간에는 언제나 대기를 해야 한다.

Ⓐ 강원도 춘천시 닥나무길9번길 5 Ⓞ 11:00~16:00/매주 화요일 휴무 Ⓜ 옹심이칼국수 10,000원, 옹심이만 13,000원, 메밀칼국수 9,000원, 메밀비빔국수 9,000원 Ⓣ 033-241-1192

더욱 인기몰이를 하고 있다. 어떻게 이렇게 관리가 잘 되었나 싶을 정도로 곳곳에 정성스러운 손길이 가득한 정원에서 꽃구경, 식물 구경하며 '풀멍'해 보는 건 어떨까.

SPOT 3

울긋불긋 꽃대궐

# 완산칠봉 꽃동산

전라도

**주소** 전북특별자치도 전주시 완산구 동완산동 산124-1 · **가는 법** 전주시외버스공용터미널 → 금암광장·청담한방병원 정류장에서 버스 1001, 1002번 승차 → 서학동 예술마을 정류장 하차 → 도보 이동(약 460m)

동요 〈고향의 봄〉의 가사 중 '울긋불긋 꽃대궐'은 혹시 4월의 완산칠봉 투구봉을 보고 쓴 것이 아닌가 하는 착각이 든다. 완산칠봉의 막내 봉우리인 투구봉은 전주시립도서관에서 5분이면 오를 수 있는 작은 동산이지만 눈앞에 펼쳐지는 꽃동산의 풍경은 결코 평범하지 않다. 어른 키를 훌쩍 넘는 붉은 영산홍과 겹벚꽃, 철쭉, 꽃사과, 황매화 등이 어우러져 그 어디서도 볼 수 없는 화려한 꽃잔치를 벌인다.

완산칠봉 꽃동산은 본래 인근에 살던 토지 주인 김영섭 씨가 1970년대부터 사비로 꽃나무를 심어 40여 년 동안 가꿔 온 곳이다. 부족한 살림에도 박봉을 쪼개 꽃나무를 사서 심었는데, 근처에 선친의 묘가 있어 더욱 정성껏 가꿨다고 한다. 이를 2009년 전주시에서 매입해 각종 꽃나무를 추가로 심고 도심을 내려다 볼 수 있는 전망대 및 산책로를 조성하여 다음 해에 일반 시민에게 개방하였다.

**TIP**

- 유모차나 휠체어는 다니기가 매우 불편하다.
- 꽃이 피는 시기에는 전주시립도서관의 주차장 출입을 제한하므로 자동차 이용 시 전주천변 주차장을 이용하자.
- 전주시립도서관 쪽에서 올라가는 것이 어려울 경우 곤지중학교 쪽에서 올라가도 좋다.

### 주변 볼거리·먹거리

**전주남부시장** 전주의 대표적인 전통시장인 남부시장은 조선시대 전주 사대문 밖에서 열리는 장터 중에 가장 규모가 컸던 곳이다. 대형마트가 생기면서 많이 쇠락했지만 전주 한옥마을의 방문객이 증가하면서 다시 주목받고 있다.

Ⓐ 전북특별자치도 전주시 완산구 풍남문1길 19-3 Ⓣ 063-284-1344

SPOT **4**

**아름다운 숲과 저수지**

# 위양지

경상도

**주소** 경상남도 밀양시 부북면 위양로 273-36 · **가는 법** 밀양역에서 일반버스 4대항 3, 4대항7번 승차 → 도방동 하차 → 도보 이동(약 11분) · **운영시간** 연중무휴 · **전화번호** 055-359-5641 · etc 주차 무료

숲과 나무, 꽃 등 자연과 공감할 수 있는 저수지 위양지는 사계절이 모두 아름다운 곳이다. 밀양 부북면 위양리에 위치해 있으며 '양민을 위한다'는 뜻의 위양으로 임금이 백성을 위해 저수지 주변으로 소나무와 이팝나무, 왕버들을 심었다고 한다. 위양지는 신라시대에 만들어진 저수지로 못 가운데에 다섯 개의 작은 섬과 크고 작은 나무들로 경치를 이룬다. 동그란 저수지를 따라 놀며 쉬며 둘레길을 걸어도 40분이 채 걸리지 않을 정도로 작지만 길 따라 크고 작은 나무들이 숲을 이루니 마치 경산의 반곡지와 고성의 장산숲을 닮았다.

사계절 아름답지만 이팝나무 꽃이 필 때면 환상적인 풍경으로 2016년 16회 전국 아름다운 숲 대회에서 공존상 우수상을 수상했다. 지금은 다리가 놓인 완재정은 예전에는 배를 타야만 들어갈 수 있는 곳이었다. 안동 권씨 위양 종중의 입향조인 학산 권삼변이 위양지 안에 정자를 세우고 싶어 완재(宛在)라는 이름까지 지어놓았지만 뜻을 이루지 못하다 250년이 지난 1900년에 후손들이 위양지 안에 세웠다고 한다. 완재는 중국 시경에 나오는 말로 '완연하게 있다'라는 뜻이 담겨있다.

**주변 볼거리·먹거리**

**위양루** 위양지를 걷다가 발견한 한옥카페 위양루는 논과 밭뷰를 자랑한다. 탁 트인 전망으로 시원한 개방감이 있는 카페로 아담하게 꾸며놓은 정원과 위양지가 보이는 테라스는 햇살이 가득하다. 직접 담근 자몽청 위에 오렌지와 히비스커스를 우려낸 차를 그라데이션한 위양선셋과 위양라테가 위양루의 시그니처 음료이며, 음료와 함께 먹으면 좋을 마카롱과 스콘도 다양하다.

Ⓐ 경상남도 밀양시 부북면 위양3길 34 Ⓞ 10:00~20:00/연중무휴 Ⓣ 0507-1363-2260 Ⓗ www.instagram.com/wiyangroo_cafe Ⓜ 위양선셋 7,000원, 위양라테 6,500원, 아메리카노 5,000원, 카페라테 5,500원 Ⓔ 주차 무료

SPOT 5

금강변을 가득 채운 유채꽃

# 옥천금강수변 친수공원

충청도

**주소** 충청북도 옥천군 동이면 금암리 1139 · **가는 법** 옥천시외버스공영정류장에서 버스 71번 승차 → 금암3리 하차 → 도보 이동(약 1.5km)

4월 중순이 되면 옥천금강수변 친수공원은 노란 물결의 바다로 변신한다. 매년 옥천군에서 금강변 8만 3,000㎡에 유채꽃밭을 조성하고 있어 충청권에서 가장 큰 규모의 자연 친화적인 유채꽃을 볼 수 있다. 유채꽃 사이 산책로도 잘 조성되어 있어 산책하기도 좋고 곳곳에 나무가 포인트로 있어 사진 찍기에도 좋다.

**TIP**

- 강변에 위치하고 있는 자연 친화적인 곳이라 뱀이 출몰할 수 있으니 발을 보호할 수 있는 신발은 필수다.
- 그늘이 많지 않으니 모자, 양산, 물을 준비하자.
- 인터넷 검색을 통한 위치와 다르니 반드시 주소 검색 후 이동해야 한다.

## 주변 볼거리·먹거리

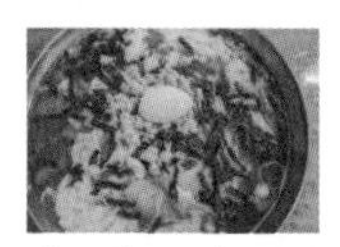

**풍미당** 물쫄면으로 인기 있는 분식점이다. 진한 멸치 육수에 국수가 아닌 쫄면을 넣은 메뉴로 다른 곳에서 맛보기 어려워 더욱 더 인기가 있다. 김밥은 옛날 시장 김밥 스타일로 쫄면과 함께 먹기에 좋다. 인기 맛집이라 주말에는 대기가 있을 수 있다.

Ⓐ 충청북도 옥천군 옥천읍 중앙로 23-1 Ⓞ 09:00~18:30/매주 월요일 휴무 Ⓣ 043-732-1827

SPOT 6

오랜 세월을 담은 천년의 숲길

# 비자림

**주소** 제주도 제주시 구좌읍 비자숲길 55 · **가는 법** 순환버스 810-1번 승차 → 비자림 정류장 하차 · **운영시간** 09:00~18:00(입장 마감 17:00) · **입장료** 성인 3,000원, 청소년 및 어린이 1,500원 · **전화번호** 064-710-7912

제주 북동

45만여 평에 달하는 면적에 수령 500~800년생 비자나무 2,800여 그루가 군락을 이룬 곳이다. 그 가치를 인정받아 1993년 천연기념물 제374호로 지정되어 보호받고 있다. 바위를 뚫고 뿌리를 내리는 나무의 모습과 벼락을 맞고도 살아가는 비자나무, 두 나무가 만나 하나의 나무로 살아가는 연리목, 그리고 수령 830년의 새천년 비자나무까지! 비자림을 걷다 보면 곳곳에서 만나는 강인한 생명력에 감탄하게 된다. 그중 압권은 새천년 비자나무. 크기도 크기지만, 최고령을 자랑한다.

탐방로 코스는 총 2가지, 화산송이로 이루어진 A코스와 A코스를 포함한 돌멩이길이 있는 B코스가 있다. 두 코스 모두 평탄하게 걸을 수 있지만, 유모차나 휠체어를 이용하는 방문객들은 A코스만 돌아볼 수 있다.

**TIP**

- 천연기념물로 지정된 곳이므로 생수를 제외한 음식물은 반입을 금지한다.
- 비자림 내에는 화장실이 없다. 짧은 코스로 돌아봐도 40~50분 소요되니 매표 전 화장실에 다녀오는 게 좋다.
- 숲해설은 9시 30분부터 점심시간을 제외하고 30분 간격으로 이루어진다. 오전 10시 50분과 오후 15시 20분은 숲 입구까지만 해설이 진행된다.(시간에 맞춰 탐방해설 대기 장소에서 시작, 약 1시간 소요)
- 반려동물 출입은 금지한다.

### 주변 볼거리·먹거리

**제주자연생태공원** 야생동물과 노루, 파충류와 곤충 등을 가까이서 관찰할 수 있는 곳이다. 사전예약을 통해 계절별 생태체험 프로그램을 신청할 수 있다. 가볍게 궁대오름 둘레길도 둘러보고 올 수 있다.

Ⓐ 제주도 서귀포시 성산읍 금백조로 448 Ⓞ 10:00~17:00(3~10월 16:30까지 입장, 11~2월 16:00까지 입장) Ⓗ jejunaturepark.com

**으뜨미** 우럭 한 마리를 통째로 튀겨 매콤한 양념장이 뿌려져 나오는 우럭정식을 맛볼 수 있다. 우럭튀김은 나오자마자 먹기 좋게 잘라주며, 양파가 듬뿍 들어 있어 우럭 살과 함께 먹으면 매콤, 달콤, 고소함이 가득 느껴진다.

Ⓐ 제주도 제주시 구좌읍 중산간동로 2287 Ⓞ 09:30~15:00(라스트오더 14:20) Ⓣ 064-784-4820 Ⓜ 우럭정식(2인 이상 주문 가능) 13,000원, 전복해물뚝배기 12,000원

5월 둘째 주

# 19 week

SPOT 1

## 서울에서 30분이면 뚜벅뚜벅 거닐 수 있는 초원길

# 원당종마공원

**주소** 경기도 고양시 덕양구 서삼릉길 233-112 · **가는 법** 3호선 원흥역 7번 출구 → 마을버스 043번 승차 → 서삼릉종, 마목장입구 하차 → 도보 이동(약 12분) · **운영시간** 하절기(3~10월) 09:00~17:00, 동절기(11~2월) 09:00~16:00/매주 월~화요일·명절 연휴 휴무 · **입장료** 무료/어린이 승마 체험 무료(매주 토~일요일 11:00~16:00, 당일 선착순 접수 가능) · **전화번호** 02-509-1684~5 · **홈페이지** park.kra.co.kr/parkuserseoul/wondangInfo.do · **etc** 원당종마공원 옆에 무료 주차장

서울·경기

원당종마공원은 한국마사회가 경주마사관학교로 운영하며, 국내 최초의 경주마가 탄생한 곳이다. 사진 찍기에도 좋아 출사지로도 유명하며, 각종 CF와 드라마 촬영지로 많이 이용된다. 11만 평 초지에 끝없이 펼쳐지는 초원길과 하얀색 펜스가 빚어내는 목가적인 풍경, 폭신한 흙길은 이곳이 과연 서울 근교인가 싶을 정도로 놀라움을 자아낸다. 바쁜 도심 생활에서 벗어나 몸과 마음의 여유를 즐기기에 더할 나위 없는 곳이다.

### 주변 볼거리 · 먹거리

**서삼능보리밥** 주말이면 길게 줄이 늘어설 만큼 일대에서 소문난 맛집.

Ⓐ 경기도 고양시 덕양구 서삼릉길 124 Ⓞ 11:00~19:00(라스트오더(동절기) 18:10)/매주 수요일 휴무 Ⓣ 031-968-5694 Ⓜ 보리밥 10,000원, 코다리 10,000원

**중남미문화원**

Ⓐ 경기도 고양시 고양동 302 Ⓞ 11~3월 10:00~17:00, 4~10월 10:00~18:00/매주 월요일·설날 및 추석 당일 휴관 Ⓣ 031-962-9291 Ⓒ 어른 8,000원, 어린이 5,000원 Ⓗ www.latina.or.kr
11월 45주 소개(574쪽 참고)

**TIP 주의할 점**

- 원당종마공원이라고 원당역에서 내리면 안 된다. 반드시 삼송역에서 내릴 것!
- 광활한 초지는 말과 기수를 위한 제한구역이므로 들어갈 수 없다.
- 원당종마공원 바로 옆에 무료 주차장이 있으나 굉장히 협소하다. 게다가 주말에는 초입부터 주차 전쟁이므로 대중교통을 이용하는 것이 효율적이다.
- 마을버스 배차 간격이 약 20분 정도여서 자칫 오래 기다릴 수도 있으니 시간을 맞춰 가자. 삼송역 5번 출구 앞에서 마을버스 041이 매시 15분, 35분, 55분에 상시 운행 중이다. 단, 주말에는 매시 25분, 55분에 있다.
- 돌아 나올 때는 농협대학 앞에서 매시 5분, 25분, 45분에 마을버스를 타면 된다.

**TIP 관람 포인트**

- 종마공원 입구부터 시작되는 아름다운 은사시나무와 미루나무가 거대한 가로수를 이루고 있는 산책로를 걷고 있노라면 그야말로 도심 속 힐링이 따로 없다.
- 한 정거장 전인 농협대학에서 하차해 가로수길을 꼭 걸어보자.
- 가족 단위 관람객들을 위한 기승 체험과 마방 견학 프로그램도 운영하고 있어 색다른 즐길 거리를 제공한다.
- 봄, 여름, 가을, 겨울 사계절 내내 운치 있지만 특히 녹음이 우거지는 초여름과 단풍 지는 가을이 장관이다.
- 서삼릉누리길은 총 8.28km로 '원당역 → 수역이마을 → 서삼릉 및 종마목장 → 농협대학 → 솔개약수터 → 삼송역' 코스를 완주해 보자. 평지와 작은 언덕으로 이어져 5월의 화창하고 선선한 날씨에 걷기 좋다.

SPOT 2

떠오르는 속초 신상 핫플

# 뮤지엄엑스

**주소** 강원도 속초시 중앙로 338 · **가는 법** 속초시외버스터미널에서 도보 이동(약 1km) · **운영시간** 10:00~18:00(입장 마감 17:00) · **입장료** 뮤지엄 패스 대인 22,000원, 소인 18,000원/뮤지엄 패스+AI패키지 대인 29,000원, 소인 25,000원 · **전화번호** 0507-1469-0396 · **홈페이지** museumx.kr · **etc** 주차 무료

강원도

뮤지엄엑스는 2023년 8월에 개관한 속초의 신상 핫플레이스이다. 최근 전국 각지에 몰입형 미디어아트 전시를 경험할 수 있는 곳이 많이 생겨나 크게 다를까 싶을 수 있지만 결론은 10 of 10. 후회 없는 소비라고 말하고 싶다. 라이트쇼부터 스릴 만점 슬라이드, 로봇이 그려주는 내 얼굴, 그네, 트램펄린까지! 안 그래도 재미난 것들에 디지털 기술이 더해지니 이곳에서만 즐길 수 있는 특별한 경험을 선사한다. 중간중간 촬영한 결과물은 개인에게 부여된 QR코드로 확인할 수 있어 소중한 추억까지 간직할

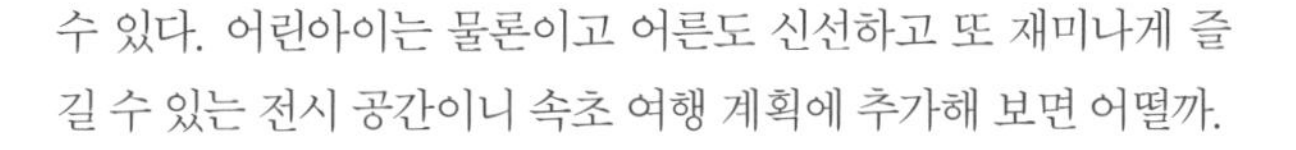

수 있다. 어린아이는 물론이고 어른도 신선하고 또 재미나게 즐길 수 있는 전시 공간이니 속초 여행 계획에 추가해 보면 어떨까.

**TIP**

- 무료로 이용 가능한 락커 룸이 있으니 짐이 많다면 이용해 보자.
- 내부에 체험 거리가 많아 치마보다는 바지를, 신고 벗기 편한 신발을 추천한다.
- 건물 전체가 전시관+카페로 공간이 넓어 관람 시 1시간 30분에서 2시간 정도가 소요되니 일정에 참고해 보자.

## 주변 볼거리·먹거리

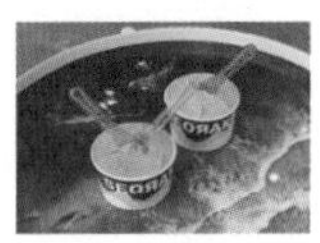

**설악젤라또** 강원도 로컬 재료로 만든 수제 유기농 젤라또를 판매하는 곳이다. 설악 밀크, 양양 쑥, 봉평 메밀, 평창 라벤더 등 시그니처 메뉴가 다양하게 준비되어 있으며, 두 가지 맛을 한 컵에 담을 수 있어 선택의 폭이 넓다.

Ⓐ 강원도 속초시 번영로105번길 13 Ⓞ 11:00~19:00/매주 화요일 휴무 Ⓣ 0507-1310-7524 Ⓜ 설악밀크 5,500원, 양양쑥 5,500원, 평창유기농라벤더 5,500원, 봉평메밀리조 5,500원 Ⓗ www.instagram.com/seorak_gelato

**매자식당** 강원도의 대표 음식을 떠올렸을 때 등장하는 메뉴 중 하나, 장칼국수! 여기에 이국적인 쌀국수가 더해져 새로운 음식으로 재탄생한 곳이다. 매운 한우장쌀국수를 주문하면 고기도 푸짐하게 들어가고 장칼국수 특유의 매콤함도 함께 맛볼 수 있어 더욱 좋다.

Ⓐ 강원도 속초시 번영로105번길 17 Ⓞ 목~일요일 11:00~20:00(브레이크타임 14:30~16:30, 점심 주문 마감 14:30, 저녁 주문 마감 19:30)/매주 수요일 휴무 Ⓣ 0507-1304-0807 Ⓜ 한우쌀국수 13,000원, 매콤한우장쌀국수 14,000원 Ⓗ www.instagram.com/kayrish7

SPOT 3

서해 3대 낙조 명소

# 솔섬

전라도

**주소** 전북특별자치도 부안군 변산면 변산로 3318 · **가는 법** 자동차 이동

변산반도의 해안가는 전체적으로 수심이 얕고 경사가 완만하며 소나무가 많다. 썰물 때 1km 이상 물이 빠져 갯벌이 하얗게 드러나면 조개를 잡을 수도 있다. 또한 해가 질 때 수평선 위로 붉게 타오르는 노을은 마치 영화 속 한 장면을 연상케 한다.

흔히 사진 좀 찍는 사람들 사이에서는 강화도, 안면도, 변산반도를 서해의 3대 낙조 명소로 꼽는다. 특히 변산반도의 솔섬은 서해 최고의 낙조 명소로 알려져 있다. 전북학생해양수련원 주차장 끝의 길을 따라 해변으로 내려가면 자갈이 깔린 해변 너머로 소나무 몇 그루가 고개를 내민 솔섬이 눈에 들어온다. 즐길 만한 것도 없고 사람도 살지 않는 손바닥만 한 작은 섬을 보기 위해 해 질 무렵이 되면 많게는 수백 명이 이곳을 찾아든다. 그

중 대부분은 고가의 카메라로 무장한 '카메라 부대'다.

노을을 배경으로 바위섬과 소나무가 만들어 내는 실루엣의 조화가 숨 막힐 듯 아름답다. 하늘이 맑은 날이면 소나무 가지와 태양이 절묘하게 어우러져 용이 여의주를 문 듯한 장면을 볼 수 있다. 구름이 약간 낀 날에는 운이 좋으면 여의주를 문 용이 마치 불을 뿜어내는 듯한 기막힌 장면을 만날 수도 있다. 이 극적인 순간을 한 장 찍기 위해 수십 번씩 솔섬을 찾는 사진가도 있다고 하니, 솔섬이 가히 서해 최고의 낙조 명소라 해도 이견이 없을 것이다.

**TIP**

- 자동차를 이용할 경우 전북학생해양수련원에 주차하고 해변으로 50m 정도 걸어 내려가면 된다.
- 썰물 때는 물이 빠져 솔섬까지 걸어서 갈 수 있지만 밀물 때 고립될 수 있으니 매우 주의해야 한다.
- 낙조 촬영을 위해서는 최소한 일몰 30분 전에 도착해 적당한 위치를 찾아보자.
- 해가 진 뒤의 황혼도 아름다우니 시간이 된다면 여유롭게 감상할 것을 추천한다.

**주변 볼거리·먹거리**

**궁항마을** 궁항마을은 산과 바다가 아름답고 조화를 이루고 있는 곳에 위치하고 있다. 2010년 해안마을 미관 개선 사업으로 벽화를 그리고 집마다 귀여운 조각상을 설치했다. 골목을 걸으며 집마다 담장 위에 놓여 있는 조각상을 보는 재미가 쏠쏠하다.

Ⓐ 전북특별자치도 부안군 변산면 궁항로 142

SPOT **4**

**조선시대 소박한 정자**

# 무진정

경상도

**주소** 경상남도 함안군 함안면 괴산4길 25 · **가는 법** 함안버스터미널에서 농어촌버스 3번 승차 → 괴항 하차 → 도보 이동(약 3분) · **운영시간** 24시간/연중무휴 · **입장료** 무료 · **전화번호** 055-580-2551 · etc 주차 무료

무진정(경상남도 유형문화재 제158호)은 조선 중종 때 문신 조삼 선생이 벼슬을 그만두고 후진 양성을 하며 남은 여생을 보내던 곳에, 후손들이 그의 덕을 기리고자 연못가에 지은 정자이다. 무진은 조삼 선생의 호이다.

연못 위로 놓인 돌다리 한가운데 오래된 나무가 있는데, 다리를 놓을 때 잘라내지 않고 그대로 두었으니 마치 오랫동안 무진정을 지켜주는 수호나무처럼 느껴진다. 얽히고 설킨 단단한 나무뿌리가 오랫동안 그 자리를 지켜왔음을 보여준다. 차곡차곡 쌓아 만든 돌계단을 올라가면 소박하면서도 화려한 무진정의 모습을 볼 수 있다.

조선 초기 정자의 형식을 그대로 갖춘 무진정은 하늘로 날아

갈 듯 치솟은 팔작지붕의 선이 유난히 곱고, 아무런 조각이나 장식을 하지 않아 소박하면서도 화려함을 뽐낸다.

매년 4월 초파일에는 이곳 무진정과 연못 일원에서 함안의 고유 민속놀이인 낙화놀이가 열린다. 군민의 안녕을 기원하기 위해 시작된 불꽃놀이는, 연못을 가로질러 무진정까지 이은 줄에 참나무 숯가루를 한지에 넣어 꼬아 만든 낙화봉을 매달아 불을 붙이면 꽃가루처럼 물 위로 불꽃이 흩날리는 장관이 연출된다.

### 주변 볼거리·먹거리

**무진** 무진정 앞 주택을 개조해 카페로 오픈한 무진은 창을 통해 무진정을 볼 수 있다. 넓은 창 앞에 의자를 두고 무진정을 배경으로 사진을 찍을 수 있도록 포토존을 만들어 무진정이 보이는 테이블은 가장 인기가 많아 한 번 앉으면 좀처럼 일어나지 않는다. 음료와 케이크, 쿠키 등 디저트 종류가 다양하고 음료에 들어가는 모든 재료는 직접 만들어 사용하니 믿을만하다 하겠다.

Ⓐ 경상남도 함안군 함안면 함안대로 257 Ⓞ 평일 11:00~20:00(라스트오더 19:30), 주말 11:00~21:00(라스트오더 20:30)/매주 월요일 휴무 Ⓣ 0507-1496-1281 Ⓗ www.instagram.com/_moozine Ⓜ 에스프레소 4,500원, 바닐라빈라테 5,800원, 아이스크림라테 6,500원, 아메리카노 4,500원 Ⓔ 주차 무료

SPOT 5

겹벚꽃과 철쭉이 가득한 산사

# 개심사

**주소** 충청남도 서산시 운산면 개심사로 321-86 · **가는 법** 서산공용버스터미널에서 버스 522번 승차 → 개심사 하차 · **전화번호** 041-688-2256 · **홈페이지** gaesimsa.modoo.at

충청도

백제 말 654년에 창건된 천년고찰로 충청남도 4대 사찰 중 하나다. 일주문을 지나면 '세심동', '개심사입구'라는 표석을 볼 수 있는데, 표석 문구대로 마음을 씻고 마음을 열어 걷다 보니 500m의 오르막도 전혀 힘들지 않고 아름답게 보인다. 절의 중앙에 있는 대웅보전은 조선시대 건축예술의 극치를 보여주며 보물 제143호다.

4월 말 5월에는 청벚꽃, 겹벚꽃이 개화해 이를 보기 위해 전국에서 여행자들이 모여든다. 특히나 청벚꽃은 다른 곳에서 쉽게 볼 수 없는 꽃이기에 주변으로 사람들이 몰려 아이돌 못지않은 인기를 누린다.

**TIP**

- 주차장에서 돌계단을 500m나 올라야 하므로 편한 신발을 준비하자.
- 경내로 들어가기 전에 만나는 연못은 백제 사찰의 특징이며, 이곳에 있는 외나무 다리는 반영을 담을 수 있는 포토존이니 놓치지 말자.
- 청벚꽃은 명부전 앞에 위치한다.
- 8월이면 연못 옆에 배롱나무꽃이 활짝 피어 배롱나무명소로 인기가 좋다.
- 청벚꽃이 피는 개심사는 오전 8시만 지나면 전국에서 몰려든 상춘객들로 붐비니 이른 시간 방문을 추천한다. 주말에는 개심사 입구에서 신창제 초입까지 차가 막히는 5월 초 전국 최고의 핫플레이스가 된다.

### 주변 볼거리·먹거리

**문수사** 운산면에 있는 작은 사찰로 고려 시대 창건된 것으로 추측된다. 4월 말 5월 초가 되면 겹벚꽃과 철쭉으로 인산인해를 이룬다. 일주문에서 사찰로 오르내리는 길의 겹벚꽃터널이 아름답다. 운산에서 이곳으로 오는 길에 만나는 초원 덕에 저절로 스위스가 떠오르는 풍경이다.

Ⓐ 충청남도 서산시 운산면 문수골길 201 Ⓣ 041-663-3925

**운신초등학교** 초등학교 놀이터가 있어 그네, 미끄럼틀과 함께 겹벚꽃을 볼 수 있는 감성 놀이터다. 실제 학생들이 공부하는 초등학교이니 아이들 수업이 끝난 시간이나 주말에만 방문할 수 있다.

Ⓐ 충청남도 서산시 운산면 해운로 539

SPOT 6

숲속을 달리는 낭만 기차여행

# 에코랜드 테마파크

**주소** 제주도 제주시 조천읍 번영로 1278-169 · **가는 법** 제주돌문화공원 정류장 → 남쪽으로 90m → 맞은편으로 200m · **운영시간** 첫차 08:30, 12~2월 막차 16:30, 3~11월 17:50 · **입장료** 성인 16,000원, 청소년 13,000원, 어린이 11,000원 · **전화번호** 064-802-8000 · **홈페이지** theme.ecolandjeju.co.kr

제주 남동

30만 평 곶자왈을 기차를 타고 돌아보는 테마파크. 1800년대 증기기관차 볼드윈 기종 모델을 영국에서 수제품으로 만든 각기 다른 디자인과 이름의 기차 8대가 운행된다. 마치 호수 위를 걷는 듯한 에코브리지역, 수상 스포츠와 아름다운 정원을 만날 수 있는 레이크사이드역, 동화 속에서 만날 법한 글라스하우스와 키즈타운이 있는 피크닉가든역, 계절별 다양한 꽃들을 만날 수 있는 유럽풍 정원이 있는 라벤더, 그린티&로즈가든역까지! 각각의 간이역은 서로 다른 콘셉트로 꾸며졌다.

호수, 숲, 정원 등 아름다운 자연 풍경과 이국적 건물이 잘 어우러져 마치 동화 속으로 들어온 듯한 즐거움을 선사한다. 특히 피크닉가든역에는 곶자왈과 화산송이로 되어 있는 숲길 '에코로드'가 있어 사그락거리는 소리와 함께 맑은 공기를 맡으며 산책하기 좋다. 숲속에는 어린이를 위한 작은 책방과 휴식을 취할 수 있는 에코해먹카페가 있다.

**TIP**

- 기차는 약 15분 간격으로 운행되며 1회 순환만 가능하니 각 역마다 내려서 충분히 즐기고 난 후 다음 기차를 타는 것이 좋다.
- 마지막 코스인 라벤더, 그린티&로즈가든역에서는 따로 조성된 데크길이 있어 곶자왈의 아름다움을 직접 느끼며 걸어서 나올 수 있다.
- 에코브리지역을 제외한 모든 역에는 식당 또는 스낵바가 있다.
- 사계절 노천 족욕탕은 무료로 이용 가능하다. 수건은 비치되어 있지 않으니, 미리 준비하거나 현장에서 구매할 수도 있다.
- 2023년부터 매주 금~일요일에는 야간에도 개장되어 밤에도 에코랜드를 즐길 수있다. 여행 일정에 맞춰 전화나 홈페이지에서 확인하면 된다(운영시간 09:00~21:40/입장 마감 21:40).

### 주변 볼거리·먹거리

**숫모르편백숲길** 한라생태숲을 시작으로 절물자연휴양림을 거쳐 노루생태공원까지 이어지는 총 8km 숲길. 숯을 구우며 살아가던 사람들의 흔적을 따라 숲 향기를 맡으며 걷는 트레킹 코스이다.

Ⓐ 제주도 제주시 516로 2596(시작 지점 : 한라생태숲, 종료 지점 : 노루생태공원) Ⓣ 064-710-8688

**교래곶자왈손칼국수** 진한 닭 육수에 쫄깃한 생면을 넣어 끓인 닭칼국수는 닭고기도 듬뿍, 면도 듬뿍! 주문 즉시 만들기 때문에 조리 시간이 긴 편이다.

Ⓐ 제주도 제주시 조천읍 비자림로 636 Ⓞ 11:00~17:30(라스트오더 17:00)/매주 목요일 휴무 Ⓣ 064-782-9919 Ⓜ 닭칼국수 10,000원, 보말전복칼국수 13,000원, 녹두빈대떡 17,000원

5월 셋째 주

# 20 week

SPOT 1

**보랏빛 프로방스에서 로맨틱한 반나절**

## 연천허브빌리지 라벤더축제

서울·경기

**주소** 경기도 연천군 왕징면 북삼리 222 · **가는 법** 1호선 동두천역 하차 → 시외버스 3300번 승차 → 전곡터미널 하차(택시를 타면 허브빌리지까지 약 20분 소요) → 일반버스 55-6번 탑승 → 북삼리다리 · 허브빌리지 정류장 하차(약 1시간 10분 소요) · **운영시간** 09:00~18:00(4월 20일부터 10월 31일까지 주말은 09:00~20:00) · **입장료** 성인 5,000원, 소인(36개월 이상~초등학생) 3,000원 · **전화번호** 031-833-5100 · **홈페이지** www.herbvillage.co.kr · **etc** 음식물 일체 반입 금지/반려동물 출입 금지

다른 허브 농원에 비해 규모가 그리 크지는 않지만 라벤더, 안젤로니아 등 계절마다 다른 꽃을 구경할 수 있다. 대형 허브 유리 온실, 올리브홀, 주상절리, 잔디광장, 거북바위, 천년 삼층석탑, 화이트 가든 등 볼거리가 다양해서 눈으로 즐기며 산책하는 것만으로 나들이 기분이 난다. 꽃과 초록 식물들이 가득한 산책로와 흙길을 걷다 보면 다양한 꽃들이 어우러진 멋진 풍경이 펼쳐져 지루할 틈이 없다. 보랏빛 라벤더가 선사하는 동화 같은 풍경 속으로 풍덩 빠져보자.

임진강 뷰가 한눈에 내려다보이는 화이트 가든은
두 번째 필수 포토존이다.

이토록 아름다운 매표소를 보았나!

초대형 허브 유리 온실.
상큼한 허브 향과 여유로운 공간에서 식사와 차를 즐길 수 있다.

### 주변 볼거리·먹거리

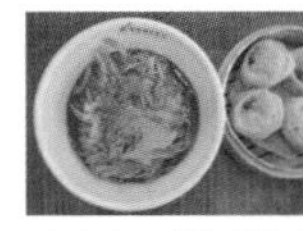

**망향비빔국수 본점** 이미 유명할 대로 유명해 체인점을 어렵지 않게 찾을 수 있는 망향비빔국수 본점이 연천에 있다. 50년이 넘은 원조 손맛은 역시 먹어본 사람만이 안다. 5사단 열쇠부대 바로 앞에 위치해 있다.

Ⓐ 경기도 연천군 청산면 궁평로 5 Ⓞ 10:00~20:00/연중무휴 Ⓣ 031-835-3575 Ⓜ 비빔국수 및 잔치국수 7,000원, 아기국수 3,000원, 만두 4,000원 Ⓔ 주차 가능/포장 가능

**TIP**

- 라벤더가 절정에 달하는 시기를 잘 맞춰 가야 만개한 보랏빛 물결을 감상할 수 있다.

매력적인 보랏빛으로 뒤덮인 라벤더밭

SPOT 2

**알록달록 장미 세상**

# 삼척장미공원

**주소** 강원도 삼척시 정상동 232 · **가는 법** 삼척고속버스터미널에서 도보 이동(약 1.5km) · **운영시간** 개화 시기 5~11월(연중 개화 사계장미) · **전화번호** 033-570-4067 · **홈페이지** samcheok.go.kr/rosepark · etc 주차 무료

강원도

인라인스케이트, 가벼운 운동, 반려동물과의 산책길 등. 1년 365일, 시민들의 휴식 공간이 되어 주는 삼척 장미공원이다. 4월 벚꽃 시즌이 지나면 이곳은 수천, 수만 송이의 장미가 피어나는 장미 시즌이 시작되는데, 장미공원이라는 이름에 걸맞게 다른 장미축제, 장미공원 대비 종류도, 색깔도 다양한 장미로 가득하다. 그 규모는 무려 218종 13만 그루 1천만 송이에 달하는 장미로, 단일 규모로는 세계 최대 수량이라고 알려져 있다. 축제 기간에는 각종 체험뿐만 아니라 야간 개장을 진행해 더욱 풍성하게 즐길 수 있다. 이곳의 장미 터널은 정말 깜짝 놀랄 수밖에 없을 만큼의 장미로 가득 찬다. 포토존부터 조형물까지 구경하기 좋은 장소도 많이 있으니 낮부터 밤까지 어여쁜 장미와 함께 5월을 즐겨보는 것은 어떨까.

### 주변 볼거리·먹거리

**삼척항 대게거리** 조선시대부터 유명했던 삼척 대게를 맛볼 수 있는 곳이다. 대게 직판장, 회센터 등이 있어 신선한 해산물을 맛볼 수 있으며 동해에서 빠질 수 없는 마른오징어를 파는 건어물 판매점도 많으니 삼척 여행 기념품까지 야무지게 준비해 보자.

Ⓐ 강원도 삼척시 삼척항길 196 Ⓣ 033-573-4096

**TIP**

- 삼척역, 삼척고속버스터미널에서도 가까워 뚜벅이 이용자도 부담없이 다녀올 수 있다.
- 자동차로 방문할 경우 무료로 이용 가능한 주차장이 있으니 참고해 보자.

SPOT 3

들어가 보지 않고는
그 깊이를 알 수 없는 고택

# 쌍산재

**주소** 전라남도 구례군 마산면 장수길 3-2 · **가는 법** 구례공영버스터미널 → 구례공영버스터미널 정류장에서 농어촌버스 4-9번 승차 → 상사 정류장 하차 → 도보 1분(약 70m) · **운영시간** 11:00~16:30(입장 마감 16:00) · **입장료** 1인 10,000원(웰컴티 제공), 중학생 이상만 입장 가능 · **전화번호** 061-782-5179 · **홈페이지** www.ssangsanje.com

전라도

쌍산재는 운조루, 곡전재와 더불어 구례의 3대 전통 가옥이라 불린다. 2018년 전남 민간 정원 5호로 지정되어 역사와 전통뿐만 아니라 정원의 가치가 더해졌다. 쌍산재는 현재 집주인의 고조부의 호(쌍산)를 빌어 지은 이름이라고 한다. KBS 프로그램 〈1박2일〉을 통해 조금씩 알려지기 시작했고, tvN 〈윤스테이〉 촬영지가 되면서 사람들의 폭발적인 관심을 받게 됐다.

쌍산재는 입구만 보고는 감히 그 규모를 짐작할 수 없을 정도로 안과 밖이 다른 고택이다. 큰 규모의 대갓집을 예상하고 왔다가 입구를 보고 실망하지만, 대문을 지나 안으로 들어가면 엄청난 규모의 고택과 뛰어난 자연환경에 입이 다물어지지 않는다. 대문에 들어서면 왼쪽이 관리동, 오른쪽에 마당을 두고 안채, 건너채, 사랑채가 있다. 관리동 뒤쪽으로 난 돌계단을 오르면 대숲이 이어지고, 대숲을 지나면 눈앞에 드넓은 잔디밭이 펼쳐져 파란 하늘이 오롯이 드러난다. 고택 안에 이렇게 넓은 광장이 있다는 것이 믿기지 않는다. 잔디밭을 지나 가정문을 통과하면 서당채, 경암당과 작은 연못이 있다. 경암당 옆 영벽문을 열고 나가면 또 다른 세상, 사도저수지가 한눈에 들어온다. 과연 쌍산재의 규모는 상상 그 이상이다. 축구장 두 배가 훌쩍 넘는 면적에 아홉 채의 한옥이 자리 잡고 있으니 건축에서도 선조들의 여백의 미가 드러난다.

**TIP**

- 안전 사고 예방을 위해 중학생 이상부터 입장이 가능하다(초등학생 이하는 보호자와 함께여도 입장할 수 없음).
- 여름에는 대나무숲에 모기와 벌레가 많으므로 벌레 기피제, 긴 소매 옷 등을 준비하는 것이 좋다.
- 쌍산재 입구의 당몰샘은 가뭄에도 물이 마르지 않는 것으로 알려져 있으며, 물맛이 좋기로 유명하다.
- 숙박을 하고 싶다면 홈페이지 또는 대표 번호로 문의해야 한다(숙박 시 취사는 할 수 없음).

### 주변 볼거리·먹거리

**목월빵집**

Ⓐ 전라남도 구례군 구례읍 서시천로 85 Ⓞ 10:00~18:00(토·일요일 휴게시간 12:30~13:30, 15:00~15:30)/휴무 시 별도 공지 Ⓣ 061-781-1477 Ⓜ 젠피긴빵 4,000원, 앉은키통밀목월팥빵 3,500원, 커피무화과크림치즈빵 5,000원, 아메리카노 4,500원, 카페라테 5,500원, 구례방앗간라떼 7,000원
3월 9주 소개(130쪽 참고)

SPOT 4

〈미스터선샤인〉 촬영지

# 만휴정

**주소** 경상북도 안동시 길안면 묵계하리길 42 · **가는 법** 안동역에서 버스 610번 승차 → 묵계 하차 → 도보 이동(약 14분) · **운영시간** 별도로 정해지지 않았으나 늦은 밤 방문 금지/연중무휴 · **입장료** 일반 2,000원, 어린이(초등학생) 1,000원, 체험료 35,000원 · **전화번호** 010-9930-0313 · etc 주차 무료

경상도

주차 후 만휴정까지 걸어가는 길목은 여느 시골길과 다름없다. 일찍 방문한 탓에 사람도 없었고 그래서 오롯이 혼자만의 시간을 느끼기에 충분했다. 다리 밑으로 흐르는 물소리가 조용한 산길에 적막을 깨듯 더 크게 들리는 듯하다. 만휴정으로 오르는 길목의 오른쪽에는 송암계곡이 있고 송암폭포에서 떨어지는 비단 같은 물줄기는 웅장하게 들린다. 계곡길을 따라 조금만 오르면 드라마 〈미스터선샤인〉의 촬영지 만휴정이 보인다.

만휴정으로 들어갈 때는 두 사람이 겨우 지나갈 정도로 좁은 다리를 건너야 하는데 폭이 좁아 무섭지만 나름 운치가 있다. 만휴정은 조선 전기 문신인 김계행이 1500년에 지은 정자로 말년

에 독서와 학문을 연구했던 곳이라고 한다. 청백리로 유명했던 그는 1480년 50세에 과거 급제 후 여러 벼슬을 하다가 연산군의 폭정이 시작되자 향리로 돌아와 살았다고 전해진다.

계곡의 너럭바위에서 떨어진 물은 폭포를 이루며 흐르고 평소 김계행이 읊었던 시 중 '우리집에는 보물이 없지만 보물로 여기는 것은 청렴과 결백이네(吾家無寶物 寶物惟淸白)'라는 의미의 시구가 새겨져 있다. 그의 호인 보백당도 시 구절에서 가져왔다고 한다. 1498년 안동에 내려와 집을 짓고 말년에 쉬는 정자라는 뜻으로 만휴정을 지었다 한다.

**주변 볼거리·먹거리**

**묵계서원** 묵계리에서 100m쯤 고갯길을 오르면 왼쪽에 묵계서원이 보인다. 보백당 김계행 선생과 응계 옥고 선생의 학문과 덕행을 추모하기 위해 숙종 13년에 창건되었다. 고종 6년에 서원철폐령으로 사당은 없어지고 강당만 남았는데 최근 없어진 건물들을 새로 짓고 복원하였다.

Ⓐ 경상북도 안동시 길안면 국만리길 72 Ⓣ 054-841-2433 Ⓔ 주차 무료

SPOT 5

**목장도 구경하고 놀이공원도 가고**

# 벨포레

**주소** 충청북도 증평군 도안면 벨포레길 346 · **가는 법** 증평시외버스터미널 → 택시 이동(15분 소요) · **운영시간** 10:00~18:00/매주 월요일 휴장, 단 브리스킷 346 목장은 휴장 없이 운영 · **입장료** 무료(벨포레 목장 입장료 5,000원 별도) · **전화번호** 02-1566-0162 · **홈페이지** www.blackstonebelleforet.com

충청도

가정의 달 5월을 맞이하여 아이들과 찾기 좋은 곳이다. 우리나라 중앙에 위치해 산과 계곡, 호수를 아우르는 경관이 빼어난 곳에 목장, 놀이동산, 마리나클럽, 골프장 그리고 숙박시설이 함께 있는 복합 리조트다. 호수도 있어 요트 체험도 가능할 정도로 규모가 크고 관리가 잘되어 있어 만족도가 높았다. 주말에는 혼잡할 수 있으나 평일에는 조용하게 놀이기구를 타며 즐거운 소풍을 할 수 있다.

## 주변 볼거리·먹거리

**증평자전거공원** 아이들이 자전거를 올바르게 배우고 체험할 수 있는 곳인데 아이들 관점에서 미니어처로 실제 증평 거리와 교통시설을 그대로 재현해 마치 소인국 테마공원을 여행하는 기분이다.

Ⓐ 충청북도 증평군 증평읍 남하용강로 16 Ⓞ 연중무휴 Ⓣ 043-836-0514

**TIP**

- 이곳은 주차장이 4곳 있는데 1, 2주차장은 콘도 투숙객만 이용할 수 있고 놀이공원 이용자들은 주차장에서 무료 트롤리로 이동한다(트롤리 코스 : 주차장-남도예담(놀이공원)-목장(투썸플레이스로 벨포레가든)-주차장 순환).
- 하이라이트인 양몰이 공연 시간은 꼭 확인하고 이동 동선을 체크하자(주중 13:30/15:30, 주말 11:30/13:30/15:30).
- 마리나베이로 내려가는 길에 위치한 벨포레가든은 사계절 잘 관리되고 있으나 놓치기 쉬운 곳이니 잊지 말자.

SPOT 6

곶자왈에서 만나는 동화 속 세상

# 산양큰엉곶

**주소** 제주도 제주시 한경면 청수리 956-6 · **가는 법** 제주국제공항 정류장에서 순환버스 820-2번 승차 → 산양큰엉곶 입구 정류장 하차 → 우측길로 38m 이동 · **운영시간** 4~10월 09:30~18:00/11~3월 09:30~17:00(입장 마감 1시간 전) · **입장료** 성인 6,000원, 청소년·어린이 5,000원 · **전화번호** 0507-1341-4229 · **홈페이지** www.instagram.com/sanyang_keunkot

제주 남서

한경면 청수리 일대에 형성된 곶자왈 지대로 1935년부터 마을 공동 목장으로 쓰이던 곳을 귀농 청년들과 주민들이 하나로 뜻을 모아 곶자왈 속 아름다운 동화 세상으로 재탄생시켰다. 산양큰엉곶의 '엉'은 바닷가나 절벽에 생긴 동굴을, '곶'은 숲을 뜻한다. 숲길을 걷다보면 이름처럼 크고 작은 협곡으로 이루어진 독특한 지형을 만날 수 있다. 코스는 큰엉곶을 크게 돌아볼 수 있는 3.5km의 숲길과 T자 형태의 잘 다듬어진 달구지 길 2개로 구성되어 있다. 달구지 길은 산양큰엉곶의 마스코트인 소와 말이 달구지를 끌고 가는 모습을 볼 수 있으며, 유모차와 휠체어도 편하게 이용할 수 있는 무장애 길이기도 하다. 푸릇한 나무들이 빼곡히 들어서 있어 청량함과 여유로움이 가득 느껴진다. 걷는 것만으로 충분히 좋지만 산양큰엉곶을 사랑스럽게 만드는 건 바로 곳곳에 설치된 포토존이다. 커다란 둥지, 백설공주와 난쟁이들이 살 것 같은 작디작은 집, 끝이 없을 것 같은 기다란 기찻길, 달빛 담은 의자, 으스스한 해골과 마녀 등 동화 속에서 볼만한 풍경들을 실제로 만나니 숲길 걷기가 너무 재밌다. 매년 6월 중순부터 약 2주간 야간 반딧불이 투어도 진행하고 있다.

TIP

- 숲으로 들어가면 화장실이 없으니 매표소 옆 화장실 이용 후 입장한다.
- 소형견 동반 가능하며 목줄과 배변 봉투는 필수이다.
- 소달구지 체험 1인 5,000원(매표소 문의), 10:00~16:30 사이 이용(10~15분), 달구지 1개 당 총 6인까지 탑승할 수 있으며, 소와 말의 건강 상태 및 날씨에 따라 체험이 불가할 수 있다.
- 매년 6월 중순부터 2주간 진행되고 있는 반딧불이 투어 시작은 인스타그램에 공지되며 네이버 예약을 통해 예매 후 입장한다.

### 주변 볼거리 · 먹거리

**저지오름** 초가지붕을 덮을 때 사용하는 새(띠)가 많이 나는 곳이었지만, 마을 주민들이 힘을 모아 나무를 심으면서 울창한 숲이 되었다. 2007년 아름다운 숲 전국대회에서 대상을 수상하기도 했다. 오름 정상에 서면 멀리 비양도부터 산방산까지 탁 트인 서쪽 풍경을 눈에 담을 수 있다.

Ⓐ 제주도 제주시 한경면 저지리 산51(오름 입구 : 제주시 한경면 저지리 52)

**무릉외갓집** 제주도의 제철 청정 농산물을 엄선해 정기 배송 서비스를 제공하는 마을 기업. 생과일 아이스크림 만들기, 생과일 찹쌀떡 만들기, 감귤 수확 등 계절별 체험 프로그램도 있다.

Ⓐ 제주도 서귀포시 대정읍 중산간서로2881번길 35-8 Ⓞ 09:30~17:30/매주 일요일 휴무 Ⓣ 070-4414-7966 Ⓜ 제주도 농산물 정기 배송 서비스, 콩보리미숫가루 4,500원, 수제감귤청에이드 4,500원 Ⓗ www.murungfarm.co.kr/murung

5월 넷째 주

# 21 week

SPOT 1

### 바람과 평화 속에 가만히 머물다

## 임진각 평화누리공원

**주소** 경기도 파주시 문산읍 임진각로 148-53(사목리 480-1) · **가는 법** 서울역에서 경의선 타고 문산역(종점) 하차(약 1시간 소요) → 058B 마을버스 승차(23~25분 간격) → 임진각 하차(종점) · **운영시간** 09:00~18:00/연중무휴 · **전화번호** 031-953-4744 · **홈페이지** peace.ggtour.or.kr · **etc** 지리상 서울에서 그리 멀지 않으나 위치가 애매해 대중교통보다 자가용 추천(주차 요금은 경차 2,000원, 소형·중형 3,000원, 유모차 대여 가능)

서울·경기

임진각 평화누리공원은 단순한 공원이 아니다. 세계 유일의 분단국가인 대한민국의 상징적인 장소이자 2만 5천 명을 수용할 수 있는 대형 야외공연장 '음악의 언덕', 수상 카페 '카페안녕', 3천여 개의 바람개비가 있는 '바람의 언덕' 등으로 구성된 복합문화공간이다. 암울하고 어둡던 냉전과 분단의 장소 임진각 일대가 평화누리공원 덕분에 밝고 홍겨운 분위기로 바뀌었다. 지금은 평화와 통일, 화해와 상생의 공간으로 젊은이들과 가족들이 즐겨 찾는 서울 근교의 대표 주말 나들이로 자리 잡았다. 공연, 전시, 영화 등 다양한 문화예술 프로그램과 행사가 연중 운영되고 있어서 언제나 일상 속의 평화로운 쉼터와 즐길 거리를 제공한다. 게다가 임진각의 모아이 돌상이 이국적인 풍광을 자아내는 3만 평의 드넓은 잔디 언덕을 거닐고 있노라면 향기로운 바람이 몸과 마음을 평화롭게 어루만져 준다.

**TIP**

- 임진각 평화누리공원을 갈 때 문산역에서 600m쯤 걸어야 버스정류장이 있으므로 택시를 타고 바로 평화누리공원까지 이동할 것을 추천한다(택시 요금 편도 약 10,000원).
- 공원 건너편 놀이공원은 아이와 함께 즐기기 좋다.
- 임진각 평화누리공원에서 즐기는 놀이의 묘미 중 하나는 전통놀이체험장에서 연을 구입해 탁 트인 하늘 높이 날려보는 것이다.
- 임진각 평화누리공원은 제법 규모가 크므로 사전에 홈페이지나 지도를 보며 동선을 미리 정하고 돌아보는 것이 효율적이다.
- 날이 어두워지기 전에 가야 예쁜 풍경을 놓치지 않는다.
- 평화누리공원에는 그늘이 별로 없으니 선글라스와 그늘막 등을 챙겨 가자.
- 잔디를 걸어야 하므로 힐보다 운동화나 편한 단화를 추천한다.
- 바람의 언덕 : 가장 인기 있는 장소는 단연 3천여 개의 바람개비가 일제히 돌아가는 풍경이 일품인 '바람의 언덕'이다.
- 공원 내에서 그늘막 텐트를 치고 피크닉 기분을 마음껏 즐길 수 있다.
- 임진각 전망대 : 평화누리 내에 있는 임진각 전망대에 오르면 평화누리공원 일대와 북녘 땅이 한눈에 보인다.

### 주변 볼거리 · 먹거리

**오두산통일전망대**

천지 사방이 탁 트인 오두산 정상에 세워진 통일전망대. 한강과 임진강이 교차해 서해로 흘러 들어가는 절경과 황해도의 산천, 주거, 사람들의 모습까지 볼 수 있다. 강 하나만 넘으면 이토록 손에 닿을 듯 가까이 있는 북한 땅에 갈 수 없다니 감회가 새롭다.

Ⓐ 경기도 파주시 탄현면 필승로 369 Ⓞ 09:00~17:00/매주 월요일 휴관 Ⓒ 무료 Ⓣ 031-956-9600 Ⓗ www.jmd.co.kr

SPOT 2

역사의 산증인이자 작약이 예쁜

# 선교장

**주소** 강원도 강릉시 운정길 63 · **가는 법** 강릉역 버스정류장 이동 → 버스 300번 승차 → 선교장 입구 하차 → 도보 이동(약 821m) · **운영시간** 매일 09:00~18:00 · **입장료** 성인 5,000원, 청소년 3,000원, 어린이 2,000원/배다리 만들기 체험 20,000원, 다식 만들기 체험 20,000원, 한복 체험 15,000원 · **전화번호** 033-648-5303

강원도

300년이 넘는 역사를 가진 사대부 가옥이다. 과거 배로 다리를 만들어 경포호를 건너다녔다 하여 '선교장'이라고 이름하며, 한때 한국 최고의 전통가옥으로 선정되기도 했다. 내부에서는 긴 세월 원형이 잘 보존된 선교장 관람뿐 아니라 이곳의 특색이 담긴 배다리 만들기, 다식 만들기, 한복 체험 등이 가능하다. 또한, 한옥스테이도 진행하고 있어 역사적으로 의미 있는 공간에서 하룻밤 머물러 볼 수 있다. 선교장 위쪽으로는 청룡길과 백호길이 조성되어 있는데, 특히 청룡길은 500년이 훌쩍 넘은 보호수(소나무)와 오죽도 볼 수 있으니 꼭 함께 방문할 것을 추천한다. 5월 초부터 중순에는 작약과 데이지가 피어나 일대를 알록달록 물들이니 꽃구경도 빼놓을 수 없는 묘미가 될 것이다.

## 주변 볼거리·먹거리

**경포해변** 동해안 최대 해변으로 유명한 곳이다. 평균 1~2m 정도의 적당한 깊이에 백사장 뒤로는 울창한 소나무숲이 자연스레 시원한 그늘을 내어준다. 바다와 이어지는 것으로 잘 알려진 경포호가 인접해있다.

Ⓐ 강원도 강릉시 강문동 산1 Ⓣ 0507-1320-4901

**두딩** 강릉하면 떠오르는 음식 넘버원은 단연 초당두부. 강릉역과 강릉시외버스 터미널 사이에 위치해 어디서든 도보로 방문할 수 있는 이색 푸딩 맛집이다.

Ⓐ 강원도 강릉시 강릉대로 197 1층 Ⓞ 10:30~19:00/매주 월요일 휴무 Ⓜ 두부, 초코, 녹차, 커피맛 푸딩 각 4,500원 Ⓣ 0507-1353-3680 Ⓗ www.instagram.com/gn_duding

S P O T 3

**숲을 걸었더니 도서관이 내게로 왔다**

# 학산숲속 시집도서관

전라도

**주소** 전북특별자치도 전주시 완산구 평화동2가 산 81 · **가는 법** 자동차 이용 · **운영시간** 하절기 09:00~18:00, 동절기 09:00~17:00/매주 월요일 휴무 · **전화번호** 063-714-3525

전주에는 다른 곳에는 없는 특별한 도서관이 있다. 얼핏 보면 도서관 같지 않지만 속을 들여다보면 너무나 아름다운 도서관, '학산숲속시집도서관'이 그곳이다. 도서관으로 가는 길은 아파트 옆 도로가 끝나는 산책길에서 시작된다. 포장된 길을 따라 걷다가 숨이 차오를 무렵 마지막 계단을 오르면 거짓말처럼 눈앞에 작은 호수가 펼쳐진다. '맏내호수'라 불리는 이 호수는 반짝이는 보석처럼 마음을 설레게 한다. 수면 위로 떨어지는 은빛 햇살, 호수에 투영된 파란 하늘, 주변을 둘러싼 울창한 숲과 초록을 머금은 나뭇잎이 어우러져 수려한 경관을 뽐낸다. 호수 주위를 한 바퀴 돌고 낮은 언덕을 오르면 학산숲속시집도서관을 만

나게 된다.

학산숲속시집도서관은 외관이 독특해서 멀리서 봐도 눈에 띈다. 마치 누군가가 세상에서 가장 큰 시집 한 권을 숲속에 꽂아 둔 느낌이다. 숲속 도서관이라는 이름에 걸맞게 자연 훼손을 최소화하여 자연스럽게 숲과 하나가 된 도서관의 모습이 인상적이다. 도서관 문을 열고 들어가면 낮은 다락방이 먼저 눈에 들어온다. 누구나 하나쯤 갖고 싶은 서재 같은 아늑한 공간이다. 다락방 아래에 자리 잡은 책장에는 빨강, 파랑, 노랑 등 표지의 색깔에 따라 시집을 구분해 놓았다. 학산숲속시집도서관은 전체가 나무와 통유리로 되어 있어서 시야가 확 트이고 기분이 상쾌하다. 학산숲속시집도서관에서 방문객들의 사랑을 가장 많이 받는 것은 '문학자판기'다. 즐겨 읽는 책의 종류를 선택하면 '사랑', '휴식', '위로' 등의 글귀를 출력해 준다. 운이 좋으면 '인생글'을 얻는 행운을 잡을 수도 있다.

**TIP**

- 학산숲속시집도서관은 시집 전문 도서관으로 김용택, 안도현 시인 등 유명 작가들의 친필 서명이 있는 시집이 소장되어 있다.
- 소장 도서는 도서관 내에서만 읽을 수 있고 대출은 안 된다.
- 문학자판기 출력 횟수는 제한이 없지만 다음 사람을 위해 1인 1장 출력을 원칙으로 한다.
- 맏내호수까지는 휠체어나 유모차를 끌고 갈 수 있고, 주변 산책도 무리 없이 할 수 있다.
- 자동차로 갈 경우 맏내호수 아래 전주학산기도원까지 갈 수 있지만 걷는 데 무리가 없다면 송정써미트아파트 옆 갓길에 주차하고 걸어가는 것을 추천한다.
- 학산숲속시집도서관에는 화장실이 없기 때문에 도서관에 도착하기 전 맏내호수 옆 화장실을 들렀다 가는 것이 좋다.

**주변 볼거리·먹거리**

**완산공원** 동학농민운동 때 격전이 벌어졌던 장소로, 현재는 삼나무, 전나무, 측백나무 등이 숲을 이룬 시민공원이다. 아름다운 경관과 수질 좋은 약수터가 있어 새벽에 산책하는 사람들이 많으며, 정상에는 팔각정이 있다.

Ⓐ 전북특별자치도 전주시 완산구 매곡로 35-29

SPOT 4

강줄기 따라 Y자형

# 의령구름다리

**주소** 경상남도 의령군 의령읍 서동리 644-1 · **가는 법** 의령버스터미널에서 농어촌 버스 101-2번 승차 → 사회복지관 하차 → 도보 이동(약 10분) · **운영시간** 24시간/연중무휴 · **전화번호** 055-570-2830 · **홈페이지** uiryeong.go.kr · **etc** 주차 무료

경상도

자굴산에서 발원하여 흐르는 의령천과 벽화산에서 발원하여 흐르는 남산천이 합류되는 삼각지로 그곳에 의령구름다리가 있다. 이 구름다리는 의령 서동 생활공원과 남산, 그리고 덕곡서원에서 건너도 중앙에서 만나게 되어 있는 Y자 모양으로 다리 바닥이 철망으로 되어 있어 발아래 강이 보이니 긴장감과 스릴을 느낄 수 있다. 구름다리 아래 의령천에서는 오리배도 타고 캠핑 의자에 앉아 망중한을 즐기는 사람들도 있으니 여름철이면 피서를 즐기러 오는 사람들로 붐비는 곳이다.

의령은 임진왜란 최초의 의병장인 홍의장군 곽재우의 고장으로 구름다리의 주탑 18개의 흰색 고리는 충익사 의병탑을 형상화해 곽재우 장군과 17장령을 상징하는 것으로 알려져 있다. 구름다리 주변에는 구룡이 노닐다 갔다는 구룡마을이 있고 솥바위 반경 8km에는 부자가 난다는 전설 때문인지 삼성 이병철 회장과 효성 구인회 회장의 생가가 있다. 구름다리는 인근 수변공원과 인공폭포, 그리고 남산둘레길로 연결되어 둘레길을 걷거나 등산로를 따라 남산 정상까지 오를 수 있다. 최근에는 다리에 조명시설을 설치해 밤이면 화려한 빛을 볼 수 있다.

### 주변 볼거리·먹거리

**정암루&솥바위** 곽재우 장군이 정암전투에서 승리한 기념으로 세운 누각으로 남강이 흐르는 언덕 위에 자리하고 있다. 정암루 바로 아래의 정암나루 자리는 임진왜란 때 곽재우 장군이 의병들을 이끌고 왜군을 크게 물리친 정암전투 현장이다. 정암루 아래에는 가마솥을 닮은 바위가 보이는데 그 바위가 바로 솥바위다. 물 위에 드러난 모양새가 솥 모양을 닮았다고 해서 솥바위로 부르며 바위를 중심으로 반경 20리 안에 백성을 먹여 살릴 만한 큰 부자가 나온다는 이야기도 전해진다.

Ⓐ 경상남도 의령군 의령읍 남강로 686 Ⓞ 24시간/연중무휴 Ⓣ 055-570-2403 Ⓔ 주차 무료

SPOT 5

일출과 일몰을 볼 수 있는 곳

# 정북동 토성

**주소** 충청북도 청주시 청원구 정북동 353-2 · **가는 법** 청주종합버스터미널에서 버스 713번 승차 → 덕성초등학교 정류장 하차 → 841번 환승 → 정북동 하차 → 도보 이동(약 1.1km)

충청도

미호천 근처 평야에 있는 평지 토성이다. 정확한 축조 연대는 알 수 없으나 기록에 따르면 삼국시대 토성으로 알려져 있다. 탁 트인 곳이라 일출 일몰 모두 가능하며, 특히 언덕 위로 둥근 해가 뜨고 지는 풍경을 볼 수 있어 산을 오르지 않아도 되기에 더욱 인기가 좋다. 소나무 사이로 해가 지는 풍경, 언덕 위로 해가 지는 풍경 속에서 실루엣 사진을 남기기 좋아 젊은 여행자들에게 인생 사진 명소로 잘 알려져 있다.

**TIP**

- 일몰과 함께 찍는 실루엣 사진이기에 실루엣이 잘 나오는 옷이 좋다.
- 풍선, 우산 등의 소품을 이용한다면 더욱 역동적인 사진을 찍을 수 있다.
- 둥근 해를 공처럼 잡는 포즈, 축구공을 발로 차는 듯한 포즈 등 재미난 포즈로 사진을 찍을 수 있다.

### 주변 볼거리·먹거리

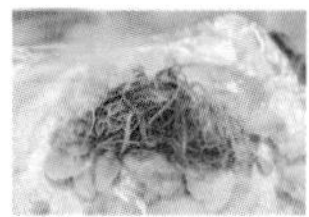

**봉용불고기** 청주에서 유명한 냉동삼겹살을 맛볼 수 있는 곳이다. 얇게 썬 냉동삼겹살을 달콤한 간장양념에 넣어 굽다 고기가 익으면 국물을 빼내고 파채를 넣어 볶아 먹으면 된다. 주차가 힘든 동네인데 넓은 주차장이 있으며 오전 8시부터 식사할 수 있다. 또한 1인분을 주문할 수 있어 고기 혼밥이 가능한 곳이기도 하다.

Ⓐ 충청북도 청주시 청원구 중앙로 108 Ⓞ 08:00~21:30 Ⓣ 043-259-8124 Ⓜ 삼겹살 15,000원, 공기밥 1,000원

**토성마을** 정북동 토성 가까이 자리 잡은 토성마을은 야외에 오두막이 있고 정원이 잘 가꿔진 카페다. 5월 중순부터 2주 정도는 샤스타데이지가 정원 가득 피어 오두막과 어우러지는 풍경을 볼 수 있다.

Ⓐ 충청북도 청주시 청원구 토성로 163-1 1층 Ⓞ 11:00~21:00 Ⓣ 0507-1378-7293 Ⓜ 토성커피 6,500원, 트로피칼선셋 6,500원, 아메리카노 5,000원, 크로와상 4,500원 Ⓗ www.instagram.com/tosung_village

SPOT 6

한라산과 가까운 자연휴양림

# 서귀포자연휴양림

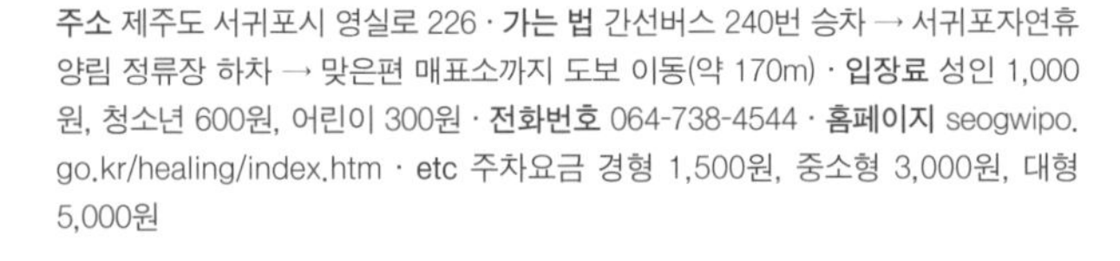

**주소** 제주도 서귀포시 영실로 226 · **가는 법** 간선버스 240번 승차 → 서귀포자연휴양림 정류장 하차 → 맞은편 매표소까지 도보 이동(약 170m) · **입장료** 성인 1,000원, 청소년 600원, 어린이 300원 · **전화번호** 064-738-4544 · **홈페이지** seogwipo.go.kr/healing/index.htm · **etc** 주차요금 경형 1,500원, 중소형 3,000원, 대형 5,000원

제주 남

해발 620m에서 850m까지 넓게 펼쳐져 있고 이용할 수 있는 면적은 해발 760m까지로 한라산과 가장 가까운 휴양림이다. 고도가 높아 시내와 10°C 정도 기온차가 나므로 한여름에도 시원하고 쾌적하게 숲을 즐길 수 있다. 60년 내외의 울창한 편백나무 숲과 총 245분류의 식물들이 분포해 있으며 야생동물들이 많아 다양한 생태계를 보여주는 곳이다.

누구나 쉽게 이용할 수 있는 혼디오멍숲길, 2개의 코스로 이루어진 어울림숲길, 서귀포 시내를 한눈에 조망할 수 있는 법정

## 주변 볼거리 · 먹거리

**거린사슴전망대** 사슴이 뛰어가는 모습을 닮았다고도 하고, 예전에 사슴이 살았다고 해서 이름 붙여진 거린사슴오름의 기슭에 위치한 전망대로 서귀포 시내와 중문 앞바다까지 펼쳐진다.

Ⓐ 제주도 서귀포시 1100로 823

**보름숲** 1100도로를 타고 초록 숲을 지나 처음 만나는 마을 회수동에 있는 근사한 고깃집이다. 메뉴는 흑돼지 숙성육의 여러 부위가 나오는 망우리불 훈증구이 세트와 보름숙성 세트가 있다. 하우스 와인을 비롯해 다양한 종류의 와인과 전통주가 준비되어 있으니 고기와 함께 곁들이기 좋다.

Ⓐ 제주도 서귀포시 1100로 255 Ⓞ 12:00~21:30(브레이크타임 14:30~16:30, 라스트오더 20:30) Ⓜ 망우리불 훈증구이 2인 세트 69,000원, 3~4인 세트 98,000원/보름 숙성세트 2~3인 세트 69,000원 Ⓣ 0507-1484-1041 Ⓗ www.instagram.com/_boreumsup

악 전망대 등이 있다. 모든 물은 1300고지에 있는 용천수와 천연 암반수를 끌어온 것이니 텀블러를 준비했다가 산책 중 만나는 옹달샘 물도 마셔보자. 탐방숲길 외에도 계곡물을 이용해 여름에만 운영하는 야외물놀이장, 숙박, 편백숲 야영장 등 다양한 편의시설도 이용할 수 있다.

**TIP**

- 안전사고를 대비해 운동화나 등산화를 착용하자.
- 차량 진입이 가능한 곳으로 차량순환로를 통해 드라이브하듯 돌아볼 수 있다. 단, 차량순환로는 일방통행만 가능하며 반드시 서행할 것!

6월의 대한민국

# 짙어지는 녹음,
# 싱그러운 초여름 정취

6월 첫째 주

# 22 week

SPOT 1

## 서울에서 가장 낭만적인 기찻길 항동철길

**주소** 주소는 따로 없으며 푸른수목원(서울시 구로구 연동로 240) 바로 옆이니 수목원 주소를 참고해 찾아가면 된다 · **가는 법** 7호선 천왕역 2번 출구에서 도보 이동(약 3분, 사거리에서 좌측)/1호선 오류동역 2번 출구에서 도보 이동(약 3분)/1·7호선 온수역 3번 출구 → 마을버스 07번 승차 → 푸른수목원 후문 하차 · **운영시간** 상시 개방 · etc 항동철길 옆 담장을 끼고 있는 푸른수목원 주차장을 이용하면 된다.

서울·경기

구로구 오류동역에서 부천시 옥길동까지 이어지는 철길로 원래 이름은 '오류동선'이다. 사색과 공감의 항동철길은 봄, 여름, 가을, 겨울 언제 어떻게 사진을 찍어도 화보가 된다. 이미 알 만한 사람들 사이에는 굉장히 유명한 출사지이자 숨은 데이트 명소. 친구들과 우정 사진, 연인과 커플 스냅 사진을 찍기에 안성맞춤이다. 끝이 보이지 않는 철길을 따라 한적하고 여유로운 낭만 산책을 즐길 수 있다. 걸으면서 마주치는 풍경들이 굉장히 다양해서 눈이 즐겁다. 아기자기한 조형물과 선로에 새겨진 문구

를 확인하며 걸으면 전혀 지루하지 않다. 저녁 어스름이 질 때면 이곳은 항동 사람들의 산책길이 된다. 하루쯤 항동 사람이 되어 해가 중천일 때부터 해 질 녘까지 친구 혹은 연인과 함께 걸어보자.

**TIP**

- 1959년 경기화학공업 주식회사가 물자를 운반하기 위해 부설한 '구로구 오류동-부천 옥길동' 간 4.5km의 항동철길은 현재까지도 부정기적으로 군수물자를 운반하고 있다. 지금은 기차보다 사람들이 더 많이 다닌다. 일주일에 두 번은 실제로 기차가 지나가므로 꼭 선로 현황을 확인하자.

**주변 볼거리 · 먹거리**

**항동저수지** 저녁보다는 물안개가 피어오르는 아침에 최고로 멋진 풍경을 감상할 수 있다. 겨울에 항동저수지가 꽁꽁 얼면 눈썰매를 타기도 한다. 푸른수목원과 항동철길, 항동저수지가 바로 연결되어 있어서 같이 둘러보면 좋은 코스다.

Ⓐ 서울시 구로구 항동(푸른수목원 내)

SPOT 2

새하얀 감자꽃밭

# 의암호

강원도

**주소** 강원도 춘천시 서면 금산2길 21(의암호나들길 시작점) · **가는 법** 춘천역(경춘선)에서 자동차 이용(약 8.5km) · **전화번호** 033-250-3089(춘천시청 관광과)

의암호자전거길은 약 30km로 의암호 한 바퀴를 도는 경로이다. 또 산책 코스로는 의암호나들길(봄내길 4코스)이 있는데 호수를 감상하거나 수변데크 길의 정취를 느끼며 시간을 보낼 수도 있다. 의암호나들길은 이정표도 잘되어 있어 초행자에게도 부담이 없다. 특히 5월부터 6월까지 이 일대에는 새하얀 감자꽃이 피어 더욱 아름다운 풍경을 만날 수 있다. 걷다 보면 오디, 산딸기, 버찌 등 다양한 식물도 가득하니 주위를 둘러보며 자연을 만끽해 보자. 출발 혹은 도착 지점에는 노란 금계국이 피어있는 문학공원이 있으니 시를 감상하며 한번 둘러보아도 좋다.

**TIP**

봄내길은 총 10개의 트레킹코스로 이루어져 있다.

- 1코스 실레이야기길 : 김유정문학촌-실레마을길(문학촌 윗마을)-산신각-저수지-금병의숙-마을안길-김유정문학촌(약 5.2km/약 2시간 소요)
- 2코스 물깨말구구리길 : 구곡폭포 주차장-봉화산길(임도)-문배마을-구곡폭포 주차장(약 7.3km/약 2시간 30분 소요)
- 2-1코스 의암순례길 : 의암류인석유적지-미나리폭포-봉화산길(임도)-구곡폭포 주차장(약 12.9km/약 4시간 30분 소요)
- 3코스 석파령너미길 : 당림초등학교-예헌병원-석파령-덕두원(명월길)-수레너미-장절공 정보화마을-신숭겸묘역(약 18.7km/약 5시간 소요)
- 4코스 의암호나들길 : 서면 수변공원-눈늪나루-둑길-성재봉-마을길-오미나루-신매대교-호반산책로-소양2교-근화동배터-공지천-어린이회관-봉황대(약 14.2km/약 5시간 소요)
- 4-1코스 소양강변길 : 경춘선전철 춘천역 2번 출구-의암호변 자전거길-평화공원-소양강 처녀상-소양2교-삼성아파트 앞 강변길-소양1교-비석군-번개시장-평화로-춘천역(약 6.6km/약 2시간 30분 소요)
- 5코스 소양호나루터길 : 소양강댐 선착장-품걸리 선착장-갈골-물로리 선착장-소양강댐 선착장(수로 25.7km, 육로 12.69km/약 7시간 소요)
- 6코스 품걸리오지마을길 : 품걸1리-옛광산길-늘목정상-임도길-사오랑-품걸1리 마을(약 16.3km/약 6시간 소요)
- 7코스 북한강 물새길 : 옛 강촌역-옛 백양리역-신백양리역(편도 약 2.1km/약 1시간 소요)
- 8코스 장학리 노루목길 : 한림성심대 후문, 노루목길 입구-쉼터-정상과 노루목 방향 표지판-노루목길 정상-끝 지점-정상과 노루목 방향 표지판 회귀-산길 끝, 도로(약 4.9km/약 2시간 소요)

※ 5코스나 6코스는 소양댐에서 배 승선 등 별도의 협의가 필요하다.

**주변 볼거리·먹거리**

**장가네더덕밥** 부모님이나 손님 대접에 좋은 춘천 한정식 맛집이다. 매콤하게 무친 더덕부터 버섯탕수육 등 깔끔한 반찬이 주를 이루며, 음식이 나오면 식탁 위에 또 하나의 상을 그대로 얹어 보는 재미가 있다. 별도로 마련된 후식공간도 있어 매실차, 커피 등을 무료로 이용할 수 있다. 방문 전 예약은 필수이니 참고해 보자.

Ⓐ 강원도 춘천시 동면 소양강로 202 Ⓞ 11:30~20:30(브레이크타임 15:00~17:00)/매월 둘째·넷째 주 월요일 휴무 Ⓜ 수라상 40,000원, 명품상 27,000원, 진품상 20,000원, 일품상 17,000원 Ⓣ 033-254-2626 Ⓗ jangganae.modoo.at Ⓔ 주차 무료

SPOT 3

**방랑시인 김삿갓이 반한 비경**

# 화순적벽 투어

전라도

**주소** 전라남도 화순군 화순읍 학포로 2698 · **가는 법** 화순적벽투어 전용 버스 · **운영시간** 매주 토~일요일 인터넷 예약제로 하루 2회 운영/09:00(1회차), 14:00(2회차) · **이용요금** 1인당 10,000원(투어시간 3시간) · **전화번호** 061-371-6821~5 · **홈페이지** tour.hwasun.go.kr

방랑시인 김삿갓으로 불리는 김병연은 경기도 양주에서 태어났지만 전남 화순에서 생을 마감했다. 화순은 그의 방랑을 멈추게 할 만큼 물길이 아름답고 산세도 수려한 곳이다. 특히 화순적벽은 김삿갓뿐만 아니라 당대의 수많은 시인 묵객이 찾았을 정도로 아름다운 곳으로 알려져 있다. 하지만 1985년 동북댐이 건설되면서 일반인의 출입이 금지된 금단의 땅이 되었다.

지난 2013년 10월, 화순적벽 최고의 절경으로 알려진 '노루목적벽'과 '보산적벽'의 문이 열렸다. 화순적벽 출입이 통제된 후 약 30년 만에 감격스러운 상봉을 하게 된 것이다. 오랫동안 사람의 발길이 닿지 않아 적벽과 함께 천혜의 자연환경이 고스란히 남아 있다. 하지만 아무 때나 개인적으로 방문할 수는 없고, 방문을 위해서는 화순적벽투어 홈페이지에서 예약을 해야 한다. 개인 방문을 제한하는 것은 안전 문제와 자연환경을 보존하기 위해서다.

화순적벽 제일의 포토존은 노루목적벽과 보산적벽이 한눈에 들어오는 망향정이다. 망향정 건너편으로 보이는 옹성산의 자태가 수려하고 옹성산과 어우러진 두 적벽의 모습이 가히 환상적이다. 만약 댐이 건설되지 않고 옛 모습 그대로 지금까지 보존되었다면 얼마나 더 아름다웠을까 하는 부질없는 생각이 들기도 한다.

**TIP**

- 화순적벽투어는 매주 토 · 일요일 전면 인터넷 사전 예약을 통해 전용 버스로만 참여할 수 있다(개인 차량 출입 불가).
- 화·목·금·토·일요일(월·수요일 휴무) 적벽투어를 하고 싶다면, 예약 없이 현지에서 탑승할 수 있는 화순적벽셔틀을 이용하면 된다.
- 화순적벽셔틀 이용 방법, 요금 및 탑승지 등의 정보는 화순적벽투어 홈페이지에서 볼 수 있다.
- 화순적벽문화제 기간에는 적벽투어 및 적벽셔틀의 운영이 중단되니 미리 확인하고 가는 것을 추천한다.

**주변 볼거리·먹거리**

**김삿갓종명지** 조선 후기의 방랑 시인 김삿갓(김병연)은 전국 각지에 그의 발자취를 남겼다. 특히 화순 동북은 그가 세 번이나 찾았으며 생을 마감할 때까지 머물 만큼 아꼈던 곳이다. 57세의 나이로 숨을 거둔 김삿갓의 시를 되새기고 기념하기 위해 구암마을에 시비를 세우고 삿갓동산을 조성하였다.

Ⓐ 전라남도 화순군 동복면 구암길 76

**물염정** 화순지역의 대표적인 정자 중 하나로 화순적벽의 상류에 위치하고 있다. 물염정에서 바라본 물염적벽의 소나무숲과 계곡의 모습은 마치 신선이 노닐던 풍광처럼 아름답다. 정자 입구에는 김삿갓의 석상과 시비가 조성되어 있다.

Ⓐ 전라남도 화순군 이서면 물염로 161

SPOT 4

작지만 아름다운 숲

# 장산숲

**주소** 경상남도 고성군 마암면 장산리 230-2 · **가는 법** 고성여객자동차터미널에서 농어촌버스 777, 753, 756번 승차 → 장산 하차 → 도보 이동(약 2분) · **운영시간** 24시간/연중무휴 · **전화번호** 055-670-2444 · etc 주차 무료

경상도

나지막한 산과 크고 작은 저수지를 지나면 아주 작지만 아름다운 숲 장산숲을 만날 수 있다. 사람이 살고 있을까 싶은 생각이 들 정도로 인적이 드물었던, 그래서 더욱 조용하고 한적한 고성의 시골길은 한번 다녀오면 계속 머물고 싶은 곳이다. 키 높은 소나무가 있고 밤인지 낮인지 분간할 수 없을 정도로 숲이 우거질 것이라는 숲에 대한 생각은 장산숲을 만나고부터 바뀌었다. 아늑하고 포근한 느낌, 그리고 바람이 불면 작은 파문을 일으키던 작은 연못은 신성스럽게 느껴지기도 한다. 2009년 제10회 아름다운 숲 전국대회에서 아름다운 공존상을 수상한 곳이기에 더 지키고 싶단 생각을 하게 된다.

장산숲은 약 600년 전 조선 태조 때 호은 허기 선생이 마을의 풍수지리적 결함을 보충하기 위해 조성한 비보숲으로 숲을 조성하고 연못을 만들었을 때는 지금보다 훨씬 컸다고 한다. 소나무는 없어졌지만 느티나무와 서어나무, 이팝나무까지 우리나라 남부지방에서 자라는 크고 작은 나무 250여 그루가 자라고 있다. 조선 성종 때는 퇴계 선생의 제자였던 허천수 선생이 이 숲에 정자를 짓고 연못을 만들어 낚시와 산놀이를 즐겼으며 연못 중앙에는 조그만 섬이 있어 숲을 더욱 아름답게 한다.

**주변 볼거리·먹거리**

**송학동고분군** 소가야의 터전으로 알려진 고성에는 당시의 흔적이 많이 남아 있다. 그중 송학동 고분군은 6세기에 축조된 소가야 왕릉으로 추정되며 석실 내부 전면이 붉은색으로 채색된 고분으로는 국내 최초라고 알려져 있다. 나지막한 산봉우리처럼 솟아있는 고분들 사이로 조성된 산책길을 따라 계절을 만끽하며 걷기에 더없이 좋다.

Ⓐ 경상남도 고성군 고성읍 송학리 470번지 일원 Ⓞ 24시간/연중무휴 Ⓣ 055-670-2224 Ⓔ 주차 무료

SPOT 5

아담한 장미원이지만
인생 사진 포인트가 가득

# 대전 한밭수목원

**주소** 대전광역시 서구 둔산대로 169 · **가는 법** 대전역에서 버스 606번 승차 → 한밭수목원 하차 → 도보 이동(약 298m) · **운영시간** 4~10월 05:00~21:00, 11~3월 07:00~19:00/동원 매주 월요일 휴무, 서원 매주 화요일 휴무 · **전화번호** 042-270-8452 · **홈페이지** www.daejeon.go.kr/gar/index.do · **etc** 주차 3시간 무료

충청도

한밭수목원은 정부대전청사와 엑스포과학공원 사이에 위치한 도심 속 정원 같은 곳으로 가족들의 나들이 장소, 연인들의 데이트 장소로 인기를 끌고 있다. 수목원은 서원과 동원, 열대식물원으로 나뉘는데 계절별 다양한 꽃이 피어 여러 번 방문해도 항상 새롭다. 그중 5월 말은 장미가 만개하는 계절이다. 장미가 만개하는 시기 이곳은 인생 사진 명소로 자리매김하며 인기 여행지가 된다.

### 주변 볼거리·먹거리

**장동보리밭** 대전 도심에서 대규모 보리밭을 볼 수 있는 곳이다. '대전형 좋은 마을 만들기' 공모사업에 선정되어 주민들과 장동사랑 진솔한 모임이 함께하여 '장동어사마을' 소망길을 조성해 봄에는 청보리, 가을에는 코스모스를 볼 수 있다.

Ⓐ 대전광역시 대덕구 장동 353

**엑스포다리** 엑스포다리 한밭수목원과 엑스포과학공원을 연결하는 다리다. 도보로만 건널 수 있으며 저녁이 되면 조명으로 인해 야경이 아름다워진다. 새로 생긴 신세계백화점 대전점과 함께 화려한 야경을 만들어 준다. 여름에는 엑스포과학공원의 바닥분수와 함께 인기가 좋다.

Ⓐ 대전광역시 유성구 도룡동 604

**TIP**

장미원은 동원에 있으니 동원이 휴무인 월요일을 반드시 기억하자.

SPOT 6

신비스러운 플랜테리어와
비밀의 수국 정원

# 보롬왓

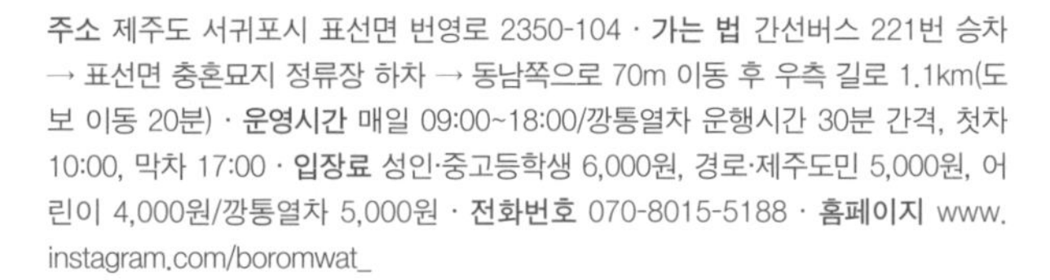

**주소** 제주도 서귀포시 표선면 번영로 2350-104 · **가는 법** 간선버스 221번 승차 → 표선면 충혼묘지 정류장 하차 → 동남쪽으로 70m 이동 후 우측 길로 1.1km(도보 이동 20분) · **운영시간** 매일 09:00~18:00/깡통열차 운행시간 30분 간격, 첫차 10:00, 막차 17:00 · **입장료** 성인·중고등학생 6,000원, 경로·제주도민 5,000원, 어린이 4,000원/깡통열차 5,000원 · **전화번호** 070-8015-5188 · **홈페이지** www.instagram.com/boromwat_

제주 남동

보롬은 '바람', 왓은 '밭'을 일컫는 제주말이다. 맨 처음 들어서는 실내 화원에는 이름도 생소한 틸란드시아, 디시디아, 보스톤고사리 등 미세먼지 정화식물과 여러 관엽식물들이 가득하다. 특히 화원 입구의 수염틸란드시아가 펼쳐진 길이 무척 신비롭다. 포토존도 예쁘게 꾸며져 있고 꽃과 식물이 가득해 마치 동화 속에 와 있는 것 같다. 꽃과 화분을 구매할 수 있으며, 카페에서 구매한 음료와 빵을 가져와 먹어도 된다.

실내 화원을 빠져나오면 1만 평이 넘는 농장이 펼쳐진다. 튤립, 유채, 메밀, 라벤더, 맨드라미, 수국 등 겨울을 제외하고는 계절에 맞는 여러 꽃들이 피어난다. 여름에는 길게 늘어선 삼나무와 돌담을 따라 비밀의 수국정원까지 산책할 수 있다. 높은 나무가 적당히 그늘을 드리우고 나무 사이로 햇살이 비치며 배경음악 같은 새소리가 넘친다.

TIP
- 계절별로 제각기 다른 꽃과 식물이 자라니 여행 일정을 잡기 전 인스타그램으로 확인해보자.
- 농장을 한 바퀴 돌아볼 수 있는 깡통열차 티켓은 실내 화원에서 판매한다.
- 한겨울에는 휴장하며, 휴장 시기와 재오픈 시기는 인스타그램에 공지한다.

**주변 볼거리·먹거리**

**목장카페 드르쿰다** 드라마 〈나를 사랑한 스파이〉 촬영지. 각종 포토존과 쉬어 가기 좋은 카라반, 각각 다르게 꾸며진 야외공간까지 마련되어 있는 대형 스튜디오 카페다.

Ⓐ 제주도 서귀포시 표선면 번영로 2454 Ⓞ 09:00~18:00 Ⓣ 064-787-5220 Ⓒ 입장료 무료/승마 18,000원부터, 카트 1인승 25,000원 Ⓗ delekoomda.modoo.at

**제주살롱** 서점과 북카페, 1인 전용 북스테이를 운영한다. 주인장이 엄선한 책들과 직접 로스팅하는 커피와 함께 사색의 시간을 즐길 수 있다. 부정기로 작가의 강연, 창작수업, 독서모임 등이 열린다.

Ⓐ 제주도 제주시 구좌읍 송당2길 7-1 Ⓞ 11:00~18:00/매주 화~수요일 휴무 Ⓣ 070-8860-7504 Ⓜ 핸드드립 6,000원, 카페라테 7,000원, 청귤에이드 6,000원, 제주호지차 6,000원 Ⓗ www.instagram.com/jejusalon

6월 둘째 주

# 23 week

SPOT 1

50만 권의 책

## 파주출판도시 지혜의숲

**주소** 경기도 파주시 회동길 145(파주출판단지 내) · **가는 법** 합정역 1번 출구 앞 정류장에서 직행버스 2200, 200번 승차 → 파주출판도시 하차 · **운영시간** 10:00~20:00/연중무휴 · **전화번호** 031-955-0082 · **홈페이지** forestofwisdom.or.kr · **etc** 책 기증을 원하는 사람은 출판문화재단이나 지혜의숲 안내 데스크에 문의하면 된다. 어린이책 코너가 별도로 마련되어 유·아동들도 자유롭게 책을 볼 수 있다.

서울·경기

학자, 지식인, 전문가, 출판사들이 기증한 도서 50만 권이 소장되어 있는 도서관이다. 270평 공간에 높이 8m의 서가가 3km 넘게 이어진 모습이 장관을 이루는 '지혜의숲'은 누구에게나 무료로 개방되는 신개념 도서관이다. 다양한 인문학 도서를 만날 수 있는 1관, 우리나라를 대표하는 출판사들의 책들이 소장되어 있는 2 · 3관으로 나뉘어 있다. 단순히 책을 열람하는 곳이 아니라 여러 문화가 공존하는 지혜의 장소로서 이용객끼리 책을 읽고 내용에 대해 자유롭게 토론하는 문화공간을 지향한다.

**TIP**

- 지혜의숲은 여느 도서관처럼 엄숙한 분위기에서 책을 읽어야 하는 중압감이 없다. 서서 읽어도 되고, 계단에 앉거나 곳곳에 비치된 테이블 의자에 앉아도 된다. 아이에게 소리 내어 책을 읽어줘도 될 만큼 자유로운 분위기다. 하지만 많은 사람들이 함께 이용하는 곳이니 큰 소리로 떠들거나 뛰어다니는 등 기본적인 예의에 벗어나는 행동으로 다른 사람에게 피해를 주지 않도록 주의하자.
- 서가 위치를 모르거나 필요한 책에 대해 궁금할 때, 자신에게 맞는 책을 추천받고 싶을 때 권독사 데스크에 문의하면 된다.
- 늦은 저녁에 찾으면 고요 속에서 심야 독서를 할 수 있다.
- 외부 음식물 반입 금지! 하지만 예외로 지혜의숲 2관에서 음식물을 먹을 수 있다.
- 섹터 간 도서 이동을 금하며, 지혜의숲 건물 외부로 책을 가지고 나가면 안 된다.
- 책방거리를 한 바퀴 순회하는 무료 셔틀버스를 이용해 둘러보자. 원하는 정류장 어디서나 승하차가 가능하다. 금·토·일요일 30분 간격으로 운행하며(첫차 10:30, 막차 17:00) 아시아문화정보센터(지혜의숲)에서 출발한다.

## 주변 볼거리 · 먹거리

**헌책방보물섬** 지혜의숲 건물 2층에 아름다운가게가 운영하는 헌책방이다.

Ⓐ 경기도 파주시 회동길 145(문발동) Ⓞ 10:30~18:00/매주 월요일 휴무 Ⓒ 무료(전시회 제외) Ⓣ 031-955-0077 Ⓗ www.beautifulstore.org

**파주프리미엄아울렛** 오두산통일전망대, 헤이리 프로방스, 헤이리 예술마을과 함께 파주 여행의 핵심 관광지. 국내외 명품 브랜드를 저렴하게 구입할 수 있다.

Ⓐ 경기도 파주시 탄현면 필승로 200 Ⓞ 월~목요일 10:30~20:30, 금~일요일 10:30~21:00, 전문식당가 11:00~21:00 Ⓣ 1644-4001 Ⓗ www.premiumoutlets.co.kr/paju

SPOT 2

국내 3대 이끼폭포

# 무건리 이끼폭포

강원도

**주소** 강원도 삼척시 도계읍 무건리 산86-1 · **가는 법** 도계역(영동선)에서 자동차 이용(약 10km) → 무건리 이끼폭포 입구에 주차 후 임시 도로 이동(약 3km) · **전화번호** 033-570-3866 · **etc** 주차 무료

국내 몇 없는 이끼폭포. 오늘은 삼척 무건리 이끼폭포로 향한다. 무건리 마을은 한때 300여 명이 모여 살았으나, 도시로 하나 둘 떠나며 마을 언저리에 있는 학교도 폐교되어 지금은 학교 터만 남아 있다. 주차장에 차를 세우고 무건리 이끼폭포까지 걸어서 약 90분이 소요된다. 초반에 오르막길이 많으니 편한 신발과 옷차림을 하는 것이 좋다. 산행 도입부 오르막길에 숨이 턱까지 차오르지만, 오르막길만 지나면 금세 멋진 풍경이 기다리고 있다. 이정표가 잘되어 있어 길을 잃을까 걱정할 필요는 없다. 그

### 주변 볼거리·먹거리

**도계유리나라** 도계유리나라는 유리공예전시관이다. 전시관에는 유리공예의 역사부터 국내외 작가의 작품, 유리에 대한 과학적 사실 등의 정보까지 다양하게 만나볼 수 있다. 유리의 활용성이 생각보다 많고 규모가 큰 유리공예 작품도 많아 신비롭다. 또 블로잉 시연과 별도의 체험존, 유리공예품 판매점까지 빼놓지 않고 확인해 보자.

Ⓐ 강원도 삼척시 도계읍 강원남부로 893-36 Ⓞ 09:00~18:00/매주 월요일·설날·추석 당일 휴관 Ⓒ 성인 8,000원, 청소년 6,000원, 어린이 4,000원 Ⓣ 033-570-4208 Ⓗ dogyeglassworld.kr Ⓔ 주차 무료

렇게 도착한 이끼폭포는 짙은 녹음과 이끼에 그저 아름답고 또 신비롭다. 시원한 폭포 소리를 들으며 자연의 경이로움을 만끽해보자.

SPOT 3

## 김대건 신부의 혼이 담긴

# 나바위성당

**주소** 전북특별자치도 익산시 망성면 나바위1길 146 · **가는 법** 강경버스정류장 → 강경시외버스터미널에서 버스 50-1번 승차 → 나바위성당 정류장 하차 → 도보 이동(약 140m) · **전화번호** 063-861-8182 · **홈페이지** www.nabawi.kr

전라도

나바위성당은 김대건 신부가 중국에서 사제가 되어 귀국했을 때 첫발을 디딘 곳에 세워진 역사적인 성당이다. 익산 망성면의 화산이라는 작은 산 위에 호젓하게 자리 잡고 있어 화산성당이라 부르다가 화산 끝에 있는 넓은 바위를 나바위라 부르면서 성당 이름도 나바위성당으로 바꾸었다. 전라도에서 가장 오래된 성당으로, 1906년 건축 당시에는 한옥 목조건물이었으나 후에 10여 년간 증축 공사를 거쳐 서양식 건축양식과 한옥 목조건물이 조화를 이룬 독특한 건축물로 재탄생했다. 나바위성당은 어디서도 볼 수 없는 아름다운 건축양식으로 문화재적 가치를 인정받기도 했다. 본체는 팔작지붕의 한옥 건물인데 그 앞에 고딕

양식의 첨탑을 세웠다. 전혀 어울릴 것 같지 않은 건물의 조화가 기가 막히다. 성당 내부에는 옛 모습 그대로 남녀 좌석을 구분하기 위한 기둥 칸막이가 남아 있다. 유교적 관습으로 남녀의 좌석을 구분한 흔적이다. 낡고 오래된 바닥에는 100여 년이 넘는 세월 동안 미사를 드리기 위해 다녀갔던 발걸음의 흔적들이 켜켜이 쌓여 있다.

성당 뒤편으로 돌아가면 화산 언덕 위에 금강이 한눈에 내려다보이는 망금정이 위치하고 있다. 그 주변에는 김대건 신부 일행이 타고 온 배를 본떠 만든 김대건 신부 순교기념비와 십자가의 길이 조성되어 있어 마음이 절로 숙연해진다.

### 주변 볼거리·먹거리

**마애삼존불** 나바위 성당 뒤쪽에 위치한 망금정 아래의 바위에는 세 명의 부처 형상이 새겨져 있다. 성당이 들어서기 전 강을 따라 물류를 실어 나르는 배들의 안녕을 기원하기 위해 새겼을 것으로 추측할 뿐이다.

Ⓐ 전북특별자치도 익산시 망성면 나바위1길 146

SPOT 4

손잡고 건너면
사랑이 이루어진다는

# 쾌이강의다리 (저도스카이워크)

경상도

**주소** 경상남도 창원시 마산합포구 구산면 해양관광로 1872-60 · **가는 법** 마산남부시외버스터미널 해운동 정류장에서 버스 61번 승차 → 저도연륙교스카이워크 하차 → 도보 이동(약 6분) · **운영시간** 3~10월 10:00~22:00, 11~2월 10:00~21:00/연중무휴 · **전화번호** 055-220-4061 · **etc** 주차 무료

사랑하는 사람의 손을 잡고 다리를 건너면 사랑이 이루어진다는 콰이강의다리 저도스카이워크는 창원의 새로운 핫플레이스로 2017년 3월 개장 후 200만 명이 다녀갔다. 저도스카이워크는 1987년 구산면의 육지와 저도를 연결하기 위해 설치한 다리로 길이 170m, 폭 3m의 철제교량으로 본래 이름은 저도연육교로 콰이강의다리라고도 불린다. 2004년 바로 옆에 신교량이 생겨 철거당할 뻔했지만 관광자원 보존 차원에서 유지되고 있으며, 2016년 기존 교량의 콘크리트 바닥을 걷어내고 국내 최초로 13.5m 높이의 수면 위에 바다를 횡단하는 느낌이 들도록 유리를 깔고 LED 조명을 설치해 밤이면 화려한 불빛으로 아름답고 낭만적이다.

**주변 볼거리·먹거리**

**로봇랜드** 세계 최초로 로봇을 테마로 한 테마파크 로봇랜드는 온 가족이 즐길 수 있는 놀이기구와 로봇체험, 그리고 영화나 TV를 통해 봤던 로봇들이 전시되어 있다. 그동안 우리가 봐온 로봇 256종류와 놀이 및 체험시설로 조성된 로봇 복합문화공간이다.

Ⓐ 경상남도 창원시 마산합포구 구산면 로봇랜드로 250 Ⓞ 평일 10:00~18:00, 주말 10:00~20:00/연중무휴 Ⓒ 자유이용권(종일권) 어른 35,000원, 청소년 31,000원, 어린이 27,000원 Ⓣ 055-214-6000 Ⓗ robot-land.co.kr Ⓔ 주차 무료

자물쇠를 메달 수 있는 사랑의 하트 자물쇠 걸이와 벤치에 남녀의 조형물이 설치된 포토존, 그리고 느린우체통까지 다양한 볼거리가 있어서 연인들의 데이트 코스로 손꼽힌다. 스카이워크를 건너면 옛 마산시가 9경으로 선정할 정도로 물이 맑고 경치가 아름다운 저도에 도착한다. 마치 돼지가 누워있는 형상과 비슷하다고 해 '돼지 저(猪)' 자를 써서 저도라 했고 수려한 경관을 배경으로 해안을 걸을 수 있는 비치로드가 있다. 자칫 철거될 뻔한 스카이워크를 관광자원으로 개발했으니 발상의 전환이라 할 수 있겠다.

SPOT 5

아름답지만 슬픈 역사를 품은

# 노근리 평화공원

충청도

**주소** 충청북도 영동군 황간면 목화실길 7 비스터쎈 · **가는 법** 영동버스터미널에서 버스 611, 34, 651번 승차 → 목화실 정류장 하차 → 도보 이동(약 5분) · **운영시간** 하절기 09:30~17:30, 동절기 10:00~17:00

1950년 7월 25일부터 29일까지 5일 동안 끔찍한 사건이 충청북도 영동군 황간면 노근리에 발생했다. 영동 하가리와 노근리의 경부선 철도 및 쌍굴 일대에서 피난시켜주겠다며 주민들 500여 명을 모아두고 미 공군기의 공중 폭격과 무차별적인 사격으로 무고한 양민들이 희생된 노근리사건 이야기다.

지난 50년 유족들의 끈질긴 진실규명 활동 결과로 2004년 '노근리사건 희생자 심사 및 명예회복에 관한 특별법'이 제정되었다. 이에 근거해 조성된 곳이 바로 노근리평화공원이다. 내부에는 평화기념관, 조각공원, 추억의 생활전시관 등이 있어 아이들과 함께 아픈 근대사를 이야기하며 둘러보기 좋은 장소다.

## 주변 볼거리·먹거리

**덕승관** 황간IC에서 가까워 경부고속도로 이용 시 들르기 좋은 유니짜장 전문점이다. 일반 면보다 가늘어 양념이 면에 잘 스며들어 여느 중국집과는 다른 유니짜장을 맛볼 수 있다.

Ⓐ 충청북도 영동군 황간면 소계로 5 Ⓞ 11:00~19:00(브레이크타임 15:00~17:00)/매주 월요일 휴무 Ⓣ 043-742-4122 Ⓜ 유니짜장 7,000원, 짬뽕 8,500원, 군만두 5,000원, 탕수육(小) 17,000원

**추풍령역 급수탑** 현재 우리나라에 남아 있는 철도 급수탑 중 유일하게 사각형 모양이다. 그 가치를 인정받아 등록문화재 제47호로 지정되었으며 급수탑을 중심으로 공원이 조성되었다. 기차를 이용해 만든 박물관도 있어 철도와 추풍령역의 역사를 알아볼 수 있다. 공원에는 장미원이 있어 매년 6월 초면 화려한 장미를 만날 수 있다.

Ⓐ 충청북도 영동군 추풍령면 447 Ⓞ 24시간 개방

SPOT 6

**20여 년 제주만을 사랑한 작가의 갤러리**

# 김영갑갤러리 두모악

제주 남동

**주소** 제주도 서귀포시 성산읍 삼달로 137 · **가는 법** 지선버스 731-2번 승차 → 삼달1리 구보건진료소 정류장 하차 → 동쪽으로 220m · **운영시간** 09:30~18:00(여름 18:30까지, 겨울 17:00까지), 입장마감 30분 전/수요일·1월 1일·설날·추석 당일 휴무 · **입장료** 성인 5,000원, 청소년 3,000원 · **전화번호** 064-784-9907 · **홈페이지** www.dumoak.com/

김영갑 작가는 고향 부여를 떠나 20여 년간 제주도에 머무르며 여러 풍경을 사진에 담아왔다. 바다와 섬, 오름 등 작가가 다녀가지 않은 곳이 없을 정도! 밭에 널린 당근이나 고구마로 허기를 달래며 밥 먹을 돈까지 아껴 필름을 살 정도로 열정적이었던 그는 지천으로 피어 있는 들꽃도 소중히 사진에 담았다. 작가가 가장 사랑한 곳은 중산간의 오름 풍경. 특히 용눈이오름은 작가의 예술혼을 불태웠던 곳이다.

루게릭병 진단을 받고 남은 생애 동안 폐교된 초등학교를 손수 꾸며 2002년 여름 두모악이라는 이름의 사진 갤러리를 오픈했다. 오랜 투병 생활 끝에 2005년 두모악 갤러리에서 잠들었지만, 그의 사진은 김영갑갤러리에서 상시 전시되고 있다.

사진을 둘러본 후에는 정원 산책을 잊지 말자. 작가가 생전에 현무암을 직접 쌓아 올린 담장과 잘 어우러진 아담한 조경수들이 애틋하게 느껴진다.

**주변 볼거리·먹거리**

**고흐의정원** 스펀지 AR 앱을 통해 고흐의 작품을 3D로 즐길 수 있는 체험형 박물관. 고흐미로정원, 고흐스튜디오체험관 등 다양한 체험거리가 있다.

Ⓐ 제주도 서귀포시 성산읍 삼달신풍로 126-5 Ⓞ 09:30~18:30(입장 마감 17:30) Ⓣ 064-783-6700 Ⓒ 성인 12,000원, 청소년 10,000원, 소인 8,000원 Ⓗ www.jejugoghart.com

**정체불명** 일본 전통 가옥 같은 독특한 외관으로 독립된 룸에서 식사를 할 수 있다. 메뉴는 수제햄버거와 피자 두 종류! 새벽은 새우와 돼지고기, 고벽은 고등어와 돼지고기로 만든 패티가 들어간다.

Ⓐ 제주도 서귀포시 성산읍 삼달로163번길 34 Ⓞ 12:00~21:00/매주 화~수요일 휴무/사장님 혼자 운영하는 곳이라 예약 필수 Ⓣ 010-5097-1099 Ⓜ 고벽 15,000원, 새벽 18,000원, 비프파스트라미피자 24,000원

6월 셋째 주

# 24 week

SPOT 1

**만리장성 부럽지 않은 완벽한 경관**

## 남한산성 성곽길 1코스

서울·경기

**주소** 경기도 광주시 남한산성면 산성리 · **가는 법** 8호선 산성역 2번 출구 → 버스 9번 승차 → 남한산성 종점 하차 → 1코스 입구까지 도보 이동(약 5분) · **운영시간** 상시 개방 · **입장료** 무료 · **전화번호** 031-743-6610(남한산성 관리사무소) · **홈페이지** www.gg.go.kr/namhansansung-2/main.do · **etc** 주차 유료

유네스코 선정 세계문화유산인 남한산성 5코스 중 1코스는 산책하듯 걷기 좋은 둘레길이다. 우선 서울 근교에 위치해 접근성이 매우 좋다. 산림이 잘 보존되어 빼어난 자연을 품고 있으면서 산세가 험하지 않고 어느 둘레길보다 길이 넓고 평탄해서 아이와 함께 느릿느릿 여유롭게 걷기 좋다. 슬렁슬렁 걸어도 1시간 20분 정도면 완주할 수 있다. 꼭 1코스가 아니어도 좋으니 총 5코스 중 마음 가는 둘레길을 하나 골라 가족 또는 연인과 함께 걸어보자.

1코스 입구에서 5분 정도 올라가면 보이는 북문.
북문을 시작으로 남한산성 둘레길 1코스가 시작된다.

병자호란 당시 대패하여 삼전도로 항복하러 나갈 때 인조가 굴욕과 치욕을 안고 걸어 나간 서문.

꽤 오랜 수령을 자랑하는 소나무들이 즐비한 평지길 외에도 성벽을 따라 걷는 성곽길도 있어 지루하지 않게 골라 걷는 재미가 있다. 성곽길은 탁 트인 전망이 일품이다.

**TIP**

- 조선시대 한양 도성을 지키는 외곽 4대 요새가 동쪽은 경기도 광주, 서쪽은 강화, 남쪽은 수원, 북쪽은 개성이었다. 교통이 좋은 편이라 크게 번거롭지 않으니 교통 체증 심한 주말에는 대중교통 이용을 추천한다.
- 가을 경치는 더욱 장관이다.

### 주변 볼거리 · 먹거리

**수어장대** 성곽을 따라 멀리 내다보며 감시하고 주변을 경계할 목적으로 지었으며 남한산성에서 낮이 가장 길다는 일장산 정상에 자리 잡고 있다. 멀리 시야가 탁 트여 성 안뿐 아니라 성 밖까지 살펴볼 수 있는 데다 해가 늦게까지 비추니 적을 감시하기에 최적의 장소였을 것이다.

Ⓐ 경기도 광주시 남한산성면 산성리 815-1

**낙선재** 꼬불꼬불 미로 같은 빽빽한 숲속을 달려 첩첩산중 끝자락에 위치한 낙선재는 초록빛 산과 꽃 그리고 한옥이 있는 곳이다. 직접 키운 닭으로 만든 닭볶음탕이 굉장히 담백하고 건강한 맛이다. 〈수요미식회〉에 방영된 만큼 맛도 보증된다. 음식을 먹으러 왔다기보다 분위기를 먹으러 왔다 싶을 만한 자연 속 휴식처다.

Ⓐ 경기도 광주시 남한산성면 불당길 101 Ⓞ 10:00~21:00/연중무휴 Ⓣ 031-746-3800 Ⓜ 토종닭볶음탕 85,000원, 한방토종닭백숙 85,000원, 해물파전 30,000원, 모둠전 38,000원 Ⓔ 주차 가능/예약은 8인 이상만 가능

SPOT 2

**여름 바다 그리고 산책**

# 하조대 해수욕장

강원도

**주소** 강원도 양양군 현북면 하광정리 · **가는 법** 양양종합여객터미널에서 버스 11, 12번 승차 → 하광정리 하차 → 도보 이동(약 980m) · **전화번호** 0507-1480-1226 · **홈페이지** hajodae.org · **etc** 주차 무료

고운 모래와 넓은 바다, 그리고 기암괴석과 바위섬이 매력적인 곳! 바로 하조대해수욕장이다. 매년 여름이면 해수욕을 위해 찾는 사람이 많지만, 이곳은 산책을 즐기기에도 더없이 좋은 장소이다. 하조대라고 적혀있는 포토존은 이미 소문난 인생사진 명소! 잠시 데크길을 오르면 스카이워크도 등장한다. 하조대 스카이워크는 해수욕장 전경을 유리 바닥 아래로 내려다보는 아찔한 체험을 할 수 있어 매력만점이다. 양양 8경 중 하나인 하조대와 양양에서 가장 유명한 서피비치도 주변에 있어 함께 둘러보기 좋은 양양 여행지로 추천한다.

## 주변 볼거리 · 먹거리

**서피비치** 중광정해수욕장에 위치한 서피비치는 40년 만에 개방된 서핑 전용 프라이빗 비치로, 널리 알려진 서핑 강습뿐만 아니라 패들보드, 요가 등 다양한 프로그램을 운영하고 있다. 서피비치 앞에 있는 건물에서는 각종 음료나 주류, 음식 등을 판매한다. 주변에는 양양 맛집, 카페 등 즐길 거리 가득한 양리단길도 있으니 함께 둘러보기에도 좋다.

Ⓐ 강원도 양양군 현북면 하조대해안길 119 Ⓞ 월~금요일 10:00~24:00, 토~일요일 10:00~02:00/서핑스쿨 10:00~18:00 Ⓒ 서핑 입문 50,000~60,000원, SUP패들보드 30,000~40,000원, 비치 요가 30,000원 Ⓣ 033-672-0695 Ⓗ surfyy.com

SPOT 3

## 보랏빛 물결 넘실대는 곳

# 허브원

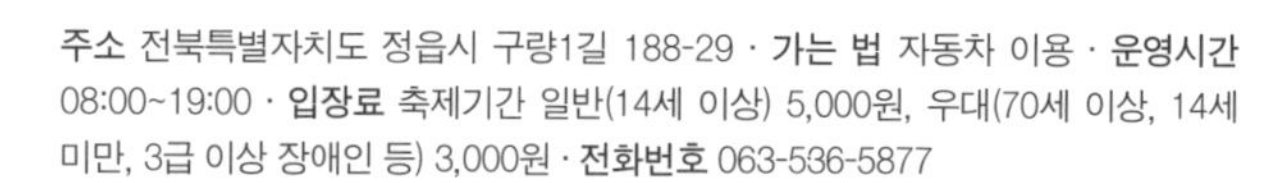
**주소** 전북특별자치도 정읍시 구량1길 188-29 · **가는 법** 자동차 이용 · **운영시간** 08:00~19:00 · **입장료** 축제기간 일반(14세 이상) 5,000원, 우대(70세 이상, 14세 미만, 3급 이상 장애인 등) 3,000원 · **전화번호** 063-536-5877

전라도

유럽의 프로방스 지역에서나 볼 수 있는 보랏빛 라벤더 물결을 정읍에서 만날 수 있다. 정읍 칠보산 기슭에 자리 잡은 33만㎡의 허브원에 보라색 카펫을 깔아 놓은 듯 라벤더 향기가 넘실 거린다. 국내에서는 쉽게 볼 수 없는 이국적인 풍경이다. 허브원은 우리나라 라벤더 농장 중 단일 규모로는 가장 큰 곳이다. 라벤더로 유명한 프랑스 프로방스의 발랑솔, 일본 홋카이도의 도미팜이 부럽지 않다.

허브원에는 약 30만 주의 라벤더와 4만 주의 라반딘이 장관을 이루고 있다. 진한 향기로 유명한 라벤더 계열의 라반딘은 우리나라에서는 흔히 볼 수 없어 관광객들의 많은 관심을 받는다. 허브원은 사진 찍기 좋은 명소로 SNS에 소문이 나 있다. 그 이유

는 비탈진 경사로에 라벤더를 심어 사진을 찍을 때 조금만 각도를 돌리면 인물과 배경이 분리되어 입체적인 사진을 찍을 수 있기 때문이다. 허브원 최고의 포토존은 '선돌'이 놓인 언덕 위쪽이다. 고인돌처럼 생겼지만 허브원을 조성하면서 인위적으로 만든 것이라 고인돌이 아니라 선돌이라 부른다고 한다. 선돌과 라벤더의 조화가 참으로 아름답다.

TIP

- 라벤더 사진을 예쁘게 찍으려면 자세를 낮춰서 꽃과 카메라의 높이를 맞추는 것이 중요하다.
- 라벤더 꽃 사이로 많은 벌이 날아다니기 때문에 쏘이지 않도록 주의해야 한다.
- 그늘이 거의 없기 때문에 모자나 양산을 준비하는 것이 좋다.

**주변 볼거리·먹거리**

**카페 허브원** 라벤더 농장이 한눈에 내려다보이는 허브원의 가장 높은 곳에 자리 잡고 있다. 2층 규모의 초대형 카페로 실내는 넓은 공간으로 구성되어 있고, 창문은 풍경을 조망할 수 있도록 통유리로 되어 있다. 음료뿐만 아니라 다양한 빵 종류를 판매하고 있어서 간단하게 식사를 대신할 수 있다.

Ⓐ 전북특별자치도 정읍시 구량1길 188-23 Ⓞ 10:30~19:30 Ⓣ 070-4159-8856 Ⓜ 아메리카노 6,500원, 라벤더라테 7,500원, 마늘바게트 6,500원

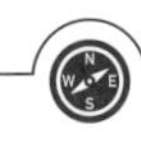

SPOT 4

아름다운 풍광

# 화산산성 전망대

경상도

**주소** 대구광역시 군위군 삼국유사면 화북리 산230 · **가는 법** 군위역(화본리)에서 군위 6, 7번 지선버스 승차 → 이화 정류장 하차 → 군위 10 지선버스 환승 → 화북3리 하차 → 택시 이용 · **운영시간** 24시간/연중무휴 · **전화번호** 054-380-6230(문화관광과) · etc 주차

차로 굽이굽이 몇 굽이를 올라왔는지 화산산성 전망대로 오르는 길은 험난하고 가파르다. 미세먼지도 군위는 범접할 수 없는 곳인가보다. 탁트인 맑은 풍경 속에 멀리 군위댐이 보인다. 화산마을은 해발 700m에 위치해 있으며 대구 경북 유일의 고랭지 채소를 재배하는 청정지역으로 이곳에 사람이 살고 있을까 싶은 생각이 들 정도로 오지 중의 오지이지만 능성이 따라 촘촘히 들어 앉아 있는 집들이 있으니 신기하기도 하다.

바람은 이곳에서 시작되는지 화산마을 주변으로 돌아가는 풍력발전기는 흩어지는 바람을 이곳으로 몰고 오는 듯하다. 화

산마을은 개척으로 일군 개척촌이라고 했다. 산지개간 정책에 따라 180여 가구가 이주해 마을을 형성했으며 삽과 호미만 들고 산에 들어와 발전시켰다고 한다. 우리나라에 이렇게 아름다운 곳이 몇 곳이나 있을까. 이 풍경 그대로 때 묻지 말고 남아 있기를 기원해 본다.

**주변 볼거리·먹거리**

**군위댐** 2010년 12월에 준공한 군위댐은 낙동강 지류 중 위천에 위치해 있다. 대구 및 경상북도 중부지역인 의성군, 칠곡군에 생활용수와 공업 · 농업용수를 공급해 주고 낙동강 하류의 홍수피해 방지 역할을 한다.

Ⓐ 대구광역시 군위군 삼국유사면 학성리 Ⓞ 24시간/연중무휴 Ⓔ 주차 무료

**카페댐댐** 군위댐이 보이는 전망 좋은 카페로 다양한 베이커리와 음료가 있고 작은 정원이 아름답다. 모든 층이 통창으로 되어 있어 어디서든 댐을 볼 수 있을 뿐만 아니라 옥상 루프톱에는 곳곳에 포토존이 있어 사진 찍기 좋다.

Ⓐ 대구광역시 군위군 삼국유사면 삼국유사로 438-16 Ⓞ 월~금요일 10:00~20:00, 토~일요일 10:00~21:00 Ⓣ 0507-1486-3039 Ⓜ 아메리카노 5,500원, 카페라테 6,000원, 바닐라라테 6,500원 Ⓔ 주차 무료

SPOT 5

**청풍호를 한눈에 내려다볼 수 있는 곳**

# 청풍호반 케이블카

충청도

**주소** 충청북도 제천시 청풍면 문화재길 166 · **가는 법** 제천역에서 버스 950, 952, 960번 승차 → 청풍면사무소 하차 → 도보 이동(약 476m) · **운영시간** 하절기 09:30~18:30(매표 마감 18:00), 동절기 10:00~17:00 · **이용료** 케이블카 대인 일반(왕복) 18,000원, 크리스탈 캐빈(왕복) 23,000원, 소인 일반(왕복) 14,000원, 소인 크리스탈 캐빈(왕복) 18,000원 · **전화번호** 케이블카 043-643-7301, 모노레일 043-653-5120~1 · **홈페이지** www.cheongpungcablecar.com

조금 더 편하게 멋진 풍경을 보고 싶은 건 누구나 마찬가지다. 청풍호를 조금 더 편하게 보고 싶다면 케이블카를 이용해 보자. 물태리역에서 2.3km 구간을 케이블카로 이동해 해발 531m의 비봉산 전망대에서 청풍호를 내려다보는 것을 추천한다.

비봉산은 봉황이 알을 품고 있다 먹이를 구하기 위해 비상하는 모습과 닮았다 하여 붙여진 이름이다. 비봉산 전망대에서는 360도로 펼쳐지는 청풍호 전망을 감상할 수 있고 곳곳에 포토존이 있어 인생 사진 남기기에도 최고의 여행지다. 케이블카 덕에 어르신들도 편하게 멋진 풍경을 볼 수 있어 가족 여행자들에게 추천할 만하다.

시간이 넉넉하고 조금 더 걷고 싶다면 비봉산역에서 파빌온까지 530m(왕복 35분 소요)의 약초숲길을 따라 걸어도 좋다.

**TIP**

- 주말에는 대기줄이 길어 사전 예매를 추천한다(온라인 예매 1,000원 할인).
- 날씨가 좋다면 바닥이 유리인 크리스탈 캐빈을 추천하지만 운행 대수가 적어 대기가 길어질 수 있으니 참고하자.
- 모노레일, 케이블카 모두 비봉산 전망대에 갈 수 있지만 모노레일은 도곡리역, 케이블카는 물태리역에서 각각 출발해 비봉산역에 도착한다. 또한 모두 왕복으로만 매표할 수 있어 모노레일과 케이블카 둘 다 타고 싶다면 모노레일로 비봉산 전망대에 갔다가 정상에서 하행하는 케이블카를 매표해 타고 왕복 후 다시 모노레일을 타고 내려가는 방법이 있다. 이 경우 일반 캐빈 왕복을 12,000원에 구매 가능하다.
- 케이블카 이용 시 제천역사박물관 무료 입장, 충주호 관광선, 국립제천치유의숲, 청풍리조트(사우나, 수영장) 할인 혜택이 있으니 이용 시 케이블카 탑승권을 지참하여 할인받자.
- 전망대에 포토존이 많이 있는데 찍는 사람이 조금 더 높은 곳에서 찍으면 포토존뿐만 아니라 청풍호까지 담긴 인생 사진을 남길 수 있다.

**주변 볼거리·먹거리**

**정방사** 청풍호를 한눈에 내려다볼 수 있는 사찰로 해발 1016m 금수산 자락 신성봉 능선에 위치해 있다. 662년 의상대사가 창건한 사찰로 청풍호를 한눈에 내려다볼 수 있지만 임도길 2.3km를 반대쪽에 차가 오지 않기를 바라며 달려야 한다.

Ⓐ 충청북도 제천시 수산면 옥순봉로12길 165

SPOT 6

꽃을 사랑하는 마음이 담긴

# 동광리수국길

**주소** 제주도 서귀포시 안덕면 신화역사로(동광양잠단지사거리에서 서쪽으로 100m) · **가는 법** 급행버스 182번 승차 → 동광육거리 정류장 하차 → 지선버스 752-2번 환승 → 동광단지 정류장 하차 → 남쪽 동광양잠단지 사거리 26m → 우측길로 20m → 우측길로 104m 도보 이동(약 2분) · **입장료** 1인 5,000원(현금 결제, 요구르트 포함)

제주 남서

꽃을 사랑하는 아주머니가 오랜 기간 정성으로 가꾼 약 50m 길이의 수국길이다. 커다란 나무들과 키가 큰 색색깔 수국들이 잘 어우러진다. 수국길이 끝날 때쯤 깔끔하게 잘 관리된 잔디밭과 수국을 만날 수 있다. 가지런한 수국길과 3단으로 심어진 수국이 벽을 이루는 수국 정원으로 마을 수국길과는 또 다른 매력이 있다. 사유지라 입장료를 내야 둘러볼 수 있는데 입장료에는 요구르트가 포함되어 있으며 수국 정원 맞은편 길모퉁이 가게에서 맛볼 수 있다. 가게 뒤편 정원까지 다녀오면 오직 꽃에 대한 열정으로 이곳을 돌봤을 아주머니의 마음을 조금이나마 알 것 같다. 수국 개화 시기에 맞추지 않아도 계절별 꽃들이 예쁘게 피어 있어 구경하기 좋다.

## 주변 볼거리·먹거리

**오설록티뮤지엄** 우리나라 최초의 녹차 박물관이다. 차의 역사와 옛 다구, 세계의 찻잔이 전시되어 있으며, 녹차 음료와 디저트를 즐길 수 있다.

Ⓐ 제주도 서귀포시 안덕면 신화역사로 15 Ⓞ 09:00~18:00 Ⓣ 064-794-5312 Ⓜ 제주 말차 소프트아이스크림 5,800원, 그린티 롤케이크 6,500원 Ⓗ www.osulloc.com/kr/ko/stores/teamuseum

**동광메밀짬뽕** 고소한 메밀면과 잘 어우러지는 진한 국물에 불맛 가득한 짬뽕이 맛있는 곳이다.

Ⓐ 제주도 서귀포시 안덕면 신화역사로 581 Ⓞ 11:00~17:00/매주 수~목요일 휴무 Ⓣ 064-792-0887 Ⓜ 메밀해물짬뽕 11,000원, 메밀짜장면 7,000원, 탕수육(미니) 13,000원부터

**TIP**

- 길모퉁이가게는 수국 시즌에만 운영한다.
- 수국 정원에서의 웨딩, 스냅, 상업적 촬영은 예약 후 이용해야 하며, 드론 촬영은 금지되고 있다.(길모퉁이가게 문의)

6월 넷째 주

# 25 week

SPOT 1

**예술가의 마을에서 보낸 한나절**

## 헤이리 예술마을

서울·경기

**TIP**

- 마을 이름은 파주 지역 전래농요인 '헤이리 소리'에서 따왔다.
- 주차 요금은 무료.
- 애완동물 동반 불가.

**주소** 경기도 파주시 탄현면 헤이리마을길 70-2 · **가는 법** 합정역 1번 출구 → 직행버스 2200번(약 40분 소요) → 파주영어마을 하차 · **운영시간** 월요일은 대체로 휴무인 곳이 많지만 각 공간별로 상이하므로 홈페이지 참고 · **전화번호** 031-946-8551 · **홈페이지** www.heyri.net · **etc** 월요일에 문을 여는 공간은 홈페이지 확인

건축기행 1번지로 통하는 헤이리 예술마을의 모든 건축물이 국내외 유명 건축가들의 작품이다. 페인트를 사용하지 않고 3층 높이 이상 짓지 않는다는 기본 원칙에 따라 자연과 어울리도록 설계했다. 국내 최대 규모의 예술인 마을로 미술가와 음악가, 작가, 건축가 등 380여 명의 예술·문화인들이 참여해 조성했으며, 각종 갤러리와 박물관, 전시관, 공연장, 카페, 레스토랑, 서점, 게스트하우스, 아트숍 등 예술인들의 창작과 거주 공간이 어우러져 있다.

SPOT 2

**짜릿한 물 위의 산책**

# 마장호수 출렁다리

**주소** 경기도 파주시 광탄면 기산로 313 · **가는 법** 3호선 구파발역 4번 출구 → 버스 31, 799번 승차 → 신원마을 2, 4단지 하차 → 버스 313번 환승 → 마장호수 출렁다리 하차 · **운영시간** 3~4월 09:00~18:00, 5~10월 09:00~20:00, 11~2월 09:00~17:00/연중무휴 · **입장료** 무료 · **전화번호** 031-950-1901 · etc 주차장이 무려 여덟 곳이나 있지만 주말에는 오전 10시 전에 도착해야 여유 있게 주차할 수 있다. 근처 매점이나 카페에서 1만 원 이상 구입하면 주차비가 무료이니 참고하자(제2주차장이 다리와 제일 가깝다).

서울·경기

파주에서 가장 핫한 장소 중 하나인 마장호수 출렁다리는 예당호 출렁다리가 개장되기 전까지 220m로 국내에서 가장 긴 출렁다리였다. 어느 곳보다 보고 즐길 거리가 많은 파주에서 가장 자연 친화적인 볼거리가 많은 곳이다.

**TIP**

- 주말에는 사람들이 많아 흔들림이 특히 심하니 유아나 어지럼증이 있는 노약자는 피하는 것이 좋다.
- 매주 토~일요일, 공휴일에 감악산 출렁다리로 가는 2층 버스가 운행된다.

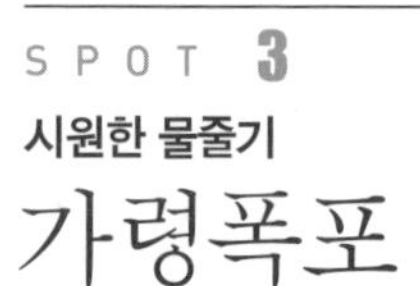

SPOT 3

시원한 물줄기

# 가령폭포

**주소** 강원도 홍천군 내촌면 와야리 산12-1 · **가는 법** 홍천종합버스터미널에서 자동차 이용(약 36km) → 가령폭포 1주차장에서 도보 이동(약 500m) · **전화번호** 033-430-2544 · **etc** 주차비 무료

강원도

보기만 해도 초록 초록해진 진짜 여름! 홍천 가령폭포는 개령폭포라고도 불리며, 홍천 9경 중 5경에 속한다. 이는 강원도 홍천과 인제 사이에 있는 1,099m 백암산 자락에 위치해 있는데, 가는 길은 데크 길이 잘 조성되어 있어 그리 험하지 않아 걷기에 부담이 없다. 가령폭포는 숲에 가려져 그 모습이 겉에서는 잘 보이지 않는 폭포로 비교적 한적한 편이다. 폭포 주변에 도착하면 약 50m 높이에서 떨어지는 폭포수 소리에 더위도 훌훌 날아가는 듯한 기분을 느낄 수 있다. 시원한 물줄기를 맞으며 깨끗한 자연에서 힐링하고 싶다면 홍천의 가령폭포를 추천한다.

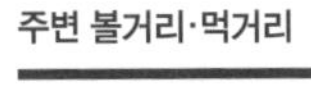

## 주변 볼거리·먹거리

**정자네펜션** 가령폭포 주변에 위치한 토종닭 맛집이다. 가정집 느낌의 외부에 안으로 들어가면 나무벽 특유의 고즈넉한 분위기가 풍겨온다. 이곳의 대표메뉴는 백숙, 닭도리탕으로 쫄깃을 넘어서 탱글한 식감이 일품이다. 일반 식당의 1.5배 정도의 양에 제철 재료를 사용해 직접 만든 밑반찬도 매력포인트 중 하나다.

Ⓐ 강원도 홍천군 내촌면 가래올길 106-20 Ⓞ 10:00~21:00 Ⓣ 0507-1343-3533

**사계절** 더운 여름 빠질 수 없는 디저트는 바로 빙수! 홍천의 카페 사계절에서는 계절별 다양한 빙수를 판매한다. 고정적인 시그니처 메뉴는 귀리크림라테이며, 일반 과일빙수 외에 옥수수빙수, 노른자생망고빙수 등 이곳에서만 즐길 수 있는 메뉴 구성이라 더욱 이색적이다.

Ⓐ 강원도 홍천군 홍천읍 번영로 39 1층 Ⓞ 수~토요일 10:30~21:00(라스트오더 20:30), 일~월요일 10:30~18:00(라스트오더 17:30)/매주 화요일 휴무 Ⓜ 시그니처 귀리 크림라테 5,500원, 사계절 팥빙수 9,000원, 노른자 생망고빙수 14,900원 Ⓣ 0507-1351-8083

SPOT 4

가장 슬픈 곳에서
가장 아름다운 꽃이 핀다

# 소록도

전라도

**주소** 전라남도 고흥군 도양읍 소록선창길 124 · **가는 법** 자동차 이용 · **운영시간** 09:00~17:00(17시 이후 출입 통제) · **전화번호** 061-830-5689

전라남도 고흥반도 녹동항 앞에 한 송이 꽃처럼 떠 있는 작은 섬, 소록도. 녹동항에서 뱃길로 1km 정도고, 전체 면적은 여의도의 1.5배밖에 되지 않는다. '작은(小) 사슴(鹿)'이라는 뜻의 소록도는 예쁜 이름과는 달리 한센병 환자들의 애환이 깃든 사연 많은 섬이다. 일제강점기 당시 일본이 한센병 환자들을 이곳에 강제로 격리했기 때문이다. 1910년대부터 광복 이후까지 약 6천여 명이 소록도에서 지옥 같은 생활을 했다고 전해진다. 지금은 한센병이 완치되고도 사회적 인식 때문에 세상 속으로 돌아가지 못하는 약 600명의 한센인이 이곳에 터를 잡고 살고 있다. 아직도 섬에는 단지 환자라는 이유로 자유와 인권을 박탈당하고

학대받았던 역사의 흔적이 곳곳에 남아 있다.

2008년 6월, 소록대교가 개통되면서 소록도는 누구나 갈 수 있는 섬이 되었다. 녹동항에서 차로 10분이면 도착한다. 그렇게 섬이 아닌 섬이 되면서, 소록도의 역사적 의미를 되새기고 아름다운 풍광을 보기 위해 많은 사람들이 방문하고 있다. 국립소록도병원과 한센인이 생활하는 지역을 제외하고는 정해진 시간 내에 관광객이 자유롭게 출입할 수 있다. 울창한 소나무숲과 깨끗한 백사장, 중앙공원 등이 무척이나 아름답다. 이렇게 아름다운 섬이 그토록 아픈 역사를 품고 있다는 것이 너무도 안타깝지만 절대 잊어서는 안 될 역사다.

**주변 볼거리·먹거리**

**거금대교** 바다 위에 만들어진 다리 중에서는 우리나라 최초로 복층 구조로 설계된 곳이다. 1층은 사람과 자전거, 2층은 자동차가 다닌다. 금진항에서 바라보는 거금대교의 야경은 특히나 아름답다.

Ⓐ 전라남도 고흥군 금산면 거금로 720

**TIP**

- 소록도는 출입시간을 엄격히 통제하고 있으므로 시간을 잘 지키도록 하자.
- 자전거, 반려동물 등의 출입은 제한된다.
- 사진 촬영은 가능하지만 소록도 주민을 찍지 않도록 주의하자.

SPOT 5

## 걸으면 천수를 누리는 하늘길

# 보현산 천수누림길

경상도

**주소** 경상북도 영천시 화북면 정각리 산 6-2 · **가는 법** 영천시외버스터미널 → 정각삼거리(버스 및 택시 이용, 영천교통 054-331-4180) · **운영시간** 해 질 무렵 입산 통제 및 야간 출입 금지(관측에 지장이 있다고 한다) · **입장료** 무료 · **전화번호** 054-330-1000 · **etc** 주차 무료

어디서나 볼 수 있는 별이지만 영천의 별은 유독 반짝거린다. 그만큼 하늘이 맑고 깨끗하기 때문이다. 온통 하늘을 수놓은 아름다운 별들, 그래서 영천을 '별의 도시', '별의 수도'라고 한다. '별의 고장'이라고 불리지만 물 맑고 산세가 수려해서 삼산이수(三山二水)로 널리 알려져 있다. 사방이 산으로 둘러싸여 산을 좋아하는 사람들이 많이 찾는 영천에는 아주 특별한 길이 있다. 그 길을 걸으면 천수를 누린다는 하늘길 천수누림길이다.

해발 1124m의 보현산 정상 천문대로 올라가는 길은 마주 오는 차가 있으면 길을 비켜줘야 할 만큼 좁아서 수차례 양보와 비켜나기를 거듭하고서야 도착하게 된다. 요즘 지역마다 둘레길

이 많이 생겨났는데, 영천에도 제1코스 구들장길을 시작으로 제5코스 횡계구곡길까지 조성되어 있다. 그중 제2코스 천수누림길은 보현산 정상 시루봉과 천문대까지 울창한 숲길을 만들어 풀 냄새와 나무 냄새로 숨통이 확 트인다. 계절마다 야생화를 볼 수 있으며 별 모양 전망대가 재미있다. 보현산 정상에 있는 천문대는 국내 1백여 개 산의 기상 조건과 주변 불빛의 영향을 고려했을 때 천체 관측에 최적의 장소로 1996년 건설되었다. 국내에서 가장 큰 광학망원경과 태양 플레어 망원경이 있어 야간 개장 때는 직접 별을 관찰할 수 있다.

### 주변 볼거리·먹거리

**보현산천문과학관**
보현산천문대로 올라가기 전 별빛마을 입구에 있다. 망원경을 통해 하늘의 신비로움과 별빛의 아름다움을 느낄 수 있으며 국내 최초의 5D 돔 영상관에서는 신비로운 체험을 할 수 있다.

Ⓐ 경상북도 영천시 화북면 별빛로 681-32 Ⓞ 화~일요일 14:00~22:00(입장 마감 20:50)/매주 월요일·1월 1일·설날 및 추석 연휴 휴무 Ⓒ 어른 4,000원, 어린이 2,000원 Ⓣ 054-330-6446 Ⓗ www.yc.go.kr/toursub/starsm/main.do

SPOT 6

**충청권에서 만나는 다양한 수국**

# 유구 색동수국정원

충청도

**주소** 충청남도 공주시 유구읍 창말길 44 · **가는 법** 유구버스터미널에서 버스 700번 승차 → 석남리 하차 → 도보 이동(약 326m)

제주가 아닌 충청도에서 만나는 수국은 어떤 모습일까? 충청도에서 가장 화려하고 잘 가꿔진 수국을 볼 수 있는 곳을 꼽으라면 바로 이곳 공주 유구색동수국정원이다. 2018년 처음 주민자치사업으로 조성된 이곳은 해가 갈수록 풍성해져 4만 3,000㎡ 규모로 중부권 최대 규모를 자랑한다.

냉해에 강한 핑크아나벨 등을 식재해 남부권에서 보는 수국과는 다른 분홍 수국정원을 볼 수 있으며 이외에도 새하얀 유럽목수국과 알록달록 파스텔톤의 앤드리스썸머 등 1만 6,000본에 이르는 풍성한 수국을 만날 수 있다.

한때는 전국 섬유의 70%를 생산하던 유구가 섬유 산업이 쇠퇴기를 맞으면서 활력을 잃어가던 차에 주민자치활동으로 시작된 사업이 바로 이곳 유구색동수국정원이다. 한복 디자인에서 쉽게 볼 수 있는 색동직물도 이곳에서만 생산되었는데 그래서 이곳 수국정원 이름에 색동이라는 단어가 포함되어 있다. 산책로가 잘 조성되어 있고 저녁에는 조명도 비추니 더운 날에는 유구천을 따라 저녁 산책을 추천한다.

**TIP**

- 파스텔 수국은 유구교 근처 색동 가랜드가 설치된 뒤쪽이 가장 풍성하다.
- 2022년에는 6월 중순부터 7월 초까지 공주 유구색동수국정원축제가 처음 개최되었다.
- 천변에는 별도의 주차장이 없기 때문에 근처 공영주차장에 주차하고 도보로 이동하기를 추천한다.
- 수국은 수분 공급이 중요하기에 비온 다음 날 방문한다면 풍성하게 활짝 핀 수국을 볼 수 있다.

### 주변 볼거리·먹거리

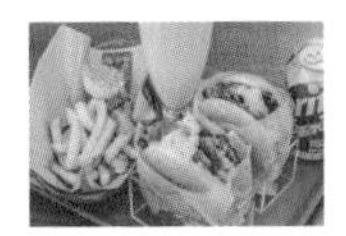

**유나인버거조인트 유구** 공주 유구에 있는 수제버거집이다. 이름이 어렵지만 유구의 지명을 생각하면 기억하기 쉽다. 주문과 동시에 패티를 굽기 때문에 미리 전화로 주문하면 빠르게 맛볼 수 있다.

Ⓐ 충청남도 공주시 유구읍 시장길 25-1 A-2 Ⓣ 11:00~19:00(휴게시간 14:00~15:30, 라스트오더 18:50) Ⓣ 0507-1402-8441 Ⓜ 오리지널치즈버거 6,900원, 유나인디럭스버거 8,900원 Ⓗ www.instagram.com/u9burgerjoint

**유구벽화거리** 1970년대부터 운영되던 섬유 공장을 중심으로 조성되어 있다. 공장 담장에는 베 짜는 할머니의 모습이 있고 한때 번영했던 공주 유구의 섬유 산업을 되돌아보기에 좋다. 유구전통시장과 가까워 연계해서 둘러볼 것을 추천한다.

Ⓐ 충청남도 공주시 유구읍 시장길 34-5

SPOT 7

**천국의 계단에 피어난 산수국**

# 영주산

제주 남동

**주소** 제주도 서귀포시 표선면 성읍리 산 18-1 · **가는 법** 지선버스 721-3번 승차 → 영주산 정류장 하차 → 맞은편 180m 이동 → 우측 길로 450m 도보 이동(약 10분)

한라산의 옛이름이 붙여진 성읍의 영주산은 화산체이지만 오름이 아닌 산으로 불린다. 마을 주민들은 신성한 산으로 여기는데 울창하고 깊은 숲이 아니라 초지가 대부분이다.

정상으로 가는 내내 탁 트인 주변 경관이 감탄사를 불러일으킨다. 한가로이 풀을 뜯는 소떼들, 풍력발전단지, 주변 오름, 저수지, 성읍의 마을 풍경 등 제주의 알프스라고 불릴 정도로 목가적인 풍경이 펼쳐진다. 영주산을 올라가는 방법은 2가지! 오름 능선으로 곧장 오르는 직선 코스와 계단으로 올라가는 코스가 있다. 계단은 경사가 가파르지 않고 주위로 산수국이 피어 있어 소박한 아름다움을 준다.

TIP

- 낮에는 소를 방목하는데, 먼저 공격하는 일은 없지만 무리 안으로 들어가거나 송아지에게 너무 가까이 다가가지 않는 것이 좋다.

## 주변 볼거리·먹거리

**성읍민속마을** 옛 정의현의 소재지로 조선시대 제주 산간마을 읍성의 기본 형태가 잘 보존되어 있다. 마을 안에 있는 오래된 고택들, 느티나무 및 팽나무, 민요와 제주의 술까지 국가 민속문화재와 천연기념물, 중요 무형문화재로 지정된 살아 있는 민속박물관이다.

Ⓐ 제주도 서귀포시 표선면 성읍정의현로 19 성읍마을 Ⓣ 064-710-6797 Ⓗ www.jeju.go.kr/seongeup/index.htm

**선재다원** 직접 담근 수제차와 직접 농사지은 호박으로 간단한 먹거리를 내는 맛집이다. 특히 시원한 육수에 포슬포슬한 감자와 은은한 호박잎 향이 더해진 수제비가 별미다.

Ⓐ 제주도 서귀포시 표선면 성읍민속로 148 Ⓞ 10:30~19:00 Ⓣ 010-3692-1232 Ⓜ 호박수제비·칼국수잎 각 8,000원, 댕유자차 5,000원, 한라봉주스 6,000원 Ⓗ www.instagram.com/seonjae62

7월의 대한민국

# 어디선가 시원한 바람이

7월 첫째 주

# 26 week

SPOT 1

사라져가는 것들에 대한 애수

## 배다리 헌책방 골목

서울·경기

**주소** 인천시 동구 금곡로 18-10 · **가는 법** 1호선 동인천역 1번 출구 → 도원역 방향으로 도보 이동(약 10분) → 국민은행 앞 지하보도를 건너면 나오는 배다리 안내소에서 도보 이동(약 1분) · **운영시간** 점포마다 운영시간 상이 · **전화번호** 032-766-9523

40년째 한자리를 지켜오고 있는 헌책방 아벨서점은 그야말로 감동적인 곳이다. 사장님 말씀에 의하면 40년째 이 동네의 터줏대감으로 배다리를 지켜오고 있다 보니 아벨서점과 함께 청춘을 보낸 오랜 단골 손님들이 전국 각지에서 찾아오곤 한단다.

미국으로 이민 간 사람도 가끔 한국에 들어올 때면 반드시 아벨서점에 들러 책을 사 간단다. 인터넷으로 클릭 몇 번만 하면 새 책이 집까지 배달되는 시대에 이 먼 곳까지, 이 쇠락한 곳까지 귀한 시간을 빼서 굳이 찾아오는 이유는 추억을 사기 위함이리라. 바쁜 삶에 지쳐 잠시 쉼표가 필요할 때 묵직한 책 향기와 낡은 책

## 주변 볼거리 · 먹거리

**인천차이나타운**

Ⓐ 인천시 중구 차이나타운로 59번길 12(선린동) Ⓞ 영업시간은 각 상점마다 다르므로 홈페이지에서 확인/공식적으로 명절 당일 휴무이지만 연중무휴인 곳이 많다 Ⓣ 032-810-2851(인천상공회의소 경제진흥실) Ⓗ ic-chinatown.co.kr
12월 48주 소개(612쪽 참고)

장을 넘기며 추억이 충만한 책들 속으로 여행을 떠나보자. 또한 60년째 같은 자리에서 노부부와 함께 늙어가는 집현전은 배다리 헌책방 골목에서 가장 오래된 곳이다. 이젠 쇠락한 동네라 찾는 손님 하나 없지만 집에 있기 답답해서 이렇게 할아버지와 함께 나와 계신다고 한다.

**TIP**

- 헌책방 골목 근처에 인천 차이나타운, 신포국제시장, 송월동 동화마을이 있어서 당일치기 여행으로 아주 효율적인 동선이다.

SPOT 2

## 신비로운 지질 사전

# 능파대

강원도

**주소** 강원도 고성군 죽왕면 괘진길 65 · **가는 법** 간성터미널에서 신안리 버스정류장 이동 → 버스 1(속초)번 승차 → 동광산업과학고 하차 → 도보 이동(약 650m) · **전화번호** 033-249-3881(강원도청 환경과) · **홈페이지** koreadmz.kr

BTS가 2021년 〈Winter Package〉를 촬영하며 더욱 유명해진 곳이 강원도 고성의 능파대이다. 기암괴석을 따라 산책로가 조성되어 있어 바위 위까지도 쉽게 오를 수 있다. 걷다 보면 바위에 구멍이 뚫린 듯한 대규모 타포니 군락에 감탄이 절로 나오는데, 이는 거센 파도와 바람을 막아주는 천연 방파제 역할을 하고 있다. 주변에는 바다 전망의 카페와 스노쿨링을 배울 수 있는 장소들이 있고, 문암항 일대에서는 울산바위도 볼 수 있으니 강원도 여행 온 기분을 만끽하며 둘러보자.

## 주변 볼거리·먹거리

**보나테라고성** 달콤한 초콜릿이 당기는 날엔 이곳으로. 보나테라는 옛날 전통 방식 그대로 다크 초콜릿을 만드는 곳이다. 카페 내부는 옛날 전통 방식의 맷돌도 볼 수 있고, 초콜릿을 이용한 선물 세트, 최상의 카카오 콩으로 만든 스페셜 다크초콜릿, 다크파베초콜릿, 다크초코브라우니, 다크초코살라미 등을 구매할 수 있다. 보통 초콜릿은 디저트로만 생각하는데 살라미 등 와인과 곁들여 먹어도 맛이 좋다. 시원한 매장에 앉아 달콤함이 주는 행복감을 느껴보자.

Ⓐ 강원도 고성군 거진읍 거탄진로 19 2층 Ⓞ 매일 10:30~18:30(라스트오더 18:20) Ⓜ 다크초코라틀(보르네오 85%, 76%) 8,000원, 다크초코라테(보르네오 88%) 6,500원 Ⓣ 033-681-8868 Ⓗ www.bonaterra.co.kr

SPOT 3

## 그 섬에는 비밀의 정원이 있다

# 쑥섬

**주소(나로도연안여객선터미널)** 전라남도 고흥군 봉래면 나로도항길 120-7 · **가는 법** 자동차, 여객선 이용 · **여객선 운행시간** 07:30~17:00(약 1시간 간격으로 운행) · **승선료** 1인 8,000원(입장료 포함) · **전화번호(나로도연안여객선터미널)** 061-640-4090 · **홈페이지** www.ssookseom.com

전라도

'쑥이 많아서 우리말로는 '쑥섬', 한자로는 쑥 '애(艾)'자를 써서 '애도'라 불린다. 몇백 년이 넘도록 외부에 잘 알려지지 않았는데, 2016년 세상 밖으로 존재를 드러냈다. 쑥섬지기로 불리는 김상현, 고채훈 씨 부부가 2000년부터 쑥섬에 정원을 가꾸기 시작해 2016년 일반인들에게 개방해 많은 사람의 발길이 이어지고 있다. 전라남도 제1호 민간 정원으로 지정된 쑥섬은 별정원, 달정원, 태양정원, 수국정원 등이 있는 국내에서 보기 드문 해상 꽃 정원이다.

쑥섬에 가려면 나로도연안여객선터미널에서 배를 타야 한다.

눈앞에 섬이 바로 보일 정도로 가까워 배로 5분 정도밖에 걸리지 않는다. 탑승료에는 쑥섬 탐방비와 쑥섬에 사는 어르신들을 위한 복지 기금이 포함되어 있다. 관광객들에게 아름답고 귀한 삶의 터전을 내어 주었으니 그 정도는 지불하는 게 당연하다. 쑥섬 선착장에 내려 100m 정도만 걸어가면 쑥섬 내 유일한 카페인 '갈매기카페'에 도착한다. 카페에서는 간단한 식사, 햄버거, 빙수, 음료 등을 판매하고 있다. 본격적으로 쑥섬 탐방을 시작하려면 갈매기카페 왼쪽 길로 올라가면 된다. 탐방로는 전체적으로 숲이 우거지고 나무 그늘이 많아서 여름에도 힘들지 않다. 탐방로에서 경관이 가장 아름다운 곳으로는 세 군데 정도를 뽑는다. 첫째는 남해 바다가 시원하게 내려다보이는 '환희의 언덕', 둘째는 갖가지 꽃을 만날 수 있는 '꽃정원', 셋째는 아름다운 해안 절벽과 낙조를 볼 수 있는 '신선대'다.

**TIP**

- 쑥섬 가는 여객선은 1시간에 한 번(매 시각 정시) 운행하지만 탑승객이 많은 시기에는 쉬지 않고 운행한다.
- 여객선은 규모가 작아서 1회 최대 12명이 탑승할 수 있다.
- 승선권을 구입할 때 주는 리플릿에는 1,000원짜리 쿠폰이 포함되어 있는데, 쑥섬 내에서 현금처럼 사용할 수 있다.
- 쑥섬에는 고양이가 많아 일명 '고양이 섬'이라 불리기도 한다. 현재 50여 마리의 고양이가 살고 있는데, 주민 30여 명보다 숫자가 많다.
- 쑥섬 내 공용 화장실은 갈매기카페에만 있기 때문에 쑥섬 탐방을 시작하기 전에 들렀다 가는 게 좋다.
- 탐방로 전체를 완주하는 데는 1시간 30분에서 2시간 정도가 걸린다.

### 주변 볼거리·먹거리

**나로우주센터우주과학관** 2009년 고흥 외나로도에 나로우주센터가 완공되면서 우리나라는 세계에서 13번째 우주센터 보유국이 되었다. 보안을 위해 나로우주센터에는 일반인이 방문할 수 없어 우주산업에 대한 정보 및 이해를 돕기 위해 나로우주센터에서 약 2km 떨어진 곳에 우주과학관을 열었다. 이곳에서는 우주에 대한 신비, 인공위성과 우주 탐사선에 대한 내용을 4D영상 등을 통해 이해하고 체험할 수 있다.

Ⓐ 전라남도 고흥군 봉래면 하반로 490 Ⓞ 10:00~17:30/매주 월요일·1월 1일·설날·추석 당일 휴무 Ⓣ 061-830-8700 Ⓒ 어른 3,000원, 청소년·어린이 1,500원, 미취학 아동 · 경로우대자 무료, 3D영상관 1,000원 Ⓗ www.kari.re.kr/narospacecenter

SPOT 4

힐링의 숲이 가득한

# 가산수피아

**주소** 경상북도 칠곡군 가산면 학하들안2길 105 · **가는 법** 왜관북부버스정류장에서 농어촌버스 32번 승차 → 송학리윗세뜸 하차 → 버스 881번 환승 → 학하2리돌짝골 하차 → 도보 이동(약 24분) · **운영시간** 10:00~18:00(매표 마감 17:00)/연중무휴 · **입장료** 대인 8,000원, 소인 6,000원/미술관 및 알파카 입장료는 별도 · **전화번호** 054-971-9861 · **홈페이지** gasansupia.com · etc 주차 무료

경상도

수피아미술관, 대형카페 수피아, 캠핑장, 천년솔숲, 초대형 공룡 조형물과 알파카랜드까지 우리나라 민간 정원 중에서 규모가 가장 큰 곳이지 않을까 생각했다. 봄부터 가을까지는 계절에 맞는 꽃이 피고 레일썰매까지 탈 수 있어 어른부터 아이까지 온 가족이 즐길 수 있는 공간이 마련되어 있다. 수영장과 샤워시설이 갖춰진 캠핑장과 카라반은 낭만을 느낄 수 있다. 몸길이만 42m인 브라키오사우루스, 티라노사우루스 등 초대형 공룡들을 직접 만날 수 있는 공룡테마파크는 다양한 체험을 할 수 있다.

사계절 신비로운 자연 속에서 솔내음이 가득한 솔숲과 황토길을 걸으며 신비로움을 자아내는 이끼정원에서 삶의 여유를, 가을이면 향기뜰에 피어난 분홍색 핑크뮬리로 환상적이고 아름다운 정원을 거닐어 보자. 계절에 따라 피어나는 꽃이 바뀌듯 테마정원에는 이맘때 어떤 꽃이 피어있을지 궁금해진다.

TIP

가산수피아 100배 즐기기

- 힐링코스 : 신비로운 자연 속 힐링산책로와 초대형 빈티지 카페에서 삶의 여유를 즐길 수 있는 코스(그라운드수피아카페 - 천년솔숲 황톳길 - 이끼정원)
- 아트&컬처코스 : 문화와 예술이 함께하는 아름다운 감성 코스(수피아미술관 - 돌담길 - 분재원)
- 페딩동물원&가드닝코스 : 자연친화형 알파카랜드와 플레이가드닝을 즐기는 동식물교감코스(알파카랜드 - 파리바에가든 - 테마정원)

**주변 볼거리·먹거리**

**그라운드수피아카페**

빈티지 대형카페로 가산수피아 안에 위치한 카페. 입구에는 철도레일이 깔려 있어 여행 가는 기분이 들고 창고형 카페라 공간을 널찍하게 활용하고 있다. 봄에는 벚꽃이, 가을이면 핑크뮬리가 예쁘다. 개별 룸이 있어 단체팀이나 아이들과 함께 왔을 때 이용하면 좋겠다.

Ⓐ 경상북도 칠곡군 가산면 학하4길 57-105 Ⓞ 10:00~17:30(라스트오더 17:00)/연중무휴 Ⓣ 054-971-9863 Ⓜ 아메리카노 5,500원, 카페라테 6,000원, 연유카페라테 6,500원 Ⓔ 주차 무료

SPOT 5

**젊은 여행자들을 등산하게 만드는 곳**

# 제비봉

충청도

**주소** 충청북도 단양군 단성면 월악로 3823 장회나루 휴게소 · **가는 법** 단양시외버스공영터미널 다누리센터앞에서 버스 402, 404번(하루 2회) 승차 → 장회 하차 → 도보 이동(약 126m) · **운영시간** 4~10월 04:00~15:00, 11~3월 05:00~14:00/국립공원으로 입산 시간 위반 시 과태료 부과 · **etc** 장회나루 휴게소 무료주차장

젊은 여행자들은 등산을 싫어하지만, 꼭 이곳을 가보고 싶어 한다. 아찔한 풍경 너머 청풍호를 바라보며 가파른 계단과 기암괴석 사이에서 인생 사진을 남길 수 있기 때문이다.

장회나루에서 제비봉까지는 총 2.3km로 철계단과 가파른 오르막이 이어진다. 편도 기준 대략 2시간 10분이 걸리니 등산을 시작할 때는 시간 계산을 잘하고 출발해야 한다. 500m 정도까지는 산길을 걷다 그 이후부터는 멋진 조망이 있는 오르막이라 계단과 오르막길이 그리 어렵지 않게 느껴진다. 등산 후 500m부터 1km 지점 정도가 전망이 가장 좋으며 2.3km 지점에 제비봉 정상이 있다.

**TIP**

- 가파른 철계단을 오르내리기에 등산 장갑을 꼭 준비하자.
- 전망 좋은 제비봉 구간은 나무 그늘이 없는 구간이 많으니 모자와 시원한 물은 필수다.

## 주변 볼거리·먹거리

**옥순봉출렁다리** 대한민국 명승 제48호 옥순봉을 길이 222m, 폭 1.5m의 아찔한 출렁다리를 통해 만날 수 있다. 2021년 개장하였으며 출렁다리를 건너기 전 청풍호와 옥순대교를 전망대에서 한눈에 볼 수 있다. 현재 이곳에서 옥순봉까지의 등산로는 연결되어 있지 않아 옥순봉구담봉주차장으로 가야 등산할 수 있으며 옥순봉에서 내려다보는 옥순봉 출렁다리와 옥순대교의 풍경도 멋지다.

Ⓐ 충청북도 제천시 수산면 옥순봉로 342 Ⓞ 3~10월 09:00~18:00, 11~2월 10:00~17:00/매주 월요일 휴무 Ⓣ 043-641-6738 Ⓒ 3,000원(지역화폐 2,000원 현장 환급), 제천시민 1,000원

**게으른악어** 충주호에 드리워진 산자락이 악어 떼가 호수로 자맥질하는 모습을 닮았다 하여 악어섬이라 부른다. 악어봉 등산로 초입에 있는 대형 카페 '게으른악어'가 있다. 나무 그늘에 야외 테이블도 있고 라면도 직접 끓여 먹을 수 있어 캠핑 분위기를 낼 수 있다.

Ⓐ 충청북도 충주시 살미면 월악로 927 Ⓞ 월~금요일 10:00~18:00, 토~일요일 09:00~19:00 Ⓣ 043-724-9009 Ⓜ 아메리카노 6,000원, 상하목장 아이스크림 5,500원, 브런치에그 16,000원, 라면 6,000원 Ⓗ www.instagram.com/lazy._.caiman

SPOT 6

**제주의 자연을 담은 교회**

# 방주교회

**주소** 제주도 서귀포시 안덕면 산록남로762번길 113 · **가는 법** 지선버스 752-2번 승차 → 상천리 정류장 하차 → 맞은편 동쪽으로 620m 이동 → 우측 길로 60m 도보 이동(약 10분) · **운영시간** 예배시간 외 상시 개방/내부 개방 시간 평일 및 공휴일 06:00~18:00, 동절기 17:00까지/예배 시간 및 토요일 06:00~13:00 관람 금지/수요기도회 10:30, 일요일 1부(09:30), 2부(11:00), 3부(14:00) · **홈페이지** www.bangjuchurch.org

제주 남서

노아의 방주를 모티브로 설계된 이타미 준의 작품으로 제주의 자연환경과 잘 어우러진 성전 건축물이다. 제주 서쪽의 드넓은 풍경과 함께 햇살과 구름, 물, 바람 등 제주의 자연을 건축물에 고스란히 녹이고자 노력한 흔적을 곳곳에서 찾아볼 수 있다. 원래 지붕 위에 올리는 십자가를 교회 안에 숨기고 있다는 것도 이색적이다.

이타미 준은 자연 요소를 건축물에 반영하며, 지역의 특성을 살린 건축물을 설계하기로 유명하다. 예술가로 끝까지 한국 국적을 포기하지 않고, 일본과 한국을 오가며 많은 작품을 남겼다. 특히 제주도는 제2의 고향으로 생각할 정도로 아끼고 사랑했다고 한다. 방주교회는 2010년 제33회 한국건축가협회의 건축물 대상을 수상했으며, 그 외에 포도호텔, 수풍석미술관, 비오토피아 타운하우스 등을 건축했다.

**TIP**
• 아름다운 건축물 이전에 예배를 드리는 경건한 장소임을 잊지 말자.

**주변 볼거리·먹거리**

**수풍석 뮤지엄** 물, 바람, 돌을 주제로 한 3개의 뮤지엄을 해설과 함께 둘러볼 수 있다. 미술품을 전시하는 곳이 아닌 공간 자체를 경험하는 곳으로 방주교회와 포도호텔을 설계한 세계적인 건축가 이타미 준이 디자인했다.

Ⓐ 제주도 서귀포시 안덕면 산록남로762번길 79/출발 장소 : 디아넥스 호텔 주차장 Ⓞ 13:30, 15:00/7~8월 10:30, 15:00 Ⓣ 010-7145-2366 Ⓒ 성인 30,000원, 초등학생 15,000원, 초등학생 미만 어린이 관람 불가, 사전 예약 필수 Ⓗ waterwindstonemuseum.co.kr

**무민랜드제주** 핀란드의 작가이자 일러스트레이터 토베 얀손이 만들고 75년이 넘도록 사랑받고 있는 무민 가족의 이야기가 있는 공간이다. 볼거리, 체험거리가 골고루 있고, 사진 찍기 좋아 무민을 잘 몰라도 즐거운 시간을 보낼 수 있다.

Ⓐ 제주도 서귀포시 안덕면 병악로 420 Ⓞ 10:00~19:00(입장 마감 18:00) Ⓒ 성인 15,000원, 청소년 14,000원, 소인 12,000원 Ⓣ 064-794-0420 Ⓗ www.moominlandjeju.co.kr

7월 둘째 주

# 27 week

SPOT 1

**유네스코에 등재된 한국 최대 수목원**

## 광릉 국립수목원

**주소** 경기도 포천시 소흘읍 광릉수목원로 415 · **가는 법** 1호선 의정부역 5번 출구 → 일반버스 21번(약 50분 소요) 승차/2호선 강남역에서 직행버스 7007번 승차 → 진접읍사무소 하차 → 광릉 내 순환버스 21번 환승 → 국립수목원 하차 · **운영시간** 하절기(4~10월) 09:00~18:00, 동절기(11~3월) 09:00~17:00(관람 종료 1시간 전 입장 마감)/매주 월요일·1, 2, 12월 매주 일요일 휴원 · **입장료** 어른 1,000원, 청소년 700원, 어린이 500원 · **전화번호** 031-540-2000 · **홈페이지** www.kna.go.kr · etc 숲 보존을 위해 1일 입장객 수를 제한하고 있으므로 인터넷 사전 예약을 해야만 들어갈 수 있다.

서울·경기

광릉수목원으로 잘 알려진 국립수목원은 자연 상태를 그대로 유지하고 있는 생태계의 보고다. 생태관찰로를 걸으며 삼림욕을 즐기기에 더할 나위 없이 좋은 곳이다. 국립수목원의 전나무 숲은 오대산 월정사의 전나무 종자를 증식하여 1927년에 조성한 것으로 우리나라 3대 전나무 숲길 중 하나이며, 백합원에서는 5백여 종의 백합과 붓꽃과를 볼 수 있다. 새들이 가장 왕성하

수생식물원

난대식물 온실

숲생태관찰로

**TIP**

- 수목원 내 방문자센터에서 숲 해설 프로그램을 무료로 신청할 수 있다(하절기 09:00~18:00, 동절기 09:00~17:00 운영).
- 국립수목원은 꼬박 하루를 예상하고 천천히 봐야 제대로 느낄 수 있지만, 숲 해설가가 추천하는 생태관찰로, 수생식물원 등을 한두 시간 코스로 보는 것도 좋다.
- 수목원이 워낙 넓어서 그늘이 없는 구간이 많으므로 햇빛을 피할 수 있는 도구를 챙겨 가자.
- 수목원 내에 카페나 매점 등이 없으므로 물을 미리 챙겨 가자.

게 활동하는 5월~7월에는 녹음과 더불어 새들의 지저귐을 가장 가까이에서 들을 수 있다. 3,344종의 식물, 15개의 전문 수목원으로 이루어진 인조림, 8km에 이르는 삼림욕장, 백두산 호랑이 등 15종의 희귀 야생동물원까지 보유하고 있다. 이처럼 국립수목원에 가면 도심에서는 결코 경험할 수 없는 큰 자연의 즐거움을 느낄 수 있다.

**주변 볼거리 · 먹거리**

**포천아트밸리** 포천아트밸리는 버려진 채석장을 복원해 자연과 어우러진 멋진 테마공원으로 재탄생시킨 복합문화예술공원이다. 돌문화 야외공연장, 천문과학관, 홍보전시관, 조각공원 등 아름다운 자연경관과 어우러진 다양한 문화 콘텐츠를 만날 수 있다.

Ⓐ 경기도 포천시 신북면 아트밸리로 234 Ⓞ 월~목요일 09:00~19:00(입장 마감 18:00), 금~토요일, 공휴일 09:00~22:00(입장 마감 20:00), 일요일 09:00~20:00(입장 마감 19:00) Ⓒ 어른 5,000원, 청소년 3,000원, 어린이 1,500원 Ⓣ 1668-1035 Ⓗ artvalley.pcfac.or.kr

SPOT 2

알록달록 포토존과
액티비티 가득한

# 강촌레일파크

강원도

**주소** 강원도 춘천시 신동면 김유정로 1383 · **가는 법** 김유정역(경춘선)에서 도보 이동(약 200m) · **입장료** 바이크(2인승) 40,000원, 바이크(4인승) 56,000원 · **전화번호** 033-245-1000 · **홈페이지** railpark.co.kr

저 멀리서부터 키를 훌쩍 넘는 책들이 있는 포토존으로 인해 두 눈이 번쩍! 김유정역에 내려 5분만 걸으면 도착하는 강촌레일파크다. 레일바이크, 짚라인, 카페, 각종 포토존까지 소소한 즐길 거리가 가득하다. 그중에서도 가장 대표적인 것은 더 이상 사용하지 않는 경춘선 철로를 이용해 운영하는 레일바이크. 주로 내리막길로 되어 있어 속도감도 즐길 수 있고, 옆쪽으로는 북한강 뷰도 내려다보인다. 이 외에도 터널별 콘셉트가 있어 더욱 특별하게 즐길 수 있다.

강촌레일파크는 주변에 김유정문학촌이나 김유정역 폐역, 유정 이야기숲 등 둘러보기 좋은 관광지가 밀접해 있어 함께 둘러보는 것을 추천한다.

**TIP**

- 당일 예약이 불가능하므로 방문 계획이 있다면 사전에 미리 예약을 진행해야 한다.
- 반려동물 동반이 가능하나 개인 이동장은 별도로 준비가 필요하니 참고하자.

## 주변 볼거리·먹거리

**김유정역폐역** 한국 철도 최초로 역명에 사람 이름을 사용한 역이다. 1939년 신남역으로 영업을 시작해 2004년 김유정역으로 이름을 변경하였다. 2010년 경춘선이 개통되며 이후 폐역은 포토존으로 탈바꿈해 관광객의 사랑을 받고 있다. 역무원 체험 등이 가능해 김유정역 주변에 간다면 꼭 방문해 보자.

Ⓐ 강원도 춘천시 신동면 김유정로 1435 Ⓞ 매주 월요일 유정북카페, 관광안내센터 휴무 Ⓒ 무료 Ⓣ 033-261-7780

**정현 도토리임자탕** 도토리는 동의보감에 나왔을 정도로 몸에 좋은 음식으로 알려져 있다. 토속적인 음식을 좋아한다면 꼭 추천하고 싶은 정현 도토리임자탕이다. 임자탕의 임자는 들깨를 뜻하며, 마지막에 밥까지 말아 먹으면 따끈하면서도 고소하니 조합이 좋다. 보통은 어른들을 모시고 오기에 좋은 장소라고 하지만 한번 방문하면 매력에 푹 빠질만큼 누구에게나 추천하는 장소이다.

Ⓐ 강원도 춘천시 동내면 거두택지길26번길 3 Ⓞ 11:30~21:00(브레이크타임 15:00~17:00)/매주 월요일 휴무 Ⓜ 도토리임자탕 9,000원, 도토리쟁반국수 20,000원, 도토리묵 8,000원, 도토리부침 7,000원 Ⓣ 033-263-0002

SPOT 3

구름도 누워 가는 곳

# 와운마을 천년송

전라도

**주소** 전북특별자치도 남원시 산내면 와운길 267 · **가는 법** 뱀사골탐방안내소 입구에서 도보 이동(약 2.7km) · **etc** 음식점 예약 시 자동차 출입 가능

수많은 골짜기와 능선이 연결된 지리산둘레길은 여름날의 트레킹 코스로 안성맞춤이다. 특히 뱀사골야영장에서 와운마을까지 이어진 약 3km의 '와운옛길'은 시원한 계곡물 소리를 들으며 걸을 수 있는 최적의 코스다. 와운옛길의 끝에는 천년송으로 유명한 와운마을이 있다.

해발 약 800m에 위치한 이곳은 구름이 누워 갈 정도로 깊은 산중에 있다고 하여 '와운(臥雲)'이라는 이름이 붙었다. 지금은 그나마 차 한 대가 겨우 다닐 정도의 외길이 연결되어 바깥세상과 교류가 있지만 그 전에는 이런 곳에 어떻게 사람이 살 수 있을까 싶을 정도로 오지였다고 한다. 10여 가구의 마을 주민들은 주로 숙박시설이나 음식점을 운영하여 생계를 유지하고 있다.

지리산에서 직접 채취한 나물로 차린 건강한 밥상이 입소문을 타면서 예약이 늘고 있다고 한다.

사실 와운마을이 세상에 알려지게 된 것은 뒷동산에서 마을을 굽어보고 있는 천년송 덕분이다. 천년송이 없었다면 와운마을은 어쩌면 흔한 산골마을에 그쳤을지도 모른다. 마을의 가장 높은 언덕 위에 자리 잡고 있는 천년송의 실제 수령은 500년 정도지만 언제부턴가 천년송으로 불리기 시작했다. 천연기념물 제424호로 지정된 천년송은 일명 '할머니나무'로 불리기도 하는데, 그 아래 서면 어릴 적 할머니 품처럼 포근한 느낌이 들기 때문이다.

천년송에서 20m 정도 위로 올라가면 '할아버지나무'가 있다. 할머니나무인 천년송보다는 작지만 곧게 뻗은 줄기와 가지가 넉넉한 그늘을 만들어 준다. 나무 아래 놓인 벤치에 앉아 멀리 바라다보면 수많은 봉우리가 첩첩이 겹쳐진 수묵화 같은 풍광이 눈을 즐겁게 한다.

**주변 볼거리·먹거리**

**통나무산장** 지리산 와운마을에는 10여 가구의 주민들이 살고 있으며 대부분 식당이나 민박을 운영하고 있다. 그중 대표적인 식당이 통나무산장이다. 직접 기른 닭으로 요리한 닭백숙과 지리산에서 직접 키우거나 채취한 재료로 만든 산나물 반찬은 자연의 향이 그대로 느껴진다.

Ⓐ 전북특별자치도 남원시 산내면 와운길 250 Ⓞ 08:00~21:00 Ⓣ 063-626-3791 Ⓜ 토종닭백숙 70,000원, 산채비빔밥 12,000원

SPOT 4

## 형형색색 수국으로 아름다운

# 저구수국동산

**주소** 경상남도 거제시 남부면 저구해안길 16 · **가는 법** 고현버스터미널에서 버스 53-1번 승차 → 매물도여객선터미널 하차 → 도보 이동(약 4분) · **운영시간** 24시간/연중무휴 · **전화번호** 055-639-4171 · **홈페이지** tour.geoje.go.kr · **etc** 주차 무료

경상도

거제는 바닷가 주변으로 수국이 많이 피어 있다. 남부면 해안길을 달리다 보면 바다와 어울려 유난히 많이 피어 있는 모습을 보게 되는데 20년 넘는 긴 세월 동안 여름의 꽃 수국은 천혜의 자연경관을 가진 거제를 빛내고 있다. 남부면 저구항 수국동산은 2018년부터 수국축제가 열리고 축제 기간에는 다양한 체험 행사를 열어 색다른 재미를 주고 있다.

저구항 근처 저구마을에는 마을 전체에 수국 관련 벽화가 그려져 있다. 저구항 해안도로와 작은 동산의 언덕 위로 탐스럽게 핀 수국을 만날 수 있는데, 형형색색 수국이 가득 필 때면 파란 바다와 어울려 아름다운 동네를 더 아름답게 만들고 있다.

## 주변 볼거리·먹거리

**거제썬트리팜리조트 수국길** 저구항 가기 전 예전에 유스호스텔이 있던 자리에 썬트리팜리조트가 생겼고 리조트 주변으로 수국이 아름답게 피어 있다. 리조트 주변 도로가에 피어 있어 지나는 차들도 잠시 멈춰 사진을 찍고 가는 곳으로 입소문이 퍼지면서 지금은 수국의 또 다른 명소로 꼽힌다.

Ⓐ 경상남도 거제시 남부면 거제대로 283 Ⓞ 24시간/연중무휴 Ⓣ 055-632-7977 Ⓔ 길가 주차 무료

**파란대문집수국** 몇 해 전부터 SNS를 통해 유명해진 수국의 명소 파란대문집이다. 이곳은 주인이 대문 앞에 수국을 심어 가꾼 곳으로 수국이 만개할 때는 장관을 이룬다.

Ⓐ 경상남도 거제시 일운면 양화4길 1 Ⓞ 실제 주민이 거주하는 곳이니 늦은 시간 방문 자제

SPOT 5

**태안에서 최고의 수국을 만날 수 있는 곳**

# 팜카밀레

**주소** 충청남도 태안군 남면 우운길 56-19 · **가는 법** 태안공영버스터미널에서 버스 760번 승차 → 몽산2리 하차 → 도보 이동(약 190m) · **운영시간** 하절기 09:00~18:00, 동절기 09:00~17:00 · **입장료** 수국 시즌(시즌에 따라 변동) 성인 13,000원, 어린이 6,000원/반려동물 입장료 소형견 4,000원, 대형견 6,000원 · **전화번호** 041-675-3636 · **홈페이지** kamille.co.kr/page/index.html

충청도

동화 속 정원 같은 곳이다. 100여 종의 허브, 500여 종의 야생화와 그라스 습지식물, 150여 종의 관목이 가득한 곳이다. 잘 정돈된 정원을 돌아보다 보면 얼마나 정성스레 가꾸는지 느낄 수 있다. 팜카밀레는 농장을 뜻하는 '팜(farm)'과 허브의 한 종류인 캐모마일의 다른 이름 '카밀레(kamille)'가 합쳐진 말이다. 이름 그대로 허브를 가꾸고 향기를 전달하는 농원이다.

6월 말부터 7월 중순까지는 수국이 아름다운 계절이다. 수국이 개화할 무렵 보랏빛 라벤더도 만개해 라벤더의 짙은 향기 속에서 팜카밀레를 돌아볼 수 있다.

**TIP**

- 수국이 가장 풍성한 곳은 어린왕자펜션이다.
- 반려동물 놀이터와 펜션이 분리되어 있어 반려동물과 이용할 수 있다.
- 풍차전망대에 오르면 멀리 몽산포 바다를 볼 수 있다.

### 주변 볼거리·먹거리

**해바라기올래정원** 사람 얼굴만큼 큰 해바라기를 볼 수 있는 농장이다. 넓은 농장에 순차적으로 해바라기를 심어 7월 초부터 여름 동안 해바라기를 볼 수 있다.

Ⓐ 충청남도 태안군 남면 당암리 694 Ⓞ 10:00~18:00(입장 마감 17:00)/매주 월요일 휴무(7월 초부터 해바라기가 피는 가을까지) Ⓒ 8,000원(입장 시 커피 또는 아이스크림 제공) Ⓣ 010-5292-0838 Ⓗ blog.naver.com/ariers

**나문재카페** 섬 속의 섬, 섬 안에 있는 정원이 아름다운 카페다. 바다를 품은 카페 정원은 마치 유럽의 고택 정원처럼 꾸며져 있고 여름이면 수국이 곳곳에 피어 바다와 함께하는 수국을 만날 수 있다.

Ⓐ 충청남도 태안군 안면읍 통샘길 87-340 Ⓞ 09:30~19:00 Ⓣ 041-672-7635 Ⓜ 아메리카노 6,000원, 백향과에이드 8,000원, 콰트로치즈토스트 12,000원, 마들렌(2개) 5,000원 Ⓗ nmjcafe.modoo.at

SPOT 6

국내 최초 무동력 카트와 다양한 액티비티 존

# 9.81파크

**주소** 제주도 제주시 애월읍 천덕로 880-24 · **가는 법** 간선버스 251, 252, 282번 승차 → 제주안전체험관 정류장 하차 → 북서쪽으로 235m → 좌측 길로 463m 이동 후 좌측 길로 255m → 좌측 길로 85m 도보 이동(약 15분) · **운영시간** 09:00~18:20(시설별로 오픈 시간 상이)/레이스981 09:00~18:00/프로아레나 11:00~18:20(입장 마감 18:00)/스페이스제로 11:00~18:20(라스트오더 17:50)/부스터스테이션 10:00~18:20(라스트오더 18:00) · **입장료** 981 풀패키지 52,500원, 아이와 함께 풀패키지 79,500원, 1인승 레이싱 3회 42,500원 · **전화번호** 1833-9810 · **홈페이지** www.981park.com

제주 북서

마치 미래 도시에 도착한 듯 화려하고 세련된 인테리어가 반기는 곳. 다른 카트 체험장과는 확연하게 차별화된 9·81파크는 국내 최초로 선보이는 무동력 카트를 체험할 수 있는 액티비티 파크이다. 중력 가속도를 이용해 연료를 사용하지 않고 최대 60km까지 스릴 넘치는 레이싱을 즐길 수 있다. 신나게 레이싱을 즐기고 나면 도착지인 언덕을 저절로 올라간다. 3가지 타입의 차량과 3개 코스, 10개 트랙을 연령과 인원, 취향, 그리고 실

력에 맞게 선택할 수 있다. 탑승 전 앱을 깔아두면 랭킹을 실시간 확인할 수 있으며, 탑승 대기 광장에서 자신이 탔던 카트 기록과 등수를 확인할 수 있다. 질주 본능을 발산하는 사이에도 아름다운 제주의 서쪽 풍경을 눈에 담을 수 있는 탁 트인 전망을 자랑한다.

TIP

- 공항과 노형오거리, 9.81 파크 간 셔틀버스가 무료 운행된다.(공항 출발 10:00, 11:00, 13:30, 롯데면세점 10:05, 11:05, 13:35/셔틀버스 승하차 위치 : 제주공항 3F 게이트 3, 롯데면세점)
- 슬리퍼, 하이힐은 착용할 수 없으니 운동화를 준비하자.(현장에서 덧신 구매 후 이용 가능) 모자 및 머플러, 액세서리도 탑승에 방해될 수 있으니 벗어놓도록 하자.

### 주변 볼거리·먹거리

**제주안전체험관** 재난재해 대비 훈련을 현직 소방관이 직접 설명해준다. 연령에 따라 어린이 안전, 자연재난, 생활안전 3개 코스를 선택하면 된다.

Ⓐ 제주도 제주시 평화로 1885 Ⓞ 화~일요일 09:00~18:00/월요일·1월 1일·설날 및 추석 연휴 휴무 Ⓣ 064-710-4010 Ⓒ 입장료 무료/체험 전일 24:00까지 인터넷으로 사전예약, 당일 예약 불가 Ⓗ www.jeju.go.kr/119safe

**푸르곤** 넓은 잔디밭, 언덕 위 야외공연장, 전시회까지 다양한 볼거리를 담고 있는 카페이자 맛집, 복합문화공간이다. 본관, 별관, 루프탑, 애견놀이터, 넓은 정원이 있으며 반려견 동반 손님들과 아이가 있는 가족 손님들도 즐거운 시간을 보낼 수 있다.

Ⓐ 제주도 제주시 애월읍 납읍로 84 Ⓞ 10:00~19:00 Ⓣ 0507-1381-8358 Ⓜ 푸르곤에이드 9,000원, 푸르곤농장주스(감귤) 6,000원, 호두타르트 3,500원, 치즈피자 13,900원 Ⓗ www.instagram.com/frugon.official

7월 셋째 주

# 28 week

SPOT 1

산속의 우물

## 산정호수

**주소** 경기도 포천시 영북면 산정호수로 411번길 89 · **가는 법** 동서울터미널에서 시외버스 3002번 승차 → 영북농협앞 정류장 하차 → 영북면사무소 정류장 도보 이동 → 직행버스 1386번 환승 → 하동주차장 하차 · **운영시간** 상시 개방 · **입장료** 무료 · **전화번호** 031-532-6135 · **홈페이지** www.sjlake.co.kr

서울·경기

'산속의 우물'이라 불리는 산정호수는 '한국관광 100선'에 선정될 만큼 아름다운 비경을 자랑하며 돌, 물, 숲의 도시 포천의 축소판이라 할 수 있다. 봄부터 가을까지 다양한 수상 레포츠를 즐기고, 겨울에는 얼음썰매장으로 여행객들의 사랑을 받고 있다. 과거 김일성 별장이 위치했던 곳이기도 한 이곳은 38선 위쪽에 속해 있어서 북한의 소유지이기도 했다. 전국 5대 억새 군락지도 손꼽히는 명성산과 맞닿아 있으며, 물길과 숲길을 동시에 즐길 수 있는 산정호수 둔치를 걷는 1시간짜리 둘레길 코스가 일품이다.

TIP

- 12월 말부터 2월 초까지 산정호수 위에서 눈썰매축제가 열린다.
- 너무 어두우면 위험하니 일몰 후에는 입장을 자제하는 것이 좋다.

## 주변 볼거리 · 먹거리

**평강랜드** 각종 인기 드라마 촬영 장소로 유명한 평강식물원은 아시아 최대 규모를 자랑하며 암석원을 비롯해 50여 개의 수련들을 모아놓은 연못정원과 사철 푸른 잔디광장 등 12개의 테마로 조성되어 다채로운 볼거리를 선사한다. 인근에 명성산, 산정호수 등 포천의 주요 관광 명소가 위치해 포천 당일 여행 코스로도 좋다.

Ⓐ 경기도 포천시 영북면 우물목길 171-18 Ⓓ 09:00~18:00(폐장 1시간 전 입장)/연중무휴 Ⓒ 대인 9,000원, 소인(36개월~고등학생) 8,000원 Ⓣ 031-532-1779 Ⓗ pgld1997.creatorlink.net

SPOT 2

여름 시즌, 빼놓으면 섭섭한

# 무릉계곡

**주소** 강원도 동해시 삼화로 584 · **가는 법** 동해시종합버스터미널에서 동해감리교회 버스 정류장 이동 → 버스 111번 승차 → 동해무릉건강숲 하차 → 도보 이동(약 70m) · **운영시간** 매일 09:00~18:00(7~8월 06:00~20:00, 11~2월 08:00~17:00) · **입장료** 어른 2,000원, 청소년·군인 1,500원, 어린이 700원 · **전화번호** 033-539-3700 · **etc** 대형 5,000원, 소형 2,000원, 동해시 등록차량 및 경차 1,000원

강원도

여름철, 푸른 동해도 좋지만 가끔은 신선한 공기의 산이 그립다. 시원한 폭포수에 녹음 짙은 풍경까지! 무릉도원 부럽지 않은 여름 동해 여행지가 바로 무릉계곡이다. 두타산에 있는 이곳은 등산 코스로도 유명한데 용추폭포 기준 편도로 약 50분 정도 소요된다. 쌍폭포, 용추폭포 그리고 고즈넉한 사찰 삼화사와 발가락바위까지 볼거리와 즐길거리가 풍성하다. 특히 서로 마주 보고 있는 듯한 쌍폭포와 저 멀리 정상의 발가락바위는 그 모양새가 독특해 더욱 특별하게 느껴진다. 입구에서 오르다 보면 거대한 바위에 새겨진 글씨도 볼 수 있는데, 이는 과거 계곡을 찾은 수많은 시인들이 남기고 간 것이다.

## 주변 볼거리·먹거리

**어향** 동해중앙시장 주변에 위치해 시장 방문 전후로 들르기 좋은 곳이다. 매생이와 누룽지, 야채 등이 어우러져 구수함이 특징인 '나베'와 대부분 국내산 생선을 사용하는 '생선구이'가 인기 메뉴이다. 짜지 않아 부담 없이 먹기 좋으나 매장 규모가 크지 않아 점심시간에는 사람이 몰릴 수 있으니 방문 전에 미리 예약할 것을 추천한다.

Ⓐ 강원도 동해시 중앙시장길 24 Ⓞ 수~월요일 10:00~22:00(브레이크타임 15:00~17:00, 라스트오더 20:30)/매주 화요일 휴무 Ⓜ 메로구이 25,000원, 고등어구이 10,000원, 꽁치구이 10,000원, 양미리구이 10,000원 Ⓣ 0507-1387-8305

SPOT 3

**지붕 없는 미술관**

# 예술의 섬 장도

전라도

**주소** 전라남도 여수시 예울마루로 83-67 · **가는 법** 여천시외버스정류장 → 여천시외버스터미널 건너 정류장에서 버스 1000번 승차 → 웅천해변공원 정류장 하차 → 도보 이동(약 1.4km) · **운영시간** 하절기 06:00~22:00, 동절기 07:00~22:00 · **전화번호** 1544-7669 · **홈페이지** www.yeulmaru.org

여수 시청 앞 바다에 표주박처럼 떠 있는 작은 섬 '장도'는 지붕 없는 미술관이다. GS칼텍스가 사회 공헌 프로젝트로 장도를 예술의 섬으로 조성해 시민들에게 무료로 개방하고 있다. 주민들은 장도를 '진섬'이라 부른다. 그래서 육지와 섬을 잇는 길을 '진섬다리'라고 한다. 장도에 들어가려면 진섬다리를 걸어서 건너야 한다. 하지만 진섬다리는 하루에 두 번 물에 잠긴다. 누구에게나 활짝 열려 있지만 자연이 정한 시간에 맞춰야만 들어갈 수 있는 것이다. 여행자는 조금 불편하지만 그 덕분에 장도는 여전히 섬으로 남을 수 있었다.

'지붕 없는 미술관'이라는 별칭에 걸맞게 장도 곳곳에는 다양한 예술 작품이 설치되어 있다. 잘 정비된 길을 따라 걷기만 해

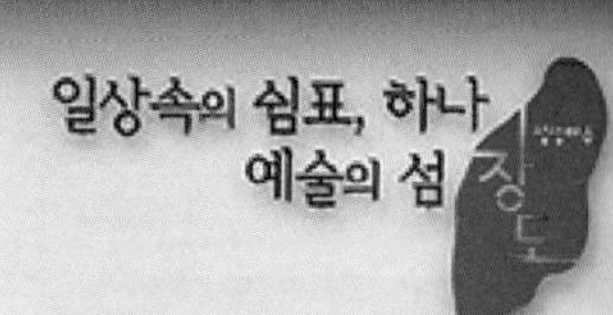

도 웬만한 유명 미술관을 관람하고 나온 기분이 든다. 장도에서는 '산책'이라기보다는 '작품 감상'이라는 말이 더 어울린다. 장도 관람로는 세 개의 코스로 나누어져 있지만 워낙 작은 섬이라 큰 의미가 없다. 여유롭게 걷다 보면 결국 모든 코스를 다 지나게 된다. 전망대로 가는 길의 약간의 경사를 제외하고는 대부분의 구간이 완만한 경사를 이루고 있어 노약자도 어려움 없이 관람할 수 있다. 관람로를 걷다가 잠시 휴식이 필요하면 '장도전시관'을 방문하는 것도 좋다. 2~3개월에 한 번씩 기획 전시를 하고 있는데, 지역 작가의 작품뿐만 아니라 꽤 유명한 작가의 수준 높은 작품을 전시하기도 한다.

**주변 볼거리·먹거리**

**디오션리조트** 2008년 개장한 종합 휴양 시설로 콘도, 컨벤션, 워터파크 등의 시설을 갖추고 있다. 워터파크는 국내에서는 유일하게 푸른 남해를 보며 물놀이를 즐길 수 있는 시설로 알려졌다. 실내에 인공파도장, 유수풀, 스파 등이 있고, 실외에는 슬라이드, 캐논볼, 인피니티풀을 운영 중이다.

Ⓐ 전라남도 여수시 소호로 295 Ⓣ 1588-0377 Ⓗ www.theoceanresort.co.kr Ⓔ 워터파크 개장 시기 및 입장료는 홈페이지 참조

**TIP**

- 진섬다리를 건너 장도에 들어가고 나올 때는 물때를 잘 맞춰야 한다. 진섬다리 통제 시간은 예울마루 홈페이지에서 확인할 수 있다.
- 진섬다리 입구 안내소에서 제공하는 장도 안내 지도를 보면 좀 더 쉽게 섬 전체를 관람할 수 있다.
- 장도전시관은 전시 내용에 따라 무료 관람 또는 유료 관람인 경우가 있다.

SPOT 4

근대 문화의 발자취를 따라

# 근대문화골목

**주소** 대구광역시 중구 경상감영길 67 · **가는 법** 대구역 북편네거리2정류장에서 버스 503, 706, 410-1번 승차 → 약령시앞 하차 → 도보 이동(약 7분) · **운영시간** 24시간/연중무휴 · **입장료** 무료 · **전화번호** 053-661-2625(대구시 중구 관광진흥과) · etc 주차 무료/정기 투어 매주 토요일 10:00~12:00, 14:00~16:00

경상도

과거와 현재 그리고 미래가 공존하는 대구 중구 일대를 여행하는 골목길 투어가 있다. 그중 2012년 '한국관광의별'과 '한국인이 꼭 가봐야 할 100곳'에 선정된 제2코스 근대문화골목은 이름 그대로 근대 문화의 발자취를 따라가는 여행이다. 푸른 담쟁이가 가득했다는 청라언덕을 시작점으로 3·1만세운동길, 계산성당, 이상화 · 서상돈 고택을 지나 진골목과 화교협회(화교소학교)까지 1.64km를 걷는 데 2시간가량 소요된다.

대구는 한국전쟁 당시 피해가 비교적 덜했던 곳이어서 역사적인 건물이 많이 남아 있다. 특히 중구는 대구에서 가장 오래된 건물들을 볼 수 있는 곳이다. 1910년경 동산병원 내에 서양식으로 지어진 2층 벽돌 건물의 선교사 주택, 1902년 프랑스 신부에 의해 건립된 대구에서 유일한 1900년대 초기 건물인 계산성당, 1933년에 지어진 경북 최초의 기독교회 제일교회 등 100년의 역사를 간직한 건물들이 이곳에 있다. 제일교회 바로 옆은 태극기가 펄럭이는 3·1운동계단으로 양쪽에 3·1운동과 관련된 사진 자료들이 전시되어 있다. 1919년 파고다공원에서 시작된 3·1운동이 전국으로 번져 3월 8일 대구만세운동이 일어났는데, 당시 대구 학생들이 일본 경찰의 눈을 피해 이곳 솔밭길을 지나 만세운동 집결지로 이동했다고 한다.

복잡한 도심 속에 옛 모습을 간직하고 있는 진골목은 1900년대 초 부자들이 살던 동네로 대구에서 가장 오래된 양옥 건물 정소아과의원, 36년 전 문을 연 이래로 지금까지 운영하며 옛날 과자와 쌍화차를 내는 미도다방, 진골목 끝에 자리 잡은 1929년에 지어진 화교협회, 시인 이상화가 1939년부터 1943년까지 기거했던 고택과 국채보상운동을 펼친 독립운동가 서상돈의 고택까지 처음 세워진 모습 그대로 1세기 가까이 간직하고 있는 골목은 당시에는 화려했을 옛날의 영화와 한국 근대사의 흔적을 고스란히 간직하고 있다.

**주변 볼거리·먹거리**

**동천유원지** 대구에서 가장 오래된 유원지로 금호강을 따라 나무가 울창하게 우거져 자연경관이 아름답기로 정평이 나 있다. 40대 이상의 대구 시민이라면 망우당공원과 더불어 학창 시절에 한 번쯤 소풍을 왔던 추억의 장소이기도 하다. 시원한 강바람을 맞으며 오리배를 타거나 수영, 롤러스케이트, 골프 등 즐길 거리가 많고, 각종 위락 시설이 잘 갖춰져 있다. 여름이면 나무 그늘 밑에 돗자리를 깔고 하루 종일 휴식을 취해도 좋다.

Ⓐ 대구광역시 동구 효동로6길 73 Ⓞ 24시간/연중무휴 Ⓒ 무료 Ⓣ 053-662-2865

**카페이랑 남산점** 카페 이랑은 직접 로스팅한 커피와 수제 초콜릿이 맛있기로 유명한 집이다. '당신이랑 내가'라는 의미로 함께 하는 대상을 나타내는 조사를 붙여 이름을 지었다고 한다. 서구 쪽에 본점을 두고 청라언덕역 바로 옆에 남산점을 오픈했다. 전철이 다니는 기찻길 옆 일반주택을 카페로 개조했고 입구는 디딤돌과 흰색 자갈을 깔아 감성이 돋는다.

Ⓐ 대구광역시 중구 달구벌대로 2000-3 1층 Ⓞ 월~토요일 12:00~22:00, 일요일 12:00~19:00 Ⓣ 053-256-5019 Ⓜ 스페셜티핸드드립 7,000원, 에스프레소 4,000원, 아메리카노 4,500원, 카페라테 5,000원 Ⓗ www.instagram.com/baehobong Ⓔ 주차 가능

SPOT 5

단양을 한눈에 내려다보는

# 만천하 스카이워크

**주소** 충청북도 단양군 적성면 옷바위길 10 · **가는 법** 단양시외버스공영터미널 → 택시 이동(11분 소요) · **운영시간** 하절기 09:00~18:00, 동절기 09:00~17:00(폐장 1시간 전 현장발권 마감) · **입장료** 성인 4,000원, 청소년·어린이·경로 3,000원/집와이어 30,000원, 모노레일 3,000원, 만천하슬라이드 13,000원 · **전화번호** 043-421-0014 · **홈페이지** www.dytc.or.kr/mancheonha/89

충청도

단양에서 하늘을 걸어보고 싶다면 여기 만천하스카이워크를 추천한다. 남한강 절벽 위에서 80~90m 아래를 내려다보면 남한강이 바로 보이고 멀리 단양을 한눈에 볼 수 있을 뿐만 아니라 저 멀리 소백산 연화봉까지 볼 수 있다. 말발굽 모양의 만학천봉 전망대에는 세 손가락 모양의 길이 15m, 폭 2m의 고강도 삼중 유리 바닥이 있다. 그 위에 서면 발아래 남한강이 흐르는 모습을 보는 경험을 할 수 있다.

**TIP**

- 입장권 구매 시 내려오는 방법(집와이어, 알파인코스터, 만천하슬라이드, 모노레일, 셔틀버스 중 한 가지)를 선택해 매표하고 올라가야 한다.
- 매표 후 스카이워크로의 이동은 셔틀버스만 이용 가능하다.

## 주변 볼거리·먹거리

**단양 잔도길** 그동안 접근하기 어려웠던 남한강 암벽을 따라 잔도를 조성해 남한강의 멋진 풍경을 보면서 아찔한 걷기를 할 수 있다. 암벽 위에 데크길을 만들어 마치 강물 위를 걷는 느낌이다. 잔도 1.2km에서 걷기를 연장해 이끼터널 수양개선사 유물박물관까지 걷는다면 단양의 느림보 강물길인 수양개 역사문화길을 총 3.2km 걸을 수 있다.

Ⓐ 충청북도 단양군 단양읍 상진리 299-9(만천하스카이워크 제5주차장) Ⓞ 일몰~23:00(야간조명 운영)

**카페산** 해발 600m에 자리 잡은 하늘과 맞닿은 카페라 할 수 있다. TV에 자주 소개되어 유명세를 타고 있어 기대 없이 찾았다가 수준 높은 커피와 빵맛에 놀라게 된다. 실내에서도 야외에서도 커피를 마시며 패러글라이딩 체험 모습을 볼 수 있으며 야외에서 마시면 산 정상에서 커피를 마시는 느낌이다. 올라가는 길이 아직은 좁고 비포장이라 운전에 주의가 필요하다.

Ⓐ 충청북도 단양군 가곡면 두산길 196-86 Ⓞ 09:30~19:00(라스트오더 18:30) Ⓜ 아메리카노 6,500원, 아몬드슈페너 7,800원, 티라미슈롤 7,500원 Ⓣ 0507-1353-0868

SPOT 6

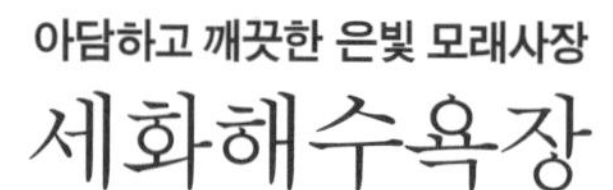

### 아담하고 깨끗한 은빛 모래사장

# 세화해수욕장

**주소** 제주도 제주시 구좌읍 해녀박물관길 27 · **가는 법** 급행버스 101번 승차 → 세화환승정류장(세화리) 하차 → 동쪽 횡단보도까지 50m → 맞은편 우측 길로 130m → 좌측 길로 170m → 좌측 길로 130m 도보 이동(약 10분)

제주 북동

눈부신 은빛 모래사장과 에메랄드빛 바다가 너무나 아름다운 세화해수욕장은 뛰어난 풍경은 기본이며, 편의시설이 잘 갖춰져 비교적 한적하게 해수욕을 즐길 수 있는 곳이다. 물이 맑고 깨끗해 해수욕뿐만 아니라 스노클링 장소로도 인기 만점! 물도 얕고 파도도 잔잔한 편이라 남녀노소 누구나 즐기기에 좋다. 폭 30~40m, 길이 200m의 작은 해수욕장에 조석 현상이 나타나는 곳이라 밀물 때는 해수욕장이 어디인지 쉽게 찾을 수 없다. 스노클링을 즐기는 여행객이라면 썰물이든 밀물이든 언제 가도 상관없지만 세화해수욕장은 썰물 때 아름다우니 간조 시간을 미리 알아보는 것이 좋다. 5일에 한 번씩 문을 여는 오일장과 유명 플리마켓인 벨롱장, 주변에 맛집, 카페 등이 많아 즐길 거리와 먹거리도 제법 있는 편이다.

**TIP**

- 지도에서 봤을 때 맨 서쪽 해변으로는 현무암 없이 모래사장으로 바로 진입할 수 있고, 다른 쪽은 현무암으로 시작되니 아쿠아슈즈나 샌들을 신는 것이 좋다.

## 주변 볼거리·먹거리

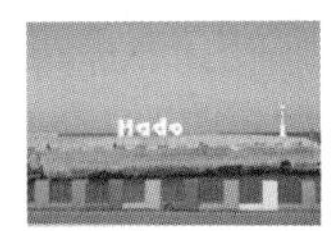


**하도포구** 고즈넉한 작은 어촌마을의 작은 포구. 포구 방파제에는 하도(Hado) 조형물이 있는데, 파란 바다와 등대가 잘 어우러져 제주스러우면서 이국적이다.

Ⓐ 제주도 제주시 구좌읍 하도리 3354 별방진 맞은편

**카페공작소** 통유리창으로 바라보는 세화 바다의 풍경이 아름다운 오션뷰 카페. 예쁜 손글씨와 아기자기한 일러스트로 꾸며져 있고 한편에는 제주를 담은 엽서를 판매한다.

Ⓐ 제주도 제주시 구좌읍 해맞이해안로 1446 Ⓞ 08:00~21:00 Ⓣ 010-9524-0612 Ⓜ 아메리카노 5,500원, 구좌당근주스 7,500원, 구좌당근케이크 6,500원 Ⓗ www.instagram.com/cafegongjakso

7월 넷째 주

# 29 week

창포원 입구에 만발한 리아트리스

SPOT 1

## 붓꽃이 수놓인 친환경생태공원
# 서울창포원

**주소** 서울시 도봉구 마들로 916 · **가는 법** 1·7호선 도봉산역 2번 출구 → 도보 이동 (약 1분) · **운영시간** 07:00~22:00/연중무휴 · **입장료** 무료 · **전화번호** 02-954-0031 · **홈페이지** parks.seoul.go.kr/irisgarden

서울·경기

서울창포원은 온갖 다양한 붓꽃이 가득한 특수 식물원이다. 도봉산과 수락산으로 둘러싸여 어디를 둘러봐도 탁 트인 산세가 수려하며 보고만 있어도 가슴이 시원하게 뚫린다. 붓꽃원에는 130여 종의 꽃봉오리 30만 본이 1만 6천여 평 녹지에 식재되어 있어 '창포원'이라 이름 붙여졌다. 약용식물원에서는 우리나라에서 생산되는 대부분의 약용식물을 만날 수 있다. 습지원에는 각종 수생식물과 습지생물들을 관찰할 수 있는 관찰 데크가 설치되어 있으며, 초화원에서는 꽃나리, 튤립 등 화려한 꽃들이 계절별로 피어난다. 무엇보다도 창포원은 지리적 이점이 좋은 곳이다. 앞으로는 장엄한 도봉산을 끼고, 뒤로는 수려한 수락산을 병풍처럼 두르고 있기 때문이다. 도봉산과 수락산의 경치를 한껏 더해 주는 분수도 볼거리다. 도심 가까이에서 이만큼 확 트인 풍광을 보기도 쉽지 않다.

**TIP**

- 별도의 주차장이 없으므로 도봉산역 건너편 환승주차장(유료)을 이용해야 한다.
- 약재 및 식물 채취 절대 금지!
- 붓꽃이 일제히 꽃망울을 터뜨리는 황홀한 풍경을 보고 싶다면 5월 말에서 6월 초에 방문하는 것이 좋다.
- 매주 화요일 창포원 내 다양한 수목과 수생식물을 알기 쉽게 설명해 주는 창포원 투어를 진행한다.
- 음식물 반입 및 애완동물 출입 금지.

### 주변 볼거리 · 먹거리

**체험 프로그램** 붓꽃 외에도 아이들과 함께 숲 탐험대, 자연관찰 창작교실, 숲 유치원 등 생태 프로그램도 체험할 수 있다. 참여를 원하면 서울창포원 홈페이지를 통해 예약하면 된다.

**서울 둘레길 코스** 도봉산과 수락산 기점지가 창포원이므로 관리사무실에 들러 둘레길 지도도 받고 스탬프도 찍어보자.

SPOT 2

**농촌체험과 관광을 한번에**

# 수타사 농촌테마공원

강원도

**주소** 강원도 홍천군 영귀미면 덕치리 614 · **가는 법** 홍천종합버스터미널에서 자동차 이용(약 9.3km) · **운영시간** 하절기(4~10월) 09:00~20:00, 동절기(11~3월) 09:00~18:00 · **입장료** 무료 · **전화번호** 033-436-6611(수타사), 033-430-2494(수타사 생태숲공원)

공작산에 자리한 천년고찰 수타사. 수타사 농촌테마공원은 주변 풍광이 아름답고 산책로가 잘 조성되어 있는 수타사 주변에 새로운 공간이다. 생긴 지 얼마 되지 않아 더욱 깨끗하고 쾌적한 데다 입장료도 무료라 더욱 좋다. 입구에는 '물과 흐름'이라는 주제로 돌로 만든 조형물과 한옥으로 된 정자, 분수 등의 휴식 공간이 있고 더 안쪽으로 들어가다 보면 농촌 마을을 잠시나마 체험해 볼 수 있도록 생활상이 전시되어 있다. 여름에는 연꽃, 목수국 등이 피어나 꽃놀이하며 산책하기에도 좋은 곳이니 한적한 야외 공간에서 쉬어가고 싶다면 이곳을 방문해 보자.

## 주변 볼거리·먹거리

**수타사생태숲공원** 수타사를 제대로 경험하고 싶다면 수타사 산소길을 걸어보는 것은 어떨까? 이는 생태숲 교육관, 수타사, 생태숲, 출렁다리, 귕소, 용담을 지나는 코스로 주로 평지로 되어 있어 누구나 산책하기 좋다.

Ⓐ 강원도 홍천군 영귀미면 수타사로 473 Ⓞ 09:00~18:00 Ⓒ 무료 Ⓣ 033-430-2494

SPOT 3

**종남산 아래 펼쳐진**
**핑크빛 러브레터**

# 송광사 연꽃

전라도

**주소** 전북특별자치도 완주군 소양면 대흥리 570-13 · **가는 법** 자동차 이용 · **전화번호** 063-243-8091

전라도의 '송광사'하면 대부분 순천의 송광사를 떠올리지만 완주의 송광사도 꽤 유명한 사찰이다. 백두대간이 남서로 뻗어가다 멈춘 종남산 아래 널찍한 대지 위에 터를 잡은 송광사는 이른바 '평지 사찰'이다. 평지라는 지형적 특징 때문에 가람배치가 일직선상이다. 사찰 자체도 문화적, 역사적으로 볼거리가 많지만 7월 초순에 이곳을 방문하는 이유는 대부분 사찰 옆 연꽃 군락지를 보기 위해서다. 몇 년 전부터 송광사 연꽃 군락지가 전라북도 최고의 연꽃 명소로 자리 잡았다. 오랜 전통의 연꽃 명소인 덕진공원이 있지만 최근에는 이곳을 찾는 사람이 더 많아졌다.

연꽃은 참으로 신비한 꽃이다. 어둡고 탁한 물속에서 어쩜 이리도 색감이 곱고 깨끗한 꽃이 피어나는지 신기하기만 하다. 초록 쟁반 같은 연 잎 위에 홍련이 피어난 모습이 마치 연못 전체에 전등을 켜 놓은 것처럼 환하다. 경건한 사찰과 달리 연꽃 군락지에는 사람들의 발길이 끊이지 않는다. 연꽃을 카메라에 담는 관광객들의 얼굴에 즐거운 미소가 번진다. '연꽃을 잡고 미소를 짓는다'라는 '염화미소(拈華微笑)'가 혹시 저런 미소는 아니었을까?

TIP

- 연꽃 군락지는 송광사 입구를 바라보고 왼쪽에 위치하고 있으며, 연못 앞에 별도의 주차장이 있다.
- 연꽃이 피는 시기에는 많은 사람이 방문하기 때문에 좋은 사진을 찍으려면 오전 9시 전에 방문하는 것이 좋다.
- '염화미소(拈華微笑)'는 불교의 대표적인 화두 가운데 하나로 그 속 뜻은 '말로 통하지 아니하고 마음에서 마음으로 전하는 일'이라는 의미다. 비슷한 말로 '염화시중(拈華示衆)'이 있다.

**주변 볼거리·먹거리**

**위봉폭포** 높이 524m의 위봉산이 품고 있는 위봉폭포는 완산8경 중 하나로 꼽힐 정도로 물줄기가 장쾌하고 풍광이 뛰어나다. 상단 40m, 하단 20m로 이루어진 폭포인데, 제대로 감상하려면 도로 옆 계단을 따라 약 50m 정도를 걸어 내려가야 한다. 바위를 타고 끝없이 흘러내리는 물줄기가 마치 진주를 꿰어 만든 주렴처럼 아름답다.

Ⓐ 전북특별자치도 완주군 동상면 수만리 산 35-4

SPOT 4

아찔하고 스릴 있는

# 등기산 스카이워크

경상도

**주소** 경상북도 울진군 후포면 후포리 산141-21 · **가는 법** 울진후포터미널에서 농어촌버스 41번 승차 → 후포4리(뱀골) 하차 → 도보 이동(약 1분) · **운영시간** 3~5월, 9~10월 09:00~17:30, 6~8월 09:00~18:30, 11~2월 09:00~17:00/매주 월요일·설날 및 추석 당일·태풍으로 인한 강풍 시 휴무 · **전화번호** 054-787-5862 · **홈페이지** www.uljin.go.kr/city_hupo · **etc** 주차 무료

바닷가 주변은 날씨에 따라 다른 느낌을 받을 때가 있다. 유난히 하늘은 선명한데 불어오는 바람에 구름이 몰려오고 다시 밀려 나가니 하늘이 유혹이라도 하는 듯 매력적이다. 이러다가 비가 오거나 강풍이 불면 스카이워크로 가는 길이 폐쇄되는 건 아닌지 심장이 쫄깃해진다. 후포 등기산스카이워크 출입 시에는 덧신으로 갈아신어야 한다. 유리 위로 걸을 때 흠집이 생기는 것을 방지하기 위함이기도 하지만 푸른 바다를 깨끗하게 볼 수 있는 방법이니 지킬 건 지키도록 하자. 얇은 기둥 몇 개가 지탱하

고 있으니 바람이 조금만 불어도 다리가 흔들리는 것 같아 스릴 있고 짜릿하다. 탁 트인 동해와 파도소리, 에메랄드빛 바다는 부대끼며 살아온 날들을 보상이라도 해 주는 듯하고 하늘도 유독 아름답다.

**주변 볼거리·먹거리**

**후포근린공원** 스카이워크 뒤편으로 등기산에서는 세계 각국의 등대를 볼 수 있다. 조형물과 등대를 배경으로 사진을 찍는 곳마다 포토존이 되고 봄이면 벚꽃으로 아름답다. 1968년 처음 불을 밝혔던 후포등대와 인천 팔미도등대, 이집트 파로스등대, 프랑스와 독일등대까지 다양한 모양의 등대를 전시해놓아 바다와 함께 등대감상도 재미를 준다.

Ⓐ 경상북도 울진군 후포면 등기산길 40 Ⓞ 24시간/연중무휴 Ⓔ 주차 무료

SPOT 5

## 충청남도에서 연꽃은 여기

# 궁남지

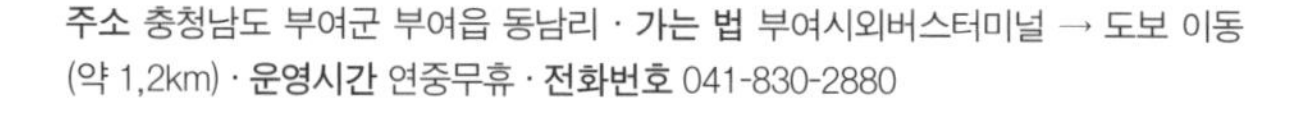

**주소** 충청남도 부여군 부여읍 동남리 · **가는 법** 부여시외버스터미널 → 도보 이동(약 1,2km) · **운영시간** 연중무휴 · **전화번호** 041-830-2880

백제의 별궁 연못이며 우리나라에 있는 연못 가운데 최초의 인공 연못으로 알려져 있다. 〈삼국사기〉에 '백제 무왕 35년 궁의 남쪽에 못을 파 20여 리 밖에서 물을 끌어다가 채우고, 주위에 버드나무를 심었으며'라는 기록이 있다. 이로 보아 이 연못은 백제 무왕 때 만든 궁의 정원이었음을 알 수 있다. 7월이 되면 연꽃이 만개하고 서동 연꽃축제가 열린다. 축제 기간에는 무료로 카약을 타고 연꽃 사이를 지날 수 있다. 저녁에는 조명으로 화려해져 산책하기에도 좋다.

무왕 당시에는 연못에 배를 띄워 놀았다고 하는데 지금은 다리가 연결되어 궁남지 연못 가운데 있는 정자 포룡정으로 걸어갈 수 있다. 포룡정은 사극의 단골 촬영지이다.

### 주변 볼거리·먹거리

**부여왕릉원** 부여 능산리에 있는 왕릉이다. 경주에 천마총이 있다면 부여에는 왕릉원이 있다. 능산리 고분군으로 불리다 2021년 9월 부여왕릉원으로 명칭이 변경되었다.

Ⓐ 충청남도 부여군 부여읍 능산리 388-1 Ⓞ 하절기 09:00~18:00, 동절기 09:00~17:00 Ⓣ 041-830-2890 Ⓒ 성인 1,000원, 청소년 600원, 어린이 400원

**장원막국수** 구드래나루터 선착장 근처에 있는 부여의 인기 맛집이다. 시골집을 개조해 만든 식당이지만 주말 대기 인원을 본다면 깜짝 놀라게 되는 식당이다. 새콤달콤한 육수에 메밀 함량이 높은 막국수가 처음에는 생소하지만 돌아서면 다시 생각나는 맛이다. 편육이라고 메뉴에는 되어 있지만 우리가 아는 수육이다. 얇게 썰어진 편육으로 면을 싸 먹으면 제대로 맛을 즐길 수 있다.

Ⓐ 충청남도 부여군 부여읍 나루터로62번길 20 Ⓞ 11:00~17:00(라스트오더 16:30) Ⓣ 041-835-6561 Ⓜ 막국수 8,000원, 편육 21,000원(1인 방문 시 반접시 주문 가능)

**TIP**

- 연꽃은 아침에 만개하고 오후에는 꽃을 오므리니 되도록 아침에 방문하자.
- 궁남지에 많이 피는 홍련, 백련은 7월 중순부터 8월 초에 개화하는데 다른 곳에서는 보기 힘든 빅토리아 연꽃 큰가시연은 8월 중순 이후에 피니 8월 중순 이후에 궁남지를 찾는다면 빅토리아 연꽃을 찾아보자. 연잎 지름이 2m 정도까지 자라 쟁반처럼 둥근 연잎을 찾으면 그것이 바로 빅토리아 연꽃이다.
- 무더운 여름 물에서 피기에 뜨거운 햇살과 습도를 견뎌야 연꽃을 볼 수 있다. 햇살을 가려줄 양산이나 모자, 더위를 식혀줄 부채나 손풍기, 그리고 넓은 궁남지를 돌아볼 수 있도록 편안한 신발을 준비하자.

SPOT 6

선상에서 바라보는 서귀포의 숨겨진 절경

# 제이엠그랑 블루요트

제주 남

**주소** 제주도 서귀포시 대포로 172-7 · **가는 법** 공항버스 600번 승차 → 대포항 정류장 하차 → 동북쪽 방향으로 55m → 우측 길로 95m → 좌측 길로 115m → 그랑블루요트 사무실 2층 도보 이동(약 5분) · **운영시간** 09:00~18:00 · **입장료** 대인 60,000원, 소인 40,000원 · **전화번호** 064-739-7776 · **홈페이지** grandebleuyacht.modoo.at

뛰어난 풍경! 와인과 생맥주, 각종 간식과 음료가 무제한, 선상 낚시 체험까지! 이 모든 것을 한곳에서 즐길 수 있는 럭셔리 요트 세일링이다. 세계적인 요트 빌더의 제작 책임하에 국내 최초로 전 과정이 수작업으로 만들어진 알루미늄 세일요트를 보유하고 있다. 규모도 크고 넓은 선내 공간에 여러 가지 시설을 갖추고 있다. 마치 바다 위에 떠 있는 호텔룸을 연상시킨다.

대포항을 출발해 주상절리와 월평동굴, 코끼리바위 등 서귀포의 숨겨진 해안 절경을 바다에서 바라보는 재미도 느낄 수 있다. 요트에서는 모든 곳이 포토존! 선내에 사진 촬영을 위한 간단한 소품이 준비되어 있으니 마음껏 사진을 찍으며 추억을 남길 수 있다. 요트에서 즐기는 낚시만큼 이색적인 체험이 또 있을까? 초보자라도 걱정 없다. 미끼를 끼우거나 잡은 물고기를 빼는 일까지 친절한 직원들이 도와준다. 영화 속 주인공처럼 해먹에 누워 있거나 뱃머리에 서 있는 것도 꿀잼! 럭셔리한 요트 위에서 제주 바다가 주는 낭만과 여유를 마음껏 누릴 수 있다.

TIP

- 사전예약 및 신분증 필수! 사전예약 후 승선 20분 전까지 그랑블루요트 2층 사무실에서 승선신고서를 작성한 후 탑승해야 한다.
- 기상 악화 시 운행이 중단되며, 운행을 해도 낚시 체험은 선장 재량에 따라 생략할 수 있다.

## 주변 볼거리·먹거리

**더클리프** 생기발랄한 에너지가 가득 넘치는 서핑 클럽으로 오션뷰가 기가 막히다. 음료와 식사 외에 포켓볼과 다트게임 등 즐길 거리가 있고, 저녁에는 신나는 음악과 함께 술 한잔하기에도 좋다.

Ⓐ 제주도 서귀포시 중문관광로 154-17 Ⓞ 카페&펍 10:00~24:00, 푸드 11:30~22:00 Ⓣ 064-738-8866 Ⓜ 클럽버거 22,000원, 현무암치킨 28,000원, 에이드 9,000원, 칵테일 12,000원부터 Ⓗ www.instagram.com/thecliffjeju

**중문색달해수욕장** 직접 해변으로 나가봐도 좋고, 인근 호텔 벤치에 앉아 바라만 봐도 좋은 곳! 파도가 센 편이라 윈드서핑을 즐기기 좋은 최적의 장소다.

Ⓐ 제주도 서귀포시 색달동 3039

7월 다섯째 주

# 30 week

SPOT 1

서울 최초의 도시형 식물원

## 서울식물원

**주소** 서울시 강서구 마곡동로 161 · **가는 법** 9호선 마곡나루역 3번 출구 → 도보 이동(약 15분) · **운영시간** 3~10월 09:30~18:00(입장 마감 17:00), 11~2월 09:30~17:00(입장 마감 16:00)/매주 월요일 휴관 · **전화번호** 02-2104-9752~4(온실) · **입장료** 어른 5,000원, 청소년 3,000원, 어린이 2,000원 · **홈페이지** botanicpark.seoul.go.kr · **etc** 열린숲, 호수원, 습지원은 연중무휴

서울·경기

축구장 70개 크기에 달하는 공간에 3,000여 종이 넘는 식물을 보유하고 있는 서울식물원은 2019년 5월 1일에 정식 개장했다. 사계절 내내 다양한 축제와 특별 전시가 열리는 열린숲, 어린이 정원학교와 한국의 자생식물로 꾸며진 야외 정원, 열대관과 지중해관 온실을 품고 있는 주제원, 광활한 인공호수를 둘러싸고 있어 산책하기 좋은 호수원, 습지식물과 텃새를 관찰하며 휴식하기 좋은 공간이자 생태 교육장인 습지원 등 총 4개 구역으로 조성되어 있다. 열대부터 지중해까지 전 세계 12개 도시에서 들

철저한 환경 관리를 통해 지중해와 열대기후 식물을 보호하고 있다.

수박보다 더 큰 지중해관의 선인장.

하늘과 맞닿은 숲 위를 걷는 듯한 스카이워크.
카페테리아 및 놀이방, 약 7천여 권에 달하는 식물 전문 서적이 구비된 도서관, 기획 전시관, 굿즈 판매숍 등이 있는 실내 2층과 연결된다.

정원사의 비밀의 방. 실제 정원사의 장갑, 전지가위, 모자, 말린 꽃과 씨앗, 식물과 곤충 카탈로그, 원예 서적들로 가득하다.

아마존에서 온 빅토리아 수련과 물병나무 등 국내에서 보기 힘든 식물들을 만날 수 있다.

여온 이국적인 식물이 가득한 온실은 곳곳이 포토존이다.

**TIP 주의할 점**

- 카메라 삼각대 및 셀카봉 반입 금지.
- 한여름에는 온기와 습도가 높은 열대관을 둘러보기 힘들 수 있다.
- 모든 식물과 열매는 꼭 눈으로만 볼 것!

**주변 볼거리·먹거리**

**선유도공원** 118종의 수목과 풀, 꽃 등으로 조성된 정원은 사계절을 고스란히 느낄 수 있다. 특히 평일에는 그야말로 여유로운 풍경 속을 걸으며 사색의 시간을 가질 수 있다.

Ⓐ 서울시 영등포구 선유로 343 Ⓓ 06:00~24:00/연중무휴 Ⓣ 02-2631-9368(선유도공원 관리사무소) Ⓗ parks.seoul.go.kr/seonyudo

SPOT 2

**이국적인 MZ 핫플**

# 나인비치37

**주소** 강원도 동해시 동해대로 6218 · **가는 법** 묵호역(영동선)에서 자동차 이용(약 6km) · **운영시간** 서핑 09:00~18:00, 펍 10:30~20:00(라스트오더 19:30) · **입장료** 입문강습 50,000원, 장비렌탈 서핑보드 20,000원, 장비렌탈 수트 10,000원 · **전화번호** 0507-1333-9137(서핑), 0507-1344-2163(펍) · **홈페이지** www.instagram.com/nine_beach_37 · **etc** 나인비치37pub과 나인비치37surf를 함께 운영(서핑 강습)

강원도

해외가 아니라는 것을 알면서도 자꾸만 '여기 외국 아니야?' 라는 생각이 드는 곳, 나인비치37이다. 이곳은 망상해수욕장에 있으며, 야자수, 파라솔 등이 설치되어 있어 이국적인 분위기를 자아낸다. 덕분에 오픈한 지 오래되지 않아 많은 사람의 관심을 받으며 인생사진 명소, 인기 여행지로 떠올랐다. 예약 시 서핑 강습도 할 수 있어 동해의 시원한 파도를 가로지르며 서핑을 배워 보기에도 좋고, 내부에 있는 펍에는 피자 등 음식과 주류를 판매해 이곳의 분위기를 즐기며 휴식하기에도 안성맞춤이다.

### 주변 볼거리·먹거리

**묵호항수변공원** 낮에는 바닷가를 따라 깨끗하고 한적한 길이 펼쳐지고 저녁에는 음식을 포장해 밤바다를 보며 즐기는 사람들이 모여든다. 주변에 도째비골, 논골담길, 연필뮤지엄 등 주요 관광지와 가깝고 큰 주차장과 식당들이 형성되어 있어 식당가 이용 뒤 가볍게 산책하기에 알맞다.

Ⓐ 강원도 동해시 일출로 92-11

SPOT 3

33경을 찾아서

# 구천동계곡

**주소** 전북특별자치도 무주군 설천면 백련사길 21 · **가는 법** 구천동버스터미널 → 도보 이동(약 720m) · **전화번호** 063-320-3832(덕유산국립공원사무소)

전라도

삼국시대 당시 신라와 백제의 경계가 되었던 나제통문에서 덕유산 기슭에 위치한 백련사까지 약 28km에 이르는 구간을 구천동계곡이라 부른다. 요즘은 무주 하면 무주리조트를 많이 떠올리지만 예전에 무주를 대표하던 명소는 단연 구천동계곡이었다. 구천동계곡은 덕유산에서 발원한 물길이 기암괴석에 부딪히고 어느 곳에서는 폭포가 되어 33개의 절경을 만들어 낸다. 33경 중 일부는 차를 타고도 볼 수 있지만, 제15경인 '월하탄(月下灘)'부터는 산길을 걸어야만 만날 수 있다. 선녀가 달빛 아래 춤을 추며 내려오는 것 같다 하여 월하탄이라 이름 붙은 이곳은 비교적 큰 폭포가 여러 갈래의 물줄기로 기암을 타고 쏟아져 내

린다. 청아한 물소리와 기암의 아름다움이 조화를 이루는 곳이다. 월하탄을 지나 산길을 올라가면 제16경 '인월담'과 제19경 '비파담'이 기다리고 있다. 인월담은 탁 트인 하늘과 폭포수의 절묘한 조화로 구천동계곡의 3대 명소로 꼽힌다. 비파담은 넓은 암반 위로 흐르는 물줄기가 여러 개의 작은 폭포를 이루는 곳으로, 선녀들이 내려와 목욕을 한 후 바위에 앉아 비파를 뜯고 놀았다 하여 붙은 이름이다. 이름에 걸맞게 물놀이를 즐기고 휴식을 취하기에 좋은 장소다. 계곡의 끝에는 제32경인 백련사가 자리 잡고 있고, 조금 더 오르면 마지막 제33경인 덕유산 정상 향적봉을 만날 수 있다. 구천동계곡은 특별히 이름 붙여지지 않은 곳도 다시 돌아볼 만큼 아름답다. 시원한 계곡물에 발을 담그고 구석구석의 절경에 취해 보자.

**주변 볼거리·먹거리**

**무주덕유산리조트**
덕유산국립공원 안에 위치한 종합 휴양지로, 오스트리아풍의 특급호텔, 가족호텔 및 대규모 스키장이 있다. 그 밖에 물놀이장, 휘트니트센터, 골프장 등이 있고 설천봉까지 올라갈 수 있는 관광곤돌라가 있다.

Ⓐ 전북특별자치도 무주군 설천면 만선로 185 Ⓒ 시설별로 다름 Ⓣ 063-322-9000 Ⓗ www.mdysresort.com

**TIP**
- 구간에 따라 입장제한구역이 있으니 주의하자.
- 야영장 외에는 계곡 내 취사 및 캠핑이 금지되어 있다.

SPOT 4

## 대나무로 숲을 이루는

# 죽도산전망대

**주소** 경상북도 영덕군 축산면 축산항길 90 · **가는 법** 영덕터미널에서 영덕파출소 정류장 도보 이동(약 8분) → 농어촌버스 300, 308, 309번 승차 → 축산리 정류장 하차 → 도보 이동(약 10분) · **운영시간** 10:00~17:00/매주 월요일 휴무 · **전화번호** 054-730-6114 · **etc** 주차장 이용, 죽도산에서 전망대까지는 엘리베이터 이용

경상도

산에 대나무가 많아 죽도산이라 부르며 원래는 산이 아니라 섬이었다. 일제강점기 때 행해진 매립공사로 인해 섬이 육지와 이어져 산이 되었다고 한다. 죽도산에는 축산항을 비롯해 영덕의 푸른 바다가 보이는 5층 높이의 전망대와 칠흑 같은 어둠을 밝혀주는 축산등대가 있다.

죽도산 정상까지는 계단길과 비탈길로 오를 수 있어 둘 다 만만치 않은 길이지만 옆으로 보이는 푸른 바다와 대나무숲의 풍경만으로도 보상받은 기분을 느낄 수 있으며 막상 오르면 올라오길 잘했구나 하는 생각이 든다.

죽도산을 끼고 둘레길처럼 놓여있는 산책길은 아찔한 기암절벽과 울창한 대나무숲에 가려 미로를 걷는 듯하며 바다와 하나 되는 기분마저 든다. 환상의 바닷길 영덕 블루로드 B코스와 부산부터 강원도까지 이어지는 해파랑길이 속해있다.

### 주변 볼거리·먹거리

**블루로드 B코스 푸른대게의길** 남씨 발상지부터 축산항을 지나 경정리 대게마을까지 아름다운 길 블루로드 B코스에 속해있다. 해당화가 피는 계절이면 해당화 꽃향이 코를 자극한다. 바다와 어울려 걷다 보면 대게를 잡아 생활하고 있는 경정리 대게마을에서 끝난다.

Ⓐ 경상북도 영덕군 축산면 축산항길 33 Ⓞ 24시간/연중무휴 Ⓣ 054-730-6114 Ⓔ 축산항 공용주차장 이용

**벌영리메타세쿼이아숲** 개인이 정성스럽게 가꾼 사유지로 메타세쿼이아가 숲을 이룬다. 이곳의 메타세쿼이아는 수령이 15년 이상으로 곳곳에 쉬어갈 수 있는 의자도 있으니 그곳에 앉아 바람을 느끼며 숲멍도 즐겨보자.

Ⓐ 경상북도 영덕군 영해면 벌영지 산54-1 Ⓞ 24시간/연중무휴 Ⓔ 주차 무료

SPOT 5

유네스코 지정 서원

# 돈암서원

충청도

**주소** 충청남도 논산시 연산면 임3길 26-14 · **가는 법** 논산버스터미널에서 버스 301, 305, 318번 승차 → 임리 돈암서원 하차 → 도보 이동(약 350m) · **전화번호** 041-733-9978 · **홈페이지** www.donamseowon.co.kr

사계 김장생의 학문과 덕행을 추모하고 그 사상을 잇기 위해 창건된 연산면에 있는 서원이다. 현종 원년에 돈암이라는 현판을 내려 사액서원이 되었으며 흥선대원군의 서원철폐령에도 남아 보존된 47개의 서원 중 하나로 역사적, 문화적 가치를 인정받아 2019년 유네스코 세계문화유산으로 지정되었다.

배롱나무꽃이 피는 계절 여름에는 잠시 웅장한 규모의 강당 응도당에 앉아 쉬어가도 좋다.

**TIP**

- 서원과 향교는 명현을 제사하고 인재를 키우기 위한 교육기관임은 같으나, 서원은 사설교육기관이고 향교는 지방관청에 속한 오늘날의 공립학교라 할 수 있다.
- 문화재 해설사가 상주하고 있어 별도의 예약 없이도 자세한 설명을 들을 수 있다.
- 학생, 외국인, 관광객을 대상으로 다양한 교육 프로그램이 운영되고 있으니 미리 홈페이지에서 확인 후 체험해 보는 것을 추천한다.

### 주변 볼거리·먹거리

**종학당** 따뜻한 봄 매화 명소인 이곳이 여름에는 배롱나무꽃이 아름다운 곳으로 변신한다. 배롱나무꽃이 필 무렵 작은 연못에 연꽃도 만개한다.

Ⓐ 충청남도 논산시 노성면 병사리

**보명사** 황화산성 초입에 위치한 작은 사찰이다. 관음전과 삼성각이 전부인데 관음전 옆에 크고 오래된 배롱나무가 있다. 숲에 있어 모기와 더위를 조심해야 한다.

Ⓐ 충청남도 논산시 등화5길 95

SPOT 6

자연이 만들어낸 천연 풀장

# 황우지해안

**주소** 제주도 서귀포시 서홍동 766-1 · **가는 법** 지선버스 615번 승차 → 외돌개 정류장 하차 → 동쪽으로 40m → 우측 길로 35m → 다시 우측 길로 75m → 전적비 우측 계단으로 내려가면 황우지해안 선녀탕 도착

제주 남

외돌개 동쪽 해안으로 이국적인 풍경이 눈길을 사로잡는 곳이다. 기암절벽과 초록 숲이 어우러져 제주 바다가 더욱 짙어 보인다. 새연교와 주변 섬들을 함께 조망할 수 있어 가만히 보고만 있어도 아찔해진다. 황우지해안에는 오래전 용암이 분출되어 굳어지고 풍화작용으로 인해 형성된 천연 풀장 선녀탕이 있다. 바다 방향으로 놓인 돌기둥 같은 바위들이 파도를 막아주며, 아래쪽으로 물이 들어왔다 나갔다 하기 때문에 깨끗하게 유지된다. 마니아들의 스노클링 장소로 알려졌지만 최근에는 이색적인 물놀이 장소로 찾는 이들이 많다.

원래 황우지는 제주어로 '무지개'를 뜻하는 황고지에서 유래했으며, 무지개를 타고 선녀들이 목욕을 하러 왔다는 전설이 있다. 해안가에는 태평양전쟁 당시 일본군이 어뢰정을 숨기기 위해 주민들을 강제 동원하여 만든 12개의 굴도 있다.

TIP

- 85개의 계단을 내려가야 하는데, 물놀이 이용객들로 인해 대부분 젖어 있다. 내려가서도 돌과 바위로 이루어져 있으니 안전에 주의한다. 신발은 필수!
- 선녀탕 내에는 딱히 햇빛을 피할 곳이 없으니 양산 등을 준비하면 좋다.
- 입구에 구명조끼와 튜브, 스노클링 장비를 대여해주는 업체도 있다.

## 주변 볼거리·먹거리

**제주별책부록** 사단법인 제주올레의 기념품숍. 먹거리, 옷, 스카프, 책, 세제, 굿즈 등 제주사회경제기업의 상품들을 만날 수 있다.

Ⓐ 제주도 서귀포시 중정로 19 Ⓞ 08:00~19:00(토요일 휴게 시간 13:00~14:00)/매주 일요일 휴무 Ⓣ 064-767-2170

**서홍정원** 솜반천을 정원 삼아 계절의 아름다움을 느낄 수 있는 분위기 좋은 카페. 시그니처 메뉴는 견과류와 생크림이 들어간 아몬드 비엔나와 카푸치노 위에 설탕을 불로 구워 깨뜨려 먹는 재미가 있는 카푸치노번!

Ⓐ 제주도 서귀포시 솜반천로55번길 12-8 Ⓞ 09:30~18:00(라스트오더 17:25) Ⓣ 064-762-5858 Ⓜ 아몬드 비엔나 6,500원, 카푸치노번 6,500원, 에이드 7,000원 Ⓗ www.instagram.com/cafe_seojeong

8월의 대한민국

# 태양을 즐길 시간

8월 첫째 주

# 31 week

SPOT 1

## 정감 가는 우리 그릇
# 목련상점

**주소** 서울시 금천구 시흥대로 96길 4 · **가는 법** 2호선 구로디지털단지역 1번 출구 → 일반버스 1번 승차 → 말미고개 하차(20분 소요) → 도보 이동(약 5분) · **운영시간** 목~금요일 13:00~17:00, 토요일 11:00~17:00 · **전화번호** 070-7633-2303 · **홈페이지** www.mokryunstore.co.kr · etc 인근 공영주차장 이용

서울·경기

국내 도자기 작가들의 생활 그릇을 소개하는 그릇 편집숍. 인터넷 사이트와 쇼룸 형식의 상점을 함께 운영한다. 그릇만 있는 곳이 아니라 싸리 채반, 대나무 접시, 왕골 소품함 등 도자기 그릇과 잘 어울리는 공예품과 작은 생활소품들이 많아 구경하는 재미가 있다. 구석구석 예쁘지 않은 곳이 없다. 보통 비싸지 않을까 하는 생각에 조심스럽게 접시를 뒤집어 가격을 확인해보는데, 이곳의 그릇들은 굉장히 합리적인 가격이라 지름신이 강림할 수 있으니 정신 바짝 차리자.

### 주변 볼거리·먹거리

**안양천** 목련상점이 조용한 주택가에 위치해 있어 마땅히 주변에 함께 들러볼 만한 곳이 없다. 차로 10분 거리(철산역)에 안양천이 인접해 있으니 산책 코스로 좋다.

Ⓐ 경기도 광명시 철산동 철산교~서울시 금천구 가산동 광명교 일대

**TIP**

- 비정기 휴무가 있을 수 있으니 방문 전 인스타그램 공지를 확인하자.
- 한 달에 한 번씩 열리는 가회동 북스쿠스 빵순이 장터와 연희동 다목적시장에 정기적으로 참여한다.

SPOT 2

**바닷가를 달리다**

# 삼척해양레일바이크

**주소** 강원도 삼척시 근덕면 공양왕길 2(궁촌정거장), 강원도 삼척시 근덕면 용화해변길 23(용화정거장) · **가는 법** 삼척종합버스터미널에서 버스 24, 24-1, 24-2, 30번 승차 → 궁촌 하차 → 도보 이동(약 130m) · **운영시간** 09:00~18:00(점심 시간 11:00~12:00) · **운행시간** 09:00, 10:30, 13:00, 14:30, 16:00/매월 둘째·넷째 주 수요일 휴무 · **이용료** 2인승 25,000원, 4인승 35,000원 · **전화번호** 033-576-0656 · **홈페이지** oceanrailbike.com

강원도

아름다운 자연경관과 철도길을 활용한 레일바이크, 국내에서 레일바이크가 가장 많이 운영되는 지역 중 하나가 바로 강원도다. 곰솔과 기암괴석으로 어우러진 국내 유일의 삼척해양레일바이크는 동해의 해안선을 따라 궁촌정거장~용화정거장 5.4km 거리를 운행한다. 빛을 활용한 다양한 조형물과 레이저 쇼부터 해변을 끼고 달리는 코스까지! 시시때때로 변하는 다양한 테마는 새로움을 선사한다.

또한 터널을 지나는 코스가 있어 여름에도 시원하게 탑승할 수 있다. 열심히 바닷가를 달리다 보면 중간에 초곡휴게소에 들리도록 되어 있어 잠시 간식을 먹거나 쉬어가며 인증사진도 남겨볼 수 있다. 다만, 삼척해양레일바이크는 자동이 아닌 반자동으로 운영하고 있어 스스로 발을 굴리며 움직여야 한다. 이러한 이유 등으로 임산부, 심신허약자, 노약자, 36개월 미만 어린이 탑승은 제한하고 있으니 참고해 보자.

레일바이크 체험 이후에는 궁촌정거장과 용화정거장 사이 셔틀버스를 타고 동해 출발 지점으로 다시 돌아갈 수 있다. 30분 정도가 소요되며 레일바이크 탑승객이라면 무료로 이용할 수 있다. 삼척해양레일바이크는 삼척해상케이블카, 장호항, 해신당공원 등 인기 관광지들이 밀집한 곳에 위치해 있으니 방문 전후로 함께 둘러보는 것도 추천한다.

**TIP**

- 여름 시즌인 성수기에는 현장 구매 잔여석이 거의 없다고 봐도 무방하다. 매월 1일 10시부터 익월분 온라인 티켓 예약을 오픈하니 미리 티켓을 준비하자.
- 혹시나 현장 구매를 하는 경우에는 점심 시간인 11:00~12:00 사이에는 탑승권 판매를 하지 않으니 참고하자.

### 주변 볼거리·먹거리

**장호항** 푸르다 못해 투명한 바다가 있는, '한국의 나폴리'라고 불리는 곳이다. 매년 여름이면 이곳에서는 투명카누나 스노쿨링 체험을 즐기기 위한 사람들로 북적인다. 삼척해양레일바이크 뿐만 아니라 삼척해상케이블카와도 가까워 함께 다녀오기 좋다.

Ⓐ 강원도 삼척시 근덕면 장호항길 Ⓣ 033-572-3011(근덕면사무소)

SPOT 3

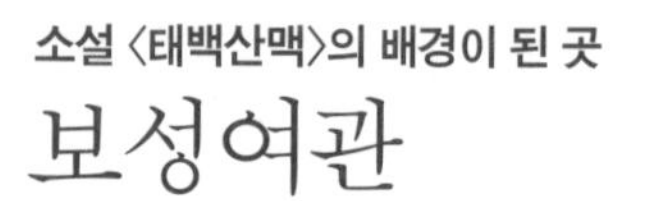

소설 〈태백산맥〉의 배경이 된 곳

# 보성여관

**주소** 전라남도 보성군 벌교읍 태백산맥길 19 · **가는 법** 벌교역 → 도보 이동(약 350m) · **운영시간** 10:00~17:00/매주 월요일 휴무 · **입장료** 관람 : 어른 1,000원, 청소년 800원, 어린이 500원/관람+음료 : 어른 4,000원, 청소년 3,800원, 어린이 3,500원 · **전화번호** 061-858-7528 · **대표메뉴** 아메리카노·녹차·홍차·국화차 4,000원 · **홈페이지** www.boseonginn.org

 전라도

벌교읍은 조정래 작가의 대하소설 〈태백산맥〉의 주 무대가 되었던 곳이다. 소설에 등장한 '자애병원', '현부자집', '철다리', '홍교' 등의 장소를 하나씩 찾아가는 여행의 재미가 있다. 하지만 벌교 여행의 백미는 역시 '보성여관'이다. 1935년에 지은 일본식 2층 목조건물인 보성여관은 소설에서 반란군 토벌대장과 대원들이 머물렀던 '남도여관'으로 등장한 곳이다. 당시에는 5성급 호텔에 버금갈 정도로 고급 숙소였다. 한때 살림집과 상가로 쓰였지만 건축사적 가치를 인정받아 등록문화재로 지정되었

다. 이후 문화재청이 매입하여 보수와 복원을 거쳐 지금의 모습을 갖추었다.

보성여관은 드물게 남아있는 한옥과 일본식이 혼합된 독특한 건축물이다. 건물 가운데 마당을 둔 'ㅁ'자형 배치와 일본식 기와를 사용한 우진각지붕을 하고 있다. 현재 1층은 카페, 전시실, 소극장 등으로 운영하고, 2층 다다미방은 문화체험공간으로 쓰인다. 별도의 숙박동이 있다. 카페와 전시실 곳곳에는 정겨운 옛날 소품과 사진들이 전시되어 있다. 다다미방에 올라가 가만히 앉아 있으면 근대 역사 속으로 빨려 들어간 듯한 묘한 착각이 든다. 보성여관을 구경하다 보면 소설과 영화 속 장면들이 하나씩 머릿속에 그려진다.

**주변 볼거리·먹거리**

**월곡영화골벽화마을**

월골영화골벽화마을은 낙후된 시골 마을에 새 생명을 불어 넣기 위해 시작되었다. 소설, 영화, 드라마 등의 배경이 되었던 벌교의 오래된 골목길에 영화, 애니매이션 등을 주제로 다양한 벽화가 그려졌다. 때론 사진처럼 사실적이기도 하고 때론 만화처럼 단순한 그림도 있다. 마을 골목길을 따라 끝없이 이어지는 벽화를 보는 재미가 쏠쏠하다.

Ⓐ 전라남도 보성군 벌교읍 월곡길 32

**TIP**

- 대관 및 숙박 예약은 홈페이지를 통해 할 수 있다.
- 우진각지붕은 지붕면이 정면에서 보면 사다리꼴, 측면에서 보면 삼각형으로 되어 있는 형태로 '팔작지붕', '맞배지붕'과 함께 한옥 지붕의 대표적인 형태 중 하나다.
- 보성여관은 tvN 예능 프로그램 〈알쓸신잡〉 순천 편에서 출연자들이 모여 이야기를 나누었던 곳으로 큰 관심을 받기도 했다.
- 전용 주차장이 없고 주변 무료 주차장을 이용할 수 있다.

SPOT 4

국내 최초 교각 없는

# 우두산 Y자형 출렁다리

**주소** 경상남도 거창군 가조면 의상봉길 834 · **가는 법** 거창버스터미널에서 농어촌 버스 28번 승차 → 용당소회관 하차 → 택시 이용(약 7분)/주말에는 승용차 진입 불가로 가조면사무소 앞 임시주차장에 주차 후 출렁다리까지 가는 셔틀버스 이용 · **운영시간** 3~10월 09:00~17:50, 11~2월 09:00~16:50/매주 월요일 휴무 · **입장료** 일반 3,000원, 만 7세 이상 만 65세 미만 무료(거창사랑상품권 2,000원 환불) · **전화번호** 055-940-7936 · **홈페이지** foresttrip.go.kr · **etc** 주차 30분 500원, 10분 초과 시 200원, 1일 5,000원(주말·공휴일엔 임시 주차장 주차 후 셔틀버스 이용)

경상도

우두산은 별유산, 의상봉이라고도 불리는데 산의 생김새가 소머리를 닮았다고 하여 우두산이라 부른다. 산세가 수려하여 덕유산과 기백산만큼 봉우리가 많으며 의상봉과 장군봉 등 총 9개의 봉우리가 산을 이룬다. 천혜의 자연경관과 청정산림을 자랑하는 곳에 항노화힐링랜드를 조성했으며, 그곳에 우리나라 최초로 교각이 없는 Y자형 출렁다리가 새롭게 생겨났다.

출렁다리까지는 총 579계단을 올라야 만날 수 있는데, 막상 Y자형 출렁다리를 마주하게 되면 웅장하고 위용 넘치는 모습에

놀라고 만다. 출렁다리 3개가 만나는 지점에 서 있으면 장군봉과 발아래 덮시골 폭포가 절경을 이루며 우두산의 600m 지점에 설치되어 있어 보기만 해도 아찔하다. 막힌 곳 없이 사방이 뚫린 협곡은 시원하게 느껴지고 병풍처럼 드리워진 산줄기는 장관을 이룬다. 우리나라 최초의 Y자형 출렁다리이니만큼 한 번쯤 도전해볼 만하다.

**주변 볼거리·먹거리**

**항노화힐링랜드** 해발 1,046m 우두산 자락에 위치해 있으며 천혜의 산림환경을 활용해 힐링과 치유를 주제로 조성되었다. 항노화힐링랜드에는 Y자형 출렁다리와 함께 누구나 안전하고 편안하게 걸을 수 있는 무장애데크로드를 설치해 노약자나 어린아이들도 나무향기와 풀냄새를 맡으며 힐링의 시간을 보낼 수 있다. 숲해설과 산림치유 프로그램도 진행하고 있을 뿐만 아니라 숲속의집과 산림휴양관인 숙박시설도 갖춰져 있다.

Ⓐ 경상남도 거창군 가조면 의상봉길 834 Ⓒ 숲해설 무료/산림치유센터 어른 5,000원, 청소년·어린이 3,000원 Ⓣ 055-940-7930

SPOT 5

서해가 이렇게 맑다고?

# 파도리 해수욕장

충청도

**주소** 충청남도 태안군 소원면 모항파도로 490-85 · **가는 법** 태안공영버스터미널에서 버스 200, 201, 205번 승차 → 파도1리 파도해수욕장 하차 → 도보 이동(약 9분)

서해도 이렇게 맑을 수 있다니 감탄하게 된다. 모래가 아닌 몽돌해수욕장이라 맑은 바다를 만날 수 있다. 공용 주차장이 없어 불편하지만 다른 해변과 달리 횟집거리 대신 감성적인 카페들이 들어서 있어 젊은 여행자들에게 먼저 입소문이 난 곳이다.

해수욕장 우측 끝에는 동굴 사진을 찍을 수 있는 해식동굴이 있다. 안전을 위해 반드시 간조기에 들어가야 하며 가는 길에 바위를 지나가야 하니 편한 운동화를 추천한다.

## 주변 볼거리·먹거리

**인생버거** 일주일에 4일만 맛볼 수 있는 파도리 수제버거집이다. 포장해 바닷가에서 먹어도 좋다.

Ⓐ 충청남도 태안군 소원면 파도길 63-6 Ⓞ 월·목~금요일 11:30~15:00, 토~일요일 10:00~15:00/매주 화~수요일 휴무 Ⓣ 0507-1423-4493 Ⓜ 치즈버거 9,000원, 더블치즈버거 9,500원. 해쉬브라운버거 10,500원, 아이스커피 3,000원, 레몬에이드 4,000원 Ⓗ www.instagram.com/life_and_burger

**커피인터뷰 파도리**

커피인터뷰는 파도리해수욕장의 풍경을 고스란히 담아 만든 카페다. 실내 공간도 넓어 추운 겨울에 방문해도 바다를 바라보며 커피를 즐길 수 있다.

Ⓐ 충청남도 태안군 소원면 파도길 61-9 Ⓞ 11:00~20:00(라스트오더 19:30) Ⓣ 010-7441-1912 Ⓜ 아메리카노 6,000원, 카페라테 6,500원

**TIP**

- 마을 골목길을 통과해야 하므로 운전 시 주의해야 한다. 별도의 주차장이 없어 근처 카페나 햄버거 가게 주차장을 이용하자.
- 동굴 사진을 찍기 위해서는 물때를 보고 간조시간 1~2시간 전에 들어가는 것이 안전하다.
- 실루엣 사진을 찍을 때는 동굴 밖 밝은 곳에서 밝기를 맞춰 찍으면 된다.

SPOT 6

푸른 바다, 은빛 모래가 반짝이는

# 협재해수욕장

**주소** 제주도 제주시 한림읍 협재리 2497-1 · **가는 법** 간선버스 202번, 지선버스 784-1번 승차 → 협재해수욕장 정류장 하차 → 서남쪽으로 135m → 우측 길로 100m

제주 북서

제주의 서쪽 바다에서는 큰 키의 야자수 행렬과 에메랄드빛 바다, 손에 잡힐 듯한 섬들까지 이국적인 풍경을 마주하게 된다. 제주의 모든 바다가 저마다의 매력으로 아름답지만 협재해수욕장은 계절에 상관없이 많은 이들이 사랑하는 곳이다. 수심도 완만해서 아이들이나 수영을 잘 못하는 여행객들도 편안하게 이용할 수 있다. 샤워장과 탈의장, 근처 야영장을 비롯해 맛집과 카페, 숙소, 편의시설, 가볼 만한 관광지까지 즐비하다. 극성수기에는 늦은 밤까지 야간 개장을 하니, 하루 종일 신나게 놀기에도 좋고, 비양도를 배경으로 펼쳐지는 화려한 일몰도 감상할 만하다.

바로 옆 금능해수욕장은 쌍둥이처럼 아름다운 풍경을 쏙 빼닮았다. 금능해수욕장이 좀 더 한적하고 주차장에서 해수욕장으로 진입하는 거리가 짧다. 두 해수욕장이 가까이 있으니 같이 방문해 보자.

**TIP**

- 성수기에는 피서객 그늘막 설치 구역과 마을회 허가 구역이 구분되어 있으니 위치를 확인해야 한다. 야영장에 그늘막 텐트를 설치하고 해수욕장을 이용하는 방법도 있다.(야영장 무료 이용) 마을회에서 운영하는 파라솔과 평상은 25,000~50,000원에 대여할 수 있다.
- 해수욕장 내 샤워실은 온수도 나온다. 성인 기준 1인 3,000원이며, 수건 및 목욕용품도 구매 가능하다.

### 주변 볼거리·먹거리

**북스토어 아베끄** 제주의 옛 정취를 느낄 수 있는 작은 서점과 북스테이를 같이 운영한다. 북스테이를 이용하면 운영시간 외에도 서점에서 시간을 보낼 수 있다.

Ⓐ 제주도 제주시 한림읍 금능9길 1-1 밖거리 Ⓞ 13:00~19:00/매주 수요일 휴무, 임시 휴일 인스타그램 별도 공지 Ⓣ 010-3299-1609 Ⓒ 북스테이 1인 평일 60,000원, 주말 70,000원, 1인 추가 20,000원, 최대 2인까지 Ⓗ www.instagram.com/bookstay_avec

**협재온다정** 제주 흑돼지와 모자반으로 육수를 낸 맑고 깔끔한 곰탕에 제주 고사리를 넣어 지은 밥이 나온다. 돼지고기도 듬뿍 들어가고 속이 편안해져 국물까지 남김없이 먹게 된다.

Ⓐ 제주도 제주시 한림읍 한림로 381-4 Ⓞ 08:00~21:00(라스트오더 20:30) Ⓣ 064-796-9222 Ⓜ 흑돼지 맑은곰탕 11,000원, 미나리 흑돼지곰탕 12,000원 Ⓗ www.instagram.com/ondajung

8월 둘째 주

# 32week

SPOT 1

**노을과 바람이 맞닿는 곳**

## 월드컵공원 노을광장& 바람의 광장

서울·경기

**주소** 서울시 마포구 상암동 481-6 · **가는 법** 6호선 월드컵경기장역 1번 출구→도보 이동(약 20분, 마을버스 '마포 8'을 이용할 경우 서부면허시험장 하차) · **운영시간** 공원 통제 시간까지(월마다 통제 시간이 다르므로 홈페이지 확인) · **입장료** 무료 · **전화번호** 02-300-5530 · **홈페이지** parks.seoul.go.kr/template/sub/worldcuppark.do

월드컵공원의 하늘공원은 알아도 노을공원의 '노을광장'과 '바람의 광장'은 모르는 사람들이 의외로 많다. 하늘공원 옆 노을공원으로 들어가는 초입에 위치한 작은 동산인 노을광장. 서울에서 붉게 타오르는 거대한 노을빛을 감상하기에는 이곳이 단연 최고. 가양대교와 서울 시내가 한눈에 내려다보이는, 바람과 하늘이 맞닿는 '바람의 광장'도 꼭 들러보자. 하늘공원과 달리 자연 그대로 보존된 이곳은 한강이 내려다보이는 난지한강

해 질 무렵 노을카페에서 한눈에 내려다보이는 서울 풍경이 색다르다.

공원 언덕 위에 자리 잡고 있다. 시야가 탁 트인 기다란 석축길을 따라 고요히 걷다 보면 바람의 광장에 다다르게 된다.

**TIP**

- 공원 내부로는 차량이 진입할 수 없으며, 노을공원까지 운행하는 맹꽁이 전기차(왕복 3,000원, 오전 10시부터 오후 8시까지 운행)를 이용하면 된다.
- 일몰 시간은 홈페이지 확인.
- 노을공원 내 애완견 출입 및 돗자리 금지. 대신 쉼터 원두막이 곳곳에 마련되어 있어 휴식하기 좋다.
- 노을광장 언덕 위에 있는 노을캠핑장은 인터넷 예약을 하면 텐트 없이도 하룻밤 묵을 수 있다.
- 평화의 공원과 난지천공원은 상시 개방이지만 하늘공원과 노을공원은 야간 이용이 제한된다. 공원 통제 시간 30분 전까지만 입장 가능하다. 하늘공원과 노을공원 통제 시간은 홈페이지 참고.

### 주변 볼거리 · 먹거리

**하늘공원메타세쿼이아숲길** 하늘공원의 억새밭은 알아도 서울 상암동에 이렇게 자연적인 메타세쿼이아 숲길이 있다는 사실을 모르는 사람들이 의외로 많다. 다른 명소에 비해 많이 알려지지 않아 한적한 분위기에서 산책할 수 있다.

Ⓐ 서울시 마포구 하늘공원로 95 탐방객안내소 Ⓞ 상시 개방 Ⓒ 무료 Ⓣ 02-300-5501 Ⓗ worldcuppark.seoul.go.kr Ⓔ 하늘공원 탐방객안내소까지 도보 30분

**상암동 MBC광장** DMC라는 약칭으로 불리는 디지털미디어시티에 MBC 신사옥을 중심으로 SBS, YTN, JTBC, CJ E&M 등 국내 주요 방송사들이 입주해 있다. 이곳 건물이 자리한 광장 앞을 상암동 MBC광장이라 부른다.

Ⓐ 서울시 마포구 상암로 255 Ⓞ 상시 개방 Ⓣ 02-780-0011 Ⓗ www.imbc.com

SPOT 2

## 동굴에서 만나는 빛과 보물

# 천곡 황금박쥐동굴

**주소** 강원도 동해시 동굴로 50 · **가는 법** 동해시종합버스터미널에서 제1함대사령부 버스 정류장 이동 → 버스 311, 171, 111,152, 312, 121, 141번 승차 → 돌리네탐방로 하차 → 도보 이동(약 210m) · **운영시간** 09:00~18:00(입장 마감 17:30) · **입장료** 성인 4,000원, 청소년·군인 3,000원, 어린이 2,000원, 경로(65세 이상)·국가유공자·6세 이하 어린이 무료 · **etc** 주차요금 소형 1,000원, 대형 2,000원

강원도

황금박쥐동굴은 강원도 동해 천곡동 시내 인근에 위치해 있다. 겉보기에는 보통의 건물처럼 보이지만 안으로 들어가면 동굴이라는 점이 신기하다. 내부로 들어가기 전, 안전모 착용은 필수! 물품보관함도 있어서 편리하다. 동굴 내부는 반짝반짝 보석으로 시작해 이승굴과 저승굴로 나뉘어 있다. 바닥에 물이 있어 미끄러울 수 있으니 안전에 유의해야 한다. 안쪽으로 들어갈수록 구간이 좁아지지만 그만큼 또 아름다운 경관을 마주할 수 있다. 앞서 소개한 정선 화암동굴에 비하면 화려하지는 않지만 이곳의 미디어아트는 마치 동굴 속에서 별을 보는 듯한 신비로

운 기분을 느끼게 한다. 20여 마리의 황금박쥐가 서식하고 있는 천곡황금박쥐동굴, 자연이 만들어 낸 동굴 속 모험을 떠나 보면 어떨까?

**주변 볼거리·먹거리**

**부흥횟집** 원산지는 100% 국내산. 게다가 수족관 없이 장사하는 묵호항 맛집이다. 바다 냄새가 솔솔 나는 해산물 밑반찬에 푸짐한 대구탕, 모둠회 모두 놓칠 수 없다. 모둠회의 경우 종류가 여러 가지라서 취향에 따라 맛보기 좋고, 회가 싱싱하다 보니 모듬회와 더불어 회덮밥, 물회 메뉴도 인기가 좋다.

Ⓐ 강원도 동해시 일출로 93 Ⓞ 1·2주 11:00~20:00, 3·4주 11:00~22:00(브레이크타임 14:30~17:00)/매월 첫째 주 일요일·셋째 주 월요일 휴무) Ⓜ 모듬회(大) 45,000원, 회덮밥 15,000원, 물회 15,000원 Ⓣ 033-531-5209

SPOT 3

우리나라에서 두 번째로 긴

# 두륜산 케이블카

전라도

**주소** 전라남도 해남군 삼산면 대흥사길 88-45 · **가는 법** 자동차 이용 · **운영시간** 하절기 09:00~18:00, 동절기 09:00~17:00 · **탑승료(왕복)** 대인(중학생 이상) 13,000원, 소인(36개월 이상~초등학생) 10,000원 · **전화번호** 061-534-8992 · **홈페이지** www.haenamcablecar.com

두륜산은 우리나라 육지의 가장 남쪽에 있는 산이다. 그리 높은 산은 아니지만 사찰과 유적지가 많고 경치가 아름답다. 산행 코스도 비교적 험하지 않아 일반인도 2~3시간 정도면 걸어서 정상에 오를 수 있다. 정상에 서면 남해안의 다도해가 한눈에 들어오고, 산 아래 작은 마을이 손에 잡힐 듯 가깝게 내려다보인다. 날씨가 맑은 날에는 광주의 무등산이 보이고, 멀리는 제주도의 한라산까지도 내다볼 수 있다고 한다. 두륜산 정상에서만 볼 수 있는 이런 멋진 풍경을 시간이 없거나 혹은 등산에 자신이 없다고 미리 포기할 필요는 없다. 두륜산케이블카를 타면

금세 정상에 오를 수 있기 때문이다.

두륜산케이블카는 전체 운행 거리가 1,600m로, 통영의 한려수도조망케이블카(1,975m) 다음으로 긴 거리를 오가는 케이블카다. 케이블카의 상부 역사에 도착한 후 산책로를 따라 20분 정도를 더 올라가면 고계봉 정상에 다다른다. 산책로는 286개의 나무계단으로 이루어져 있는데, 아래쪽에서 보면 꽤 멀어 보이지만 경사가 완만하고 군데군데 쉼터와 전망대가 있어서 힘들거나 지루하지 않다. 고계봉 정상에 오르면 사방으로 확 트인 풍경에 감탄이 절로 나온다. 그림 같은 풍경이 선사하는 감동을 꼭 한번 느껴 보자.

TIP

- 바람이 심하게 불거나 기상 상황이 좋지 않을 경우 운행을 중단할 수 있다.
- 탑승권은 왕복 기준으로 발매되며, 하행 시 탑승권을 확인하므로 신경 써서 보관하자.
- 정상에 오르면 바람에 모자나 소지품이 날아가지 않도록 주의하자.

**주변 볼거리·먹거리**

**대흥사** 여러 고승에 의해 중건되어 현재의 대도량이 되었다. 사찰로 들어가는 길의 울창한 숲과 계곡이 아름답기로 유명하며, 고승들의 부도가 자랑거리다. 경내 현판 중에 추사 김정희와 원교 이광사가 직접 쓴 것이 여럿 있다. 제주도 귀향길에서 돌아가던 추사 김정희가 대흥사에 들러 한때 자신의 마음에 들지 않았다는 이유로 내리게 했던 원교 이광사의 현판을 다시 걸게 한 일화가 전해진다.

Ⓐ 전라남도 해남군 삼산면 대흥사길 400 Ⓞ 09:00~18:00 Ⓣ 061-534-5502 Ⓗ www.daeheungsa.co.kr Ⓔ 무료(주차 3,000원)

SPOT 4

정자와 계곡이 어우러진 곳

# 화림동계곡

**주소** 경상남도 함양군 안의면 월림리 1472 · **가는 법** 함양시외버스터미널에서 농어촌버스 함양지리산고속-안의행 승차 → 안의버스터미널 하차 → 농어촌버스 안의-거기, 안의-서상행 환승 → 농월정 하차 → 도보 이동(약 40m) · **운영시간** 24시간/연중무휴 · **전화번호** 055-960-5756 · **홈페이지** hygn.go.kr · etc 주차 무료

경상도

안동에 버금가는 선비의 고장으로 일컫는 함양은 사대부들의 학문과 문화가 만발했고 이를 이야기하듯 화림동계곡에 정자를 세워 함양 유림의 선비문화를 고스란히 간직하고 있다. 지혜로운 사람은 물을 좋아하고 어진 사람은 산을 좋아한다는 말이 있듯이 물 좋고 공기 좋고 산새가 어우러진 곳에는 어김없이 선비문화가 아로새겨져 있다.

화림동계곡은 골이 넓고 물의 흐름이 완만하며 청량하고 풍부한 물줄기가 아름다운 경관을 자랑하는데, 선비의 고장답게 정자와 누각 100여 개가 세워져 있다. 벗과 함께 술 한 잔 기울이며 학문을 논하거나 과거를 보러 떠나는 영남 유생들이 덕유산 육십령을 넘기 전에 지나야 했던 길목에는 예쁜 정자나 누각을 세워 먼 길 가기 전 잠시 쉬어갈 수 있는 휴식처가 되어 준다. 남강이 흐르는 봉천마을 앞 하천 가운데 굴곡이 심한 기암절벽 암반 위에 세워진 거연정, 천 평이 넘는 너럭바위에 세워져 400여 년 역사를 간직한 유서 깊은 정자 농월정, 남강천 담소 중 하나인 옥녀담에 있으며 화림동의 많은 정자 중 가장 크고 화려한 동호정, 그리고 군자정과 광풍루까지 이들 모두 화림동을 대표하는 정자들이다. 농월정-동호정-군자정-거연정을 이은 6km 선비문화탐방로는 선비들이 거닐던 숲과 계곡, 정자의 자태를 걸으면서 보고 느낄 수 있다.

**주변 볼거리·먹거리**

**옛날금호식당** 3대째 이어오고 있는 옛날금호식당은 1960년대부터 시작해 지금까지 64년 동안 영업하고 있는 식당이다. 100% 한우암소갈비만 사용해 소고기의 누린내가 전혀 나지 않고 국물맛도 시원하고 담백하다. 다른 메뉴 없이 갈비탕과 갈비찜만 먹을 수 있다.

Ⓐ 경상남도 함양군 안의면 광풍로 107 Ⓞ 11:00~16:00/매주 월요일 휴무 Ⓣ 055-964-8041 Ⓜ 안의갈비탕 16,000원, 안의갈비찜(大) 85,000원, (小) 65,000원 Ⓔ 별도의 주차장이 없어 골목에 주차

SPOT 5

더 이상 섬이 아닌 섬

# 원산도

충청도

**주소** 충청남도 보령시 오천면 원산도리 · **가는 법** 대천역에서 버스 102-1번 승차(1일 1회) → 원산도 선촌항 하차

배를 타고 들어가야 하던 원산도는 보령 대천항에서는 보령해저터널로, 안면도에서는 원산 안면대교를 통해 자동차로 쉽게 접근이 가능하게 되면서 더 이상 섬이 아닌 섬이 되었다. 접근성이 떨어져 그동안 잘 알려지지 않았던 원산도는 숨은 보물 같은 곳이다. 도로가 정비되고 편의시설들이 하나둘 들어오면서 여행지로 자리 잡아가고 있다.

빨간 등대가 인상적인 선촌항은 배로 이동할 때 중심지였다. 이제는 이동보다는 식당과 편의시설로 사람들에게 인기를 끌고 있으며 낚싯배들이 모이는 곳이 되었다. 이곳에서 보령으로 오가는 버스를 탈 수도 있다. 가까운 곳에 청년들이 운영하는 로

TIP

- 오봉산해수욕장은 모래가 곱고 바다가 잔잔해 해수욕하기 좋은 곳이다.
- 식당 등 편의시설이 많지 않아 대천항, 영목항으로 이동해 식사해도 좋지만 섬의 활성화를 위해 원산도 상가 이용을 추천한다.

컬 푸드마켓 원산창고도 있다. 원산도에는 저두해수욕장, 원산도해수욕장, 사창해수욕장, 오봉산해수욕장 등 4개의 해수욕장이 있다.

### 주변 볼거리·먹거리

**베이그릴 121** 프라이빗한 공간에서 셀프 바비큐와 조개구이를 즐길 수 있다. 일반 조개구이보다 비싼 편이지만 준비 없이 프라이빗한 공간에서 바다를 바라보며 즐길 수 있다. 오봉산해수욕장 물놀이도 가능하며 펜션과 같이 있어 숙박도 가능하다.

Ⓐ 충청남도 보령시 오천면 원산도7길 121 Ⓞ 11:30~21:00 Ⓣ 010-6638-4277 Ⓜ 조개구이 89,000원, 조개구이+랍스터테일 129,000원, 이베리코(2인) 36,000원 Ⓗ baygrill.co.kr

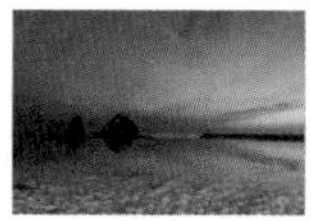

**꽃지해수욕장** 5km에 달하는 백사장 모래가 고운 꽃지해수욕장은 백사장을 따라 해당화가 지천으로 피어나 꽃지라 부른다. 할미할아비바위가 이정표 역할을 한다. 2021년 이곳 할미할아비바 위를 조망할 수 있는 곳에 인피니티 스튜디오를 만들었다. 낮에는 인공호에 비친 할미할아비바위 반영 사진을 담을 수 있고, 밤에는 화려한 조명이 비춰 낮과 밤의 다른 매력으로 볼거리를 제공한다.

Ⓐ 충청남도 태안군 안면읍 승언리

SPOT 6

**얼음장같이 시린 계곡에서의 물놀이**

# 돈내코 유원지

제주 남

**주소** 제주도 서귀포시 돈내코로67번길 2 · **가는 법** 지선버스 611, 612번 승차 → 돈내코 정류장 하차 → 서쪽으로 139m → 맞은편 서쪽으로 116m → 좌측으로 17m

'멧돼지들이 물을 먹었던 냇가'라는 뜻의 돈내코 유원지는 깨끗하고 맑은 데다 얼음장같이 시린 계곡물 덕분에 오래전부터 뜨거운 여름철 제주도민의 물놀이 장소였다. 육지에서 초복, 중복, 말복을 챙긴다면 연세가 지긋한 제주 토박이 어르신들은 음력 7월 15일 백중날 푹 삶은 백숙을 먹으며 폭포물을 맞거나, 돈내코 시원한 물에 몸을 담가 신경통을 이겨냈다. 무더운 여름 해수욕장에 가는 건 중수요, 돈내코를 가야 고수라는 우스갯소리가 있을 정도이니 시원한 계곡 물놀이는 현지인들에게 연례행사와도 같다.

사계절 깨끗한 물이 흘러 물놀이를 하고 그냥 숙소로 돌아가도 찝찝함이 전혀 없다. 게다가 계곡을 낀 울창한 상록수림과 각각의 개성 있는 바위들이 아름다운 계곡이라 그저 머물고만 있어도 참 좋은 곳이다.

**TIP**

- 바위가 많은 곳이라 물에 젖으면 미끄러울 수 있으니 항상 안전에 주의한다.
- 유리병 종류는 안전을 위해 가져가지 말고 쓰레기는 반드시 다시 가져오자.
- 화장실이 따로 없어 돈내코 야영장 입구 화장실을 이용해야 한다.
- 주차장에서 계곡 입구까지 계단이 많은 편으로, 짐이 많다면 백팩을 이용하는 것이 좋다.
- 물이 굉장히 차가우니 비치타월이나 바람막이 옷 등을 준비하면 도움이 된다.

### 주변 볼거리·먹거리

**돈내코순두부** 짧은 운영 시간에도 언제나 손님들로 가득한 로컬 맛집. 메뉴는 순두부 하나, 매운맛과 순한 맛이 있다. 부드러운 수육과 손순두부가 찬으로 나온다.

Ⓐ 제주도 서귀포시 배낭골로21번길 19 Ⓞ 11:00~14:00/매주 일요일 휴무 Ⓣ 064-738-9908 Ⓜ 순두부 8,000원

**소정방폭포** 정방폭포에서 동쪽으로 500m 위치에 자그마한 폭포로 정방폭포와 닮았다고 해서 소정방폭포라 부른다. 서귀포의 숨은 비경지 중 하나로 정방폭포와 함께 바다를 향해 떨어지는 해안폭포이다. 높이 5m의 낮은 높이 덕분에 요즘도 여름이면 물맞이 장소로 폭포를 애용하는 사람들이 많으니, 이색적인 체험을 하고 싶다면 도전해보자.

Ⓐ 제주도 서귀포시 토평동, 파라다이스 호텔 주차장에서 남쪽 약 330m 지점

8월 셋째 주

# 33week

SPOT 1

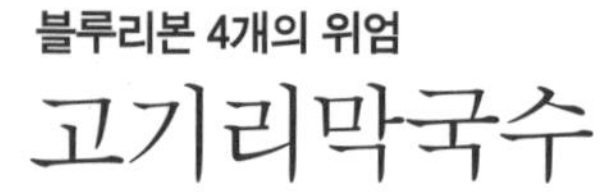

블루리본 4개의 위엄

## 고기리막국수

**주소** 경기도 용인시 수지구 이종무로 157 · **가는 법** 수인분당선 미금역 7번 출구 → 마을버스 14번 승차 → 이종무장군묘입구 하차 → 도보 이동(약 100m) · **운영시간** 11:00~21:00/매주 화요일 휴무 · **전화번호** 0507-1334-1107 · **홈페이지** kuksoo.modoo.at · **대표메뉴** 들기름막국수·물막국수·비빔막국수 각 10,000원, 수육(小) 15,000원 · **etc** 주차 가능

서울·경기

허영만 화백의 만화 《식객》에도 나온 고기리막국수(구 장원막국수)는 도정한 지 일주일 이내의 메밀만 사용해서 국수를 뽑는다. 메밀 100퍼센트에 어떤 첨가물도 넣지 않고 물로만 반죽해서 만들어 속이 더부룩하거나 입이 텁텁하지 않고 깔끔하다. 특히 물막국수는 국물까지 다 마셔도 웬만한 집밥보다 훨씬 건강한 맛이다. 더불어 들기름막국수를 안 먹어봤다면 땅을 치고 후회한다. 들기름막국수는 3분의 1 정도 남았을 때 육수를 부어 마시는 것이 포인트! 순메밀과 들기름, 김의 조합은 상상도 못할 미친 고소함을 선사하니 집에 가서도 두고두고 생각난다.

막국수와 함께 먹으면 맛이 더욱 배가되는 수육

**TIP**

- 도착하자마자 가장 먼저 해야 할 것은 대기번호 챙기기!

## 주변 볼거리 · 먹거리

**용인 하이드파크** 용인 하이드파크 도자 예술을 바탕으로 갤러리, 레스토랑 및 카페, 가드닝, 리빙숍을 겸하는 곳. 특히 카페 옆에 위치한 '지앤숍'은 거대한 식물과 토분들의 정원을 연상케 한다. 이곳에서 식물과 토분을 직접 고르면 즉석에서 분갈이도 해준다.

Ⓐ 경기도 용인시 기흥구 상갈동 150-7 Ⓞ 11:30~20:00/매주 월요일 휴무 Ⓣ 031-286-8584 Ⓗ www.hidepark.co.kr

**ghgm 카페** 'good hand good mind'라는 뜻의 가구공방 카페. 1층은 카페, 2층은 원목가구와 나무 소품을 판매하는 쇼룸이다. 손님이 사용하는 모든 가구들은 실제 판매하는 제품들이다. 테이블은 물론 책상, 의자, 장식장, 주방에서 쓰이는 나무 도마부터 트레이, 우드스푼, 컵받침에 이르기까지 모두 직접 만들었다.

Ⓐ 경기도 용인시 수지구 동천동 550-13 Ⓞ 11:00~20:00/매주 화요일 휴무 Ⓣ 0507-1333-3007 Ⓜ 오렌지비앙코 7,800원 아몬드 인절미라떼 7,800원 아메리카노 6,000원, 쑥라떼 6,800원 Ⓗ www.ghgm.co.kr Ⓔ 무선 인터넷, 주차, 남·녀 화장실 구분, 포장 가능

**코울러** 고기리막국수에서 자동차로 4분, 미술관 카페 뮤지엄그라운드에서 차로 1분 거리로 유럽 감성 가득한 테라스 브런치 카페이다. 맑고 푸른 고기리 깊은 계곡에 위치해 멀리 가지 않아도 여행 온 것 같은 분위기를 만끽할 수 있는 곳이다. 계곡 뷰뿐 아니라 봄, 여름, 가을, 겨울 등 사계절 내내 아름답다.

Ⓐ 경기도 용인시 고기동 249 Ⓞ 월~금요일 10:00~20:00, 토~일요일 10:00~21:00/연중무휴 Ⓣ 0507-1321-1569 Ⓜ 아메리카노 5,500원 라자냐 17,000원 단호박 크림 뇨끼 16,000원 버섯 크림 리조또 18,000원 브런치 플레이트 18,000원

SPOT 2

## 단종의 비극이 남아 있는

# 청령포

**주소** 강원도 영월군 남면 광천리 산67-1 · **가는 법** 영월버스터미널에서 자동차 이용(약 4분) · **운영시간** 09:00~18:00(매표 마감 17:00) · **전화번호** 033-372-1240 · **입장료** 어른 3,000원, 청소년(13세 이상~19세 미만) 2,500원, 어린이 2,000원, 경로 1,000원 · **etc** 주차 무료

강원도

어린 나이에 왕위를 빼앗긴 단종의 유배지로 알려진 곳이다. 하천이 구불구불하게 흐르며 곡류가 발달된 지역으로 매표 후에는 선착장으로 내려가 배를 타고 이동한다. 단종어소에 다다르면 기와 담장을 넘어 누워 자라고 있는 소나무가 가장 먼저 시선을 사로잡는다. 단종이 묵었던 곳을 향해 절하는 것처럼 보여 '충절의 소나무'라 불리기도 한다. 단종어소의 경우 승정원 기록에 따라 복원 후 공간을 재현한 곳이다. 어소 옆 소나무 숲으로 향하면 단종이 앉아 쉬었다고 전해지는 관음송(觀音松)이 있는데, 이것은 단종이 슬피 우는 모습을 보고 들었다고 하여

지어진 이름이다. 수령 600년이 넘는 이 나무는 아직도 굳게 서서 단종의 슬픔을 전하고 있는 것 같다. 두 그루의 소나무부터 단종어소와 소나무숲 둘레길까지 국가지정명승 50호로 선정된 역사적인 곳을 둘러보러 영월 여행을 떠나보는 것은 어떨까.

**주변 볼거리·먹거리**

**영월서부시장** 서부 아침시장, 공설시장, 종합상가, 김삿갓 방랑시장 등이 한데 모여 장을 이루고 있다. 소박한 규모의 전통시장이지만 일미닭강정, 미탄집과 같은 유명 맛집과 토속 먹거리 덕분에 여행자들의 발길이 끊이지 않는다. 아담한 장터 구경과 함께 맛있는 시장 음식도 맛보면 어떨까.

Ⓐ 강원도 영월군 영월읍 서부시장길 12-4 Ⓣ 1577-0545(영월군청)

**영월빈대떡** 영월빈대떡의 즉석에서 부친 따끈따끈한 전은 마치 어머니의 손맛을 연상하게 한다. 실내공간도 따로 마련되어 있어 편하게 먹기 좋고 포장도 가능하다. 팥이 가득해 달달한 수수부꾸미와 얇은 반죽에 속이 알찬 메밀전병, 강원도 토속음식 올챙이 국수는 이곳의 인기메뉴다.

Ⓐ 강원도 영월군 영월읍 서부시장길 15-10 Ⓜ 메밀전병 1,500원, 메밀부치기 1,500원, 수수부꾸미 2,500원, 녹두전 5,000원, 영월동강 막걸리 3,000원 Ⓣ 033-372-6632

SPOT 3

느림의 미학

# 창평슬로시티

전라도

**주소** 전라남도 담양군 창평면 돌담길 8 · **가는 법** 자동차 이용 · **전화번호** 061-383-3807

골목골목 이어지는 정겨운 돌담길, 양반집의 기품이 느껴지는 전통한옥, 능소화가 곱게 핀 담장. 창평슬로시티에서 흔히 볼 수 있는 풍경이다. 창평은 2007년에 신안 증도, 완도 청산도와 함께 아시아 최초로 슬로시티에 지정되었다. 슬로시티란 '유유자적한 도시, 풍요로운 마을'이라는 의미의 이탈리아어인 치타슬로(cittaslow)의 영어식 표현이다. 창평은 월봉산에서 흘러내려오는 세 갈래의 물길이 만나 '삼지내마을'이라 불리기도 한다. 고려 때부터 형성된 마을로, 조선시대에는 2,400여 가구가 넘는 큰 마을이었으나 항일운동 등의 기세를 누르려는 의도로 조선총독부가 창평군을 담양군의 창평면으로 편입시켰다고 한다.

창평은 주로 고씨가 집성촌을 이루어 온 마을이다. 고정주고택, 고재선가옥, 고광표가옥 등이 전통가옥의 위용을 보여 주고 있다. 다른 주택 역시 대부분 부유한 양반집 가옥이다. 이곳은 겨울에도 쌀엿과 한과를 만들어 먹을 정도로 풍요로운 곡창지대였다. 골목길을 걷다 보면 쌀엿을 판매하는 곳을 쉽게 만날 수 있다. 슬로시티답게 돌담길을 따라 느린 걸음으로 둘러봐도 1~2시간이면 충분하고, 자전거를 타고 둘러보기에도 적당하다. 잠시 더위를 식히고 싶다면 면사무소 근처 느티나무 그늘에서 쉬어 가도 좋다.

**TIP**

- 창평슬로시티는 주민이 살고 있는 마을이므로 관람할 때 예의를 지키자.
- 슬로시티방문자센터에서 코스나 동선, 체험 프로그램 등의 정보를 얻고 가는 것이 좋다.

**주변 볼거리·먹거리**

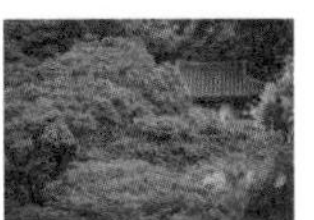

**명옥헌원림**

Ⓐ 전라남도 담양군 고서면 후산길 103
Ⓣ 061-380-3752

8월 34주 소개(440쪽 참고)

SPOT 4

**청량함에 반하다**

# 대원사계곡

**주소** 경상남도 산청군 삼장면 평촌리 455 · **가는 법** 산청시외버스터미널에서 자동차 이용(약 32분) · **운영시간** 24시간/연중무휴 · **전화번호** 055-970-6000 · etc 대원사 앞 주차 무료

경상도

8월의 여름 날 무더위 속에서도 오싹함을 느끼게 했던 대원사계곡은 탁족으로 유명한 곳으로 지리산 자락에 위치해 있다. 숨조차 쉴 수 없을 정도로 더위가 모든 숨구멍을 막고 답답하게 만들어도 대원사계곡에 가만히 서 있기만 하면 더위가 저 멀리 도망갈 정도로 시원하다.

나무들로 울창한 계곡에는 누가 처음부터 쌓았는지 알 수 없는 돌담과 계곡을 타고 흐르는 물소리가 청량하게 들리고 그 한기에 오싹해지기까지 한다. 대원사계곡 둘레길로 통하는 길은 숲이 울창해 걸으면 기분이 좋아지고 방장산교를 지나 계곡에 발 담그고 놀라치면 물고기들이 발가락 사이로 헤엄치며 노는

모습이 보인다. 옛날에는 지리산을 방장산이라 불렀다는데 방장은 크기를 가늠할 수 없는 공간을 의미하며 넓고 깊은 산이라는 뜻이 담겨 있다.

대원사계곡은 옛 선조들이 유람길에 발을 담가 쉬어가는 탁족처로 유명했고 동그랗게 패인 돌개구멍은 스님들이 음식을 보관하기도 했다고 한다. 용이 100년간 살다가 승천했다는 용소와 가야국 마지막 구형왕이 이곳으로 와서 소와 말의 먹이를 주었다는 소막골, 그리고 왕이 넘었다는 왕산과 망을 보았다는 망덕재, 군량미를 저장했던 도장굴 등 대원사계곡을 따라 전해지는 이야기를 듣는 재미도 꽤 쏠쏠하다.

**주변 볼거리·먹거리**

**대원사** 대원사계곡 옆에 위치한 비구니 사찰로 지리산 천왕봉 동쪽 아래에 진흥왕 9년 연기조사가 창건했다. 그때는 평원사라 했다가 구봉 스님에 의해 대원사로 불리기 시작했다. 1948년 여순반란사건으로 당시 진압군에 의해 전각들이 전소되어 터만 남았는데 만허당 법일 스님이 들어오면서 비구니 스님들이 공부하는 도량이 되었다. 여름철 배롱꽃이 필 때 찾으면 아름다운 곳이다.

Ⓐ 경상남도 산청군 삼장면 대원사길 455 Ⓣ 055-972-8068 Ⓔ 주차 무료

SPOT 5

**낮과 밤이 매력적인 저수지**

# 의림지

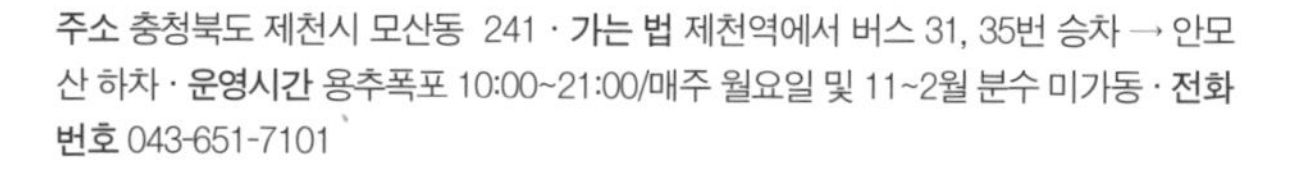

**주소** 충청북도 제천시 모산동 241 · **가는 법** 제천역에서 버스 31, 35번 승차 → 안모산 하차 · **운영시간** 용추폭포 10:00~21:00/매주 월요일 및 11~2월 분수 미가동 · **전화번호** 043-651-7101

충청도

삼한시대 축조된 김제 벽골제, 밀양 수산제와 함께 우리나라 최고의 저수지 중 하나다. 우륵이 용두산에서 흘러내리는 개울물을 막아 둑을 만든 것이 시초라 전해진다. 이제는 수리시설보다는 유원지로 더 잘 알려져 있다. 30m의 자연폭포인 용추폭포에 유리 전망대를 설치해 마치 폭포 위를 산책하는 듯한 아찔함을 느낄 수 있어 인기를 끌고 있다. 저녁에는 인공폭포 앞에서 펼쳐지는 화려한 미디어파사드 공연도 볼 수 있다.

**TIP**

- 미디어파사드 공연은 2~4월, 9~10월에는 19:30, 20:00, 20:30에, 5~8월에는 20:00. 20:30, 21:00에, 11~1월에는 19:00, 19:30, 20:00에 펼쳐진다.
- 용추폭포의 불투명 유리는 센서를 지나면 투명 유리로 바뀌므로 폭포가 보이는 신기한 경험을 해보자.
- 용추폭포를 한눈에 볼 수 있는 전망대는 20m 아래에 있다.

## 주변 볼거리·먹거리

**제천비행장** BTS 뮤직비디오에 등장하면서 유명해진 제천비행장 활주로는 군사 시설로 이용이 불가능했지만 시민들의 반환운동으로 인해 시민의 품으로 돌아왔다.

Ⓐ 충청북도 제천시 고암동 1200-1

**가스트로투어** 가스트로투어는 배, 위를 뜻하는 이탈리아어와 여행이 합쳐진 미식 여행을 뜻한다. 제천의 특성을 살린 유명 맛집을 도보로 이동하며 제천의 맛을 경험할 수 있다.

Ⓐ 충청북도 제천시 의림동 32-5(제천시외버스터미널 앞 광장 집결지) Ⓞ 11:00~13:00/매주 일요일 휴무 Ⓣ 043-647-2121(4인 이상 예약 시 수시운영, 온라인은 투어 3일 전 예약, 전화 예약 필수)

SPOT 6

드라마 〈구가의서〉 촬영지

# 안덕계곡

제주 남서

**주소** 제주도 서귀포시 안덕면 감산리 1946 · **가는 법** 간선버스 202, 532번, 지선버스 752-2번 승차 → 안덕계곡 정류장 맞은편 하차

병풍처럼 둘러싼 기암절벽과 바위틈을 비집고 자라나는 울창한 나무들이 신비로움을 넘어 경이로움을 자아내는 비경지다. 안덕면을 따라 흐르는 창고천 하류에 있으며, 총 300여 종의 식물이 분포되어 늘 싱그러운 에너지를 가득 담고 있다. 구실잣밤나무, 참식나무, 후박나무 등 오래된 나무와 더불어 희귀식물 솔잎란, 소사나무, 지네발란 등이 자생하고 있어 안덕계곡의 상록수림은 천연기념물 제377호로 지정 보호되고 있다.

계곡 입구부터 안쪽까지 산책길을 따라 걷다 보면 새소리와 함께 청량한 계곡물 소리가 들려 걷는 내내 상쾌하다. 탐방로

### 주변 볼거리·먹거리

**지금 사계** 아름다운 푸른빛의 레진 공예 작품들을 만날 수 있는 체험 공방 카페. 원데이클래스도 운영하고 있어 나만의 작품을 만들 수 있다. 키링, 티코스터, 오프너, 책갈피 등 종류도 다양하다.

Ⓐ 제주도 서귀포시 안덕면 사계남로 227-12 Ⓞ 10:00~22:00 Ⓣ 0507-1370-1280 Ⓜ 레진 아트체험 40,000원 Ⓗ www.instagram.com/sagye__now

**달팽이식당** 귤 창고를 리모델링한 곳으로 제주스러움이 느껴지는 외관과 감각적이고 세련된 인테리어로 정식집이 이렇게 예쁠 수가! 라는 감탄사가 절로 나온다. 직화불고기와 청국장 단일메뉴만 판매하기 때문에 인원수만 이야기하면 주문은 끝. 점심에는 달팽이식당으로 저녁에는 흑돼지구이에 치즈를 올려 먹는 버닝치즈로 운영되고 있다.

Ⓐ 제주도 서귀포시 안덕면 일주서로 1322-3 Ⓞ 11:00~15:00/매주 일요일 휴무/재료 소진 시 조기 마감 Ⓣ 010-3361-8441 Ⓜ 청국장&석쇠구이 한상 15,000원, 어린이 8,000원 Ⓗ www.instagram.com/jeju.snail

중간중간 계곡으로 내려가는 계단이 있다. 원시림을 품고 있는 계곡의 풍경은 태고의 자연을 마주하듯 오랜 시간 제주의 불과 물, 바람이 만들어낸 웅장한 풍경을 자랑한다.

**TIP**

- 평소 물이 잔잔하게 흐르지만 비가 많이 오면 계곡물이 갑자기 불어날 수 있으니 호우주의보나 태풍이 올 경우에는 출입이 금지된다.
- 계곡으로 내려갈 때 바위가 미끄러울 수 있으니 안전에 주의한다.
- 천연기념물로 지정 보호되고 자생식물 복원 구역이기 때문에 탐방로 외에 계곡을 따라 상류로 이동하거나 자생식물을 채취하는 행동은 하지 말아야 한다.

8월 넷째 주

# 34week

SPOT 1

**동심과 추억이 방울방울 솟는 상상마당**

## 한국만화박물관

서울·경기

**주소** 경기도 부천시 원미구 길주로 1 · **가는 법** 7호선 삼산체육관 5번 출구 → 도보 이동(약 4분) · **운영시간** 10:00~18:00(입장 마감 17:00)/매주 월요일 휴관 · **입장료** 5,000원(36개월 미만 무료) · **전화번호** 032-661-3745 · **홈페이지** www.komacon.kr/museum · **etc** 주차 무료

희귀본 만화와 절판본까지 한국 만화의 역사를 한눈에 살펴볼 수 있는 곳이다. 1층의 만화영화 디지털 극장에서는 애니메이션, 영화, 공연을 감상할 수 있으며, 1년 내내 다양한 프로그램을 선보여 아이들에게 인기다. 2층에 초등학교 4학년 이상이면 누구나 열람 가능한 만화도서관이 있어 아이와 어른들에게 인기다. 3층에서는 만화체험전시관, 한국만화역사관 등 다양한 추억의 만화들을 전시하고 있다. 추억의 만화방과 구멍가게, 가판대, 골목 등도 재현해 놓았으니 사진 촬영 또한 놓치지 말자. 한국만화박물관에서 사진이 가장 잘 나오는 포토존이다. 또한

4층에는 열혈강호 차림으로 사진을 찍을 수 있는 '무림의 세계', 직접 투수가 되어 야구를 체험할 수 있는 '외인구단과의 한판 승부' 등 만화를 콘셉트로 한 다양한 체험들을 직접 해볼 수 있는 체험존이 있다.

**TIP**

- 만화홍보관 내부의 포토존에서 사진 촬영 후 입장권을 제시하면 30퍼센트 할인해 준다.
- 만화도서관에서 도서 대출은 하지 않으며 자료 열람만 가능하다.
- 영상열람실은 당일 선착순 방문 예약제로만 운영되니 참고하자(10:00, 12:00, 14:00, 16:00).
- 매년 8월에 부천국제만화축제가 열린다.

인기 만화의 캐릭터를 색칠하는 1층의 체험 코너

웹툰의 시작과 현재 인기 작품을 전시 중인 4층의 웹툰 전시존

잠든 만화가의 머릿속에 들어가 만화가의 생각을 엿볼 수 있는 4층의 체험 공간

### 주변 볼거리·먹거리

**부천한옥체험마을**

한국만화박물관 바로 건너편에 있으며 설계에서 시공까지 우리나라 중요무형문화재 제75호 신응수 대목장이 직접 참여해 건축한 한국 전통가옥 체험마을이다. 전통혼례 등 우리나라의 민속문화를 전시, 체험, 시연하는 프로그램과 한옥숙박체험 및 체험학교를 운영하고 있다. 또한 이곳에 방문한 사람 누구나 전통차를 체험할 수 있도록 다례체험장을 상시 운영 중이다.

Ⓐ 경기도 부천시 원미구 길주로 1 Ⓞ 09:00~18:00/매주 월·수요일 휴관 Ⓒ 무료 Ⓣ 032-326-1542 Ⓗ www.bucheonculture.or.kr Ⓔ 한옥마을 내 전통 카페의 대표메뉴 전통차 시음 1잔 4,000원/전통음식체험 10,000~20,000원

**원미산 진달래동산**

Ⓐ 경기도 부천시 원미구 춘의동 산22-1 Ⓞ 상시 개방 Ⓒ 무료 Ⓣ 032-625-5762~4 Ⓗ www.bucheon.go.kr

4월 17주 소개(224쪽 소개)

SPOT 2

몽환적인 분위기가 가득한

# 백담마을

강원도

**주소** 강원도 인제군 만해로 410-17 · **가는 법** 인제터미널에서 백담마을까지 차로 이동(약 25km) · **전화번호** 0507-1370-1142

내설악의 관문인 백담마을은 늦여름 8월 말부터 9월 중순까지 보랏빛 버베나의 세상이다. 넓은 땅에 짙은 보라색 버베나가 가득 펼쳐지니 몽환적인 분위기가 가득하다. 바로 옆 용대2리 백담마을 꽃 정원에는 국화 등의 가을꽃들도 연이어 피어나 그야말로 인생 사진의 성지라고도 할 수 있다. 많이 알려지지 않아 비교적 한적한 곳에서 사진 찍기 좋으며, 수많은 돌탑으로 볼거리를 제공하는 천년고찰 백담사와 함께 방문하기 좋은 가을 나들이 장소이다.

백담사 앞에 있는 계곡 부근에는 이곳을 다녀간 사람들이 수년간 소원을 빌며 쌓은 돌탑들이 있다. 끝없이 펼쳐진 자갈밭에 이제는 이곳 역시 또 하나의 관광 명소가 되어 볼거리를 제공한다.

## 주변 볼거리·먹거리

**여초김응현서예관**

2012년 한국건축문화대상을 받은 곳! 넓은 잔디밭, 옆쪽으로는 잘 가꾸어진 소나무숲까지 건물과 자연이 잘 어우러져 있다. 인제 문학여행 코스로 추천하는 여초김응현서예관은 별도의 입장료 없이 누구나 무료로 관람할 수 있다. 바로 옆에는 한국시집박물관이 있어 평소 문학을 좋아하는 사람이라면 이곳에 방문해 보자.

Ⓐ 강원도 인제군 북면 만해로 154 Ⓞ 하절기 09:00~18:00, 동절기 09:00~17:30/매주 월요일·1월 1일·설날·추석 당일 휴관 Ⓒ 무료 Ⓣ 033-461-4081

SPOT 3

배롱나무꽃이 아름다운 정원

# 명옥헌원림

전라도

**주소** 전라남도 담양군 고서면 후산길 103 · **가는 법** 자동차 이용, 명옥헌원림 주차장에서 도보 이동(약 560m) · **전화번호** 061-380-3752

조선시대 민간 정원의 백미로 손꼽히는 명옥헌원림은 더위가 절정에 이를 무렵 가장 붉게 타오른다. 연못 주변에 있는 20여 그루의 배롱나무가 토해 내는 붉은 빛깔은 한여름 열기보다 더 뜨겁다. 명옥헌은 조선 인조 때 문신인 오희도가 벼슬에 오르기 전 자연을 벗 삼아 글을 읽고 지내던 곳에 그의 아들이 지은 정자다. 정자 앞뒤에 네모난 연못을 만든 후 주위에 꽃나무를 심어 정원으로 꾸몄다. 연못이 원형이 아니라 사각 형태인 이유는 당시에는 이 세상이 네모난 모양일 것이라 생각했기 때문이라고 한다. 정자 뒤쪽의 계곡에서 흘러내리는 물이 모여 위쪽 연못을 채우고 그 물이 넘쳐 아래쪽 연못으로 흘러가도록 설계한

점에서 자연을 거스르지 않고 조화를 이루어 낸 선조들의 지혜가 느껴진다. 명옥헌이라는 이름은 아래쪽 연못으로 떨어지는 물소리가 구슬이 서로 부딪히는 소리처럼 아름답다고 하여 붙은 것이다.

명옥헌을 둘러싸고 있는 소나무숲과 배롱나무는 명승으로 이름나 있다. 한여름 정자에 누워 땀을 식히며 연못을 바라보고 있자면 이보다 더 좋은 피서가 없다는 생각이 든다. 산 위에서 불어오는 바람에 몸이 서늘해지고 연못에 비친 초록에 눈이 맑아진다. 명옥헌, 소쇄원처럼 유독 담양에 유명한 정자가 많은 이유는 아마도 선비들이 이곳의 자연에 반해 은거하기 좋은 곳으로 여겼기 때문인지도 모른다. 무더운 여름부터 초가을까지 붉은 빛깔로 피고 지는 배롱나무꽃에 파묻혀 고즈넉한 시간을 보내 보자.

TIP

- 명옥헌원림이 가장 아름다운 시기는 배롱나무꽃이 피기 시작하는 8월 중순부터 9월 말까지다. 이 시기에는 방문객이 많아 차량이 명옥헌원림까지 들어갈 수 없으므로 마을 입구 공영주차장에 주차하고 걸어가자.

**주변 볼거리·먹거리**

**창평슬로시티**

Ⓐ 전라남도 담양군 창평면 돌담길 8 Ⓣ 061-383-3807

8월 33주 소개(428쪽 참고)

**소쇄원** 소쇄원은 우리나라 민간 정원 중에서 가장 아름답다고 평가되고 있으며, 조선시대의 원형을 그대로 간직하고 있다. 조선 중종 때의 문인 양상보가 1530년경 고향인 담양에 낙향하여 조성한 것으로 500년 가까운 세월이 흘렀지만 여전히 많은 사람의 사랑을 받고 있다.

Ⓐ 전라남도 담양군 가사문학면 소쇄원길 17 Ⓞ 3·4·9·10월 09:00~18:00, 5~8월 09:00~19:00, 11~2월 09:00~17:00 Ⓒ 어른 2,000원, 청소년 1,000원, 어린이 700원 Ⓣ 061-381-0115 Ⓗ www.soswaewon.co.kr

SPOT 4

연꽃 피는 계절에 가야 할 곳

# 연꽃테마파크

**주소** 경상남도 함안군 가야읍 왕궁1길 38-20 · **가는 법** 함안버스터미널에서 농어촌버스 1-30번 승차 → 가야동 하차 → 도보 이동(약 8분) · **운영시간** 24시간/연중무휴 · **전화번호** 055-580-3431 · etc 주차 무료

경상도

2009년 함안 성산산성에서 발굴된 고려시대 연씨가 2010년 700여 년 만에 꽃을 피워 전국적으로 관심을 모았던 그 아라홍련이 아름다운 연꽃을 피우고 있다. 700년 전의 꽃인 아라홍련을 심어 연꽃테마파크를 조성했으며 매년 연꽃이 피는 계절이면 여지없이 꽃을 피우고 있다. 아라홍련은 하단은 백색을 중단은 분홍색, 끝은 홍색으로 연꽃 길이가 길고 색깔이 엷어 연못에 피는 연꽃 중 단연 으뜸이다. 연꽃테마파크에는 아라홍련을 비롯해 법수홍련, 가람백년, 가시연 등 구별하기는 조금 힘들지만 각각의 묘한 매력을 품은 연꽃들이 다양하게 피고 있다. 그늘이 없어 더울 때는 시원한 안개 수증기가 수시로 뿜어져 나오

고 정자에서 쉴 수 있을 뿐만 아니라 징검다리와 포토존이 있어 연꽃을 배경으로 인생 사진도 남길 수 있다. 연꽃 사이로 놓여 있는 징검다리에서는 연꽃을 가까이서 볼 수 있고 전망대 정자 위에서는 초록색 연잎과 분홍색과 흰색 연꽃들이 조화를 이루어 멋스러운 풍경을 만날 수 있다. 연꽃은 관상용으로, 연근과 연잎은 차로 마시거나 연잎에 싸서 밥을 지어 영양밥으로 만들어 먹을 수도 있다. 특히 연꽃잎차는 세계 3대 미녀인 양귀비가 애음한 다이어트차로도 유명하다.

### 주변 볼거리·먹거리

**카페뜬** 정원이 아름다운 카페 뜬은 넓은 잔디밭과 카페 입구에 자리한 소나무와 각종 나무들이 싱그럽다. 카페는 1층과 2층 루프톱으로 이루어진 정원이 넓은 대형카페로 문을 연 지는 얼마 되지 않았지만 주말이면 자리가 없을 정도다. 최상급 재료를 사용해 직접 구운 빵은 당일 생산과 당일 판매를 원칙으로 하고 있다. 앞으로는 잔디밭이, 뒤로는 논과 밭이 보이는 시골 풍경은 카페 뜬에서만 볼 수 있는 풍경들이다.

Ⓐ 경상남도 함안군 법수면 부남1길 24-15 Ⓞ 10:30~20:00(라스트오더 19:15)/매주 화요일 휴무 Ⓣ 0507-1376-0215 Ⓜ 뜬아인슈페너 7,000원, 뜬말차 7,500원, 아메리카노 5,500원, 카페라테 6,500원 Ⓗ www.insta gram.com/cafe_ddeun Ⓔ 주차 무료

SPOT 5

**소나무 그늘 아래 맥문동 보라 물결**

# 장항 송림산림욕장

충청도

**주소** 충청남도 서천군 장항읍 송림리 산65 · **가는 법** 장항역 농어촌버스 600번 승차 → 송림리 하차 → 도보 이동(약 1.8km) 또는 택시나 자동차 이용 추천 · **전화번호** 041-950-4436 · **etc** 장항송림산림욕장주차장 이용

소나무 아래 보랏빛 물결을 보고 싶다면 8월 말 9월 초 서천 장항송림산림욕장으로 가 보자. 이곳은 사시사철 푸른 소나무가 1.5km 해안선을 따라 이어지고 8~9월이 되면 맥문동이 만개해 1년 중 가장 아름다운 풍경을 볼 수 있다.

바닷바람을 막기 위한 방풍림으로 1954년 장항농고(현 장항공고) 학생들이 해송을 심었으며, 덕분에 현재는 곰솔(해송) 1만 2,000여 그루가 있는 숲이 되었다. 장항송림산림욕장은 2019년 산림청 국가산림문화자산으로 지정되었으며, 2021년에는 자연휴양림으로 지정되었다.

맥문동은 반그늘 또는 햇볕이 잘 드는 나무 아래에서 자라는데 이곳은 맥문동이 자라기에 최적의 환경이다. 무더운 여름 시원한 바닷바람과 소나무 그늘에서 산책 즐기기를 추천한다.

**TIP**

- 장항송림산림욕장 3주차장이 스카이워크와 가장 가까울 뿐만 아니라 풍성한 맥문동 군락지를 볼 수 있어 무더운 여름에는 3주차장을 통해 가는 것을 추천한다.
- 오후에 방문해 맥문동을 구경하고 스카이워크에서 서해를 구경한 후 데크에 앉아 시원한 바닷바람을 맞으며 일몰을 보는 것도 추천한다.
- 여름철 금~일요일에는 19:00까지 스카이워크를 연장 운영하니 스카이워크에서 노을빛에 물든 서해를 볼 수 있다.
- 습한 계절에는 송림 아래 모기가 많으니 모기기피제를 미리 준비하자.

### 주변 볼거리·먹거리

**국립생태원** 교과서에서만 배워 어렵게 느낄 수 있는 생태계 이야기를 눈으로 직접 보며 쉽게 알 수 있는 곳이 바로 이곳 국립생태원이다. 4,500여 종의 동식물을 만날 수 있으며, 세계 5대 기후를 재현해 각 기후대별 2,400여 종의 동식물이 살아 숨 쉬고 있어 대륙 여행을 하는 기분이다.

Ⓐ 충청남도 서천군 마서면 금강로 1210 Ⓞ 하절기(3~10월) 09:00~18:00, 동절기(11~2월) 09:30~17:00(1시간 전 입장 마감)/매주 월요일 휴관 Ⓒ 성인 5,000원, 청소년 3,000원, 초등학생 2,000원 Ⓗ www.nie.re.kr

**춘장대해수욕장** 울창한 송림, 완만한 경사의 백사장과 갯벌 체험을 할 수 있는 곳이다. 여름 휴가철이 아니어도 사계절 카이트보딩을 즐기는 이들을 많이 볼 수 있다. 낙조가 아름다운 곳으로 갈매기와 함께 일몰을 즐기기 좋다.

Ⓐ 충청남도 서천군 서면 춘장대길 20 Ⓣ 041-953-3383 Ⓗ www.chunjangdaebeach.com

SPOT 6

## 울창한 숲과 폭포의 만남

# 천지연폭포

**주소** 제주도 서귀포시 천지동 667-7 · **가는 법** 지선버스 612, 642, 692번 승차 → 천지연폭포 정류장(종점) 하차 → 주차장을 따라 북쪽으로 140m · **운영시간** 09:00~22:00(입장 마감 21:20) · **입장료** 성인 2,000원, 청소년·어린이·군인 1,000원 · **전화번호** 064-733-1528

제주 남

22m 높이에서 떨어지는 물이 마치 하늘에서 떨어지는 듯하며 폭포 주위가 깊은 연못을 이루고 있다. 울창한 숲과 기암절벽이 어우러지는 절경이 천지연폭포의 매력이다. 각종 상록수와 양치식물이 만나 숲을 이루고, 난대림지대에서만 만날 수 있는 담팔수나무 자생지는 천연기념물 제163호로 지정되었다. 가시딸기, 송엽란 등 희귀식물들이 곳곳에 분포해 계곡 전체가 천연기념물 제379호로 지정 보호되고 있다. 폭포 아래 살고 있는 무태장어도 천연기념물 제27호로 지정되었다.

야간 개장을 하므로 밤에 방문하면 더욱 이색적이다. 입구에서 폭포로 가는 길이 잘 조성되어 전혀 힘들지 않고 신선한 공기를 맡으며 가로등을 지나 폭포까지 가는 내내 풀 냄새, 물 냄새가 더욱 진하게 느껴진다.

**TIP**

- 폭포를 배경으로 사진을 찍을 때는 연못 앞에 있는 바위나 주변 벤치에 앉아야 하는데, 연못 깊이가 20m나 되므로 미끄러지지 않게 조심해야 한다.

**주변 볼거리 · 먹거리**

**유동커피** 재밌는 캐리커처, 제주 사투리로 되어 있는 독특한 원두 선택, 커피 도구를 이용한 수전 등 유쾌함으로 꽉 차 있는 카페. 산미가 있는 커피를 좋아한다면 오라방(총각), 충만한 바디감을 느끼고 싶다면 하르방(할아버지), 구수하게 마시고 싶다면 아주방(아저씨)으로 선택하면 된다.

Ⓐ 제주도 서귀포시 태평로 406-1 Ⓞ 08:00~21:00(라스트오더 20:30) Ⓣ 064-733-6662 Ⓜ 아메리카노 4,500원, 송산동커피 6,000원

**왈종미술관** 이왈종 화백은 전통적인 수묵화가 아닌 화려하고 풍부한 색채감을 표현하는 한국 화가이다. 1991년부터 제주에 머무르며 회화뿐 아니라 판화, 조각, 도예, 도자기, 조각보 등 장르를 넘나들며 자유로운 작품 활동에 매진하고 있다.

Ⓐ 제주도 서귀포시 칠십리로214번길 30 Ⓞ 10:00~18:00(입장 마감 17:30)/매주 월요일 휴관 Ⓒ 성인 10,000원, 어린이·중·고등학생·도민 6,000원 Ⓣ 064-763-3600 Ⓗ walartmuseum.or.kr

9월의 대한민국

# 가을이 들려주는 이야기

9월 첫째 주

# 35 week

SPOT 1

제주도 올레길 못지않은

## 대부도 해솔길 1코스 트레킹

**주소** 경기도 안산시 단원구 대부북동 1870-47 · **가는 법** 4호선 안산역 1번 출구 → 길 건너 버스환승장에서 일반버스 123번 승차 → 방아머리 정류장 하차 → 도보 이동(약 10분) · **운영시간** 상시(일몰 이전 권장) · **전화번호** 031-481-3408(안산시청 관광과) · **홈페이지** www.haesolgil.kr · **etc** 대부도 해솔길 1코스는 대부도관광안내소(방아머리공원)에서 시작해 동서가든(캠핑장) → 북망산 → 구봉약수터 → 구봉도 낙조전망대 → 구봉선돌 → 종현어촌체험마을 → 돈지섬안길이 종착지다.

서울·경기

대부도 해솔길 중 가장 아름다운 해안길과 낙조를 볼 수 있는 1코스(총 7.5km, 약 2시간 소요). 시간적 여유가 없다면 종현어촌체험마을에서 낙조전망대까지만 걸어도(왕복 1시간 소요) 제주도 올레길 못지않은 눈부신 해안길 절경을 즐길 수 있다. 해안길을 가로지르는 소나무 숲이 우거진 가벼운 산책길로 구봉도와 낙조전망대를 연결한 아치교 '개미허리' 다리의 경치가 일품이다. 아이들과 함께 걸어도 무리가 없다.

대부도 해솔길 1코스의 백미는 코스 끝자락에서 만나는 개미허리와 낙조전망대. 만조 시 물에 잠겨 섬이 되는 개미허리 다리와 서해안의 아름다운 황금빛 석양이 걸린 낙조전망대의 풍경이 너무나 아름답다.

구봉도 낙조전망대로 가는 길에 할매바위와 할아배바위를 만나게 되는데 배 타고 고기잡이를 떠난 할아배를 기다리던 할매는 기다리다 지쳐 비스듬한 바위가 되었고, 몇 년 후 무사히 돌아온 할아배는 바위가 된 할매가 너무 가여워 함께 바위가 되었다는 전설이 있다. 해변을 따라 걷다가 야트막한 북망산에 오르면 저 멀리 인천대교, 송도신도시, 영종도, 시화호 등이 보인다.

할매바위와 할아배바위

개미허리 다리와 낙조전망대

서해안의 노을과 석양을 표현한 낙조전망대의 조형물

TIP

- 낙조전망대로 갈 때 물때를 만나면 해안길이 막히니 사전에 홈페이지를 통해 밀물과 썰물을 확인하자.
- 해솔길은 어민들의 생계 터전이므로 갯벌을 보호하고, 혹시 모를 산속의 뱀 출몰에 주의하자.
- 종현어촌체험마을에서 구봉도 낙조전망대까지는 흙길이므로 비 오는 날은 미끄러우니 산행을 하지 않는 것이 좋다.
- 주황과 은색 리본(화살표)만 잘 따라가면 헤매지 않고 완주할 수 있다.

## 주변 볼거리·먹거리

**누에섬 등대전망대** 누에섬은 간조 시부터 일몰 전까지 걸어서 갈 수 있다. 바다에 난 길을 따라 걷는 수많은 사람들의 모습이 모세의 홍해 못지않게 장엄한 광경을 연출한다.

Ⓐ 경기도 안산시 단원구 대부황금로 17-156 Ⓞ 하절기(3~10월) 09:00~18:00, 동절기(11~2월) 09:00~17:00/매주 월요일·명절 당일 휴관 Ⓒ 무료 Ⓣ 032-886-0126(안산어촌민속박물관)/010 3038 2331(누에섬 등대전망대) Ⓔ 일몰 후에는 출입 금지

**궁평항 수산물직판장**

Ⓐ 경기도 화성시 서신면 궁평항로 1049-24 Ⓣ 031-355-9692 Ⓗ tour.hscity.go.kr

1월 1주 소개(27쪽 참고)

**탄도항** 차로 20분 거리에 탄도항과 전곡항이 있으니 아름다운 일몰도 보고 싱싱한 해산물도 맛보자.

Ⓐ 경기도 안산시 단원구 대부황금로 7(선감동) Ⓞ 상시 개방 Ⓔ 4호선 안산역 1번 출구 → 길 건너 버스환승장에서 일반버스 123번 승차 → 종점 탄도 하차

SPOT 2

소설 속으로

# 효석달빛언덕

**주소** 강원도 평창군 봉평면 창동리 575-7 · **가는 법** 장평시외버스터미널에서 자동차 이용(약 8.2km) · **운영시간** 5~9월 09:00~18:30, 10~4월 09:00~17:30(관람 종료 30분 전 매표 마감)/매주 월요일·1월 1일·설날·추석 휴무 · **입장료** 통합권(이효석문학관+효석달빛언덕) 일반 4,500원, 단체 3,000원, 군민 2,000원/효석달빛언덕 일반 3,000원, 단체 2,000원, 군민 1,500원 · **전화번호** 033-336-8841 · **홈페이지** hyoseok.net

강원도

효석달빛언덕은 소설 〈메밀꽃 필 무렵〉을 기반으로 만들어진 문학 공간이다. 입구에서부터 책으로 가득한 도서관에 당나귀 모양의 전망대, 안경, 만년필 등의 조형물이 눈에 띈다. 내부 공간에 들어가서 관람하거나 조형물을 배경으로 사진을 찍기도 좋다. 문학과 관련된 공간이다 보니 전반적으로 차분한 분위기에 가을의 운치가 고스란히 더해진다.

효석달빛언덕 주변에는 메밀밭이 많이 있는데 새하얗게 피어나는 메밀꽃을 보기 위해서는 시기를 잘 맞춰 방문해야 한다.

대개 9월 초~9월 중 메밀꽃이 피지만, 매년 개화량 변동이 커 최근 개화 현황을 확인한 후 방문하는 것을 추천한다. 효석달빛언덕은 이효석문학관, 생가와도 가까이에 있어 함께 둘러보기 좋다. 통합권을 구매할 경우 조금 더 저렴한 가격에 둘러볼 수 있어 합리적이다.

**주변 볼거리·먹거리**

**메밀꽃필무렵** 택시 기사에게 추천받아 도착한 곳, 이효석 생가 바로 안쪽에 있는 메밀음식전문점이다. 3대를 이어온 이곳에는 간장나물메밀국수, 메밀비빔국수, 메밀묵, 메밀감자떡 등 거의 모든 메뉴에 메밀을 사용해 만들었으며, 고즈넉한 인테리어에 건강한 맛의 음식이라 누구나 부담 없이 즐길 수 있다.

Ⓐ 강원도 평창군 봉평면 이효석길 33-13 Ⓞ 월~수요일 09:45~18:45(라스트오더 18:30), 주말 09:45~19:00(라스트오더 18:45)/매주 목요일 휴무 Ⓣ 0507-1322-4594

SPOT 3

**보랏빛 다리, 보랏빛 섬을 만나다**

# 퍼플섬

**주소** 전라남도 신안군 안좌면 소곡리 780-4(퍼플섬 입구 주차장) · **가는 법** 자동차 이용 · **운영시간** 09:00~18:00 · **입장료** 어른 5,000원, 청소년·군인 3,000원, 어린이 1,000원 · **전화번호** 061-262-3003

전라도

수많은 섬으로 이루어져 '1004의 섬'이라 불리는 전남 신안에 독특한 섬이 있다. 온통 보라색으로 채색된 두 개의 섬 '반월도'와 '박지도'를 일컫는 '퍼플섬(Purple Island)'이 그곳이다. 퍼플섬을 실제로 가보지 않고는 믿을 수 없을 정도로 육지와 잇는 다리, 건물의 지붕과 창들, 청소 차량, 안내판, 심지어 쓰레기통까지, 눈에 보이는 모든 것이 보라색이다. 퍼플섬의 시작은 박지도에 살던 할머니의 소원에서 시작됐다. "죽기 전에 두 발로 걸어서 육지에 나가고 싶다"라는 할머니의 염원에 따라 신안군에서는 박지도와 육지를 연결하는 목조교를 놓았다. 목조교 완공 후 좀 더 특색 있는 섬을 만들고자 고민하다 섬에 자생하는 보

라색 왕도라지 꽃을 보고 영감을 얻었다. 2018년부터 본격적으로 주민들과 함께 다리는 물론 건물의 지붕 등을 보라색으로 바꾸기 시작해 지금에 이르렀다.

국내 어느 지역에서도 시도해 본 적 없는 무도한 도전이었지만 사람들의 입소문을 타고 관광객이 퍼플섬으로 몰려들기 시작했다. 이제는 우리나라를 넘어 아시아는 물론 세계적인 여행지로 주목받고 있다. 2020년 '한국 관광 100선', '휴가철 가장 가고 싶은 33섬', '한국 관광의 별' 등에 선정되었고, 2021년에는 홍콩 여행잡지 〈유 매거진〉, CNN, 폭스뉴스, 독일 최대 위성 TV 등에 소개되기도 했다. 또한 유엔세계관광기구로부터 '세계 최우수 관광마을'에 선정되어 명실공히 세계적인 관광 명소로 도약하고 있다.

### 주변 볼거리·먹거리

**동백파마머리벽화**
SNS를 통해 전국적인 사진 명소로 떠오른 암태도의 벽화다. 일명 '동백파마 머리'라고 불리는 벽화는 담장 안쪽에 살고 있는 노부부의 얼굴을 그린 것이다. 벽화가 인기를 끈 이유는 얼굴의 머리 모양을 담장 안쪽에 있는 동백나무로 표현한 아이디어 때문이다.

Ⓐ 전라남도 신안군 암태면 기동리 677-1 Ⓔ 관광지가 아니라 별도의 주차장이 없고 차가 많이 다니는 삼거리라 위험할 수 있으니 사진 촬영 시 주의해야 한다.

**TIP**

- 퍼플섬에 들어가는 방법은 두 가지 코스가 있는데, '안좌면-반월도-박지도' 코스를 추천한다.
- 전체 구간을 걸어서 돌아봐야 하기 때문에 편한 신발을 신고 가는 것이 좋다.
- 전체 구간은 약 7.6km로 여유롭게 걸어도 3시간이면 충분하다.
- 날씨가 안 좋고 바람이 많이 불 때는 안전을 위해 입장을 제한할 수도 있다.
- 반월도에 시원한 음료, 스무디, 아이스크림 등을 판매하는 카페가 있다.

SPOT 4

한국의 지베르니

# 낙강물길공원

**주소** 경상북도 안동시 상아동 423 · **가는 법** 안동버스터미널에서 버스 112번 승차 → 안동시립민속박물관 하차 → 도보 이동(약 20분) · **운영시간** 24시간/연중무휴 · **전화번호** 054-840-3433 · **홈페이지** tourandong.com/public · **etc** 주차 무료

경상도

한국의 지베르니, 안동의 비밀의 숲이라 불리는 낙강물길공원은 안동댐 수력발전소 입구 쪽에 위치해 있으며 숲길과 잔디밭, 연못이 어우러진 공원이다. 작은 연못 사이로 메타세쿼이아와 전나무가 터널 숲을 이루고 연못의 돌다리는 사진을 찍기 위해 많은 사람이 기다리는 포토존이다. 돌다리를 건너면 오솔길로 연결되고 사부작사부작 걷기에 좋은 오롯이 나를 위해 만들어놓은 듯한 이국적인 느낌이다. 평상도 있고 나무도 있어서 피크닉하는 사람들도 종종 눈에 띈다. 시간이 넉넉하다면 잔디밭에 돗자리를 깔고 오랫동안 머물러 있어도 심심하지 않을 것 같다. 잔디밭에는 햇빛을 피할 수 있도록 파라솔을 설치해 두었으

며 폭포에서 떨어지는 물줄기가 시원하다. 연신 물을 뿜어대는 작은 분수가 있는 연못에는 수련과 수생식물이 자라고 있어 운치를 더해 주고 숲과 나무가 있어 막막한 도심 속 힐링의 시간을 만들어 준다.

**월영교** 안동호 위에 놓인 월영교는 우리나라에서 가장 긴 나무다리(387m)로 한가운데 있는 월영정과 함께 물 위에 반영된 풍광이 그림처럼 아름답기로 유명하다. 특히 조명이 켜지는 밤이면 불빛이 잔잔한 물 위에 그대로 투영되어 더욱 화려한 모습으로 태어난다. '달이 비치는 대(臺)'라는 뜻으로, 달빛을 감상했던 조선시대 암벽을 이르는 월영대(月映臺)는 댐 건설로 수몰 위기에 처하자 지금의 월영교 부근으로 옮겼는데, 월영교라는 이름도 이 월영대에서 따온 것이다.

Ⓐ 경상북도 안동시 석주로 203 Ⓞ 운영시간 24시간/연중무휴 Ⓒ 무료 Ⓣ 054-857-9783 Ⓔ 주차 무료

**월영당** 낙동강이 보이는 한옥 카페로 365일 지붕 위에 보름달이 떠 있는 모습이 월영당의 시그니처다. 〈강철부대 시즌1〉에 출연했던 이진봉이 직접 운영하는 카페로 카페 안에서는 안동호가 보인다. 본관과 별채로 나뉘며 야외까지 규모가 꽤 크지만 평일에도 자리가 없을 정도이며, 담장이 드리워진 마당은 한옥의 운치를 더해 한옥 카페의 매력을 느끼게 한다.

Ⓐ 경상북도 안동시 민속촌길 26 Ⓞ 10:00~22:00/휴무일은 별도 공지 Ⓣ 0507-1359-8613 Ⓜ 안동대마라떼 7,500원, 아메리카노 5,500원, 쑥떡쉐이크 7,500원, 밤파이 6,000원 Ⓗ www.instagram.com/wolyeong dang Ⓔ 민속박물관 앞 주차 무료

SPOT 5

대전의 야경을 제대로 즐기는

# 식장산전망대

충청도

**주소** 대전광역시 동구 낭월동 산2-1 · **가는 법** 대전역 중앙시장에서 버스 611번 승차 → 임도를 따라 도보 이동(약 4km) 또는 자동차로 식장산해돋이전망대까지 이동

식장산은 대전 동남쪽에 있으며 해발 623m로 대전에서 가장 크고 넓은 산이다. 대전을 한눈에 내려다볼 수 있는 전망대가 있을 뿐만 아니라 차로 쉽게 올라갈 수 있어 더 매력적이다. 이곳은 일출 일몰 야경이 모두 가능한 곳이다. 특히나 여름 무더위를 피해 야경을 보기 좋은 곳이다.

정상에 있는 전망대 앞에는 쉼터 날망채가 있다. 2021년 대전 동구의 시민제안 공모사업으로 선정되어 조성되었으며 이름 또한 주민 공모로 산마루, 언덕 위를 뜻하는 충청도 사투리 '날망'에 구분된 건물 단위 '채'를 더해 '날망채'로 지었다.

한옥 전망대 식장루에 올라서서 전망이나 야경을 봐도 좋고 전망대에서 조금 더 올라가 헬기장에서 일몰과 야경을 봐도 좋다.

**TIP**

- 산 아래 주차장이 4군데 있으나 전망대 입구까지 자동차가 올라갈 수 있고 식장산 전망대 마지막 주차장(정상까지 500m 거리)까지도 자동차로 이동할 수 있다.
- 자동차로 오를 수 있는 4km 구간은 도로 포장이 잘되어 있으나 교행이 간신히 되는 곳이라 반대편에서 자동차가 오는지 확인하며 운전해야 하기에 초보 운전자들에게는 추천하지 않는다.
- 날씨 상황에 따라 산 아래 주차장 입구에서 차단기로 통제할 수 있다.
- 선방대 위쪽에 있는 헬기장은 전망대처럼 유리벽이 없어 인물 사진을 찍기 좋다.

### 주변 볼거리·먹거리

**원미면옥** 1953년 문을 연 오랜 역사를 가진 냉면전문점이다. 맑고 깔끔한 맛의 닭 육수를 베이스로 한 황해도식 냉면이다. 1953년에는 진짜 이런 맛이었을 것이라는 생각이 드는 그런 미지근한 냉면이다. 그래서 시원하고 자극적인 맛을 좋아하는 젊은이들에게는 호불호가 강할 수 있지만 가성비 최고의 노포 맛집으로 추천한다.

Ⓐ 대전광역시 동구 옥천로 419 Ⓞ 10:30~20:30/매월 첫째·셋째 주 화요일 휴무 Ⓣ 042-286-7883 Ⓜ 물냉면 9,000원, 비빔냉면 9,000원, 냉면 곱빼기 10,000원, 온면 9,000원, 왕만두 6,000원

**카페모리** 대전 유일의 사이폰 커피 전문점이다. 카페 곳곳에 바리스타가 각종 대회에서 받은 상장이 있다. 다양한 원두를 선택할 수 있으니 본인 취향에 맞는 원두를 골라 사이폰 커피를 마셔보자.

Ⓐ 대전광역시 동구 세천공원로 16 Ⓣ 042-284-2334 Ⓜ 사이폰 커피 6,500원, 아메리카노 4,800원

SPOT 6

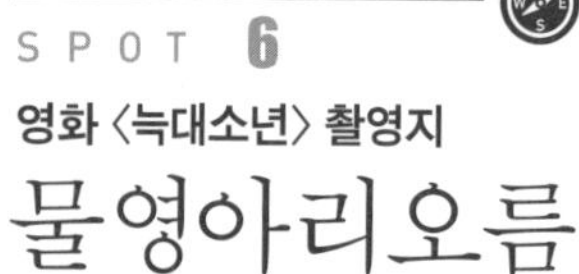

영화 〈늑대소년〉 촬영지

# 물영아리오름

**주소** 제주도 서귀포시 남원읍 수망리 산 188 · **가는 법** 간선버스 231번 승차 → 남원읍 충혼묘지, 물영아리 정류장 하차 → 서북쪽으로 353m → 우측 길로 340m

제주 남동

습지를 뜻하는 '물'과 신령스런 산을 뜻하는 '영아리'가 만나 물의 수호신이 산다는 곳. 오름 분화구의 습지는 2006년 람사르 습지로 지정되었다. 람사르협약은 보존 가치가 높은 습지를 보호하기 위한 국제적인 협약이다. 물장군과 맹꽁이, 긴꼬리딱새, 팔색조 등 멸종위기종이 서식하며, 습지 안에는 안쪽부터 바깥쪽으로 송이고랭이, 물고추나물과 보풀, 고마리 등의 습지식물들이 군락을 이루고 있다.

사시사철 물이 가득한 것은 아니다. 비가 오지 않는 날이 오래 이어지면 풀이 말라 있기도 해 이왕이면 비가 온 다음 날 방

## 주변 볼거리·먹거리

**취향의섬** 50년이 넘은 가정집을 부부의 손길로 재탄생시킨 따뜻한 공간. 파스타와 리조또, 반미 샌드위치 등 이국적인 음식들이 준비되어 있지만 고사리, 멜젓, 고등어, 된장, 흑임자 등 한국적인 재료들을 담은 퓨전 음식을 맛볼 수 있다.

Ⓐ 제주도 서귀포시 남원읍 태위로495번길 7 Ⓞ 11:00~16:00(라스트오더 15:00)/일~월요일 휴무 Ⓣ 064-764-4797 Ⓜ 고사리멜젓파스타 18,000원, 고등어오일파스타 18,000원 된장라구파스타 18,000원 Ⓗ www.instagram.com/chwihyang.wimi

**수망다원** 고즈넉한 돌담을 지나 초록이 가득한 녹차밭을 만날 수 있다. 규모는 아담한 편이지만 한적하게 즐길 수 있다. 녹차밭 뷰의 카페도 운영되고 있으며, 녹차를 이용한 양갱, 떡, 녹차라테 등의 음식 체험과 염색, 비누 등 만들기 체험이 준비되어 있다.

Ⓐ 제주도 서귀포시 남원읍 수망리 536 Ⓞ 10:00~18:00, 하절기 17:00까지(라스트오더 마감 30분 전까지) Ⓣ 0507-1340-3033 Ⓜ 녹차 5,500원, 홍차 5,500원, 말차 8,000원 Ⓗ www.sumang.kr

문해야 습지 특유의 아름다운 모습을 감상할 수 있다. 안개까지 껴 있다면 몽환적인 운치가 더해진다.

**TIP**

- 계단길은 왕복 2.5km, 1시간 30분, 능선길-계단길은 왕복 3.4km, 2시간 소요된다. 계단길은 거리는 가깝지만 경사가 꽤 가파른 편이다.
- 중잣성 생태탐방로와 연결되어 있으니 습지를 지나 전망대를 통해 내려올 때 이정표를 확인하자.

9월 둘째 주

# 36 week

대한민국역사박물관 옥상에서 바라본 경복궁

SPOT 1

궁궐 달빛 산책

## 경복궁 야간 개장

서울·경기

**주소** 서울시 종로구 사직로 161 · **가는 법** 3호선 경복궁역 5번 출구 → 도보 이동(약 2분) · **운영시간** 19:00~21:30(입장 마감 20:30)/매주 화요일 휴관 · **입장료** 옥션 1,200원, 인터파크 1,000원(인터넷 사전 예매) · **전화번호** 02-3700-3900 · **홈페이지** royal.khs.go.kr/gbg

낮의 정숙한 모습을 뒤로하고 밤에 더욱 화려하고 요염해지는 경복궁이 1년에 4회 야간 개장을 하니 이 기회를 놓치지 말자. 태어나서 경복궁을 처음 보는 듯 황홀하게 펼쳐지는 경복궁의 야경에 깜짝 놀랄 것이다. 물론 야간 개장 시즌에는 엄청난 인기 때문에 티켓 구하기가 하늘의 별 따기. 경복궁 홈페이지를 통해 야간 개장 회차를 미리 숙지해 두는 것이 좋다. 불빛 찬란한 경복궁 전경을 한눈에 내려다볼 수 있는 최적의 장소는 경복궁 맞은편 대한민국역사박물관 옥상이다. 매주 수요일과 토요일에 저녁 9시까지 개장하며 입장료는 무료다.

TIP

- 경복궁 야간 개장은 매년 3월 초부터 10월 말까지 회차별로(총 4회) 진행되므로 홈페이지에서 날짜를 미리 숙지하자.
- 낮에 경복궁을 산책한 후 경복궁 밤 풍경을 비교해 보는 것도 좋다.
- 관람 한 달 전쯤 온라인(옥션, 인터파크)에서 티켓 예매를 실시하며, 온라인 예매를 통해서만 입장할 수 있다.
- 한복을 입고 가면 서울의 모든 궁궐이 무료 입장이니 참고하자.

## 주변 볼거리·먹거리

**다동커피집** 한국의 전설적인 커피 장인이자 국내 커피 2세대라 불리는 이정기 대표가 개발한 가장 한국적인 커피를 맛볼 수 있다. 아주 오래된 다방 간판과 외관에 한 번 놀라고, 옛날 다방 그대로의 내부 모습에 두 번 놀란다. 신맛과 쓴맛을 철저히 배제하고 단맛과 상큼한 맛만 살려 추출하는 우리식 커피는 식어도 맛이 그대로 유지되며, 보리차처럼 연한 맛과 향이 특징이다.

Ⓐ 서울시 중구 다동길 24-8 Ⓞ 11:00~17:00(라스트오더 16:00)/주말 및 공휴일 휴무 Ⓣ 02-777-7484 Ⓜ 입장료 5,000원/구매 시 케냐AA, 스페셜티 커피를 제외한 모든 커피는 4,500원, 테이크아웃은 3,000원(단, 아메리카노 2,000원)

**삼청동 산책** 산과 물과 사람이 맑다 해서 '삼청(三淸)'이라 불리는 동네. 서울 시내에서 걷기 좋기로는 첫째로 꼽히는 곳. 화랑과 갤러리 숍, 개성 있는 멋과 맛을 자랑하는 음식점과 찻집, 액세서리 숍들이 어우러진 서울의 대표적인 문화 거리. 정독도서관 삼거리를 기준으로 좌측 골목으로 가면 삼청동, 우측 커피방앗간 골목으로 올라가면 북촌한옥마을이 시작된다.

Ⓐ 서울시 종로구 삼청동

SPOT 2

우리나라를 대표하는 꽃

# 무궁화 수목원

강원도

**주소** 강원도 홍천군 북방면 능평리 239-8 · **가는 법** 홍천종합버스터미널에서 무궁화수목원까지 차로 이동(약 6km) · **운영시간** 동절기(11~2월) 09:00~17:00, 하절기(3~10월) 09:00~18:00 · **입장료** 무료 · **전화번호** 033-430-2777 · **홈페이지** hongcheon.go.kr

'무궁화~무궁화~우리나라 꽃~'이라는 노래 가사가 먼저 떠오르는 우리나라 대표 꽃인 무궁화의 향연은 보기만 해도 가슴이 웅장해진다. 홍천 무궁화수목원은 국내 최초의 무궁화 테마 수목원으로, 일평생 무궁화를 아끼고 보존하고자 힘썼던 남궁억 선생의 업적을 기리기 위해 조성된 곳이다. 흔히 볼 수 있는 흰색뿐만 아니라 연분홍, 진분홍 등 색과 모양이 다양한 무궁화를 볼 수 있고 무궁화 조형물, 무궁누리길 산책길, 어린이놀이터, 온실 등 다양한 즐길 거리가 있다. 이 외에도 입구 앞 꽃밭에는 가을마다 황화코스모스, 코스모스가 피어나 훌쩍 다가온 가을

이 새삼 더 잘 느껴지는 듯하다. 이곳의 사진 필수 코스인 성당 모양의 시그니처 건물과 함께 인증사진도 필수로 남겨보자.

### 주변 볼거리·먹거리

**루지월드** 소노벨 비발디파크에 있는 홍천 액티비티 명소이다. 국내 최초로 스키슬로프를 활용하여 오픈한 루지체험장으로 어린아이부터 어른까지 모두 즐겁게 탑승할 수 있다. 여름철 더위가 한풀 꺾이고 찾아온 가을, 온가족이 즐기기 좋은 액티비티 여행은 어떨까?

Ⓐ 강원도 홍천군 서면 한치골길 264 Ⓞ 일~목요일 10:00~18:00(휴게 시간 13:00~14:00), 금~토요일 10:00~21:00(매표 마감 매일 영업시간 30분 전) Ⓒ 1회권 17,000원, 2회권 29,000원, 3회권 39,000원, 어린이 1회 동반권 8,000원 Ⓣ 0507-1406-7657

SPOT 3

**바닷가 비탈길에**
**붉노랑상사화 가득**

# 변산마실길 2코스

전라도

**주소** 전북특별자치도 부안군 변산면 운산리 618 · **가는 법** 자동차 이용

부안군이 특색 있는 테마 길로 조성한 변산마실길 2코스는 한때 군부대 초소와 시설물이 있던 곳이다. 마실길 입구에는 다 철거하지 못한 방공호와 철조망 등의 일부 흔적이 남아 있다. 가리비 껍데기에 소원을 적어 걸어둔 철조망이 인상적이다. 철조망 옆 오솔길을 따라 5분 정도만 걸어가면 시야가 확 트이는 곳에서 붉노랑상사화를 만날 수 있다. 붉노랑상사화는 주로 전라도 지역에만 자생하는데, 분포 지역이 넓지 않아 멸종 위기 식물로 분류하기도 한다.

이 귀한 꽃이 변산마실길 2코스에 흐드러지게 피어 있다. 변산 앞바다가 시원하게 내려다보이는 비탈길을 가득 채운 붉노랑상사화의 물결은 감동 그 자체다. 해 질 무렵에는 아름다운 서해 낙조와 이우러져 더욱 아름다운 풍광을 보여준다. 붉노란 상사화는 잎이 있을 때는 꽃이 없고, 꽃이 있을 때는 잎이 없어 서로를 그리워한다는 애절한 사연을 담고 있다. 이파리 하나 걸치지 않은 가녀린 꽃대 위에 수줍은 듯 피어난 꽃 한 송이가 가슴을 콩닥콩닥 뛰게 한다. 바람이 불어 흔들거리기라도 하면 애처롭기 그지없다.

**TIP**

- 전용 주차장이 없으므로 송포항 입구 부두에 주차하면 된다.
- 붉노랑상사화는 꽃대가 쉽게 부러지기 때문에 사진을 찍을 때 꽃대가 상하지 않도록 주의해야 한다.
- 변산마실길 2코스는 좁은 오솔길과 비탈길이 많기 때문에 편한 신발을 신고 가는 것이 좋다.

### 주변 볼거리·먹거리

**변산명인바지락죽**

변산명인바지락죽은 다른 곳과 달리 6년근 인삼과 표고버섯 등의 특별한 재료를 더해 만드는데, 6년근 인삼이 바지락 특유의 비린내를 없애고 맛의 깊이를 더해 주는 역할을 한다. 깍두기, 나물, 젓갈 등의 반찬도 자극적이지 않고 삼삼해 바지락죽과 조화를 이룬다.

Ⓐ 전북특별자치도 부안군 변산면 변산해변로 794 Ⓞ 08:40~19:00(브레이크타임 15:00~16:00, 라스트오더 18:30) Ⓣ 063-584-7171 Ⓜ 인삼바지락죽 12,000원, 바지락회비빔밥 13,000원, 메밀바지락전 16,000원, 바지락회무침(中) 35,000원

SPOT 4

## 무량수전 배흘림기둥에서 바라본 풍경

# 부석사

경상도

**주소** 경상북도 영주시 부석사로 345 · **가는 법** 영주종합버스터미널(버스 27) → 부석사 하차 → 도보 이동 · **운영시간** 06:30~19:00/연중무휴 · **입장료** 무료 · **전화번호** 054-633-3464 · **홈페이지** www.pusoksa.org · **etc** 주차요금 3,000원

영주 여행은 가을부터 시작된다고 하듯이 곳곳의 노란 은행나무가 여행자들의 눈을 사로잡는다. 특히 봉황산 기슭에 자리 잡은 부석사로 올라가는 길목의 은행나무는 환상적인 풍경을 연출하는데, 매표소를 지나 일주문까지 이어진 노란 길이 천년 고찰로 떠나는 여행을 더욱 아름답게 수놓는다.

신라 문무왕 16년(676년) 의상대사가 창건해 천년의 역사를 자랑하는 부석사는 무량수전(국보 제18호)과 석등(국보 제17호)을 비롯해 국보와 많은 문화재를 보유한 곳이다. 부석사에 전해 내려오는 의상대사와 선묘 낭자의 이야기도 유명하다.

의상대사를 사랑한 선묘 낭자가 그의 뱃길을 수호하고자 바다에 뛰어들어 용이 되었다고 한다. 또한 의상대사가 왕명을 받들어 절을 창건할 때 용이 된 선묘가 석룡으로 변해 방해하려는 사람들 머리 위에서 위협해 쫓아냈으며, 이러한 선묘를 기리기 위해 '뜬 바위'라는 뜻의 '부석사'로 이름 지었다고 한다. 이 석룡이 무량수전 밑에 살고 있다는 전설이 전해 내려온다.

부석사보다 유명한 것이 바로 고려시대 목조 건물인 무량수전이다. 무량수전의 모든 기둥은 가운데가 살짝 볼록한 '배흘림기둥'으로 조금 기울어져 보인다. 그러나 멀리서 보면 착시 현상으로 기둥이 똑바로 보인다고 한다. 《나의 문화유산 답사기》의 유홍준 교수는 우리나라에서 가장 아름다운 곳이 어디냐는 질문에 "부석사 무량수전 배흘림기둥에서 바라보는 풍경이 가장 아름답다"고 대답했다. 무량수전 앞뜰 안양루에서 바라보는 전경은 해가 뜨거나 지거나 운무가 있거나 없을 때도 계절 따라 날씨 따라 변하는 자연의 모습에 절로 고개가 숙여진다.

삼국통일을 기념하여 만들어진 삼층석탑 옆 등산로를 따라 15분쯤 올라가면 조사당(국보 제19호)이 나오고, 그 앞에 의상대사의 지팡이에서 꽃을 피웠다는 선비화가 있다. 의상대사는 늘 지니고 다녔던 지팡이를 조사당 처마 밑에 꽂으면서 가지가 돋고 꽃이 피면 무사히 살아 있는 것이니 안심하라는 말을 남기고 인도로 떠났다. 그 후 지팡이에 가지가 돋아나고 매년 봄이면 노란 꽃을 피우는데, 나라에 큰일이 생기면 꽃이 피지 않는다고 한다. 이 선비화의 잎이나 꽃을 달인 물을 마시면 아들을 낳고 신경통이나 관절염에 좋다는 속설 때문에 사람들이 뿌리째 뽑아 가자 주위에 철창을 만들어 관람하게 한다.

**주변 볼거리·먹거리**

**소수서원** 1543년 풍기 군수 주세붕에 의해 건립된 소수서원은 우리나라 최초의 사액서원이다. 처음에는 백운동서원으로 불리다가 퇴계 이황이 풍기 군수로 부임한 후 명종으로부터 무너져가는 교학을 다시 세우라는 의미로 소수서원이라는 현판을 하사받았다. 스승의 그림자도 밟지 않는다고 해서 학생들의 기숙사인 학구재와 지락재는 한 단계 낮게 설계되었다.

Ⓐ 경상북도 영주시 순흥면 소백로 2740 Ⓞ 3~5월, 9~10월 09:00~18:00, 6~8월 19:00~19:00, 11~2월 19:00~17:00(입장 시간은 관람 종료 1시간 전까지)/연중무휴 Ⓣ 054-639-7691Ⓒ 성인 2,000원, 청소년 1,330원, 어린이 600원(선비촌, 소수박물관 포함) Ⓗ www.yeongju.go.kr/open_content/sosuseowon/index.do Ⓔ 주차 무료

**선비촌** 영화나 사극 촬영지로 더 유명한 선비촌은 고택의 커다란 대문을 들어서면 갓 쓰고 도포 자락 휘날리는 선비가 금방이라도 나올 것만 같다. 해우당 고택을 비롯해 기와집 7동과 초가집 5동에 선조들의 옛 생활을 그대로 복원해 두었다. 전통 가옥에서 선비 정신을 체험할 수 있는 선비촌은 숙박 체험 부문에서 '한국관광의별'에 선정되기도 했다.

Ⓐ 경상북도 영주시 순흥면 소백로 2796 Ⓞ 16:30~19:00/연중무휴 Ⓣ 054-638-6444 Ⓒ 선비촌과 소수서원 관람 요금 성인 3,000원, 청소년 2,000원, 어린이 1,000원 Ⓗ www.sunbichon.net Ⓔ 주차 무료/소수서원과 통합해서 해설사와 함께 관람 가능

SPOT 5

**자연 미술 작품과 인생 사진**

# 연미산 자연미술공원

충청도

**주소** 충청남도 공주시 우성면 연미산고개길 98 · **가는 법** 공주종합버스터미널에서 버스 741번 승차 → 연미산 하차 · **운영시간** 10:00~18:00(입장 마감 17:00)/매주 월요일 휴관 · **입장료** 성인 5,000원, 청소년 3,000원, 공주시민 무료 · **전화번호** 041-853-8828 · **홈페이지** www.natureartbiennale.org

연미산 자락에 자리 잡은 이곳은 자연 속에 미술 작품들이 있는 곳이다. 2006년부터 시작된 금강자연미술비엔날레의 작품들이 전시가 끝난 후에도 자연스럽게 이곳과 쌍신공원 곳곳에 남아 있다. 매년 달라지는 주제 덕에 다양한 작품들이 연미산을 채우고 있다. 비가 오면 비와 함께, 단풍이 들면 단풍과 함께하는 것이 바로 이곳의 자연 미술 작품이다.

공주의 설화와 관계 깊은 곰 조형물이 곳곳에 보인다. 몇 해 전 '숲속 은신처'라는 주제로 전시를 해 다양한 형태의 오두막,

집들이 보인다. 오두막, 곰 조형물 등 작품들과 사진을 찍으면 인생 사진이 탄생하는 곳이니만큼 이곳은 인생 사진 맛집으로 통한다.

### 주변 볼거리·먹거리

**시장정육점식당** 공산성 앞 백미고을 앞에 자리 잡은 식육식당이다. 아삭한 공주 알밤이 들어간 육회비빔밥이 인기 있으며 선지국이 함께 나온다. 한우구이도 합리적인 가격에 맛볼 수 있다.

Ⓐ 충청남도 공주시 백미고을길 10-5 Ⓞ 11:00~20:00(브레이크타임 15:00~17:00, 라스트오더 19:40)/매주 월~화요일 휴무 Ⓣ 041-855-3074 Ⓜ 육회비빔밥 15,000원, 따로국밥 10,000원, 선지해장국 9,000원

**미르섬** 공산성 너머 금강변에 자리 잡은 미르섬은 이른 봄 유채꽃부터 수레국화, 양귀비, 코끼리 마늘꽃, 해바라기, 코스모스, 그리고 가을 핑크뮬리에서 댑사리까지 다양한 꽃을 만날 수 있다. 매년 9월 또는 10월에 백제문화제가 미르섬과 공산성 일대에서 열리며 그 기간에는 미르섬에서 공산성까지 다리가 만들어져 금강을 바로 건너갈 수 있다.

Ⓐ 충청남도 공주시 금벽로 368 Ⓣ 041-840-8556

**TIP**

- 산길을 따라 걸어야 하니 발이 편한 신발을 추천한다.
- 동절기인 12월부터 2월까지는 운영하지 않는다.

SPOT 6

예능 〈효리네민박〉 촬영지

# 수월봉

**주소** 제주도 제주시 한경면 노을해안로 1013-70 · **가는 법** 지선버스 761-1, 761-2번 승차 → 한장동 정류장 하차 → 서북쪽 방향으로 800m · **전화번호** 064-772-3334(수월봉 탐방안내소)

제주 북서

제주의 서쪽 끝, 아름다운 바다를 품고 있는 수월봉은 높이 77m의 그리 높지 않은 오름이지만 전망만큼은 황홀함 그 자체이다. 도로가 워낙 잘되어 있어 차량은 물론 누구나 쉽게 올라갈 수 있다. 가까이 차귀도부터 당산봉을 감싸고 있는 해안길과 저 멀리 신창풍력발전단지까지 한눈에 들어온다. 특히 해 질 무렵 환상적인 일몰 풍경도 감상할 수 있다.

약 1만 8천 년 전 수성화산 분출로 형성된 응회환의 일부인 수월봉은 한라산과 산방산을 비롯해 수성화산체 연구지로 지정되었다. 해안 절벽을 따라 드러난 화산쇄설암층은 워낙 장관이므로 수월봉에 왔다면 꼭 엉알길을 걸어보자. 수월봉 지질트레일은 총 3개 코스가 있다. 그중 A코스인 수월봉 엉알길 코스는 차귀도 선착장에서 출발해 해안길을 따라 화산재 지층과 화산탄을 살펴보고, 수월봉 정상과 고산기상대를 거쳐 다시 돌아온다.

**TIP**

- 수월봉 지질트레일 해설은 무료로 진행되니 사전에 탐방안내소에 문의해보자.
- 고산기상대가 수월봉 정상에 있을 정도로 바람이 센 곳이므로 날씨가 덥다 하더라도 일몰을 보기 위해 느지막이 오른다면 바람막이 옷을 준비하는 것이 좋다. 모자가 날아가지 않도록 주의할 것!

### 주변 볼거리·먹거리

**당산봉** 제주 남서쪽의 오름으로 경사가 있지만 수월봉과 넓게 펼쳐진 고산평야, 차귀도가 한눈에 내려다보인다. 중간 전망대와 정상 전망대 2개 다 꼭 올라가 보자.

Ⓐ 제주도 제주시 한경면 고산리 산 15

**노을해안로** 일과사거리에서 바다 방향으로 신도포구에 이르는 긴 해안 도로 중 일부 구간. 일몰 풍경이 아름답기로 유명하다. 운이 좋다면 저 멀리 헤엄치는 돌고래를 만날 수 있다.

Ⓐ 제주도 서귀포시 대정읍 영락리

수월봉 엉알길

9월 셋째 주

# 37 week

SPOT 1

## 성곽길 따라 밤의 서울을 걷다

# 낙산공원

서울·경기

**주소** 서울시 종로구 낙산길 41 · **가는 법** 4호선 한성대입구역 4번 출구 → 도보 이동(약 5분) · **운영시간** 상시 개방 · **입장료** 무료 · **전화번호** 02-743-7985

서울의 '몽마르트르 언덕'이라 불리는 낙산공원은 낮에도 멋지지만 야경이 정말 아름다운 곳이다. 서울에서 가장 아름다운 달밤 산책길이라고 자신 있게 말할 수 있다. 운치 있는 야간 성곽길을 걷다 보면 생각지도 못한 서울의 풍경을 만나게 된다. 낙산공원 바로 밑에 이화동 벽화마을이 있어 낭만적인 데이트도 겸할 수 있다. 낙산공원은 조선 왕조의 수도를 이루던 서울 성곽이 지나가던 곳으로 서울성곽길 중 혜화문에서 낙산공원을 지나 이화동 벽화마을과 홍인지문까지 이어진다. 낙산공원을 빙 둘러싼 서울성곽, 즉 낙산성곽길을 경계로 창신동 마을과 대학로 방면의 서울 시내를 한눈에 내려다볼 수 있다. 선선한 바람이 부는 가을 저녁, 퇴근 후 한적한 야경 감상지로 강력 추천한다.

가까이 동대문과 성북동, 멀리 남산과 인왕산까지 서울의 풍경을 한눈에 담을 수 있는 낙산성곽길.

## 주변 볼거리·먹거리

**이화동 벽화마을**

Ⓐ 서울시 종로구 이화동

3월 11주 소개(151쪽 참고)

**TIP**

- 너무 깊은 시각에 혼자 가면 너무 한적해서 위험할 수 있으니 일행과 동반하는 것이 좋다.
- 성곽의 야경은 성 안쪽보다 바깥쪽에서 보는 것이 훨씬 아름답다.

SPOT 2

색다른 가을을 만나는

# 붉은 메밀꽃축제

강원도

**주소** 강원도 영월군 영월읍 삼옥2리 먹골마을 동강변 · **가는 법** 영월버스터미널에서 자동차 이용(약 9.5km) · **전화번호** 033-374-3002(영월읍사무소) · **홈페이지** yw.go.kr · etc 주차 무료

강원도 영월에서 진행하는 가을맞이 축제! 바로 동강변에서 만날 수 있는 붉은메밀꽃축제다. 그동안 메밀꽃은 하얀색밖에 없다고 생각했다면 오산! 이곳에는 분홍빛 물결이 가득하다. 축제는 보통 10월 중순까지 진행하는데 입장료, 주차료 없이 무료로 운영된다. 꽃의 개화량은 날씨 등에 따라 좌우되는 경우가 많으니 방문 전 검색을 통해 최근 사진을 확인하고 떠날 것을 추천한다. 축제장 안에는 그림 전시, 축제 무대, 포토존 등이 있고 강변에서는 유료 뗏목 체험도 진행한다. 다른 지역에서 보기 어려운 붉은 메밀꽃을 보러 영월 여행을 계획해 보는 것은 어떨까.

## 주변 볼거리·먹거리

**영월동강한우** 질 좋은 한우를 비교적 저렴한 가격에 즐길 수 있어 지역주민부터 관광객까지 사람들의 사랑을 듬뿍 받고 있다. 입구의 정육코너에서는 부위별 고기를 판매하여 포장하거나, 1, 2층 식당을 이용해 먹고 갈 수 있다.

Ⓐ 강원도 영월군 영월읍 하송안길 65 Ⓞ 식당 10:30~21:00/정육코너 09:00~20:30 Ⓒ 상차림비용(1인) 4,000원 Ⓣ 0507-1423-1552

**선돌** 영월의 관문인 소나기재 마루에서 강 절벽 쪽으로 조금 더 올라가면 서강을 배경으로 칼로 내려친 듯 둘로 쪼개진 바위가 서 있다. 원래는 붙어 있던 절벽이 쪼개진 것 같은 형상인데, 그 틈 사이로는 이 간극을 메우려는 듯 서강의 물줄기가 천천히 흐르고 있다. 높이 약 70m의 기암과 굽이쳐 흐르는 서강의 푸른 물빛이 만들어 내는 절경을 마주해 보자.

Ⓐ 강원도 영월군 영월읍 방절리 769-4 Ⓒ 무료 Ⓔ 주차 무료

SPOT 3

**코스모스 한들한들**

# 원구만마을 코스모스 십 리 길

전라도

**주소** 전북특별자치도 완주군 봉동읍 구만리 6-2 · **가는 법** 자동차 이용

작열하던 태양이 힘을 잃고 이제는 아침저녁으로 초가을 정취가 묻어난다. 이 무렵에는 가을꽃의 대표주자 코스모스가 참 예쁘게 느껴진다. 어릴 적 초등학교 운동회를 할 때 즈음에는 어김없이 코스모스가 피었다. 4~50대 중년들에게는 코스모스가 알록달록 핀 신작로를 따라 등하교 하던 기억이 잊지 못할 추억으로 남아 있다. 그 추억을 다시 한 번 느끼고 싶다면 완주 봉동의 만경강변으로 가 보길 추천한다.

만경강 제방 길을 따라 봉동교에서 원구만마을까지 약 4km 구간에 눈부시게 아름다운 코스모스가 넘실거린다. 바람이 불 때마다 가냘픈 꽃대가 한없이 흔들거리지만 쉽게 꺾이지는 않는다. 이맘때 코스모스보다 마음을 더 설레게 하는 꽃이 또 있을까? 한층 더 높아진 파란 하늘, 잔잔히 흐르는 만경강, 그리고 해 질 녘 노을에 물들어가는 코스모스를 보면 누구든 금세 사랑에 빠질 것 같다.

**TIP**

- 전용 주차장은 없고, 봉동교 아래에 30여 대 정도 주차 가능하다.
- 전체 구간을 다 걷기에는 무리가 있고, 1km 정도만 걸어도 충분히 아름다움을 즐길 수 있다.

### 주변 볼거리·먹거리

**전주동물원** 1978년 개원한 전주동물원은 지방에서 처음 생긴 동물원이다. 호랑이와 사자는 물론 희귀동물인 반달가슴곰 등 610여 마리의 동물이 살고 있다. 계절마다 다양한 꽃이 피어 사계절 아름다운 풍경을 만날 수 있다. 좁은 우리에 갇혀 살던 동물들이 최대한 자연 서식지에 가까운 환경에서 생활할 수 있도록 전주시는 2014년부터 생태동물원 사업을 추진해왔다.

Ⓐ 전북특별자치도 전주시 덕진구 소리로 68 Ⓞ 하절기(3~10월) 09:00~19:00, 동절기(11~2월) 09:00~18:00(매표 마감 매일 영업시간 1시간 전) Ⓣ 063-281-6759 Ⓒ 어른(19세 이상 65세 미만) 3,000원, 청소년(13세 이상 19세 미만)·군인 2,000원, 어린이(5세 이상 13세 미만) 1,000원, 65세 이상 5세 미만 무료 Ⓗ zoo.jeonju.go.kr

SPOT 4

엄마 아빠의 수학여행 1번지

# 불국사

**주소** 경상북도 경주시 불국로 385 · **가는 법** 경주고속버스터미널에서 버스 11번 승차 → 불국사 하차 → 도보 이동/경주시외버스터미널에서 버스 10번 승차 → 불국사 하차 → 도보 이동 · **운영시간** 09:00~18:00/연중무휴 · **입장료** 무료 · **전화번호** 054-746-9913 · **홈페이지** www.bulguksa.or.kr · **etc** 주차요금 승용 1,000원, 중형 1,000원, 대형 2,000원

경상도

경주 하면 첫손에 꼽히는 불국사는 과거 수학여행 때 반드시 들르는 곳 중 하나로, 갓 태어난 아이도 알 정도라는 우스갯소리가 있을 만큼 유명한 사찰이자 관광지이다. 토함산 서쪽에 위치한 불국사는 1995년 유네스코 지정 세계문화유산으로 등재된 신라시대 사원 예술의 걸작품으로 신라 경덕왕 10년 김대성이 부모님을 위해 창건했다. 임진왜란 때 의병의 주둔지로 일본군에 의해 전각이 불타버렸고, 영조 때 다시 복원한 것이 현재의 모습이다. 정과 망치만으로 돌을 다듬었는데도 어느 하나 어

긋남이 없고, 오랜 세월을 이어온 견고함이 놀라울 따름이다. 봄이면 겹벚꽃이 가득 피고 가을이면 단풍이 아름다운 곳, 천년의 역사가 깃든 불국사 경내를 걸으면 어느 곳 하나 헛되이 보이지 않는다.

**TIP**

- **다보탑** 불국사 대웅전 앞뜰에 나란히 서 있는 석탑 가운데 동쪽에 있는 다보탑(국보 제20호)은 신라시대 대표적인 석탑으로 10원짜리 동전 앞면에 새겨져 있다. 기단의 돌계단 위에 놓였던 돌사자는 네 마리였는데, 세 마리는 일제에 의해 약탈되었고 현재는 입 부분이 떨어져 나간 한 마리만 외로이 남아 있다.
- **석가탑** 불국사 대웅전 앞뜰에 나란히 서 있는 석탑 가운데 서쪽에 있는 것이 석가탑(국보 제21호)이다. 석탑이 완성되어 연못에 비치기만을 기다리던 아사녀는 남편인 백제의 석공 아사달이 신라 공주와 혼인할 거라는 소문을 듣고 연못에 몸을 던진다. 이 소식을 들은 아사달 역시 그녀를 따라 연못에 몸을 던지는데, 탑의 그림자가 비치지 않는다 하여 석가탑을 무영탑이라 불렀다.
- **극락전 현판 뒤 복돼지** 극락세계를 관장하는 아미타여래를 모시는 법당인 극락전 앞에는 복돼지 상이 있는데, 재물과 풍족함을 상징하는 돼지를 쓰다듬으면 복이 들어온다고 한다. 그러나 진짜 돼지는 현판 뒤 단청 속에 숨어 있다.

**주변 볼거리·먹거리**

**동궁과월지(안압지)** 신라시대 태자가 거처하던 별궁터인 동궁과 달이 비치는 연못이라는 뜻의 월지는 나라에서 연회를 베풀 때 이용했다고 한다. 신라 문무왕 때는 궁 안에 못을 파고 산을 만들어 화초를 심고 새와 짐승을 길렀다는 기록도 있으며 야경이 아름답기로 유명하다.

Ⓐ 경상북도 경주시 원화로 102 Ⓞ 09:00~22:00(입장 마감 21:30) Ⓒ 어른 3,000원, 청소년 2,000원, 어린이 1,000원 Ⓣ 054-750-8655 Ⓔ 주차 무료

SPOT 5

**은빛 물결 팜파스그라스와 인생 사진**

# 청산수목원

**주소** 충청남도 태안군 남면 연꽃길 70 · **가는 법** 태안공영버스터미널에서 버스 701, 702, 707번 승차 → 삼거리 하차 → 도보 이동(약 1km) · **운영시간** 일몰 1시간 전 입장 마감 · **입장료** 팜파스, 핑크뮬리 시즌(8월 하순~11월) 성인 12,000원, 청소년 9,000원, 유아(3~7세) 7,000원/동절기, 홍가시 창포연꽃 시즌 등 시즌별로 요금 상이 · **전화번호** 0507-1324-0656 · **홈페이지** www.greenpark.co.kr/gnu

충청도

청산수목원은 연꽃 등 200여 종의 습지식물이 있는 수생식물원, 예술 작품 속 배경과 인물을 만날 수 있는 테마 정원, 600여 종의 나무가 있는 수목원으로 구성되어 있다. 그중 사람들에게 가장 인기가 많은 곳은 팜파스그라스가 있는 곳이다.

팜파스그라스 덕분에 조금 이르게 가을을 느낄 수 있다. 베이지색의 화려한 꽃을 피우는 팜파스그라스는 서양 억새로도 불린다. 8월 하순부터 피기 시작해 가을이 깊어갈수록 더욱 화려해져 9~10월 화려한 은빛 물결을 만날 수 있다. 억새와 비슷하

지만 그 높이가 2~3m에 이르러 그 속에 들어가 가을 사진을 남겨보자.

**TIP**
- 팜파스그라스는 줄기가 날카로워 사진 찍을 때 베이지 않도록 주의하자.
- 팜파스그라스는 매표소에서 고갱가든을 지나 출구 가까이에 있다.

## 주변 볼거리·먹거리

**신태루** 육짬뽕이지만 바지락이 넉넉하게 들어가 시원하면서 진한 육수 맛이 일품이다. 가게의 외관과 내부 모습에서 70년 전통의 노포 맛집임을 바로 알 수 있다.

Ⓐ 충청남도 태안군 태안읍 시장5길 43 Ⓞ 10:00~19:30/매주 화요일 휴무 Ⓣ 041-673-8901 Ⓜ 짬뽕 8,000원, 짜장면 6,000원, 탕수육(小) 17,000원

**태안마애삼존불** 백화산 기슭에 자리 잡은 삼국시대 백제의 대표적 불상으로 국보 제307호로 지정되었다. 좌우 여래입상과 중앙에 보살입상이 있는 삼존불이다. 마애불은 자연 암벽에 새겨진 불상을 말한다.

Ⓐ 충청남도 태안군 태안읍 원이로 78-132 Ⓣ 041-672-1440

SPOT 6

**드라마 〈맨도롱 또똣〉 촬영지**

# 한담해안 산책로

제주 북서

**주소** 제주도 제주시 애월읍 곽지리 1359 · **가는 법** 간선버스 200번 승차 → 한담동 정류장 하차 → 서남쪽으로 327m → 우측 길로 80m → 좌측 길로 145m(한담해변 기준)

애월항에서 시작해 곽지해수욕장까지 이어지는 총 1.2km 도보 코스. 길지 않고 어려운 구간이 없어 누구나 쉽게 걸을 수 있고, 주변 풍경에 풍덩 빠져 여행자가 풍경이 되는 아름다운 산책로다. 해안가를 따라 구불구불 이어진 산책길 양옆으로 올록볼록한 현무암부터 고양이바위, 악어바위, 아기공룡바위, 거울바위 등 이름을 쏙 빼닮은 바위들이 많다. 곽금팔경(곽지리와 금성리의 아름다운 8가지 풍경) 중 3경인 날개를 펴고 날아오르는 솔개 모양 바위라는 뜻의 치소기암이 가장 압권이다.

바다색도 맑고 투명해 눈이 시릴 정도다. 계단도 있으니 청량한 파도 소리를 들으며 잠시 힐링의 시간을 가져보자. 조선시대 《표해록(漂海錄)》을 쓴 장한철이 한담에 살았다고 해서 장한철 산책로라고도 부르며, 애월 카페거리가 따로 있을 정도로 바다 전망 카페가 굉장히 많아 여유 있는 시간을 보내기에 좋다.

**TIP**

- 애월항에서 시작하지만 대부분 한담해변 초입부터 곽지해수욕장까지 이용한다. 한담해변 인근은 주차가 불편하니 곽지해수욕장에 주차 후 한담해변으로 이동하는 것도 좋은 방법이다.
- 편도 코스라 다시 출발점으로 돌아와야 하지만 길지 않으니 큰 부담은 없다.
- 제주의 서쪽 바다 풍광을 한눈에 만날 수 있는 올레 15-B코스의 일부 구간이다.

### 주변 볼거리 · 먹거리

**신창풍차해안도로** 예능〈효리네민박〉 촬영지. 신창리에서 용수리까지 6km에 이르는 해안도로로 풍력발전단지가 이국적인 느낌을 더한다. 노을 맛집으로 불릴 정도로 어떤 날은 은은하게, 또 어떤 날은 불타는 듯한 노을을 만날 수 있다. 싱계물공원과 함께 둘러보기 좋다.

Ⓐ 제주도 제주시 한경면 신창리 1322-1

**명자** 비법 간장으로 맛을 낸 신선한 새우장과 연어장, 불향 가득한 매콤한 흑돼지 등을 밥 위에 올려 먹는 덮밥집이다. 덮밥도 반찬들도 정갈함이 돋보인다. 2층에는 창문을 향해 바가 배치되어 있어 바다를 바라보며 식사할 수 있다.

Ⓐ 제주도 제주시 애월읍 애월로1길 22 Ⓞ 10:30~18:00(라스트오더 17:30)/매주 금요일·설날 연휴 휴무 Ⓣ 0507-1340-3343 Ⓜ 새우장 덮밥 정식 14,000원, 연어장 덮밥 정식 16,000원, 매콤 불고기 덮밥 정식 13,000원

9월 넷째 주

# 38 week

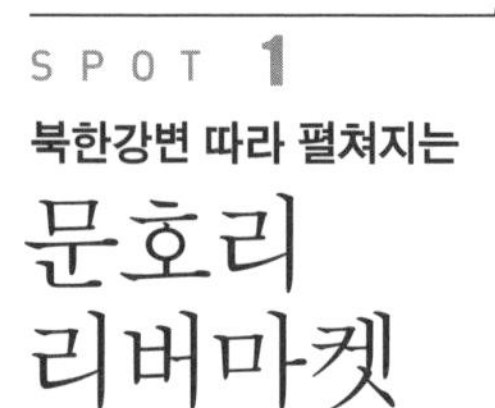

SPOT 1

### 북한강변 따라 펼쳐지는

# 문호리 리버마켓

서울·경기

**주소** 경기도 양평군 서종면 북한강로 992 · **가는 법** 경의중앙선 양수역 1번 출구 → 문호리 리버마켓 장터까지 30분 간격으로 직통 셔틀버스 운행(11:00~17:30) · **운영시간** 매일 10:00~19:00 · **전화번호** 010-5267-2768 · **홈페이지** rivermarket.co.kr

양평 문호리에서는 매월 셋째 주 토요일과 일요일에 북한강변을 따라 이른바 리버마켓(River Market)이 열린다. 2014년 처음 개장한 '문호리 리버마켓'은 은퇴한 60대 부부와 마을 농부들이 뜻을 모아 시작했다. 현재 약 150팀에 이르며, 셀러의 70퍼센트가 양평 주민들이고, 나머지는 전국 각지에서 모인 사람들이다. 니어바이 리버마켓에는 싱싱한 유정란, 무농약 표고버섯, 토마토 등의 식자재부터 육개장, 황태국밥, 떡볶이, 파전, 우동, 수제꼬치, 햄버거, 돈가스, 핸드드립 커피와 쿠키 등 건강하고 맛있는 슬로푸드가 가득하다. 맛난 먹거리 외에 직접 만든 공예품들도 판매한다. 물안개 피어오르는 북한강변을 따라 장터를 한 바퀴 돌아보는 것만으로도 운치 있다.

**TIP**

- 인기 품목 앞에는 일찌감치 '품절'이라는 안내판이 붙으니 이왕이면 12시 이전에 가는 것이 좋다.
- 리버마켓에 갈 때는 배를 반쯤 비워야 맛나게 즐길 수 있다.
- 장터가 흙길이라 장맛비가 내리는 날은 흙탕물로 변하니 주의한다.
- 문호 강변에서는 한 달에 한 번 열리고 그 외에는 다른 지역에서 진행된다.
- 주차장이 넓어서 주차 걱정은 안 해도 된다.

### 주변 볼거리·먹거리

**두물머리** 양평에서 가장 아름다운 일출과 일몰을 볼 수 있는 영원한 나들이 명소. 남한강과 북한강의 두 물줄기가 합쳐지는 곳이라 해서 두물머리라 불리며 '양수리'라는 지명도 여기서 나왔다.

Ⓐ 경기도 양평군 양서면 양수리 Ⓞ 연중 개방 Ⓣ 031-775-8700

SPOT 2

역대급 뷰맛집

# 신선대& 화암사숲길

강원도

**주소** 강원도 고성군 토성면 신평리, 강원도 고성군 토성면 화암사길 100(화암사) · **가는 법** 속초시외버스터미널에서 자동차 이용(약 14km) · **etc** 승용차 4,000원

금강산 신선대, 설악산 울산바위, 푸른 동해까지! 경이로운 대자연을 한눈에 담을 수 있는 곳, 금강산 화암사숲길이다. 이곳에 다녀온 사람들의 후기를 보면 '걷는 시간 대비 풍경이 정말 아름답다'라는 평이 많아 더욱 궁금해진다. 금강산 화암사숲길은 약 4.1km의 등산로로, 등산을 마치는 데까지 1시간 30분 정도가 소요된다. 소요 시간이 길지 않고 어려운 길이 아니라 초보 등산객도 충분히 오를 수 있다. 보통 가을의 날씨는 구름 한 점 없이 맑고 청량해 경치가 선명하게 내려다보이지만, 촉촉

하게 비가 내리다가 서서히 갤 무렵 방문했다면 무지개도 볼 수 있을 것이다. 정상에서 둥글게, 그 형태가 온전히 내려다보이는 무지개를 바라보면 감탄의 연속 그 자체이다. 이후에는 화암사에 있는 찻집에 들러 차 한잔 마시며 잠시 쉬어가는 여유를 즐기면 어떨까.

**주변 볼거리·먹거리**

**청황** 화암사 주차장 입구 주변에 위치한 찻집이다. 과거 란야원이라고 불렸던 곳이지만 이름도 내부 인테리어도 조금씩 달라졌다. 불교와 관련된 소품과 쌍화차, 대추차 등 전통차를 판매하며 연꿀빵 등의 디저트도 있다. 카페 안팎으로 보이는 수바위 뷰와 함께 힐링하기 좋은 곳이다.

Ⓐ 강원도 고성군 토성면 화암사길 100 Ⓜ 아메리카노 5,000원, 호박식혜 5,000원, 생강차 6,000원, 쌍화차 6,000원 Ⓣ 070-7726-7551

SPOT 3

**이루어질 수 없는 사랑이 피어나다**

# 불갑사

전라도

**주소** 전라남도 영광군 불갑면 불갑사로 450 · **가는 법** 자동차 이용 · **전화번호** 061-352-8097

9월, 얼굴에 닿는 바람이 선선하게 느껴지기 시작할 때 불갑사의 가을은 빨갛게 타오른다. 세련된 연꽃 문양이 돋보이는 대웅전, 700년이 넘은 참식나무도 눈길을 끌지만 이 무렵 불갑사에서 우리의 시선을 빼앗는 것은 단연 꽃무릇이다. 보통 고창의 선운사, 영광의 불갑사, 함평의 용천사를 우리나라 3대 꽃무릇 군락지로 꼽는데, 그중에서도 불갑사 꽃무릇이 으뜸이다. 불갑사 주차장 입구부터 얼굴을 내민 꽃무릇은 일주문을 지나면 지천으로 피어 있다. '피었다'는 표현보다는 '흐드러졌다'는 말이 더 어울릴 정도다. 산사 구석까지 밀려든 붉은 물결에 잠시 꽃멀미가 느껴진다. 불갑사를 뒤덮은 꽃길은 계곡의 산책로를 따라 불갑사 저수지까지 이어진다. 비탈길에 핀 꽃무릇이 반짝이는 저수지 물빛과 어우러져 눈부시다. 이파리 하나 없이 가늘고 여린 꽃대가 어떻게 이런 탐스러운 꽃송이를 피워 내는지 신비롭기만 하다.

꽃무릇의 꽃말은 '이루어질 수 없는 사랑'이다. 꽃과 잎이 피는 시기가 달라 서로 그리워하면서도 만나지 못한다 하여 이런 꽃말이 붙었는데, 여기에는 슬픈 전설이 담겨 있다. 절에 불공을 드리러 온 아리따운 처녀를 짝사랑한 젊은 스님이 상사병에 걸려 시름시름 앓다가 피를 토하고 죽었는데, 그 무덤가에 붉은 꽃이 피었다는 것이다. 이 전설을 믿는 사람은 없겠지만 유난히 붉은 꽃무릇을 보면 애절한 사랑의 한이 꽃으로 피어난 건 아닌가 하는 생각이 든다.

**TIP**

- 불갑사꽃무릇축제가 9월 중순경에 열리는데, 이 시기에는 불갑사로 향하는 도로가 매우 혼잡하므로 아침 일찍 도착하는 것이 좋다.
- 불갑사에서 꽃무릇이 가장 아름다운 곳은 일주문 근처와 불갑사 저수지 주변이다.

**주변 볼거리·먹거리**

**불갑저수지수변공원**
저수지 주변을 따라 공원과 산책로, 인공 폭포 등을 조성하여 여행자에게 쉼터와 생동감 있는 볼거리를 제공하는 곳이다. 저수지를 한눈에 내려다볼 수 있는 전망대가 특히 인기 있다.

Ⓐ 전라남도 영광군 불갑면 방마로 151 Ⓣ 061-352-8097

SPOT 4

**고대 가야인의 숨결을 느끼다**

# 가야산 역사신화공원

**주소** 경상북도 성주군 수륜면 가야산식물원길 17 · **가는 법** 성주터미널에서 농어촌버스 0 대가, 작은리, 수륜행 승차 → 국민호텔 하차 → 도보 이동(약 2분) · **운영시간** 10:00~17:00(입장 마감 16:30)/매주 월요일·설날·추석 당일 휴무 · **입장료** 무료/VR 체험비는 별도 · **전화번호** 054-930-8483 · **홈페이지** sj.go.kr/gayah-m/main.do · etc 주차 무료

경상도

성주는 고대국가 가야국 문화권으로 크고 작은 고분 129기가 보존구역으로 지정되어 있을 정도로 유서 깊은 도시다. 가야산역사신화공원에 속해있는 가야산역사신화역사테마관은 가야의 건국신화인 가야산신 정견모주의 이야기와 가야산의 자연과 역사, 가야산과 관련된 문화유산을 다양한 테마로 접할 수 있도록 조성해 놓았으며 가야산테마관, 가야신화테마관, 옥상정원으로 나뉘어 있다. 쉽게 접할 수 없었던 가야국의 이야기를 사진과 웹툰으로 구성해 관람객들의 이해를 돕고 있으며 야생화

천국인 가야산과 가야산에 속해있는 전설까지도 흥미롭다.

가야산 야생화와 함께할 수 있도록 꾸며놓은 가야산야생화식물원은 굳이 산을 오르지 않아도 가야산에서 피는 야생화를 볼 수 있고, 가야산의 자연경관을 걸으면서 느낄 수 있는 천신의 길과 정견모주의 길로 산책로를 조성해 두었다.

정견모주의 길을 따라 걷다 보면 계곡에서는 맑은 물이 흐른다. 울퉁불퉁 걷기 힘든 돌길은 나무로 테크길을 만들어 놓았고 초록 나무들은 있는 힘껏 피톤치드를 토해낸다. 알록달록 꽃이 쏟아지는 꽃수레길을 따라 모처럼 설렘 가득한 길을 걸어본다.

### 주변 볼거리·먹거리

**인송쥬** 카페 안에는 성주참외를 상징하는 참외 인형과 커다란 곰인형이 있다. 아이들이 좋아할 만한 곳이지만 곳곳에 식물들이 많아 노키즈존으로 운영하고 있다. 작은 연못도 있고 아기자기한 공간도 많아 사진찍기에도 안성맞춤이다.

Ⓐ 경상북도 성주군 수륜면 참별로 1009 Ⓞ 월~화요일, 금~일요일 11:00~20:00/매주 수~목요일 휴무 Ⓣ 054-931-9060 Ⓜ 인송쥬라테 6,800원, 아메리카노 5,000원, 카페라테 6,000원 Ⓔ 주차 무료

**리베볼** 카페로 들어가는 아치형 문을 열면 중세시대로 향하는 것이 아닌가 하는 느낌을 받게 되고 카페 건물은 넝쿨이 감고 있어 숲속의 집처럼 감성이 물씬 풍긴다. 카페는 조명이며 커피잔이며 엔틱한 느낌과 감성을 자극하는 소품까지 다양하다.

Ⓐ 경상북도 성주군 수륜면 덕운로 1433 Ⓞ 평일 10:00~18:00, 주말 11:00~19:00/사전 예약제 Ⓣ 0507-1341-1160 Ⓜ 리베볼라테 7,800원, 아메리카노 6,800원, 치즈케이크 11,000원 Ⓗ www.insta gram.com/liebevoll_art Ⓔ 주차 무료

SPOT 5

대하 축제가 열리는

# 남당항과 남당노을 전망대

충청도

**주소** 충청남도 홍성군 서부면 남당리 859-2(남당항), 충청남도 홍성군 서부면 남당리 767-18(남당노을전망대) · **가는 법** 광천역 신진정류장에서 버스 277번 승차 → 남당 정류장 하차

홍성에서 남쪽에 있는 항구로 대하, 우럭, 새조개, 꽃게, 새우 등 수산물의 보고로 알려져 있다. 항구에는 새로 단장한 대형 회센터가 있어 선택의 폭이 넓다. 겨울철에는 '홍성남당항새조개축제'가 열리고 9월에서 10월까지 '홍성남당항대하축제'가 열린다. 배로 10분 거리에는 대나무섬으로 유명한 죽도가 있고 안면도가 보인다.

남당항에서 북쪽 어사리포구 방향으로 바닷가를 따라 올라가면 2021년 새로 만들어진 남당노을전망대가 보인다. 빨간색 전망대가 인상적이며 무엇보다 놀라운 것은 천수만에서 보기 드문

## 주변 볼거리·먹거리

**어사리노을공원** 두 남녀가 행복한 모습으로 소중한 약속을 하는 모습의 조형물 〈행복한 시간〉 너머로 화려한 노을을 볼 수 있는 곳이다. 낮에는 푸른 바다를 배경으로, 저녁이 되면 일몰과 함께하는 이곳에는 전망대, 광장 등이 있어 천수만에서 일몰 보기에 최적의 장소다.

Ⓐ 충청남도 홍성군 서부면 남당항자전거길 53

고운 모래사장이 있다는 사실이다. 이곳의 모래사장은 자연 그대로라기보다는 노력으로 만들어진 백사장이다. 높은 파도로 백사장이 유실되고 연안이 침식되면서 대대적인 정비사업을 추진했다. 그 결과 6만 7,000㎡ 규모의 백사장을 볼 수 있게 된 것이다. 부드러운 모래는 맨발로 걸어도 좋다. 전망대는 죽도 방향으로 향해 있으며 저녁 시간에 방문한다면 일몰을 볼 수 있다.

**TIP**

- 전망대 위를 걷는 것도 좋지만 아래를 걸어보자. 부드러운 모래를 밟으며 빨간전망대 사진을 남기는 것도 좋다.
- 물이 들어오는 시간이라면 맑은 물빛과 모래사장을 볼 수 있다.

SPOT 6

영화 <시월애> 촬영지

# 산호해수욕장

제주 북동

**주소** 제주도 제주시 우도면 연평리 · **가는 법** 하우목동항 남쪽으로 1km(차량 약 4분, 도보 약 19분)

눈부시게 빛나는 하얀 해변, 맑고 투명한 바다가 보석처럼 반짝거리는 산호해수욕장은 수심과 햇빛에 따라 바다의 색도 다채롭게 변한다. 우도8경 중 제8경이 서빈백사인데, 우도 서쪽에 위치한 빛나는 모래사장이라는 뜻이다. 산호해수욕장, 서빈백사, 홍조단괴 해빈으로 불리는 이곳은 모래나 산호가 아닌 홍조단괴라는 홍조류로 이루어졌다.

1mm의 작은 크기부터 10cm 넘는 것도 있는 홍조단괴는 오돌토돌하면서 동그란 모양이 팝콘을 닮았다. 세포나 세포 사이의 벽에 탄산칼슘이 침전되어 만들어지는데 해안가를 따라 홍조류의 퇴적물이 쌓여 형성된 것! 홍조단괴 해빈은 우리나라에서 유

일하게 우도에서만 볼 수 있으며 전 세계적으로도 찾아보기 힘들다. 천연기념물 제438호로 지정되어 있으니 예쁘다고 함부로 가져와서는 안 된다. 하우목동항이나 천진항과 같은 방향에 위치해 성산일출봉과 종달 지미봉, 그 뒤로 펼쳐지는 오름과 해안마을이 파노라마처럼 펼쳐진다.

**TIP**

- 일몰이 아름다운 곳이다. 이곳에서 일몰을 보기 위해 1박을 하는 마니아들도 있을 정도! 우도에서 1박을 한다면 일몰 시간에 꼭 들러보자.

### 주변 볼거리·먹거리

**밤수지맨드라미책방** 우도의 유일한 서점이자 카페. 밤수지맨드라미는 멸종위기 야생생물 2급으로 지정되어 보호받고 있는 산호를 일컫는다. 부정기로 전시회와 심야책방이 열린다.

Ⓐ 제주도 제주시 우도면 우도해안길 530 Ⓞ 10:00~17:00/부정기 휴무, 인스타그램 공지 Ⓣ 010-7405-2324 Ⓗ www.instagram.com/bamsuzymandramy.bookstore Ⓔ 하우목동항 동쪽 끝 위치

**우도동굴보트관광** 바다에서 우도의 또 다른 풍경을 볼 수 있는 이색 체험. 해식동굴의 신비로움과 롤러코스터를 타는 듯한 스릴, 2가지 재미를 동시에 느낄 수 있다. 우도 8경 중 제1경 주간명월, 제5경 전포망도, 제6경 후해석벽, 제7경 동안경굴을 만날 수 있다.

Ⓐ 제주도 제주시 우도면 연평리 검멀레해변 입구 Ⓣ 064-783-9999 Ⓒ 성인 20,000원, 소인 15,000원, 미취학 아동 10,000원

10월의 대한민국

# 깊은 가을의 정취

10월 첫째 주

# 39 week

SPOT 1

도심 속 일상의 고요

## 길상사

**주소** 서울시 성북구 선잠로5길 68 · **가는 법** 4호선 한성대입구역 6번 출구 → 마을버스 성북 02번 승차 → 길상사 하차 · **운영시간** 04:00~20:00 · **입장료** 무료 · **전화번호** 02-3672-5945 · **홈페이지** www.kilsangsa.info

서울·경기

고즈넉한 산책길로 유명한 성북동 북악산 길 끝자락에 위치한 길상사는 한적한 분위기에서 잠시 쉬어 갈 수 있는 도심 속 고요한 사찰이자 청정한 공기를 맘껏 들이쉴 수 있는 곳이다. 삼청각, 청운각과 더불어 우리나라 3대 요정이었던 대원각의 주인 기생 김영한이 법정스님의 무소유 철학에 감화를 받아 조계종에 시주하면서 현재의 사찰로 거듭났다. 김영한은 〈나와 나타샤와 흰 당나귀〉의 시인 백석과 세기의 러브 스토리로 유명하며, '길상사'라는 이름도 김영한의 법명 '길상화'에서 따온 것이다. 기와지붕 아래 작은 툇마루에 앉아 풍류를 읊었을 요정 '대원각' 시절의 모습이 절로 상상된다.

길상사는 사계절 내내 아름답다. 그래서 365일 방문객이 끊이지 않지만 유독 가을에 찾는 발걸음이 많은 이유는 바로 '꽃무릇' 때문이다. 사찰 입구부터 붉게 수놓은 꽃무릇은 무리 지어 피기 때문에 더욱 화려한 볼거리를 선사하며, 가을 출사지로 인기 많다.

**TIP**

- 무릎 위로 올라오는 짧은 치마나 반바지 차림으로는 입장할 수 없다. 입구에서 빌려주는 랩스커트를 착용해야 한다.
- 사찰 체험, 불도 체험 등 다양한 프로그램을 진행하고 있으며 불교 신자가 아니더라도 가볍게 산책하며 마음의 평안을 얻고자 하는 누구에게나 열린 공간으로 사용되고 있다.
- 조용히 사색의 시간을 갖고 싶다면 홀로 명상할 수 있는 '침묵의 집'을 이용해 보자. 오전 10시부터 오후 5시까지 자유롭게 이용할 수 있으며, 한 번에 8명까지 입장을 제한하고 있어 나만의 고요한 시간을 가질 수 있다.
- 좀더 여유로운 시간을 보내며 사색과 휴식을 겸하고 싶다면 템플스테이를 신청해 보는 것도 좋다.

### 주변 볼거리·먹거리

**심우장** 심우장은 만해 한용운이 지어 1933년부터 1944년 생을 마칠 때까지 살았던 집이다. 불교 선종에서 잃어버린 소를 찾음으로써 깨달음에 이른다는 '심우'에서 이름을 따왔다. 조선총독부와 마주하는 것을 피하기 위해 원래 남향집이던 것을 북향으로 바꿨다고 한다. 앞마당에는 만해가 직접 심은 향나무가 서 있다.

Ⓐ 서울시 성북구 성북로29길 24 Ⓞ 09:00~18:00 Ⓒ 무료 Ⓣ 02-720-5393 Ⓗ www.kilsangsa.or.kr

법정스님이 살아생전 즐겨 앉은 나무 의자

SPOT 2

축구장 33개 넓이를 자랑하는

# 고석정꽃밭

**주소** 강원도 철원군 동송읍 태봉로1769 · **가는 법** 신철원터미널에서 신철원공영버스터미널 버스 정류장 이동 → 버스 1, 1-1번 승차 → 고석정(정문) 하차 → 도보 이동(약 610m) · **운영시간** 09:00~19:00/매주 화요일 휴무 · **입장료** 성인 10,000원, 어린이 4,000원 · **전화번호** 033-450-5059

강원도

SNS를 통해 발견한 빨갛고 노란 촛불맨드라미 꽃밭! 고석정꽃밭은 마치 외국에 온 듯 이색적인 철원의 가을 여행지다. 입구에 들어서면서부터 알록달록한 풍경에 보는 눈이 즐거운데, 안쪽으로 들어갈수록 보라색 버베나, 코스모스, 해바라기, 메밀꽃, 백일홍, 천일홍, 바늘꽃, 댑싸리까지 다양한 꽃이 즐비하기 때문이다. 화려한 꽃들의 조화에 가을맞이 드라이브 장소로도 제격인 이곳. 고석정 꽃밭은 촛불맨드라미로 가장 유명하지만, 끝이 보이지 않을 정도로 넓게 펼쳐진 바늘꽃밭은 '원래 바늘꽃이 이렇게 예뻤나?' 하는 생각이 절로 들게 한다. 고석정 꽃밭은 각각의 꽃마다 개화 시기, 개화량이 조금씩 달라 방문 시기에 따라 만개 여부가 다르니 참고해 방문하자.

**TIP**

- 가을꽃 개화 시기에 맞춰 고석정 꽃밭 맞은편에 제2주차장까지 마련되어 있으니 주차 후 도보로 이용하는 것을 추천한다(주차비 무료).
- 2024년 기준 매 주말마다 한탄강 은하수교 일원에서 철원DMZ 마켓이 열리니 참고해 들러보자.

**주변 볼거리·먹거리**

**순담계곡** 한탄강 물줄기 중 가장 아름다운 계곡으로 유명하다. 기묘한 바위와 강변에서 보기 드문 하얀 모래밭이 형성되어 있어 경관이 빼어나며, 물의 양에 따라 래프팅도 가능하다.

Ⓐ 강원도 철원군 갈말읍 지포리 Ⓣ 033-450-5365

SPOT 3

푸른 하늘과 땅이 하나되는 곳

# 상하농원

**주소** 전북특별자치도 고창군 상하면 상하농원길 11-23 · **가는 법** 자동차 이용 · **운영시간** 09:30~21:00 · **입장료** 대인 9,000원, 소인 및 경로 6,000원 · **전화번호** 1522-3698 · **홈페이지** www.sanghafarm.co.kr

전라도

언제부턴가 우리 입에 오르내리던 '웰빙'과 '힐링'이라는 단어는 이제 건강한 삶의 척도를 나타내는 말이 되었다. 웰빙을 고려해 맛보다 건강을 생각한 식단을 짜고, 힐링을 위해 몸과 마음의 충분한 휴식을 취한다. 고창 상하농원에 가면 웰빙과 힐링을 제대로 만끽할 수 있다. 2016년 4월에 정식 개장한 이곳은 매일유업에서 운영하는 농장으로, 그 규모가 축구장의 약 14배 크기인 10만㎡에 이른다. '짓다', '놀다', '먹다'를 모토로 내걸고 자연과 동물, 사람이 교감할 수 있는 체험형 농촌 테마파크를 조성한 것이다. 동물농장과 유기농목장에서는 송아지와 양에게 건초나 우유를 먹이고, 자유롭게 돌아다니는 새끼 동물들에게 다가가 인사를 건넬 수도 있다. 체험교실에서는 직접 소시지를 만들고 손수 우유빵을 구워 볼 수 있다.

한편 이곳의 농원식당에서 로컬푸드의 참맛을 느껴 보는 것도 좋다. 대부분 농장에서 직접 재배하거나 고창에서 생산한 농산물을 사용한 음식이므로 신선하고 믿을 만하다. 특히 셀프 테이블에서 원하는 만큼 가져다 먹을 수 있는 배추, 상추, 장아찌, 젓갈 등은 더없이 신선하고 맛도 일품이다.

**TIP**

- 반려견과 함께 입장할 수 있어 반려인들에게 인기가 높다.
- 계절별로 다양한 체험 프로그램을 진행하기 때문에 홈페이지에서 미리 확인한 후 예약하고 갈 것을 추천한다.

**주변 볼거리·먹거리**

**구시포해수욕장** 울창한 소나무숲과 곱고 단단한 백사장, 1.7km에 이르는 해안선이 장관이다. 환상적인 일몰을 마주하기 위해 특히 사진가들이 많이 찾는다.

Ⓐ 전북특별자치도 고창군 상하면 진암구시포로 545

**선운사** 도솔산 북쪽 기슭에 자리 잡고 있는 선운사는 오랜 역사와 빼어난 자연경관, 귀중한 불교 문화재들을 지니고 있다. 사시사철 참배객과 관광객의 발길이 끊이지 않는 곳이다.

Ⓐ 전북특별자치도 고창군 아산면 선운사로 250 Ⓞ 06:00~19:00 Ⓣ 063-561-1422 Ⓒ 무료 Ⓗ www.seonunsa.org Ⓔ 주차 2,000원

SPOT 4

빛나는 유산과 자연을 품은

# 해인사

**주소** 경상남도 합천군 가야면 해인사길 122 · **가는 법** 해인사시외버스터미널에서 농어촌버스 808번 승차 → 해인사 하차 → 도보 이용(약 29분) 또는 택시로 이동 · **운영시간** 하절기 08:00~18:00, 동절기 18:00~17:00/연중무휴 · **입장료** 무료 · **전화번호** 055-934-3000 · **홈페이지** haeinsa.or.kr · **etc** 주차 요금 승용차 4,000원

경상도

해인사까지 잘 다듬어진 길을 자동차로 편히 갈 수 있지만 천천히 걸어보자. 흐르는 물소리, 산새 소리 그리고 소나무 사이로 스치는 바람 소리, 해인사로 가는 길은 8월의 정겨운 소리로 가득하다. '합천 8경'에 속하며 통도사, 송광사와 더불어 한국의 3대 사찰로 불리는 해인사가 자리 잡은 가야산은 우리나라 불교 전통의 성지로 예로부터 이름난 명산이자 영산이다. 가야는 '최상의'라는 뜻으로 석가모니가 성도한 붓다가야 근처에 있는 가야산에서 따온 이름이라는 설도 있고, 인근에 가야국이 있었던 데서 유래했다는 이야기도 전해진다. 중국 남조시대 지공스님이 불법이 번창할 것이라고 예언했는데, 300년이 지난 뒤 신

라 애장왕 3년 의상대사와 법손인 순응과 이정이 해인사를 창건했다. 천년 고찰 해인사에는 세계문화유산으로 등재된 고려시대의 팔만대장경이 보존되어 있다.

해인사에는 1200년이 넘은 나무 한 그루가 있었다. 지금은 고사목이 되어 흔적만 남아 있지만 해인사의 역사와 함께 천년을 이어오다 1945년 수명을 다했다. 그 나무는 신라시대 40년 애장왕 때 왕후의 병을 순응과 이정이 기도로 낫게 하자 은덕을 기리고자 일주문 쪽에 심었다고 한다.

**팔만대장경** 고려 고종 23년(1236)부터 38년(1251)에 걸쳐 완성한 대장경으로 경판의 수가 8만 1,258장에 이른다고 해서 팔만대장경이라 불린다. 대장경은 불경을 집대성한 것으로 부처의 힘을 빌려 외적을 물리치기 위해 만들었다. 목판 대장경이 700년이 넘도록 썩지 않고 보존된 데는 특별한 비법이 있다. 벽면 위아래 창살문을 내어 통풍이 잘되게 하고, 바닥과 공간을 띄워 해충의 피해를 줄였으며, 숯과 횟가루, 소금, 모래를 섞은 흙바닥으로 습기가 차는 것을 막았다고 한다.

### 주변 볼거리·먹거리

**대장경테마파크** 천년의 역사를 가진 팔만대장경을 기념하기 위해 지어진 전시관이다. 대장경 전시실에는 팔만대장경을 영구 보관하기 위해 만든 동판대장경이 전시되어 있다. 팔만대장경이 해인사로 옮겨진 후 현재까지 800년의 긴 세월 동안 훼손 없이 보존되고 있는 비밀을 보여주는 대장경 보존과학실도 있다.

Ⓐ 경상남도 합천군 가야면 가야산로 1160 Ⓞ 3~10월 09:00~18:00, 11~2월 09:00~17:00/매주 월요일·1월 1일 휴무 Ⓒ 어른 5,000원, 청소년 3,000원, 어린이 2,500원 Ⓣ 055-930-4801 Ⓔ 주차 무료

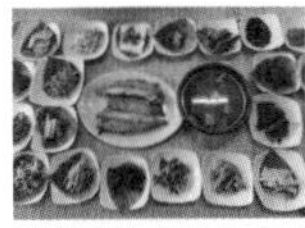

**삼일식당** 골목가에 위치해 있어 주차 공간도 없고 다닥다닥 붙어있는 식당들 속에서 자칫 못 찾을 수 있는 아주 작은 음식점이 삼일식당이다. 오늘 만든 음식은 오늘 소진하니 점심시간이 지나 재료 소진으로 영업을 종료할 때가 많다.

Ⓐ 경상남도 합천군 가야면 치인1길 19-1 Ⓞ 08:00~18:00/연중무휴 Ⓣ 055-932-7254(재료 소진 시 영업 종료, 주말에는 전화 필수) Ⓜ 자연산송이버섯국정식 25,000원, 산채한정식 17,000원, 된장찌개 12,000원 Ⓔ 주차 공간 없음

SPOT 5

가을에 만나는 하얀 눈꽃 세상

# 추정리메밀꽃

**주소** 충청북도 청주시 낭성면 추정리 339-2 · **가는 법** 청주고속버스터미널에서 버스 502번 승차 → 영운동행정복지센터에서 버스 211번 환승 → 추정리 오봉산골 하차 → 도보 이동(약 800m)

충청도

언덕을 따라 새하얀 메밀꽃 물결을 볼 수 있는 곳이다. 몇 해 전 이곳은 개인이 양봉을 위해 봄에는 유채, 가을에는 메밀을 심었던 곳이다. 사유지인 이곳을 일반인들에게 무료로 개방하면서 이제는 양봉과 함께 꽃구경을 위한 여행지로 자리 잡아가고 있다. 비탈진 언덕을 따라 2만 2,148㎡의 대규모 메밀꽃밭이 조성되어 있고 9월 중순 꽃이 피기 시작해 9월 말이면 만개한 꽃을 볼 수 있다. 천천히 언덕길을 걸으며 메밀꽃을 구경하고 이 가을 새하얀 눈꽃을 만나보자.

**TIP**

- 안전과 혼잡의 이유로 주말에는 1.5km 전에 주차하고 걸어야 할 수도 있다.
- 언덕길을 걸어야 하니 발이 편하고 보호할 수 있는 안전한 신발을 준비하자.
- 사람들이 많이 찾는 시기에는 음료를 마실 수 있는 카페가 들어서기도 한다.
- 산에 있어 오후 3~4시가 되면 해가 지니 이른 방문을 추천한다.

### 주변 볼거리·먹거리

**상당산성** 백제시대에 토성으로 지어진 상당산성은 이후 조선시대 임진왜란 당시 석성으로 개축되어 오늘날에 이른다. 높이 4.7m, 둘레는 4,400m인 상당산성은 봄에는 늦은 벚꽃을, 가을에는 단풍을 볼 수 있는 곳으로 남문 앞 잔디밭은 소풍하기 좋은 장소이다.

Ⓐ 충청북도 청주시 상당구 산성동 산28-2

**고은당** 고은당 별당이 있는 한옥카페다. 잘 가꾼 넓은 정원으로 가을이면 차 한잔하며 황금 들판을 내려다볼 수 있다.

Ⓐ 충청북도 청주시 상당구 문의면 남계2길 35-11 Ⓞ 10:00~21:00/매주 화요일 휴무 Ⓣ 043-293-8436 Ⓜ 드립커피 5,500원, 쑥라테 7,000원, 수제약과 6,000원 Ⓗ www.instagram.com/cafe_goeundang

SPOT 6

모두를 위로하는 따뜻한 메시지

# 스누피가든

**주소** 제주도 제주시 구좌읍 금백조로 930 · **가는 법** 간선버스 211, 212번, 지선버스 721-2번 승차 → 아부오름 정류장 하차 → 맞은편 서쪽 방향으로 219m · **운영시간** 10~3월 09:00~18:00, 4~9월 09:00~19:00(테마 홀 종료 1시간 전 입장 마감) · **입장료** 성인 19,000원, 청소년 16,000원, 어린이 13,000원 · **전화번호** 064-903-1111 · **홈페이지** www.snoopygarden.com

제주 북동

스누피는 미국의 만화가 찰스 먼로 슐츠의 《피너츠》에서 주인공 찰리 브라운의 애완견 비글의 이름이다. 1950년대부터 연재하기 시작해 70여 년 동안 많은 사랑을 받았다. 천진난만하고 엉뚱한 캐릭터들은 우리가 일상에서 마주칠 수 있는 또 다른 누군가이다. 일상을 그리는 4컷짜리 만화에서 이들이 툭툭 던지는 메시지들은 따뜻함 그 자체! 어떤 날은 웃음을, 또 다른 날은 가슴 뭉클함을 전해준다.

스누피가든은 실내 전시관인 가든 하우스와 야외 가든으로

구성되어 있다. 가든 하우스에는 5개의 테마별 전시와 카페, 기념품 숍이 있고, 야외 가든에는 아이들이 좋아하는 놀이터인 비글 스카우트 캠프와 아름다운 정원, 숲, 야외 카페, 가드닝스쿨 등이 있다. 영상과 포토존, 체험 공간까지 다양하게 즐길 수 있어 스누피를 사랑했던 이들에게는 아련한 추억으로, 스누피를 몰랐던 이들에게는 그 매력에 빠질 수 있는 시간이 된다.

**TIP**

- 야외 가든이 굉장히 넓으니 여유롭게 일정을 잡는 것이 좋다.
- 야외 가든 내에서 셔틀버스도 운행된다. 오전 11시부터 오후 5시까지 30분 간격으로 소설왕 스누피 광장에서 QR코드로 탑승 예약 후 10명 내외 인원으로 탑승한다.
- 야외 가든에 있는 루시의 가드닝스쿨에서는 스누피 보태니컬 아트 만들기, 피너츠 식물 그리기와 컬러링 등 무료 워크숍 프로그램도 진행하고 있다.

### 주변 볼거리·먹거리

**어니스트밀크** 제주 한아름 목장의 원유로 만든 유제품을 맛볼 수 있는 카페로 자율 방목으로 소를 키우고자 제주로 이주한 세 자매의 땀과 노력이 담긴 곳이다. 성산일출봉과 우도까지 한눈에 들어오는 목가적인 풍경이 아름답다.

Ⓐ 제주도 서귀포시 성산읍 중산간동로 3147-7 Ⓞ 10:00~18:00 Ⓣ 070-7722-1886 Ⓜ 순수 밀크 아이스크림 4,500원, 정직한 요거트 5,000원, 그릭요거트볼 6,500원

**비자블라썸** 따뜻한 햇살이 기분 좋게 들어오는 내부 공간과 카페 안 기다란 창문에서 보이는 잘 정돈된 정원이 아름다운 브런치 카페. 정갈한 정원에는 순둥이 반려견 코코가 있고 예쁜 포토존도 마련되어 있다.

Ⓐ 제주도 제주시 구좌읍 비자림로 2244 Ⓞ 10:00~18:00(라스트오더 17:00)/매주 목요일 휴무 Ⓣ 0507-1341-3885 Ⓜ 감자스프&바게트 10,000원, 카츠샌드 10,000원, 등심카츠 11,000원 Ⓗ www.instagram.com/bija_blossom

10월 둘째 주

# 40 week

SPOT 1

거대한 억새 바람

## 하늘공원 억새축제

서울·경기

**주소** 서울시 마포구 하늘공원로 95 탐방객안내소 · **가는 법** 6호선 월드컵경기장역 1번 출구 → 도보 이동(약 10분) · **운영시간** 축제 기간 : 매년 10월 초에서 중순까지(정확한 일정은 홈페이지 확인) · **입장료** 무료 · **전화번호** 02-300-5501

매년 10월 초부터 중순까지 억새축제가 열리는 상암동 하늘공원은 서울에서 볼 수 있는 최대 억새 군락지다. 285개의 계단을 오른 끝에 만나게 되는 하늘공원은 이름처럼 하늘과 맞닿은 갈색 억새 물결이 바람에 출렁이며 장관을 이룬다. 평소에는 야생동식물 보호구역이라 야간 이용이 제한된 하늘공원은 축제 기간에만 특별히 늦은 시간(저녁 10시 무렵)까지 개방되니 야경에 물든 광활한 억새밭의 운치 있는 풍경도 놓치지 말자.

**TIP**

- 하늘공원은 난지도 쓰레기매립장을 개조해 만든 곳이다. 자원을 보호하기 위해 만든 생태공원이기 때문에 편의 시설 등이 없으니 유의하자.
- 주말이나 휴일에는 맹꽁이 전기차를 기다리는 줄이 상당히 길기 때문에 차라리 걸어가는 방법을 추천한다.

### 주변 볼거리·먹거리

**노을광장**

Ⓐ 서울시 마포구 상암동 481-6 Ⓒ 무료 Ⓣ 02-300-5530

8월 32주 소개(412쪽 참고)

SPOT 2

**은빛 추억**

# 민둥산억새

**주소** 강원도 정선군 남면 민둥산 일대, 강원도 정선군 남면 민둥산로 12(증산초교) · **가는 법** 민둥산역(태백선)에서 증산초등학교 방면으로 도보 이동(약 1.5km) · **운영시간** 9~11월 중(축제 일자는 매년 다름) · **입장료** 무료 · **전화번호** 033-591-9141(민둥산억새꽃축제추진위원회)

강원도

은빛 물결을 이루는 억새는 가을이 짙어질수록 하얗게 피어나고 시간이 지나 겨울이 오면 가지만 남는다. 10월에 정선 민둥산을 찾으면 끝없이 펼쳐지는 억새밭을 만날 수 있다. 이곳은 산 위에 나무가 자리지 않아 민둥산이라 부르게 되었으며, 산나물이 많이 나게 하려고 매년 한 번씩 불을 질렀던 것이 지금처럼 억새가 많아진 이유라고 한다.

민둥산 정상에 오르면 광야처럼 너른 산등성이가 온통 억새에 뒤덮여 눈부신 장관이 이어진다. 가을 억새는 아침과 낮에는

## 주변 볼거리·먹거리

**감탄카페** 탄광이 있던 정선의 지역 특성을 가득 담은 곳, 연탄쿠키와 빵을 판매하는 감탄카페다. 청년몰 1층에 위치해 접근성이 좋고, 속재료에 따라 백탄, 눈내린 흑탄, 보석흑탄 등 메뉴가 다양해 취향 따라 골라 먹을 수 있다. 최근에는 하이캐슬 리조트에 2호점도 오픈하여, 리조트에 방문했다가 들러보아도 좋다.

Ⓐ 강원도 정선군 사북읍 사북2길 10 별애별 청년몰 1층 Ⓞ 월~토요일 11:00~20:00, 일요일 12:40~20:00/매월 둘째·넷째 주 목요일 휴무 Ⓣ 0507-1354-7984

은빛을 띠다가 해 질 무렵이면 금빛을 띠는데, 은빛과 금빛 파도를 만들어 내는 억새밭의 광경은 한동안 넋을 놓고 바라보게 할 정도다. 하지만 정상까지 오르는 길은 쉽지 않은 여정이다. 민둥산은 어느 코스로 올라도 만만치 않다. 보통 때는 증턱의 발구덕마을까지 차를 타고 오를 수 있으나 축제 기간에는 차량 출입을 통제한다.

**TIP**

- 민둥산 등반 코스는 다음과 같다.
  제1A코스 : 증산초교-급경사쉼터-정상(2.6km/1시간 30분 소요)
  제1B코스 : 증산초교-완경사쉼터-정상(3.2km/1시간 50분 소요)
  제2코스 : 능전-발구덕-정상(2.7km/1시간 30분 소요)
  제3코스 : 삼내약수-삼거리-정상(4.9km/2시간 30분 소요)
- 축제장은 민둥산에서 조금 떨어진 민둥산 운동장 주변에 위치하고 있다. 축제장에서는 공연 및 다양한 체험 활동을 즐길 수 있다.

SPOT 3

우리나라에서 가장 긴
해상케이블카

# 목포
# 해상케이블카

**주소** 전라남도 목포시 해양대학로 240 · **가는 법** 목포역 → 차없는거리 정류장에서 순환버스 66-1번 승차 → 서부초등학교 정류장 하차 → 도보 이동(약 550m) · **운영 시간** 월~금요일 09:30~20:00, 토요일·공휴일 09:00~21:00, 일요일 09:00~20:00 · **탑승료** 일반 캐빈(왕복) 대인 24,000원, 소인 18,000원, 크리스탈 캐빈(왕복) 대인 29,000원, 소인 23,000원 · **전화번호** 061-244-2600 · **홈페이지** www.mmcablecar.com · **etc** 주차 1시간(기본) 무료, 최초 1시간 초과 시 2,000원, 이후 시간당 1,000원 씩 추가(해상케이블카 이용 시 3시간 무료)

전라도

목포해상케이블카는 도심과 바다, 섬을 넘나드는 우리나라 최장, 최고 높이를 자랑하는 케이블카다. 북항승강장에서 유달산승강장을 지나 고하도승강장까지 총 길이가 무려 3.23km에 이르며, 왕복 시간만 40분 정도 걸린다. 문화체육관광부와 한국관광공사가 주관하는 '한국관광 100선'에 2년 연속 선정되기도 했다. 목포해상케이블카에 오르면 목포의 옛 도심 지역, 북항, 유달산은 물론 고하도와 목포 앞바다의 아름다운 풍경을 한눈에 조망할 수 있다.

목포해상케이블카는 일반 캐빈과 크리스탈 캐빈이 있다. 크리스탈 캐빈은 바닥이 투명하게 내려다보여 바다 위를 지날 때 진가를 발휘한다. 발아래로 아득한 바다가 펼쳐져 짜릿한 스릴을 느낄 수 있다. 특히 유달산을 지나 고하도로 향할 때는 새가 되어 바다 위를 나는 느낌이 든다. 하지만 케이블카를 그냥 탑승만 하면 제대로 즐긴 것이 아니다. 시간적 여유가 있다면 유달산승강장에 잠시 내려 주변을 둘러보고, 종점인 고하도승강장에서는 산책로를 걷는 게 좋다. 산책로 끝부분에는 이순신 장군의 판옥선을 연상케하는 고하도전망대가 있고, 전망대를 지나 바다로 내려가면 바다 위를 걸을 수 있는 해상데크가 있다. 이 모든 코스를 즐기고 나면 목포해상케이블카 자체가 하나의 패키지 여행 같은 풍성한 느낌이 든다.

**TIP**

- 크리스탈 캐빈이 일반 캐빈에 비해 탑승료가 조금 비싸지만 짜릿함을 좋아한다면 타보길 추천한다.
- 목포해상케이블카는 '북항승강장-유달산승강장-고하도승강장' 코스와 '고하도승강장-유달산승강장-북항승강장' 코스가 있는데, 일반적으로 북항승강장에서 탑승하는 사람이 많기 때문에 휴일에는 대기 시간이 길 수 있다.
- 케이블카 탑승 시간과 산책로 및 전망대 방문 시간 등을 고려한다면 3시간 이상 여유롭게 계획을 세우고 가는 것이 좋다.
- 운행시간은 기상 상황, 사회적 여건에 따라 변경될 수 있으며, 정확한 운행시간은 홈페이지 팝업에서 확인할 수 있다.

**주변 볼거리·먹거리**

**고하도전망대** 고하도는 이순신 장군이 임진왜란 때 명량대첩에서 승리한 후 전열을 가다듬었던 곳이다. 이곳에 13척의 판옥선 모형을 격자형으로 쌓아올려 전망대를 만들었다. 고하도의 아름다운 바다 풍경을 감상할 수 있는 명소로 많은 관광객이 찾는다. 1층은 카페, 2~5층은 임진왜란과 이순신에 대한 전시 자료, 목포의 관광지 소개, 전망대 등의 시설로 활용하고 있다.

Ⓐ 전라남도 목포시 고하도안길 234

**고하도해상데크** 총 길이가 1,080m에 이르며 전체 구간이 바다 위에 위치하고 있다. 고하도의 해안 절경인 해식애와 목포 해안을 동시에 조망할 수 있다. 시원하게 펼쳐진 푸른 바다, 높이 228m의 유달산, 다도해의 관문 목포항, 그리고 노을이 아름다운 명소인 목포대교를 눈앞에서 볼 수 있다.

Ⓐ 전라남도 목포시 달동 산 188-1

SPOT 4

수려한 경관에 반하다

# 관음도

**주소** 경상북도 울릉군 북면 천부리 산1 · **가는 법** 저동항여객선터미널에서 농어촌버스 2, 22번 승차 → 관음도 하차 → 도보 이동(약 10분)/울릉여객선터미널 울릉군도동정류장에서 농어촌버스 2, 22번 승차 → 관음도 하차 → 도보 이동(약 9분) · **운영시간** 09:00~18:00(매표 마감 16:30)/연중무휴 · **입장료** 어른 4,000원, 청소년·군인 3,000원, 어린이·경로 2,000원 · **전화번호** 054-791-6022 · etc 주차 무료

경상도

마치 제주도에 있는 우도를 닮았다고 해야 하나. 바다를 끼고 걷는 길은 환상적이고 맑은 공기와 더불어 풍광을 맘껏 느낄 수 있는 곳이다. 관음도는 원래 섬이었으나 2013년 울릉도와 관음도를 잇는 보행연도교가 생기면서 좀 더 편하게 다닐 수 있게 되었다. 관음도는 무인도로 울릉도 주민들은 관음도를 깍개섬 또는 깍새섬이라 부르는데 이는 깍새가 많아 그렇게 부른 것이라고 한다. 울릉도나 죽도 그리고 독도와 달리 사람이 살지 않지만 예전에는 주민 3명이 거주했고 토끼와 염소를 방목했다고 한다. 연도교를 건너 계단을 오르니 평평한 섬 능선은 우도를

#### 주변 볼거리·먹거리

**삼선암** 울릉도 3대 해안절경 중 하나로 손꼽는 삼선암은 3개의 암석이 울릉도 바다에 솟아있다. 울릉도의 일부였던 삼선암은 수직절리를 따라 약한 부위가 파도에 의해 차별침식을 받으면서 떨어졌다고 한다. 또한 울릉도의 절경에 반해 하늘로 올라갈 시간을 놓친 3명의 선녀가 옥황상제의 노여움으로 바위가 되었다는데 늦장을 부린 막내 바위는 풀조차 자라지 않게 만들었다는 전설이 있다.

Ⓐ 경상북도 울릉군 북면 천부리 산4-1 Ⓓ 24시간/연중무휴 Ⓔ 길 옆에 주차 가능

닮았다는 생각을 하게 한다. 관음도는 계절별로 다양한 꽃이 피는 야생화의 천국이다. 가을에는 억새와 갈대, 보리밥나무꽃과 자주색의 왕해국, 그리고 동백나무꽃과 후박나무도 볼 수 있다.

끝을 알 수 없는 수평선과 푸른 바다에 우뚝 솟아있는 삼선암과 산책로, 죽도의 절경은 다른 세상에 와 있는 듯 자연이 빚어낸 천혜의 환경이 환상적이다. 울릉도 해상보호구역으로 지정 보호를 받고 있으며 해상생물과 어우러진 수중경관도 일품이다. 제주도를 닮았지만 제주도의 바다와는 비교가 되지 않을 정도로 맑고 깨끗하다.

SPOT 5

## 산에서 만나는 은빛 억새물결

# 오서산

**주소** 충청남도 홍성군 광천읍 오서길351번길 8-10(오서산공영주차장) · **가는 법** 광천버스터미널에서 버스 701번 승차 → 상담 하차

충청도

오서산 정상은 해발 790m로 서해를 한눈에 내려다보고 있어 서해의 등대라 불리는 산이다. 보령과 청양, 홍성 3개의 시도에 걸쳐있는 산으로 예로부터 까마귀와 까치가 많이 살아 오서산이라 부른다. 10월이면 능선을 따라 가득한 은빛 억새군락지를 볼 수 있어 전국 5대 억새 명소로 꼽힌다. 일출 일몰 모두 조망이 가능하며 이 시간에는 기울어진 햇살에 황금빛으로 빛나는 억새를 만날 수 있다.

**TIP**

- 오서산을 오르는 들머리는 홍성 광천상담주차장, 보령 오서산자연휴양림, 보령 청소면 성연주차장 등이 있다. 짧은 코스로 오를 수 있는 곳은 오서산자연휴양림이며, 가장 풍경이 좋은 곳은 홍성 광천상담주차장에서 정암사를 지나 1,600계단을 지나는 코스다.

등산 코스

- **홍성 광천상담주차장** : 상담주차장-정암사-오서산전망대-오서산정상-오서산전망대-정암사-상담주차장
- **보령 오서산자연휴양림** : 오서산자연휴양림-월정사-오서산 정상-월정사-오서산자연휴양림

### 주변 볼거리·먹거리

**청라은행마을**

Ⓐ 충청남도 보령시 청라면 장현리 688(신경섭 가옥)

10월 43주 소개(556쪽 참고)

**광천전통시장** 1926년 개설된 광천전통시장은 광천토굴 새우젓으로 유명하다. 김장철에 사람들이 젓갈을 사기 위해 많이 들르는 곳이다. 매 4일, 9일에는 오일장이 열려 활기찬 모습을 볼 수 있다.

Ⓐ 충청남도 홍성군 광천읍 광천로285번길 8-16 Ⓣ 041-641-2164

SPOT 6

**60년 편백나무숲이 만들어낸 동화 같은 풍경**

# 안돌오름 비밀의 숲

제주 북동

**주소** 제주도 제주시 구좌읍 송당리 2173 · **가는 법** 순환버스 810-1번 승차 → 거슨새미오름·안돌오름 정류장 하차 → 맞은편 정류장 좌측 길로 880m → 사거리에서 우측 길로 420m 도보 이동(약 20분) · **운영시간** 매일 09:00~18:00/기상악화 시 휴무 · **입장료** 4,000원, 7세 이하 2,000원, 3세 이하 무료, 65세 이상 3,000원 · **전화번호** 010-5859-0526 · **홈페이지** www.instagram.com/secretforest75

안돌오름 초입에 위치한 비밀의 숲은 안돌오름을 배경으로 편백나무 숲길이 무척 매력적인 곳이다. 사유지라 초창기에는 일부 사진작가들만 알음알음 다녀갔던 비밀스런 곳이었는데 SNS를 통해 핫플레이스로 소개되면서 정식으로 개장해 저렴한 요금으로 누구나 들어갈 수 있다.

하늘을 찌를 것만 같은 60년 수령의 편백나무 숲길 언저리마다 계절별로 다른 풍경을 만날 수 있는 초지와 저 너머 드넓은 초원이 펼쳐진다. 창고와 민트색 미니트레일러, 캠핑의자, 야자수와 그네 등 신비롭고 동화스러운 분위기를 만날 수 있어 비밀의 숲이라는 이름이 괜히 붙은 것이 아니라는 생각이 든다. 모든 곳이 포토 스팟이지만, 아침 일찍 혹은 늦은 오후에는 나무 사이사이, 사선으로 스며드는 빛이 더욱 매력적이니 감성 사진을 찍고 싶다면 참고하자.

**TIP**

- 거슨새미오름 · 안돌오름 정류장 근처로 진입하는 길은 비포장도로로 웅덩이가 많다. 포장도로로 진입하려면 북동쪽으로 2km 직진 후 클린하우스 앞에서 좌회전해서 들어오면 된다.
- 흙길이 대부분이라 비 온 후에는 질척거릴 수 있다.
- 화장실이 없으므로 거슨새미오름 · 안돌오름 정류장 인근 공용화장실을 이용해야 한다.

**주변 볼거리 · 먹거리**

**교래자연휴양림** 야영장과 다양한 부대시설, 탐방로 등으로 이루어진 제주도 대표 휴양림. 비교적 짧은 코스인 생태산책로만 걸어도 곶자왈의 향기를 물씬 느낄 수 있다. 숙박시설과 부대시설 등이 제주도 전통 초가로 되어 있다.

Ⓐ 제주도 제주시 조천읍 남조로 2023 Ⓞ 하절기 07:00~16:00, 동절기 07:00~15:00 Ⓒ 어른 1,000원, 청소년·군인 600원 Ⓣ 064-710-7475 Ⓗ www.foresttrip.go.kr/indvz

**선흘방주할머니식당** 직접 농사지은 콩과 서리태, 선흘에서 자란 단호박, 도토리와 고사리 등 제주산 식재료로 만드는 로컬 맛집이다. 흑돼지보쌈, 두부전골, 고사리비빔밥, 검정콩국수 등 이름만 들어도 건강함이 느껴진다. 몸에 좋은 각종 나물과 천연조미료, 들기름, 직접 만든 양념 등을 사용해 집밥을 먹는 듯 편안하고 건강한 한 끼 식사를 할 수 있다.

Ⓐ 제주도 제주시 조천읍 선교로 212 Ⓞ 10:00~19:00(브레이크타임 14:30~15:00, 라스트오더 18:20), 동절기 18:00까지 Ⓣ 064-783-1253 Ⓜ 흑돼지보쌈 50,000원, 검정콩국수 10,000원, 두부전골 1인분 10,000원, 삼채곰취만두 12,000원

10월 셋째 주

# 41 week

SPOT 1

물, 바람, 꽃과 함께 걷는

## 물의정원

**주소** 경기도 남양주시 조안면 북한강로 398 · **가는 법** 경의중앙선 운길산역 1번 출구 → 도보 이동(약 7분) · **운영시간** 연중무휴 · **입장료** 무료 · **전화번호** 031-590-2783 · etc 주차비 기본 30분 600원/만차일 경우 맞은편 조안면체육공원에 주차 가능/자전거 대여 가능

서울·경기

시야를 가리는 건물 하나 없이 산은 첩첩이요, 꽃은 지천에 춤추고, 강물은 소리 없이 고요히 흐르는 곳. 5월 말에서 6월 중순이면 개양귀비꽃이 피고 9월에는 황화코스모스가 만개해 계절마다 황홀한 꽃잔치가 열리는 곳. 남양주 물의정원은 조용한 강을 낀 습지공원으로 물, 바람, 자연이 어우러져 사계절 내내 그림처럼 아름다운 곳이다. 북한강 물이 흘러들어 호수 같은 지형을 만들었다고 해서 '물의정원'이라 불린다. 단언컨대 이렇게 예쁜 산책길도 없다. 상쾌한 산책로와 전망 데크, 벤치 등이 곳곳에 설치되어 있고 강변을 따라 자전거도로와 산책로마다 야

6월의 개양귀비꽃

생화와 왕버들이 조성되어 있다. 자전거를 빌려 북한강변을 시원하게 달려보는 것도 잊지 말자.

5월 말에서 6월 중순이면 북한강변길 따라 넓은 벌판을 가득 메운 붉은 물결 개양귀비꽃이 초록초록한 풍경과 파란 하늘과 대비되어 장관을 이룬다. 보자마자 탄성이 절로 나온다.

**주변 볼거리 · 먹거리**

**피맥플레이스** 따뜻한 날, 해 질 녘 환상적인 한강을 바라보며 야외에서 피맥(피자+맥주)을 즐길 수 있는 곳! 남양주 물의정원에서 차로 10분 거리에 있다.

Ⓐ 경기도 하남시 아랫배알미길 42 Ⓞ 11:30~22:00(라스트오더 21:00) Ⓣ 031-576-2948 Ⓜ 시그니처 피자 세트 42,900원, 쉬림프베이컨 피자 36,900원

**TIP**

- 물의정원 내에 매점이 따로 없으니 간단한 먹거리와 물을 챙겨 가는 것이 좋다.
- 물의정원 내에 그늘이 거의 없으니 모자를 꼭 챙기자. 아니면 이른 오전이나 해 질 녘에 가는 것이 좋다.
- 해 지는 시간에 맞춰 가면 더 멋진 사진을 담을 수 있다.

SPOT 2

### 천상의 화원! 1,164m 트레킹

# 곰배령

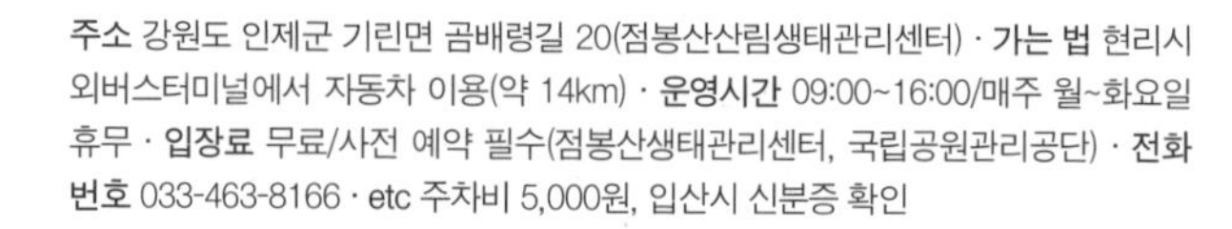
**주소** 강원도 인제군 기린면 곰배령길 20(점봉산산림생태관리센터) · **가는 법** 현리시외버스터미널에서 자동차 이용(약 14km) · **운영시간** 09:00~16:00/매주 월~화요일 휴무 · **입장료** 무료/사전 예약 필수(점봉산생태관리센터, 국립공원관리공단) · **전화번호** 033-463-8166 · **etc** 주차비 5,000원, 입산시 신분증 확인

강원도

곰이 배를 하늘로 향하고 누워있는 모습을 하고 있어서 붙여진 지명, 곰배령! 이곳은 계절마다 서로 다른 야생화가 아름답게 군락을 이룬다. 크고 작은 꽃들은 화려하지 않지만 들여다볼수록 신기하고 또 신비로운 느낌이 든다. 특히 아침에 이슬을 살짝 머금고 있는 싱싱한 금강초롱을 볼 때면 마치 비밀의 숲에 들어온 듯하다.

곰배령은 1,164m라는 높이 때문에 트레킹 전부터 겁을 먹을 수 있으나 경사가 그리 높지 않아 누구나 부담 없이 오를만하다. 코스도 두 가지라서 선호도에 맞게 골라서 걸을 수 있다. 이른 아침이나 날이 흐린 경우에는 추울 수 있으니 여러 겹의 옷을 준비해 등산하는 것을 추천한다. 깨끗한 공기를 마시며 맑은 물소리를 들으며 차분하게 가을을 맞는 것은 어떨까?

**TIP**

- 곰배령 방문을 위해서는 국립공원관리공단을 통한 예약이 필수다. 전일 18시 이전까지 9시, 10시, 11시 중 선택할 수 있으며 안전을 위해 12시 이후 입산은 통제한다.
- 탐방 당일 신분증 확인 후 입산허가증을 수령할 수 있으므로, 예약자와 동반인 모두 신분증을 지참해야 한다.
- 곰배령의 등산 소요시간은 약 4~5시간이다. 정상부 탐방 종료시간은 1코스 14시, 2코스 13시 30분이며, 16시까지 하산해야 하니 참고하자.

### 주변 볼거리·먹거리

**인제스피디움** 스피드를 즐길 줄 아는 사람이라면 한 번쯤 꿈꾸는 액티비티. 인제스피디움은 서킷이 잘되어 있어 길을 따라 스릴 만점 레이싱을 경험할 수 있다. 4성급 숙소뿐만 아니라 카트체험장, RC카 트랙, 클래식카박물관 등 이곳만의 특색이 있는 시설도 마련되어 있으니 함께 방문해도 좋다.

Ⓐ 강원도 인제군 기린면 상하답로 130 Ⓞ 체크인 14:00, 체크아웃 11:00 Ⓒ 스포츠주행(1세션) 60,000원, 서킷카트 50,000원, 레저카트 2인승 30,000원, 클래식카박물관 대인 6,000원, 소인 4,000원/매주 월요일 휴관 Ⓣ 1644-3366

**매바위인공폭포** 고개를 올려 저 위를 보아야 볼 수 있는 웅장한 폭포수. 엄청난 규모를 자랑하는 매바위인공폭포다. 용대리 황태마을 입구에 위치해 있어 황태촌과 함께 방문하기 좋다.

Ⓐ 강원도 인제군 북면 용대리 Ⓣ 033-460-2170

SPOT 3

**절벽 위에 핀 꽃**

# 사성암

전라도

**주소** 전라남도 구례군 문척면 사성암길 303 · **가는 법** 자동차 이용(평일), 버스나 택시 이용(주말·공휴일) · **운영시간** 07:00~17:00 · **전화번호** 061-781-4544

기가 막힌다. 눈으로 보고도 믿기지가 않는다. 주차장에서 제법 가파른 길을 따라 힘겹게 10여 분을 오르면 일순간 눈이 의심스러울 만큼 놀라운 장면과 맞닥뜨린다. 바위를 뚫고 나온 듯 절벽 위에 아슬아슬하게 자리 잡은 사성암을 처음 보는 사람들의 반응은 대부분 이렇다. 깎아지른 벼랑 끝에 절묘하게 유리광전(약사전)이 걸쳐 있고, 넓은 바위 위에 대웅전이 앉아 있다. 원효대사와 의상대사, 도선국사, 진각국사까지 네 명의 고승이 수도했던 곳이라 하여 '사성암'이라 불리는 이곳은 비록 조그만 암자지만 네 명의 고승이 참선한 곳이라 하니 그 위용이 대단하다.

절벽 아래 돌계단을 따라 오르면 유리광전에 다다른다. 유리광전에서 내려다보이는 섬진강과 황금빛 곡성 들녘이 한 폭의 수채화다. 유리광전 안쪽 절벽에는 원효대사가 손톱으로 새겼다는 마애여래입상이 있다. 손바닥만 한 마당을 가로질러 유리광전 반대쪽 계단으로 오르면 도선국사가 수행했다는 도선굴과 암자가 나타난다. 암자를 뒤로하고 경사가 급한 계단을 20여 분 더 오르면 오산 정상에 이른다. 풍월대, 망풍대, 신선대 등의 비경과 사방이 탁 트인 시원한 풍경이 눈길을 붙들어 맨다. 해 질 무렵에는 강 건너 산 능선으로 떨어지는 일몰이 장관이다.

**TIP**

- 주중에는 사성암 입구까지 자동차로 갈 수 있고, 주말이나 휴일에는 죽연마을 사성암주차장에서 마을버스(왕복요금 3,400원/어른)나 택시를 타고 올라가야 한다.
- 가파른 계단이 많으므로 노약자와 어린아이들은 안전에 주의해야 한다.
- 사성암의 풍광을 온전히 카메라에 담으려면 광각렌즈가 필수다.

### 주변 볼거리·먹거리

**목월빵집**

Ⓐ 전라남도 구례군 구례읍 서시천로 85 Ⓞ 10:00~18:00(토·일요일 휴게 시간 12:30~13:30, 15:00~15:30)/휴무 시 별도 공지 Ⓣ 061-781-1477 Ⓜ 젠피긴빵 4,000원, 앉은키통밀목월팥빵 3,500원, 커피무화과크림치즈빵 5,000원, 아메리카노 4,500원, 카페라테 5,500원, 구례방앗간라떼 7,000원

3월 9주 소개(130쪽 참고)

SPOT 4

**산사에서 전해 오는 청량한 바람 소리**

# 청량산

**주소** 경상북도 봉화군 명호면 청량로 255 · **가는 법** 봉화공용정류장 봉화우체국에서 농어촌버스 15, 16번 승차 → 청량산도립공원 하차 → 도보 이동(약 32분) · **운영시간** 24시간/연중무휴 · **입장료** 무료 · **전화번호** 054-679-6653 · **홈페이지** bonghwa.go.kr/open.content/mt · **etc** 주차 무료

경상도

병풍처럼 펼쳐지는 산과 깊은 골짜기가 유독 많은 봉화는 가을이면 단풍 천국이다. 특히 청량산에 오르면 구름이 손에 잡힐 듯하고 발아래 풍경은 인간이라는 존재가 마치 허공에 떠도는 먼지처럼 느껴진다. 앞다퉈 화려한 옷으로 갈아입은 나무들과 청량한 바람이 여행자를 반긴다. 자연경관이 수려하고 곳곳에 솟아 있는 기암괴석이 장관을 이루는 청량산은 예로부터 소금강이라 불린다.

청량산의 연화봉 기슭 한가운데 연꽃의 꽃술처럼 자리 잡은 청량사는 신라 문무왕 3년 원효대사가 창건한 고찰이다. 20여

개가 넘는 전각들이 있었지만 대부분 소실되고 지금은 중심 전각인 유리보전과 응진전만 남아 있다. 유리보전의 현판은 공민왕이 홍건적의 난을 피해 청량산에 머무는 동안 썼다고 전해진다. 청량사에서 조금만 더 올라가면 우리나라에서 가장 높은 곳에 위치한 하늘다리를 만나게 된다.

청량사에 올라 턱까지 차오른 숨을 가라앉히며 쉬는 것도 잠시, 또 하나의 관문인 하늘다리까지 올라야 진정한 청량산을 느낄 수 있다. 해발 800m 지점의 자란봉과 선학봉을 연결한 우리나라에서 가장 높고 긴 다리는 길이 90m, 폭 1.2m이다. 자그마치 70m 높이에서 아래를 내려다보면 마치 신선이라도 된 듯한 기분이다.

**주변 볼거리·먹거리**

**오렌지꽃향기는바람에날리고** 커다란 통창으로 보이는 낙동강이 흐르는 그림 같은 풍경은 감탄할 정도로 아름답고, 손에 닿을 듯 가까이 보이는 청량산은 가히 환상적이다. 카페 안에 가득했던 만화책은 시간을 좀먹게 하고 외진 곳이라 찾는 사람이 드물 때는 혼자 고독을 즐기기에 더없이 좋은 공간이다.

Ⓐ 경상북도 봉화군 명호면 남애길 438-1 Ⓞ 09:00~18:00 Ⓣ 0507-1315-4086 Ⓜ 간식 음료자판기 이용/1인 금액 5,000원(사장님 상주 시) Ⓔ 주차 무료

**낙동강예던길 선유교** 겹겹이 쌓여 내려앉은 기암절벽들이 낙동강을 감싸고 오랜 세월 동안 당연하다는 듯 골짜기를 따라 흐르는 물줄기는 명호군 관창리를 지난다. 그 물줄기를 따라 예던길이 시작되고 걷다가 만나는 이나리 강변은 낙동강과 운곡천이 만나 이루어진 곳으로 두 개의 하천이 만났다고 해서 '이나리'라 이름지었다. 반대편에는 탐방로를 연결하는 이나리출렁다리와 낙동강 백용담 소(沼) 위를 신선이 노니는 다리라는 의미의 선유교가 설치되어 있다.

Ⓐ 경상북도 봉화군 명호면 고계리 산225 Ⓞ 24시간/연중무휴 Ⓣ 054-679-6961 Ⓔ 주차 무료

SPOT 5

**깊은 산 속 웅장한 사찰 단풍여행**

# 구인사

충청도

**주소** 충청북도 단양군 영춘면 구인사길 73 · **가는 법** 단양시외버스터미널 → 구인사행 시외버스 승차 → 구인사 정류장 하차 · **전화번호** 043-423-7100 · **etc** 주차료 3,000원

구인사는 1945년 소백산 연화봉 아래에 칡덩굴로 암자를 짓기 시작해 현재 전국에 140개 천태종 절을 관장하는 천태종 총본산이 되었다. 일주문에서 시작되는 웅장한 50여 동의 기와 행렬에 마치 미지의 소도시로 여행을 온 듯한 강렬한 인상을 남긴다. 한 번에 1만 명을 수용할 수 있는 국내 최대 법당이 있으니 그 규모를 짐작할 수 있다.

알록달록 단풍이 물드는 계절이 구인사를 방문하기 좋은 최적의 시기이나 철쭉이 피고 초록이 가득한 5월도 추천한다.

**TIP**

- 구인사는 주차장에서 800m 정도 걸어가거나 무료로 운영하는 셔틀버스를 이용해야 올라갈 수 있다(버스 3분, 도보 15~20분). 단, 내려오는 셔틀버스는 운행하지 않는다.
- 셔틀버스 운행시간은 09:00~17:15(배차 간격 20분)까지이며, 점심시간(11:00~12:00)에는 운행하지 않는다.

## 주변 볼거리·먹거리

**보발재** 굽이굽이 뱀처럼 휘어지는 길로 유명한 이곳은 단양 가곡면 보발리와 영춘면 백자리를 잇는 고갯길로 540m에 있는 드라이브 명소다. 가을이면 알록달록 단풍이 들어 단풍길로 유명하지만, 초록이 가득한 계절에 방문해도 이곳의 감성을 충분히 즐길 수 있다. 정상에는 전망대가 있어 한눈에 이 풍경을 내려다볼 수 있다.

Ⓐ 충청북도 단양군 가곡면 보발리 산14-2

**온달관광지** 고구려 명장 온달장군과 평강공주의 전설을 테마로 한 온달관광지는 드라마 세트장뿐만 아니라 천연동굴, 온산 산성까지 볼 수 있는 단양팔경 중 하나다. 〈태왕사신기〉, 〈연개소문〉 등 다양한 사극의 배경이 된 이곳은 여전히 사극 촬영지로 활용되고 있다. 관광지 안에는 4억 5천 년 전에 생성된 것으로 추정되는 천연기념물 제261호 온달동굴이 있다.

Ⓐ 충청북도 단양군 영춘면 온달로 23 Ⓞ 12~2월 09:00~17:00(16:00까지 입장 가능), 3~11월 09:00~18:00(17:00까지 입장 가능) Ⓒ 성인 5,000원, 청소년 3,500원, 어린이 2,500원, 경로 1,500원

SPOT 6

**바닷길을 따라 만나는 오랜 세월이 담긴 기암절벽**

# 용머리해안

제주 남서

**주소** 제주도 서귀포시 안덕면 사계리 112-3 · **가는 법** 지선버스 202, 752-2번 승차 → 산방산 정류장 하차 → 맞은편으로 이동 후 동쪽으로 96m → 우측 길로 419m · **운영시간** 10:30~17:00(입장 마감 16:30)/만조 및 기상 악화 시 통제 · **입장료** 성인 2,000원, 청소년 및 어린이 1,000원 · **전화번호** 064-760-6321

용의 머리가 바닷속으로 들어가는 모습을 닮은 응회암층으로, 180만 년 전 수성화산 활동 때문에 생겨났다. 1백만 년 동안 파도와 바람에 깎여 이색적이다 못해 신비스럽기까지 한 용머리해안은 볼수록 웅장 그 자체다. 높이 20m에 이르는 절벽을 올려다보고 있으면 경이로운 풍경에 입이 다물어지지 않는다.

탐방로 중간에서 만나는 산방산과 용머리해안이 어우러지는 풍경은 너무나 독특하고 이국적이라 연신 셔터를 누르게 된다. 이렇게 아름다운 용머리해안이지만 언제나 방문이 허락되지는 않는다. 만조 시간에는 탐방로가 물에 잠기며, 간조라 할지라도 파도가 센 날은 파도에 휩쓸릴 수 있어 입장이 금지되니 여행 일정을 잘 고려해야 한다. 용머리해안 관람 후 시간이 된다면 산방산 용머리 전망대에 들러보자. 용이 바다로 들어갈 때의 등 모습을 확인할 수 있다.

**TIP**

- 만조 시간에는 입장할 수 없으며, 간조 시간에도 파도가 세면 입장 불가. 방문 전 입장 여부를 매표소에 물어봐야 한다.
- 바다물때표 홈페이지를 통해 간조와 만조 시간을 알 수 있으니 참고하자. (www.badatime.com/j-73.html)
- 바다와 인접하고 별도의 난간이 없으니 안전에 주의한다.
- 기념사진을 찍는다고 돌출된 암석에 올라가는 경우가 종종 있는데 위험할 수 있으니 매달리거나 올라가지 않는다.
- 울퉁불퉁한 길도 많고 미끄러운 부분도 있으니 운동화를 신는 게 좋다.
- 매표소에서 우측 500m 거리에 용머리해안 기후변화홍보관이 있다. 용머리해안과 제주 자연환경에 관한 유익한 정보를 제공하며, 상시 해설도 진행하고 있다.

### 주변 볼거리·먹거리

**산방산** 제주 남서쪽의 랜드마크로 우뚝 서 있는 모습이 웅장한 산방산은 제주도 유일의 종상화산이다. 화산 폭발 당시 분출된 용암이 흐르지 못한 채 쌓이고 쌓여 종 모양으로 굳어졌는데, 유심히 살펴보면 잘게 쪼개진 듯 길쭉한 암석들이 병풍처럼 둘러싼 신기한 모습이다.

Ⓐ 제주도 서귀포시 안덕면 사계리 산 16 Ⓞ 09:00~18:00(일몰 시간에 따라 변동 가능) Ⓣ 064-794-2940 Ⓜ 성인 1,000원, 청소년 및 어린이 500원(산방굴사만 유료 입장)

**소색채본** 북쪽으로는 산방산, 남쪽으로는 용머리해안에 인접한 뷰 좋은 카페로, 기다란 통창과 루프톱을 통해 시원스레 펼쳐진 제주 풍경을 감상할 수 있다. 크루아상과 파운드케이크, 카눌레 등 다양한 디저트들이 준비된 대형 베이커리 카페이다.

Ⓐ 제주도 서귀포시 안덕면 사계남로216번길 24-61 Ⓞ 09:00~19:00(라스트오더 18:30) Ⓣ 0507-1356-1686 Ⓜ 소색채본크루아상 변동, 소색채본에이드 8,500원, 제주보리개떡라테 8,000원

10월 넷째 주

# 42 week

SPOT 1

## 아름다운 낮과 밤의 절경
# 방화수류정

**주소** 경기도 수원시 팔달구 매향동 151 · **가는 법** 서울역 혹은 영등포역에서 무궁화호나 새마을호 기차를 타면 수원역까지 30분 이내에 도착한다. 지하철이나 버스보다 빠르다. 수원역에서 팔달문까지 버스로 이동 시 약 20분 소요(버스 11, 13, 35, 46, 400번) · **운영시간** 상시 개방 · **입장료** 무료 · **전화번호** 031-290-3600 · **홈페이지** www.swcf.or.kr · **etc** 주차 무료

서울·경기

화성에서 가장 아름다운 정자인 방화수류정(동북각루)은 수원 화성에 세워진 4개의 각루 중 경치가 가장 빼어난 곳이다. 수원을 여행할 때 꼭 들러볼 것을 추천한다. 연못 용연 너머로 화성 행궁 성벽을 따라 보이는 방화수류정과 초록 나무들을 바라보고 있으면 이런 게 진정한 자연이구나 하는 생각이 절로 든다. 성안과 성 밖의 경치, 성곽을 따라 걸으며 보는 풍경이 낮뿐 아니라 밤에도 일품이다. 특히 봄과 가을에 가장 아름다운 절경을 자랑한다.

방화수류정의 야경

## 주변 볼거리·먹거리

**수원화성 성곽길 산책**

18세기에 지어진 군사건축물 중 동서양을 통틀어 최고의 건축물로 평가되며 그 가치를 인정받아 유네스코 세계문화유산으로 선정된 화성 성곽길. 견고하면서도 부드럽게 휘어지는 성곽의 곡선을 따라 누구나 편하게 걸을 수 있다.

Ⓐ 경기도 수원시 장안구 영화동 320-2 Ⓞ 하절기(3~10월) 09:0~18:00, 동절기(11~2월) 09:00~17:00/연중무휴 Ⓒ 어른 1,000원, 청소년 700원, 어린이 500원 Ⓣ 031-290-3600 Ⓗ www.swcf.or.kr

**TIP**

- 화성어차(어른 6,000원, 어린이 2,000원)를 타고 수원화성을 한 바퀴 둘러볼 수 있다. 이용객이 많은 주말에는 주차 후 맨 먼저 화성어차 티켓부터 구매하고 근처 화성행궁(입장료 어른 1,500원, 어린이 700원)을 둘러보길 추천한다.
- 수원화성, 화성행궁, 수원박물관, 수원화성박물관 등 통합 관람 요금을 6,500원(어른)에 판매한다.
- 방화수류정 안에 무료로 들어갈 수 있는데, 신발을 벗고 들어가야 한다.
- 돗자리를 깔고 맛난 음식을 먹으며 피크닉을 즐길 수 있는 유일한 문화재가 아닐까 싶다. 주변 카페에서 피크닉 풀세트를 대여해 주기도 한다. 단, 돗자리 무단 침범자 개미군단에 주의하자.

SPOT 2

일생에 한번은 봐야 할

# 반계리 은행나무

강원도

**주소** 강원도 원주시 문막읍 반계리 1495-1 · **가는 법** 원주시외고속버스터미널에서 버스 8218, 8230, 8211번 승차 → 문막 하차 → 마을버스 5번 환승 → 남도동 하차 → 도보 이동(약 390m)

강원도 원주에 있는 800년 이상된 천연기념물, 바로 은행나무 중 가장 아름다운 나무로 알려진 반계리 은행나무이다. 이 나무에는 유래가 전해져 내려오는데 첫 번째로는 옛날 성주 이씨의 선조 중 한 명이 심었다는 것, 다른 하나로는 길을 지나가던 한 대사가 이곳에서 물을 마신 후 가지고 있던 지팡이를 꽂고 갔는데, 그 지팡이가 자란 나무라는 것이다. 마을 사람들은 이 나무에 커다란 흰 뱀이 살고 있다고 믿어 신성시했으며 반계리 은행나무의 단풍이 한꺼번에 들면 그 해 풍년이 든다고 믿었다고 한다. 반계리 은행나무는 워낙 크고 갈래도 많다 보니 보

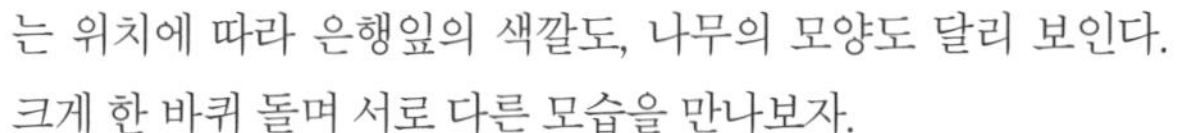

는 위치에 따라 은행잎의 색깔도, 나무의 모양도 달리 보인다. 크게 한 바퀴 돌며 서로 다른 모습을 만나보자.

**주변 볼거리·먹거리**

**소금산** 짜릿함을 느낄 수 있는 원주의 대표적인 트레킹 명소다. 출렁다리, 울렁다리, 스카이워크를 한 장소에서 만날 수 있어 더욱 매력적이다. 전체적으로 돌아보면 도보로 왕복 약 3시간 정도가 소요된다.

Ⓐ 강원도 원주시 지정면 소금산길 12 Ⓞ 5~10월 09:00~16:30, 11~4월 09:00~15:30/매주 월요일 휴무 Ⓒ 성인 9,000원, 소인 5,000원 Ⓣ 033-749-4860

SPOT 3

### 핑크빛으로 물든

# 꽃객 프로젝트

전라도

**주소** 전북특별자치도 고창군 부안면 복분자로 307 · **가는 법** 자동차 이용 · **운영시간** 09:00~18:00/겨울시즌 휴무 · **입장료** 1인당 5,000원(36개월 미만 무료) · **전화번호** 0507-1344-7778

'가을은 색의 계절이다' 고창 부안면 소요산 아래 자락이 핑크빛으로 물들었다. 머리카락 같은 정원식물 핑크뮬리가 바람에 물결치며 장관을 이루고 있다. 홍보 관련 업무를 했던 젊은 농장주가 귀농해 '꽃객프로젝트'라는 이름으로 조성한 민간 정원이다. 전체 넓이가 축구장 약 10배에 이른다. 핑크뮬리는 몇 년 전부터 제주에서 유행하기 시작해 관광 및 조경용으로 인기를 끌며 전국으로 퍼졌다. 하지만 핑크뮬리가 토종 식물의 성장을 억제할 수 있다는 이유로 '생태계 위해성 식물'로 지정되면서 일부 공공기관에서는 제거하기도 했다. 그러나 핑크뮬리는 여전히 젊은 연인들 사이에서는 가장 인기 있는 사진 배경 소재다. 꽃객프로젝트 방문객의 7~80% 이상은 2~30대 젊은 연인이다. 한 장의 인생 사진을 건지기 위해 수없이 카메라 셔터를 누른다.

꽃객프로젝트에는 핑크뮬리 외에도 독특한 정원식물인 '코키아' 농장이 따로 있다. 우리나라에서는 일명 '댑싸리'라 불리기도 하는데, 스타워즈 같은 우주 영화에나 나올 것 같은 독특한 모습을 하고 있다. 유럽과 아시아가 원산지이며 보통 7~9월까지는 연녹색이었다가 가을이 되면 진분홍색으로 변한다. 모양과 색깔이 예뻐서 어느 방향으로 찍어도 멋진 사진을 남길 수 있다.

**TIP**

- 전용 주차장이 있지만 주말에는 주차 공간이 부족에 갓길에 주차해야 하는 경우가 있다.
- 코키아 농장은 핑크뮬리 농장과 따로 분리되어 있어서 이정표를 따라 숲길을 건너 가야 볼 수 있다.

**주변 볼거리·먹거리**

**고창운곡람사르습지자연생태공원** 인간의 간섭이 사라진 자리에 자연이 스스로를 치유해서 복원된 습지다. 운곡습지는 우리나라에서 보기 드물게 저층 산간지역에 자리 잡고 있으며 830여 종의 다양한 동식물이 서식하고 있는 생태계의 보고다. 고창운곡람사르습지자연생태공원 입구에서 수달탐방열차를 타고 15분(약 3.4km) 정도 들어가면 자연생태공원을 만날 수 있다.

Ⓐ 전북특별자치도 고창군 아산면 운곡서원길 15 Ⓣ 063-560-2720 Ⓔ 수달탐방열차 요금 중학생 이상 2,000원, 초등학생 이하 1,000원/10:00~17:00까지 매 시각 출발

SPOT 4

영남의 알프스 억새 가득한

# 간월재

경상도

**주소** 울산광역시 울주군 상북면 간월산길 614(간월재휴게소) · **가는 법** 언양시외버스터미널에서 버스 328번 승차 → 주암마을입구 하차 → 도보 이동(약 2시간)/차량 진입 불가 · **전화번호** 052-260-6901 · **홈페이지** tour.ulsan.go.kr/index.ulsan

간월산과 신불산의 억새는 능선 따라 억새군락지를 보는 것도 좋을 것 같아 사슴농장 쪽으로 간월재를 올랐다. 간월재로 가는 코스가 몇 군데 있지만 사슴농장에서 오르는 코스가 가장 쉽고 편하게 이동할 수 있다고 한다. 그래도 왕복 5시간은 소요된다.

무난한 산길을 따라 오르다가 산모퉁이를 도니 숨어있던 간월재가 보인다. 영남의 알프스라 불리는 간월재는 신불산과 간월산의 능선이 만나는 곳으로 가을이면 억새군락지로 유명한 곳이지만 꼭 가을이 아니어도 사계절 아름다운 곳이다. 바람이 불면 바람이 부는 방향으로 물결을 이루는 간월재의 억새는 가히 환상적이다.

울산의 12경 중 4경에 속해있는 신불산 억새평원은 울산에서 두 번째로 높은 산으로 사자평과 영남 알프스의 대표적인 억새군락지로 산림청이 선정한 한국의 100대 명산 중 한 곳이다. 봄이면 파릇한 새순이 돋고 가을이면 은빛 물결이 일렁이는 하늘 억새길이 열리는데, 신불산과 간월산 두 산 사이에 간월재가 있다.

간월재 고개를 왕방재 또는 왕뱅이 억새만디라 부르기도 하는데 5만 평의 억새밭은 백악기시대 공룡들의 놀이터이자 호랑이, 표범과 같은 맹수들의 천국이었다고도 한다. 바람이 불 때마다 능선에 물결치는 억새가 운치를 더해준다. 간월재로 오르는 길은 멀지만 하늘 아래 가장 아름다운 사색과 소통, 치유, 자유의 길이라 칭찬을 아끼지 않았던 이유를 알 수 있다.

**주변 볼거리·먹거리**

**다비드북카페** 책을 보며 음료와 디저트를 함께 즐길 수 있는 다비드북카페는 7층에 위치해 있어 언양읍내를 내려다볼 수 있는 옥상뷰가 근사하다. 카페 내부는 벽면 가득 꽂혀있는 책과 숨소리조차 들리지 않을 만큼 조용하며 개별 룸도 있어 따로 분리된 느낌이다. 날씨가 좋은 날 테라스로 나가면 언양읍성과 산이 보여 개방감이 좋다.

Ⓐ 울산광역시 울주군 언양읍 동문길 21 7층 Ⓞ 10:30~21:00(라스트오더 20:00)/연중무휴 Ⓣ 010-9139-0447 Ⓜ 아메리카노 4,500원, 카페라테 5,000원 Ⓗ www.instagram.com/davidcoffee_official Ⓔ 주차 무료

SPOT 5

**이른 단풍과**
**마음의 위안을 한번에**

# 배론성지

충청도

**주소** 충청북도 제천시 봉양읍 배론성지길 296 · **가는 법** 제천시외버스터미널에서 버스 852번 승차 → 배론 하차 · **운영시간** 09:00~17:00(휴게 시간 12:30~13:30) · **전화번호** 043-651-4527 · **홈페이지** www.baeron.or.kr

전국에서 성지순례 신자들이 찾는 천주교 성지다. 천주교 박해시대 교우촌으로 조선 후기 천주교도 황사영이 머무르며 백서를 썼던 토굴과 최양업 신부의 묘가 있다. 가을에는 단풍 명소로 유명해 많은 이들이 찾는 곳이다.

**TIP**

- 단풍 시즌이 되면 사람들이 많이 찾는 곳으로 평일 오전 방문을 추천한다.
- 산자락에 있어 오후에는 빛이 들지 않아 사진 찍기에는 오전 시간을 추천한다.
- 작은 다리 주변으로 단풍이 많아 포토존이니 이곳에서 사진은 꼭 놓치지 말자. 종교성지이니 조용히 돌아보자.

## 주변 볼거리·먹거리

**비룡담저수지** 산책하기 좋은 데크가 있고 성같은 구조물이 있어 가을에는 더욱 이국적인 풍경으로 사진을 담을 수 있다. 저녁에는 화려한 조명이 들어오니 저녁 방문도 추천한다.

Ⓐ 충청북도 제천시 모산동 산 3-1

**의림지**

Ⓐ 충청북도 제천시 모산동 241 Ⓞ 용추폭포 10:00~21:00/매주 월요일 및 11~2월 분수 미가동

8월 33주 소개(432쪽 참고)

SPOT 6

**비밀스러운 벙커에서 만나는 빛의 향연**

# 빛의벙커

**주소** 제주도 서귀포시 성산읍 고성리 2039-22 · **가는 법** 간선버스 211, 212번 승차 → 고성리 장만이동산 정류장 하차 → 서쪽으로 74m 이동 후 좌측 길(남쪽)로 327m → 좌측 길로 338m → 좌측 길로 180m · **운영시간** 10:00~18:20(입장 마감 17:30) · **입장료** 성인 19,000원, 중·고등학생 14,000원, 초등학생 11,000원 · **전화번호** 1522-2653 · **홈페이지** www.deslumieres.co.kr/bunker

제주 남동

오랜 기간 콘크리트 단층 건물이 흙과 나무로 덮여 있어 낮은 산처럼 보였던 터라 외부인들이 알아챌 수 없었던 비밀 벙커는 옛 국가기관의 통신시설이다. 옛 벙커는 2018년 겨울, 빛의 벙커로 재탄생했다. 평면적인 작품들을 감상하는 데 그치지 않고 웅장한 음악과 함께 프로젝션 매핑 기술로 전시 영상을 투사하는 몰입형 미디어아트를 만날 수 있다. 900평 면적에 기둥 27개가 나란히 배치되어 들어갈수록 깊이 빠져드는 듯한 신비감을 준다. 벙커라고 상상할 수 없을 정도로 공기가 쾌적한 편이며, 소리 또한 완벽하게 차단되어 외부에서는 들리지 않는다. 한자리에 가만히 앉아 작품을 감상하든 자유롭게 돌아다니며 감상하든 선택은 마음대로! 벽면과 기둥을 비롯해 벙커의 모든 곳에 거대하게 펼쳐진 작품들을 감상하다 보면 마치 작품 한가운데 우뚝 서 있는 듯하다.

**TIP**

- 전시장 내 물을 비롯한 음료 및 음식물은 반입을 금지한다.
- 전시장이 어두운 편이라서 안전에 유의해야 한다.(바퀴 달린 신발과 유아 웨건 불가, 이동 시에는 셀카봉과 삼각대는 접어서 휴대)
- 반려동물은 입장을 금지한다.

**주변 볼거리·먹거리**

**광치기해변** 활 모양으로 길게 뻗은 해변과 푸른 바다 너머 보이는 성산일출봉은 가슴이 탁 트일 정도로 시원한 풍경을 자랑한다.

Ⓐ 제주도 서귀포시 성산읍 수시로10번길 3

**단백** 숯불향 가득한 제주산 돼지구이를 맛볼 수 있는 아늑한 분위기의 고깃집이다. 목살구이를 전문으로 하며 사장님이 초벌로 고기를 구워주시면 개인 화로에 올려 취향껏 익혀 먹을 수 있다. 혼밥, 혼술도 환영!

Ⓐ 제주도 서귀포시 성산읍 성산중앙로 17 Ⓞ 매일 12:00~22:00(브레이크타임 14:00~17:00) Ⓜ 목살구이 1인(230g) 25,000원 Ⓣ 0507-1360-9571 Ⓗ www.instargram.com/sikdang_dan100

10월 다섯째 주

# 43week

SPOT 1

## 한국 최고의 단풍 명원
# 창덕궁 후원

**주소** 서울시 종로구 율곡로 99 · **가는 법** 3호선 안국역 3번 출구 → 도보 이동(약 5분)/1·3·5호선 종로3가역 6번 출구 → 도보 이동(약 10분) · **운영시간** 2~5월·9~10월 09:00~18:00, 6~8월 09:00~18:30, 11~1월 09:00~17:30/매주 월요일 휴궁 · **입장료** 10,000원(후원 관람 및 궁궐 입장료 포함) · **전화번호** 02-3668-2300 · **홈페이지** www.cdg.go.kr · **etc** 방문하고자 하는 날짜로부터 6일 전 오전 10시부터 홈페이지에서 예약할 수 있다./온라인 예매를 하지 못한 경우 매일 오전 9시부터 현장에서 선착순으로 판매하는 티켓을 노려보자.

서울·경기

서울의 5대 궁궐 중에서도 가장 한국적인 궁궐이라는 평을 듣는 창덕궁은 사계절 각기 다른 정취를 자랑한다. 특히 매년 가을이면 푸른 하늘과 우아한 전각 그리고 다채로운 빛깔의 단풍이 더해져 관광객들의 발길이 끊이지 않는 곳이다. 유네스코 세계문화유산에 등재되기도 한 창덕궁의 하이라이트는 '비밀의 정원'이라 불리는 후원이다. 인위적인 손길을 최소화하고 본래의 자연 지형을 고스란히 살려 골짜기 곳곳에 아름다운 정자와 전각을 세웠는데, 도심 속에서 자연을 누리기에 이보다 더 좋을 수 없다. 특히 가을이면 아름다움의 절정을 보여준다. 9만 평의 창덕궁 부지 중 약 4만 평이 후원에 달할 정도로 어마어마한 규모를 자랑하며 한 바퀴 돌아보는 데 90분 정도 소요된다. 그야말로 창덕궁 안의 또 다른 나라다. 서울에서 서정적인 가을 여행지로 단연 최고다.

**TIP**

- 창덕궁 후원 특별 관람은 1회 입장 인원이 100명으로 제한되어 있다. 50명까지는 인터넷 사전 예약을 받고, 나머지 50명은 현장에서 선착순으로 입장하며, 전문 해설사의 인솔하에 정해진 시간에만 관람할 수 있다. 후원의 단풍이 절정에 달하는 시기에는 평일에도 2~3시간 전부터 티켓이 매진되는 경우가 많으니, 인터넷을 통해 사전 예약하는 방법을 추천한다.
- 문화재 보호를 위해 창덕궁 안에서는 음료 외에 음식물 섭취를 금한다.
- 화장실과 매점은 후원 입구에서 약 10분 거리인 부용지 주변에만 설치되어 있다.
- 창덕궁 바로 옆은 창경궁이다. 궁 통합 관람권을 구입하면 서울의 4대 궁뿐 아니라 종묘까지 입장할 수 있다. 창덕궁 관람(3,000원)과 별도로 5,000원을 더 내야 들어갈 수 있는 후원 입장료까지 포함돼 있어 가격 대비 훨씬 경제적이다.
- 매년 봄과 가을에 아름다운 야경을 감상할 수 있는 '창덕궁 달빛기행'이 열리며 사전 온라인 예매로 신청 가능하다(문의는 한국문화재재단 02-566-6300)

### 주변 볼거리·먹거리

**대림미술관** 일상이 예술이 되는 미술관, 대림미술관의 전신은 1996년 대전에 개관한 한국 최초의 사진 전문 한림미술관이다. 사진뿐 아니라 폴 스미스, 칼 라거펠트, 린다 매카트니 등 다양한 분야의 전시를 소개한다. 전시의 연장선에 놓인 콘서트, 강연, 워크숍, 파티를 비롯해 문화 예술계의 인사를 초대해 관객과의 대화 시간을 갖는 등 상식적인 미술관의 영역을 뛰어넘어 새로운 라이프스타일을 제안하는 전시 콘텐츠들을 선보이고 있다.

Ⓐ 서울시 종로구 자하문로 4길 21 Ⓞ 화~일요일 10:00~18:00, 목·토요일 10:00~20:00/매주 월요일·설날·추석 연휴 휴관 Ⓒ 성인 5,000원, 청소년 3,000원, 어린이 2,000원 Ⓣ 02-720-0667 Ⓗ www.daelimmuseum.org Ⓔ 온라인 회원이 되면 전시 입장료 20퍼센트 할인. 인터파크에서 예약하면 대기 시간 없이 바로 입장 가능

후원과 더불어 단풍나무 숲길은 창덕궁의 단풍 명소

SPOT 2

힐링 산책 문화생활

# 뮤지엄 산

**주소** 강원도 원주시 지정면 오크밸리2길 260 · **가는 법** 원주시외고속버스터미널에서 원주시티투어버스 승차 → 뮤지엄산 하차 · **운영시간** 10:00~18:00(입장 매표 마감 17:00)/매주 월요일 휴관 · **입장료** 기본권 대인 23,000원, 소인 15,000원 · **전화번호** 0507-1430-9001 · **홈페이지** museumsan.org · **etc** 시티투어버스요금 성인 5,000원, 청소년·어린이·장애인·군인·경로 3,000원, 36개월 이하 어린이 무료

강원도

원주 뮤지엄 산은 문화생활하기 좋은 공간으로 많이 알려졌지만, 가을이 다가오면 다채로운 색으로 물든 단풍을 구경하기에도 정말 좋다. 일본의 건축가 안도 타다오가 설계한 공간인데, 돌을 쌓아 올린 듯한 외관이 자연과 잘 어우러져 조화롭다. 플라워가든, 워터가든, 본관, 명상관, 스톤가든, 제임스터렐관까지 넓은 규모와 풍성한 볼거리를 자랑한다. 그중에서도 가장 유명한 것은 입구에 있는 빨간 조형물. 거대한 크기와 화려한 색감만으로도 시선을 사로잡는다. 물가에 있어 잔잔한 물의 반영까지 볼 수 있으니 이곳에서는 인증사진을 꼭 남겨 보자. 산

에 있는 이색 미술관, 뮤지엄 산에서 상설전시, 기획전시, 단풍 놀이까지! 풍성한 가을을 만나러 가 보자. 넉넉잡아 소요시간은 2~3시간 정도이니 여유를 두고 방문하기를 추천한다.

### 주변 볼거리·먹거리

**동네책방 코이노니아** 원주의 한 골목에 위치한 북카페. 문을 열면 마치 책으로 가득한 다락방에 온 듯한 기분이 든다. 작은 회의 공간, 탁 트인 책상 공간 등 내부에서도 여러 공간이 나뉘어 있으며 책뿐만 아니라 굿즈, 소품류도 판매해 둘러보기 좋다. 뿐만 아니라 이곳은 떡볶이, 짜장면, 우동 등의 식사류, 원주라거 등의 로컬 맥주도 판매해 식사를 하거나 가볍게 술을 즐길 수도 있다. 아늑하고 편안한 감성공간에서 맛있는 음식과 음료를 먹으며 책도 읽고 마음의 양식을 쌓아 보자.

Ⓐ 강원도 원주시 라옹정길 3-13 1층 Ⓞ 화~금요일 09:00~18:00, 주말 10:00~16:00/매주 월요일 휴무 Ⓣ 0507-1346-4279

SPOT 3

웅장하고 단아한 한국의 건축미

# 나주향교

전라도

**주소** 전라남도 나주시 향교길 38 · **가는 법** 나주버스터미널 → 도보 이동(약 1.1km) · **운영시간** 09:00~18:00 · **전화번호** 061-334-2369

성균관이 오늘날의 대학교에 해당된다면 향교는 중·고등학교 정도라고 할 수 있다. 고려와 조선시대에 지방 백성들의 교육을 위해 만들어진 곳이다. 나주향교는 전국에 남아 있는 향교 중 최대 규모로, 웅장하면서도 단아한 한국의 건축미가 느껴진다. 주위를 에워싼 돌담에서도 온화함이 느껴져 담장을 끼고 돌면 마음이 평온해진다. 주차장이 있는 협문 쪽으로 들어가면 기숙사에 해당되는 '동재'가 가장 먼저 눈에 들어오고 동재를 지나면 너른 마당이 보인다. 마당 앞쪽에는 500년 된 비자나무가 자리를 지키고 있고, 담장 뒤쪽으로는 태조 이성계가 심었다는

600년 된 은행나무가 대성전을 굽어보고 있다. 나주향교의 역사를 오롯이 지켜보았을 이 은행나무 앞에 서면 마치 말을 걸어올 것만 같다.

나주향교는 보통의 향교와는 다른 몇 가지 건축적 특징이 있다. 그중 하나가 이른바 '전묘후학(前墓後學)'의 건물 배치다. 전묘후학이란 성현들의 제사를 모시는 대성전이 학생들이 공부하는 명륜당보다 앞에 위치한 형태로, 다른 향교에서는 흔히 볼 수 없는 배치다. 또한 대성전의 규모와 격식이 남아 있는 향교 중 제일로 꼽힌다. 임진왜란으로 소실된 성균관을 다시 지을 때 이곳 대성전을 원형으로 삼았다는 이야기가 전해질 정도다. 마지막으로 보통의 명륜당은 한 채의 건물인데, 나주향교의 명륜당은 중앙의 한 채에 양쪽으로 각각 한 채씩 날개 형태로 건물을 지었다는 것이다. 드라마 〈성균관 스캔들〉의 배경으로도 등장했던 이곳 서재의 마루에 앉아 지그시 눈을 감으면 누군가의 글 읽는 소리가 귓가에 들리는 듯하다.

### 주변 볼거리·먹거리

**금성관** 나주목의 객사 건물로, 전남 지방에는 많이 남아 있지 않은 객사 중 하나다. 임진왜란 때 의병장 김천일이 의병을 모아 출정식을 한 곳으로도 알려져 있다.

Ⓐ 전라남도 나주시 금성관길 8 Ⓞ 09:00~18:00/매주 일요일 휴관 Ⓣ 061-330-8114

**나주곰탕하얀집** 1910년부터 4대째 대를 이어온 110년 전통의 나주곰탕 맛집이다. 주말에는 줄을 서서 기다려야 할 만큼 많은 사람이 찾는다.

Ⓐ 전라남도 나주시 금성관길 6-1 Ⓞ 08:00~20:00/매주 수요일 휴무 Ⓣ 061-333-4292
Ⓜ 곰탕 11,000원, 수육곰탕 13,000원

SPOT 4

흙길이 정겨운 옛길,
한국인이라면 꼭 걸어야 할

# 문경새재

**주소** 경상북도 문경시 문경읍 새재로 932(상초리 288-11) · **가는 법** 문경버스터미널에서 버스 10-3, 11, 21번 승차 → 문경새재도립공원 하차 → 도보 이동 · **운영시간** 탐방로 24시간/연중무휴 · **입장료** 무료/문경새재 전동차 이용료 어른 2,000원, 청소년 800원, 어린이 500원 · **전화번호** 054-571-0709(문경새재관리사무소) · **홈페이지** saejae.gbmg.go.kr(문경새재도립공원) · **etc** 주차 2,000원

경상도

백두대간의 중심에 위치한 문경은 우리나라 100대 명산 중 주흘산, 대야산, 희양산 그리고 황장산이 있는 지역이다. 문경새재는 충청북도와 경상북도의 경계에 있는 고개로, 새재는 '새도 넘기 힘든 고개'라는 뜻이다. 지금은 경상북도 도립공원으로 지정되어 있으며, '한국 관광 100선' 중 1위에 선정된 곳이다. 과거에는 영남의 선비들이 과거 시험을 치르기 위해 이 고개를 넘어 한양으로 올라갔다. 지금은 괴나리봇짐처럼 배낭을 메고 삼삼오오 짝을 지어 걷는 모습이 과거와 현재가 교차되는 듯하다.

예로부터 이름처럼 가장 험난하고 높은 곳이었다고 하는데, 지금 은 길이 편안하다 못해 맨발로 걷는 황톳길도 이어져 있다.

제1관문인 주흘관을 시작으로 제2관문 조곡관과 3관문인 조령관까지 갔다가 되돌아오는 코스로 9월인데도 사그라들지 않은 햇빛에 목덜미가 따갑고 땀은 물 흐르듯 하지만 불어오는 바람에 금세 말라버리고 청량한 기운이 스며든다.

조선시대 새로 부임한 경상 감사가 전임 감사에게 업무를 인수인계하던 교인처로 1470년 성종 초에 건립된 교귀정은 1896년 의병전쟁 시 화재로 소실되어 터만 남아 있는 것을 1999년에 복원했다. 멋들어진 소나무 옆으로 계곡이 흐르는 곳으로 하루 종일 앉아 쉬고 싶은 곳이다.

숲길을 조금 더 들어가면 성인 3명이 누워도 남을 정도로 넓은 바위가 나타난다. 옛날 도적들이 바위 뒤에 숨어 있다가 지나가는 사람을 덮쳤다는 이야기가 전해 오는 마당바위다. 예전에는 길손들의 갈증과 피로를 풀어주었다는 영약수로 유명한 조곡약수는 제2관문을 지나면 기암절벽으로 둘러싸인 청산계곡 사이로 흐르는 용천수로 물맛이 좋기로 유명하다. 7명의 선녀가 하늘에서 구름을 타고 내려와 목욕을 했다는 여궁폭포는 20m 높이에서 떨어진 폭포수가 경관을 이룬다.

**주변 볼거리·먹거리**

**고모산성** 산길을 따라 10여 분만 오르면 볼 수 있는 고모산성은 때 묻지 않은 수려한 자연경관을 고스란히 볼 수 있다. 강 위로 경북8경 중 제1경인 진남교반을 볼 수 있는데, 철길과 구교, 신교가 나란히 놓여있는 풍경이 그것이다.

Ⓐ 경상북도 문경시 마성면 신현리 Ⓞ 연중무휴 Ⓣ 054-550-6402 Ⓔ 주차 무료

**오미자테마터널** 아름다운 자연경관인 고모산성으로 오르는 길에 위치해 있으며 터널의 길이는 540m다. 터널 내 평균온도가 14~17도로 여름에는 시원하고 겨울에는 따뜻하다. 오미자와 관련된 와인바와 카페 그리고 화려한 조명을 설치해놓은 포토존이 있다.

Ⓐ 경상북도 문경시 마성면 문경대로 1356-1 Ⓞ 화~금요일 09:30~18:00, 토~일요일 09:30~19:00/매주 월요일 휴무 Ⓒ 어른 3,500원, 청소년 2,500원, 어린이 2,000원 Ⓣ 054-554-5212 Ⓗ omijatt.com Ⓔ 주차 무료

SPOT 5

3,000여 그루의 은행나무가 있는

# 청라은행마을

충청도

**주소** 충청남도 보령시 청라면 장현리 688(신경섭 가옥) · **가는 법** 보령종합터미널에서 도보로 중앙시장 이동 → 버스 607번 승차 → 당살미 하차

3,000여 그루의 은행나무가 있는 보령 청라은행마을은 가을이면 마을 전체가 노란빛으로 물든다. 이곳에 은행나무가 많은 데는 옛날 오서산 아래 구렁이 한 마리가 살았는데 이 구렁이는 천 년 동안 매일 용이 되게 해달라고 기도하여 마침내 황룡이 되어 여의주를 물고 승천하였고, 이를 본 까마귀들이 노란색 은행을 보고 황룡의 여의주라 생각하여 마을로 물고 와 키우면서 마을에 수많은 은행나무가 자라게 되었다고 한다.

청라은행마을은 우리나라 최대 은행나무 군락지로 인위적으로 관광을 위해 조성한 마을이 아니라 농촌의 풍경과 어우러진

모습이 더욱더 매력적이다. 신경섭 가옥과 정촌유기농원은 각각 다른 매력이 있으니 천천히 농촌과 어우러진 은행마을을 즐겨보길 추천한다.

TIP

- 청라은행마을의 중심이 되는 곳은 신경섭 가옥과 정촌유기농원 두 곳이다.
- 은행잎이 노랗게 물들었을 때도 아름답지만 은행잎이 바닥에 깔려 노란 카펫을 만들어 줄 때도 아름답다.
- 전국 최대 은행 산지답게 암나무가 많아 바닥에 떨어진 은행 열매를 조심해야 한다. 이곳에 갈 때는 은행을 밟을 각오를 하고 가야 하며 자동차에 오르기 전에는 꼭 신발 닦기를 추천한다.

**주변 볼거리·먹거리**

**소라곱창전문** 식당이 많지 않은 청라은행마을 가는 길목에 있어 매년 방문하는 곳이다. 밑반찬이 정갈하고 곱창전골에는 냉이가 들어가 있어 특별한 맛을 낸다. 동네 주민들이 손님이라 주민들은 메뉴에 없는 삼겹살구이도 주문할 수 있는 정감 있는 식당이다.

Ⓐ 충청남도 청양군 화성면 구숫골길 9 Ⓣ 041-943-9190 Ⓜ 인삼곱창전골(小) 23,000원

SPOT 6

**제주 유일 유네스코 세계자연유산에 등재된 오름**

# 거문오름

**주소** 제주도 제주시 조천읍 선흘리 산 102-1 · **가는 법** 간선버스 211, 221번 승차 → 거문오름입구 정류장 하차 → 북서쪽 방향으로 126m → 북동쪽 방향으로 횡단보도 건넌 후 307m → 우측 길로 486m 이동 후 거문오름탐방안내소 도착 · **운영시간** 09:00~13:00/매주 화요일·설날 및 추석 휴무 · **입장료** 성인 2,000원, 청소년·군인·어린이 1,000원 · **전화번호** 064-710-8981 · **홈페이지** www.jeju.go.kr/wnhcenter/black/reserve.htm

제주 북동

2007년 '제주 화산섬과 용암동굴'이라는 이름으로 세계자연유산에 등재된 제주도는 한라산, 성산일출봉, 거문오름 용암동굴계가 그 주인공이다. 거문오름에서 분출된 용암이 바다까지 흘러가 형성된 용암동굴만 해도 만장굴과 김녕굴, 벵뒤굴을 비롯해 총 10개에 이른다. 길이 약 2km의 용암 협곡을 비롯해 용암함몰구와 수직동굴, 화산탄 등의 화산활동 흔적과 지층의 변화로 생긴 풍혈, 일본군 갱도 진지가 곳곳에 남아 있어 생태학적으로, 역사적으로 가치 있는 곳이다.

1일 등반 인원이 제한된 덕분에 오름이 잘 보존되어 자연 그

대로의 아름다운 풍경을 만날 수 있다. 탐방로는 총 3개! 1.8km 정상 코스, 5.5km 분화구 코스, 10km 전체 코스인데, 정상 코스와 분화구 코스만 해설가와 동행하며 두 코스를 포함한 전체 코스는 부분적으로 자율 탐방이 가능하다. 두 코스가 각각 1시간~2시간 30분 소요되며, 전체 코스는 3시간 30분 정도 소요되니 체력과 일정에 맞게 선택하면 된다.

**TIP**

- 1일 450명까지만 등반할 수 있기 때문에 사전예약 필수. 최소 하루 전 예약해야 하며, 당일 예약은 불가하다. 09:00~17:00 홈페이지나 전화로 선착순 접수를 받는다.
- 등산용 샌들을 포함해 앞이 트인 샌들과 키높이 운동화 착용 시 탐방이 금지된다.
- 양산과 우산, 아이젠과 스틱, 물 이외의 음식은 반입을 금지한다. 비가 오면 우의를 준비해야 한다.(한시적으로 눈이 많이 오는 날씨에는 아이젠, 스틱을 허가하니, 방문 전 센터로 문의해야 한다.)

### 주변 볼거리·먹거리

**동백동산** 동백동산은 20여 년생 동백나무가 10만여 그루 이상 모여 숲을 이룬 선흘 곶자왈 지대지만 이름과는 달리 동백 시즌에 방문해도 동백꽃을 쉽게 찾아볼 수 없다. 동백나무보다 빨리 성장하는 나무들이 동백나무들을 가리고 있기 때문이다. 대신 다양한 상록수가 있어 연평균 기온이 18~20℃로 사계절 내내 쾌적한 숲의 향기를 느낄 수 있다.

Ⓐ 제주도 제주시 조천읍 선흘리 산 12 Ⓣ 064-784-9445(동백동산습지센터)

**자드부팡** 자드부팡은 동백동산 가장자리에 위치해 있어 주변이 온통 나무로 둘러싸인 아늑한 요새 같은 곳이다. 디자이너 출신의 부부가 설계부터 건축, 조경까지 직접 참여해 정성 들여 지은 곳으로 화가 폴 세잔의 가족 별장에서 영감을 얻었다. 카페 내부는 곳곳이 포토존이라고 해도 과언이 아닐 정도다.

Ⓐ 제주도 제주시 조천읍 북흘로 385-216 Ⓞ 월~수요일·금요일 10:30~17:00, 토~일요일 11:00~17:00/매주 목요일 휴무, 임시 휴무는 인스타그램 별도 공지 Ⓣ 0507-1321-7634 Ⓜ 아메리카노 5,500원, 카페라테 6,000원, 단호박수프+브리오슈빵 10,000원 Ⓗ www.instagram.com/jas_de_bouffan

11월의 대한민국

# 가을이 곱게 물들다

# 44week

SPOT 1

**목가적인 풍경이 일품인 전원목장**

## 안성팜랜드

**주소** 경기도 안성시 공도읍 대신두길 28 · **가는 법** 남부터미널(안성행 버스) 또는 동서울터미널 → 공도 하차 → 택시 이용(약 4,000~5,000원) · **운영시간** 하절기(2~11월) 10:00~18:00, 동절기(12~1월) 10:00~17:00/설날 당일 휴무 · **입장료** 어른 15,000원, 어린이 13,000원 · **전화번호** 031-8053-7979 · **홈페이지** www.nhasfarmland.com

서울·경기

서울에서 가까운 목장 중 그림처럼 드넓은 초원을 간직한 곳이다. 카메라 셔터를 누르기만 하면 한 폭의 그림이 담기는 데이트 코스로도 인기가 많다. 드라마 〈빠담빠담〉, 〈신사의 품격〉, 영화 〈역린〉 등의 촬영지로도 유명하다. 매년 4월 초부터 6월 말까지 국내에서 유일하게 대규모 호밀밭 축제가 열리며, 특히 가을에 그 아름다움이 절정에 달한다. 또한 안성팜랜드에는 아이들이 좋아할 만한 것들이 가득하다. 초지에서 염소와 양, 말, 조랑말 등 다양한 동물을 만져보며 직접 여물을 줄 수 있고 승마,

연날리기, 가축 교실, 활쏘기 등 다양한 체험 학습이 가능하다. 이외에도 트릭아트 전시장과 트랙터 마차 체험 및 미로 찾기, 미니 놀이동산 등의 놀 거리가 풍성하다.

**TIP**

- 소셜커머스에서 입장권을 더 저렴하게 구할 수 있다. 단, 당일 구매는 당일 사용 불가.
- 아이와 함께라면 트랙터 마차를 타고 39만 평의 광활한 초원을 한 바퀴 돌아봐도 좋다(약 12분 소요).
- 드넓은 초지에서의 오랜 야외 활동을 대비해 선크림이나 모자를 준비하자.
- 멋진 일출과 일몰 사진을 찍고 싶다면 안개가 은은하게 깔리는 해 뜨기 전이나 노을 지는 늦은 오후를 추천한다.
- 매년 봄이면 냉이꽃이 하얗게 흐드러진 초원을 감상할 수 있다(냉이꽃 축제).
- 4~6월은 호밀밭축제, 9~10월은 코스모스축제가 열린다. 코스모스 동산 바로 옆에 요즘 핫한 핑크뮬리 동산도 생겼으니 놓치지 말자.
- 겨울의 안성팜랜드는 목가적인 풍경을 볼 수 없는 대신 눈썰매장을 개방한다.

**주변 볼거리 · 먹거리**

**서일농원** 2천여 개의 옹기 장독대가 운집한 풍경으로 유명한 서일농원은 영화 〈식객〉의 배경으로 유명하다. 이곳은 1983년부터 서분례 여사가 우리의 전통 장맛을 유지하기 위해 콩과 고추를 직접 재배하고 삼국시대부터 사용되어 온 전통 방식으로 만든 2천여 개의 전통 옹기에 장을 숙성시키며 가꾼 농장이다.

Ⓐ 경기도 안성시 일죽면 금일로 332-17 Ⓞ 11:30~20:30/매주 월요일·설날 및 추석 당일 휴무 Ⓒ 무료 Ⓣ 070-4211-0795 Ⓒ www.seoilfarm.com

SPOT 2

가을맞이 체험여행

# 산너미목장

**주소** 강원도 평창군 미탄면 산너미길 210 · **가는 법** 평창버스터미널에서 자동차 이용(약 17km) · **운영시간** 매일 10:00~18:00/매주 수~목요일 휴무 · **입장료** 산너미 차박 30,000원 · **전화번호** 0507-1396-8122 · **홈페이지** linktr.ee/sanneomi

강원도

흑염소와 토끼들이 반겨주는 곳, 친환경 동물복지 산너미목장이다. 이곳은 네이버로 사전 예약 후 방문해야 하며 일반 입장 외 캠핑과 차박도 가능하다. 입장 시에는 웰컴드링크가 제공되는데 물, 흑염소즙 중 하나를 택하면 된다. 위치상으로는 평창이지만 거의 정선 옆에 붙어있는데 해발고도가 높아 내려다보이는 산 능선이 아름답다. 안개가 걷힐 무렵이나 노을 시간대에 방문하면 더 예쁘다고 하는데, 흐린 날 방문하더라도 사람이 적고 구름이 낮아 또 다른 매력을 느껴볼 수 있다. 한적한 트레킹 코스를 걸으며 깊어가는 가을의 정취를 만나보는 것은 어떨까.

## 주변 볼거리·먹거리

**스위스램** 10개월 미만의 어린 양의 양갈비, 양등심을 취급하는 곳. 양고기 특유의 잡내가 없어 초보자도 도전할 수 있는 양고기 맛집이다. 돌판에 버섯, 마늘쫑, 방울토마토 등 가니쉬와 함께 주문한 고기가 나오며 직접 구워주기 때문에 더욱 편하다. 반찬은 고기와 함께 먹기 좋은 샐러드, 백김치 등이 나오며 쯔란, 민트젤리, 홀그레인머스터드, 고추냉이, 소금 등 소스도 다양하다. 민트젤리는 특유의 화한 맛과 달콤함이 더해져 양고기와 잘 어울린다. 된장찌개는 일반 된장찌개, 돌판 된장찌개 두 종류가 있는데, 돌판 된장찌개를 주문하면 양고기를 구웠던 판에 된장찌개를 끓여준다. 양고기의 풍미를 가득 담은 따끈한 국물 요리까지 함께 즐겨보자!

Ⓐ 강원도 평창군 대관령면 대관령마루길 365-12 Ⓞ 수~월요일 11:00~22:00(라스트오더 21:00)/매주 화요일 휴무 Ⓣ 0507-1328-9272 Ⓜ 스위스램갈비 28,000원, 스위스램등심 28,000원, 돌판된장찌개 5,000원, 뚝배기된장찌개 5,000원

SPOT 3

고창의 숨은 단풍 명소

# 문수사

전라도

**주소** 전북특별자치도 고창군 고수면 칠성길 135 · **가는 법** 자동차 이용 · **전화번호** 063-562-0502

고창의 가을은 11월에 더욱 주목받는다. 다른 지역에서는 단풍이 지기 시작하는 11월 중순쯤 이곳의 단풍이 절정을 이루기 때문이다. 서해를 끼고 있는 고창은 내륙보다 기온이 높아 비교적 단풍이 늦다. 고창의 단풍 명소를 하나 꼽으라면 주저 없이 선운사를 말하겠지만, 문수사의 단풍도 결코 선운사에 뒤지지 않는다. 수령이 100~400년 정도로 추정되는 500여 그루의 단풍나무가 숲을 이루고 있는데, 이렇게 오래된 나무들이 산에서 숲을 이룬 경우가 드물다 보니 단풍나무숲으로는 유일하게 천연기념물로 지정되기도 했다.

일주문부터 부도밭까지 이어지는 약 80m의 단풍터널은 아름답다 못해 황홀하기까지 하다. 일주문 옆 단풍나무는 비스듬히 누워 방문객을 유혹하고, 아기 손바닥만 한 단풍잎은 바람에 흔들릴 때마다 어서 오라고 손짓하는 것 같다. 호젓한 길을 따라 나무와 일일이 눈을 맞추다 보면 어느새 사찰 입구에 도착한다. 입구에 가까워질수록 단풍의 색깔은 더욱 짙어진다. 사방으로 고개를 돌려도 온통 울긋불긋 단풍뿐이다. 그야말로 단풍의 절정이다.

창건설화에 따르면 문수사는 천 년도 넘은 고찰이지만 그에 비해 많이 알려지지 않았다. 비교적 최근에 단풍나무숲이 유명해지면서 방문객이 늘고 있지만, 이른 아침 조금만 부지런을 떨면 인적이 드문 사찰에서 고즈넉하게 단풍을 즐길 수 있다.

**TIP**
숲을 보호하기 위해 지정된 길 외에는 출입을 통제하고 있다.

### 주변 볼거리·먹거리

**신기계곡** 천년고찰 문수사 앞을 흐르는 신기계곡은 주변 환경이 수려하고 소나무 숲과 넓은 바위가 어우러진 명품 계곡이다. 계곡 바닥의 모래와 자갈을 밟는 느낌이 경쾌하고, 물이 맑아 물고기들의 움직임이 훤히 보인다. 여름 피서지로도 인기가 높다.

Ⓐ 전북특별자치도 고창군 고수면 문수로 213

SPOT 4

**기암절벽이 화려한 옷을 걸치는**

# 주왕산

**주소** 경상북도 청송군 주왕산 공원길 169-7 · **가는 법** 청송터미널에서 농어촌버스 122, 133번 승차 → 주왕산시외버스터미널 하차 → 도보 이동(약 47분) · **운영시간** 4~10월 04:00~15:00, 11~3월 05:00~14:00/연중무휴 · **입장료** 무료 · **전화번호** 054-870-5300 · **홈페이지** www.knps.or.kr · **etc** 주차 요금 주중 4,000원, 주말 5,000원

경상도

산 전체를 아우르듯 웅장하게 솟은 기암에 넋을 뺏긴다. 특히 기암절벽이 화려한 색으로 치장되는 가을이면 자연의 아름다움에 절로 고개가 숙여진다. 제1폭포를 지나 산속 깊숙이 자리 잡은 제3폭포까지 앞다퉈 산을 물들인다. 흰 눈으로 가을을 덮고, 봄꽃으로 겨울을 묻으며, 여름에는 무성한 잎사귀로 봄을 위로하고, 알록달록한 단풍으로 여름을 떠나보내는 주왕산은 사계절을 고스란히 담아내는 곳이다. 아침 이슬로 촉촉이 젖은 흙길에는 등산화 발자국이 새겨지고, 계곡물 소리가 사람들의 웃음

소리와 어우러져 행복한 기운을 퍼뜨린다.

청학과 백학 한 쌍이 둥지를 틀고 살았다는 경사 90도의 가파른 절벽 학소대를 비롯해 떡 찌는 시루 같다 해서 시루봉이라 불리는 산봉우리들이 중국의 장가계에 비할 만하다. 제1폭포인 용추폭포를 시작으로 절구폭포로 불리는 제2폭포 그리고 제3폭포인 용연폭포까지 비탈길이나 가파른 곳을 찾아보기 힘드니 이 또한 감사할 일이다.

처음에 이곳은 석병산이라 불렸다. 중국 진나라 주왕이 피신해 살다가 신라의 마일성 장군이 이끄는 군사가 쏜 화살에 맞아 죽은 뒤부터 그의 넋을 기리기 위해 주왕산이라 불리게 되었다. 주왕산 암굴마다 주왕의 전설이 서려 있고, 주왕의 피가 계곡을 흐르다 붉은 수달래를 피웠다고 전해진다. 주왕산에는 수달래 군락지가 있어 매년 봄이면 수달래축제가 열린다.

**주변 볼거리·먹거리**

**주산지** 김기덕 감독의 〈봄 여름 가을 겨울 그리고 봄〉 촬영지 주산지는 설악산, 월출산과 더불어 우리나라 3대 암산으로 기암절벽과 울창한 숲이 절경을 빚어내는 주왕산 자락의 인공 저수지. 새벽이면 신비로운 안개가 피어올라 150년 동안 물속에 반쯤 잠긴 왕버드나무 고목이 몽환적인 분위기를 자아낸다.

Ⓐ 경상북도 청송군 주왕산면 주산지리 산41-1 Ⓞ 24시간/연중무휴 Ⓒ 무료 Ⓣ 054-873-0019 Ⓔ 주차 무료

**청송얼음골** 신기하게도 삼복더위에 계곡물이 얼음장처럼 차갑고 돌에 얼음이 끼는 곳이다. 기온이 높을수록 얼음이 더 두껍다고 하니 자연의 신비에 놀라울 따름이다. 한여름에 두꺼운 옷을 입어도 한기를 느낄 정도라고 한다. 영덕에서 주왕산을 넘어오는 현란한 고갯길에 지칠 때쯤 잠시 얼음골에 들러 쉬었다 가자. 겨울이면 인공폭포가 빙벽을 이뤄 기암절벽과 함께 웅장한 풍광을 연출한다.

Ⓐ 경상북도 청송군 주왕산면 팔각산로 228 Ⓞ 24시간/연중무휴 Ⓒ 무료 Ⓣ 054-870-6240

SPOT 5

## 세조길 단풍길을 따라 만나는 산사의 가을

# 법주사

충청도

**주소** 충청북도 보은군 속리산면 법주사로 405 · **가는 법** 속리산터미널 → 도보 이동(약 30분) · **입장료** 무료 · **전화번호** 043-543-3615 · **홈페이지** www.beopjusa.org

속리산 자락에 위치한 대한불교조계종 제5교구 본사다. 이곳 역시 마곡사와 더불어 2018년 '산사, 한국의 산지승원'으로 유네스코 세계유산이다. 법주사는 신라 진흥왕 14년에 창건한 천년 고찰이다.

법주사로 가는 2km의 오리숲길은 세조가 방문했을 때 행차했던 길을 따라 세조길로 이어진다. 법주사 곳곳에 물든 단풍도 아름답지만, 이곳이 더욱 아름다운 것은 속리산을 병풍 삼아 있기 때문이다. 국보 팔상전, 쌍사자석등, 석련지 등이 속리산과 어우러진 풍경을 보고 나면 다른 곳보다 유난히 비싼 문화재 관람료도 개의치 않게 된다.

### 주변 볼거리·먹거리

**삼년산성** 삼국사기에 따르면 이 산성은 축성하는 데 3년이 걸렸다고 전하며 신라는 이곳을 백제 공격을 위한 최전방기지로 삼았다. 가장 높은 곳이 22m에 달하고 너비가 5~8m이다. 산성에 서서 보은을 한눈에 내려다볼 수 있으며 사람들이 많이 찾지 않아 조용하게 돌아보기 좋다.

Ⓐ 충청북도 보은군 보은읍 성주1길 104 Ⓣ 043-542-3384

**말티재** 고려 태조 왕건이 말을 타고 속리산에 오르기 위해 돌을 깔아 길을 만들었다고 전해진다. 이후 조선 세조가 피부병으로 요양 차 속리산 법주사로 행차할 때 가마에서 내려 말을 갈아타고 올랐던 길이라 하여 말티재라 부른다. 또한 말의 어원은 '마루'로 '높다'는 뜻이니 말티고개는 '높은 고개'라는 이름의 유래도 전해지고 있다.

Ⓐ 충청북도 보은군 장안면 장재리 산4-14 (말티재전망대)

**TIP**

주차장에서부터 법주사까지 1.5km가 넘는 길을 30분 정도 걸어야 하니 편한 신발은 필수다.

SPOT **6**

**사찰에서 누리는 단풍 구경**

# 관음사

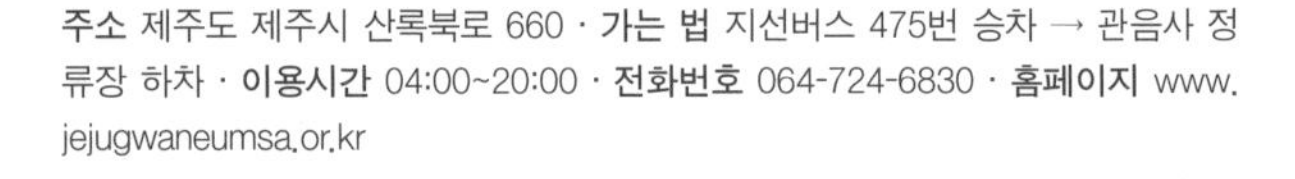

**주소** 제주도 제주시 산록북로 660 · **가는 법** 지선버스 475번 승차 → 관음사 정류장 하차 · **이용시간** 04:00~20:00 · **전화번호** 064-724-6830 · **홈페이지** www.jejugwaneumsa.or.kr

제주 북

조선시대 지리서 《동국여지승람(東國輿地勝覽)》의 12개 사찰 중 마지막에 기록되어 있을 정도로 오랜 역사를 가진 사찰이다. 4·3항쟁 당시 모든 전각이 전소되었지만 1969년부터 대웅전을 시작으로 복원이 이루어져 현재의 모습을 만날 수 있다.

한라산 650m쯤에 자리 잡고 있어 산세가 더없이 훌륭하다. 조경이 잘되어 있어 불교 신자가 아니더라도 사찰을 돌아보며 천천히 산책하기에 좋다. 언제 와도 잔잔한 음악과 함께 바람에 흔들리는 풍경 소리가 더없이 마음의 위안을 준다. 대웅전 옆에 있는 커다란 은행나무 아래 노란빛으로 수북이 쌓인 낙엽 위에

## 주변 볼거리·먹거리

**천아계곡** 빨강, 주황, 노랑 등 따뜻하고 알록달록한 빛깔의 단풍들이 계곡을 가득 채우는 제주의 독보적인 단풍 명소. 한라산 Y계곡에서 발원해 바다로 길게 이어지는 광령천이 천아오름을 지난다고 해서 천아계곡이라 불린다. 평상시 물이 흐르지 않는 건천이기 때문에 계곡 안으로 들어가 단풍놀이를 즐길 수 있다.

Ⓐ 제주도 제주시 애월읍 광령리

**담화헌** 제주 옹기 작가 강승철 님의 도예 전문 공간. 투박하게 느껴질 수도 있지만 작가의 오랜 노력으로 만들어낸 과거와 현대가 공존하는 공간이다. 실용적이지만 자연스럽고 은은한 멋을 자랑하는 옹기들이 가득하다. 작가의 작업실과 더불어 옹기 작품을 만날 수 있는 숨옹기 갤러리, 제주 옹기와 그 안에 담은 차와 음료를 판매하는 그릇가게&카페가 함께 있다.

Ⓐ 제주도 제주시 주르레길 55 Ⓞ 10:00~18:00/매주 월요일 휴무 Ⓣ 010-9087-2953 Ⓜ 아메리카노 4,000원 Ⓗ www.제주옹기.com

서 있으면 마냥 설렌다. 관음사 은행나무는 1911년 봉려관 스님과 도월 정조 스님께서 심은 나무로 100년이 넘는 세월 동안 관음사를 지키고 있다.

**TIP**

- 한라산 중턱에 있어 11월에는 시내보다 훨씬 추우니 따뜻한 옷을 준비하는 게 좋다.
- 108배와 명상, 타종 체험, 예불 등 불교문화를 접하는 템플스테이도 진행된다.(템플스테이 상담 시간 09:00~17:00, 010-5219-8561)

11월 둘째 주

# 45week

SPOT 1

**남미의 풍경 속에서 즐기는 늦가을의 정취**

## 중남미문화원

**주소** 경기도 고양시 고양동 302 · **가는 법** 3호선 삼송역 8번 출구 → 을버스 033, 053번 승차 → 고양동 시장 앞 하차 → 건너편 훼미리마트 골목으로 도보 이동(약 10분) · **운영시간** 11월~3월 10:00~17:00, 4월~10월 10:00~18:00/매주 월요일·설날 및 추석 당일 휴관 · **입장료** 성인 8,000원, 어린이 5,000원 · **전화번호** 031-962-7171 · **홈페이지** www.latina.or.kr

서울·경기

한적한 주택 골목 사이를 지나 정문을 들어서자마자 스페인과 멕시코가 떠오르는 붉은 벽돌의 독특한 건축물과 이국적인 풍경이 근사하게 펼쳐지는 중남미문화원은 1992년 중남미에서 30여 년간 외교관 생활을 했던 이복형 대사 부부가 운영하는 문화공간이다. 국내에서 유일한 중남미박물관으로 마야, 아즈텍, 잉카 등 고대 문화부터 현대에 이르기까지 2천여 점의 유물이 전시되어 있다. 중남미를 대표하는 작가들의 그림과 조각들이 전시되어 있는 미술관과 조각공원 등 크게 3곳으로 나뉜다. 중남미 12개국 현대 조각가들의 작품이 공원 및 산책로, 휴식 공간 곳곳에 자리 잡고 있어 중남미 문화의 정취를 느낄 수 있다. 놀라운 사실은 이 모든 유물들을 이복형 대사 부부가 직접 사서 모았다는 것이다. 카펫, 액세서리, 그릇, 패브릭 등 이국적인 중남미 기념품을 구입할 수 있는 숍도 마련돼 있다.

**TIP**

- 중남미문화원 내에 있는 레스토랑 겸 카페 따꼬에서 멕시코 전통 음식 타코를 맛볼 수 있다. 메뉴는 소고기야채타코(8,000원)와 돼지고기치즈타코(7,000원) 두 가지다. 운영시간은 문화원과 동일하다.

### 주변 볼거리·먹거리

**서삼릉** 경기 서북부 최대의 조선 왕릉군이자 세계문화유산인 서삼릉 내 각각의 왕릉과 원, 묘를 다 둘러보는 데 1시간가량 걸린다. 짙푸른 녹음과 왕가의기품이 어우러져 고요히 사색을 즐기며 산책하기 좋다.

Ⓐ 경기도 고양시 덕양구 서삼릉길 233-126(원당동 산37-1) Ⓞ 2~5월·9~10월 09:00~18:00(매표 시간 09:00~17:00), 6~8월 09:00~18:30(매표 시간 09:00~17:30), 11~1월 09:00~17:30(매표 시간 09:00~16:30)/매주 월요일 휴관 Ⓒ 어른 1,000원, 어린이 및 청소년 무료 Ⓣ 031-962-6009 Ⓔ 매달 마지막 주 수요일 무료 입장

SPOT 2

물안개와 서리의 마법

# 비밀의정원

강원도

**주소** 강원도 인제군 남면 갑둔리 산121-4 · **가는 법** 인제터미널에서 자동차 이용(약 26km) · **운영시간** 연중무휴 · **입장료** 무료 · **전화번호** 033-460-2170(인제관광정보센터) · **홈페이지** tour.inje.go.kr · etc 주차 무료

대개 강원도 일출을 생각하면 탁 트인 바다 한가운데 태양이 붉게 솟아오르는 장면이 떠오르지만, 비밀의정원은 깊은 산속에서 일출을 보는 신기하고 또 신비로운 곳이다. 가을~겨울 시즌 가장 인기 많은 인제의 일출 명소! 이곳은 군사작전지역이라 그동안 일반 사람들의 접근 및 사진 촬영이 허용되지 않았으나 지금은 도로변에서 찍는 사진 촬영까지는 허용됐다. 덕분에 가을 단풍과 그 위로 살며시 내려앉은 서리를 보기 위해 해가 채 뜨기도 전부터 도로변은 인산인해를 이룬다. 11월은 일출 시간이 늦어지면서 오전 7시경 해가 뜬다. 도로에 자리 잡고 조금 기

다리면 어둑했던 아침 안개가 걷히며 조금씩 산 위로 해가 떠오른다. 해가 비추는 모습을 따라 단풍잎의 색이 점점 더 짙어져 멋진 경관을 자아내니 가을 인제 여행을 준비하고 있다면, 비밀의정원에 꼭 한번 방문해 보자.

**TIP**

- 일출 30분 정도 전에 방문했음에도 사람이 많다. 관광이 아닌 사진을 위해 방문한다면 더 일찍 도착하는 것을 추천한다.
- 추운 날씨에 대비해 따뜻한 겉옷은 필수로 챙기자!

### 주변 볼거리·먹거리

**속삭이는자작나무숲**
등산 소요시간이 그리 길지 않아 오후 방문객이 많지만 가을 아침, 속삭이는자작나무숲에서는 뭉게구름 사이로 예쁜 빛내림을 볼 수 있다. 길을 따라 수많은 자작나무 군락이 있어 보기만 해도 힐링 그 자체! 자작나무 전망대와 메인 포토존으로 가는 길은 특히 더 아름답다.

Ⓐ 강원도 인제군 인제읍 자작나무숲길 760 ⓞ 하절기 09:00~15:00, 동절기 09:00~14:00/매주 월~화요일 휴무(입산 가능 시간 15:00까지) Ⓒ 무료 Ⓣ 033-463-0044 Ⓗ forest.go.kr Ⓔ 주차 무료

SPOT 3

과거로 떠나는 시간여행

# 송참봉 조선동네

**주소** 전북특별자치도 정읍시 이평면 영원로 1290-118 · **가는 법** 자동차 이용 · **운영시간** 10:00~21:00 · **입장료** 성인 10,000원, 소인 8,000원 · **전화번호** 063-532-0054 · **홈페이지** gechosundongne.imweb.me · **대표메뉴** 능이오리백숙·능이토종닭백숙 70,000원, 누룽지백숙 65,000원, 닭볶음탕 55,000원 · **etc** 숙박 비용은 전화로 별도 문의

전라도

'서울에는 조선호텔, 전라도에는 조선동네' 송참봉조선동네에서 내건 슬로건이다. 정읍의 작은 시골에 자리한 송참봉조선동네는 조금 특별한 마을이다. 이곳에 오면 마치 타임머신을 타고 조선시대로 빨려 들어간 듯한 착각이 든다. 요즘은 산간벽지에서도 보기 힘든 나지막한 초가집 수 채에 장독이 모여 있고, 가축은 자유롭게 돌아다닌다. 전기로 불을 밝히는 것 외에는 문명의 이기를 거의 찾아볼 수 없다.

50여 년 전쯤 이곳은 꽤 큰 동네를 이루고 있었으나 자연소실되어 논밭으로만 이어져 오다가, 2005년부터 '송참봉'이라 불리는 촌장이 자신의 재산을 털어 마을을 재건하기 시작해 지금

의 송참봉조선동네가 만들어졌다. 현대의 건축양식이 아닌 옛날 방식으로 건물을 하나하나 직접 설계하고 목수가 아닌 가까운 동네의 주민들과 함께 지었다는데, 그래서인지 건물이 다소 어설프고 투박해 보인다. 하지만 한편으로는 시골다운 정감이 느껴진다. 물론 안정성에도 전혀 문제가 없다. 현재는 송참봉이 아닌 다른 사람이 운영하고 있다.

송참봉조선동네는 단순히 관람만 할 수 있는 곳이 아니다. 옛날 사람들이 살던 방식 그대로 생활해 볼 수 있는 곳이다. 초가집의 낮은 처마와 불편한 출입문, 멀리 떨어진 화장실, 고르지 못한 보행로 모두 옛날 그대로다. 초가집 안에는 컴퓨터, TV가 없는 것은 물론 인터넷도 되지 않기에 가족끼리 이곳에서 하룻밤을 지내면 자연스럽게 대화가 늘어난다. TV 프로그램 〈1박2일〉과 〈런닝맨〉의 촬영지로 알려지면서 더욱 많은 사람이 찾고 있다. 이곳을 제대로 즐기려면 하루 정도는 머물러 보자.

TIP
- 숙박 및 식사 외에는 별도의 입장료와 체험료가 없지만 숙박 및 식사 예약 고객만 입장 가능하다.
- 숙소는 초가동과 펜션동을 운영하고 있으며, 초가동(초가집) 숙박이 불편한 고객은 펜션동(욕실 및 취사 가능) 이용을 추천한다.
- 모든 예약은 전화로만 가능하다.

### 주변 볼거리·먹거리

**동학농민혁명기념관** 전봉준, 김개남 등이 이끈 동학 농민군이 처음으로 승리한 곳인 황토현전적지 부근에 조성한 기념관이다. 동학 농민혁명 당시의 전개 상황 및 관련 무기 등이 전시되어 있다.

Ⓐ 전북특별자치도 정읍시 덕천면 동학로 715 Ⓞ 10:00~18:00/매주 월요일 휴무 Ⓣ 063-530-9451 Ⓗ www.1894.or.kr

SPOT 4

**노란색에 물들다**

# 좌학리 은행나무숲

경상도

**주소** 경상북도 고령군 다산면 좌학리 969 · **가는 법** 고령시외버스정류장에서 농어촌버스 27번 승차 → 월성리-다산중학교 하차 → 도보 이동(약 18분) · **운영시간** 24시간/연중무휴 · **입장료** 무료 · **전화번호** 054-955-4790 · **etc** 주차 가능

낙동강이 흐르는 좌학리 은행나무숲은 가을이면 온통 노란색으로 물든다. 빽빽이 들어선 은행나무숲은 하늘이 보이지 않을 정도로 숲을 이루고 세상에 노란색만 존재할 뿐 다른 색이라곤 찾아보기 어려울 정도다. 좌학리 은행나무숲은 1990년쯤 조성되기 시작해 2011년 4대강 사업과 함께 수목을 심어 캠핑장으로 계획했지만 더 이상의 발전이 없이 은행나무만 10년 넘게 자랐고 자전거 타는 사람들의 입소문으로 알려지기 시작했다.

2만 4,000평의 규모에 은행나무만 3,000그루 정도 식재되어 300m 정도 터널 숲을 이루고 있다. 햇빛을 덜 받은 쪽은 아직 초록빛이 완연한데 노란색에서 초록색이 잘 어울린다는 걸 새삼 느끼게 한다. 새벽이면 낙동강에서 피어올라오는 안개와 함께 몽환적인 풍경을 만날 수 있으며 날씨가 좋은 날에는 도시락 들고 가벼운 캠핑을 해도 좋겠다.

**주변 볼거리·먹거리**

**낙동강변** 우리나라에서 3번째로 긴 강으로 태백 황지연못에서 발원하여 봉화와 상주, 구미, 그리고 고령을 지난다. 영남의 젖줄이라 불리며 낙동강 또는 황산강이라고도 부른다. 좌학리 은행나무숲으로 흐르는 강도 낙동강이며 물새가 날아들어 고기를 잡아먹는 한가로운 풍경과 햇볕이 따뜻한 날이면 물 위로 떨어지는 햇살이 눈부시다. 새벽이면 안개로 몽환적인 분위기를 자아낸다.

Ⓐ 경상북도 고령군 다산면 좌학리 969

SPOT 5

아름다운 10대 가로수길

# 현충사곡교천 은행나무길

충청도

**주소** 충청남도 아산시 염치읍 백암리 502-3 · **가는 법** 온양온천역에서 버스 970번 승차 → 신일아파트입구 하차

곡교천 충무교에서부터 현충사 입구까지 2.2km 구간에 양쪽으로 350여 그루의 은행나무가 있어 은행나무터널을 볼 수 있다. 몇 해 전까지만 해도 자동차가 다니는 길이었지만 보행자 전용으로 바뀌면서 안전하게 은행나무를 구경할 수 있다. 여름에는 시원한 나무 그늘로 공원처럼 쉬어가기 좋고 가을에는 황금빛 터널 아래 인생 사진을 남길 수 있다. '전국의 아름다운 10대 가로수길'로 선정된 바 있다.

**TIP**

- 은행잎이 황금빛으로 물들 때도 좋지만 잎이 떨어져 황금 카펫을 만들었을 때 이 곳이 더욱 아름답다.
- 사람 없는 풍경을 찍고 싶다면 이른 아침 방문을 추천한다.
- 무료 자전거 대여소가 아산문화예술공작소 근처에 있으니 아래 곡교천을 자전거로 달려보자.

## 주변 볼거리·먹거리

**현충사** 충무공 이순신의 사당이 있는 곳으로 가을이 되면 화려한 가을 풍경으로 단풍 여행지가 된다.

Ⓐ 충청남도 아산시 염치읍 백암리 Ⓞ 하절기 09:00~18:00, 동절기 09:00~17:00/매주 월요일 휴관 Ⓣ 041-539-4600

**공세리성당** 1894년에 설립된 공세리성당은 120여 년의 역사를 자랑하는 곳으로 병인박해 때 목숨을 바친 32명의 순교자를 모시는 순교 성지이기도 하다.

Ⓐ 충청남도 아산시 인주면 공세리성당길 10 Ⓣ 041-533-8181

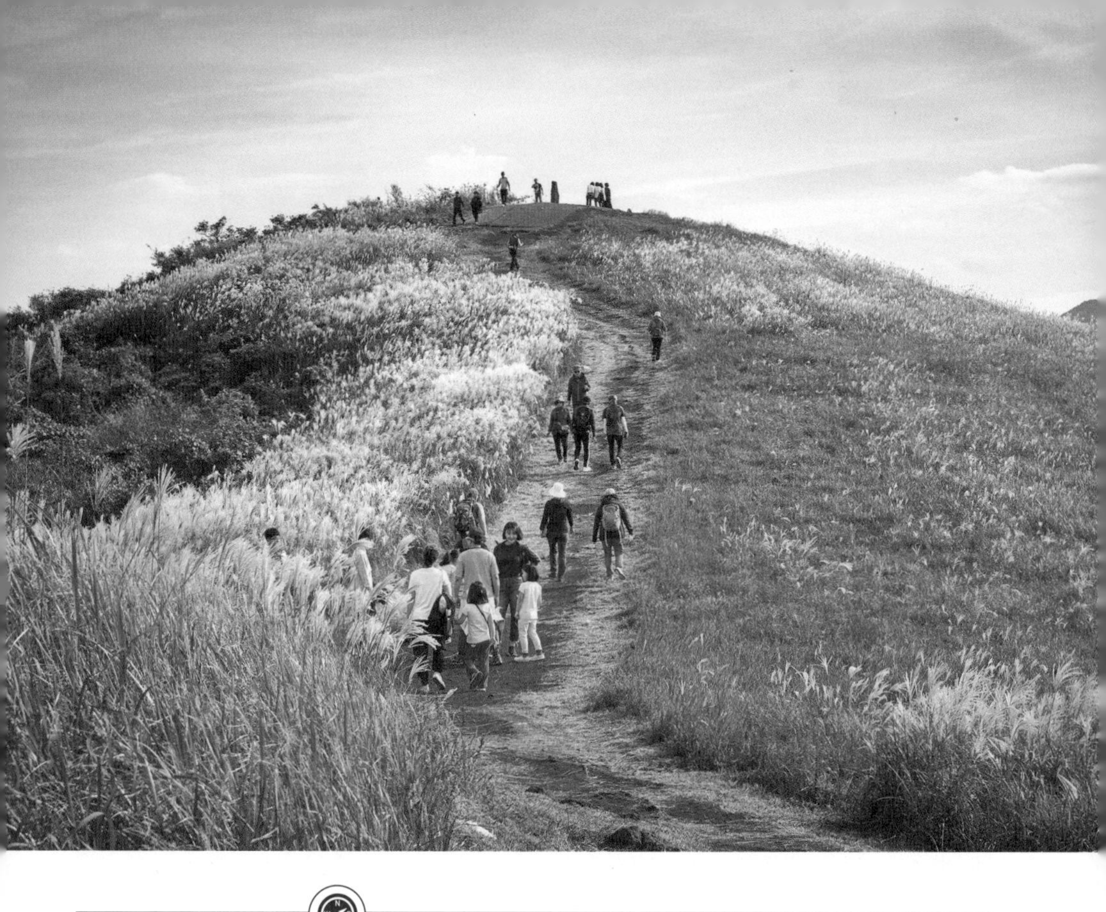

SPOT 6

은빛 억새 물결 출렁이는

# 새별오름

제주 북서

**주소** 제주도 제주시 애월읍 봉성리 산 59-8 · **가는 법** 간선버스 282번 승차 → 새별오름 정류장 하차 → 서북쪽 방향으로 975m

새별은 제주어로 '샛별'의 옛말이다. 올록볼록한 작은 봉우리 5개가 모여 있어 오름 자체가 마치 별 같다. 정상까지 30분 정도 소요되는데, 완만한 경사가 아니라 쉽지 않은 편이다. 서쪽 탐방로가 더 가파르기 때문에 오름 초보자들은 동쪽 탐방로로 올라가야 좀 더 수월하다. 정상에 서면 사방이 탁 트여 높고 낮은 오름 군락들과 비양도를 감싸 안은 푸른 바다, 한라산의 풍경까지, 360도 파노라마처럼 펼쳐지는 제주의 아름다운 풍경에 감동이 쉽사리 가라앉지 않는다.

**TIP**

- 계단이나 데크 없이 매트나 흙길이라 운동화를 신고 올라가는 것이 좋다.
- 햇살 가득한 황금빛 물결을 보고 싶다면 늦은 오후에 방문하길 추천한다.

사계절 언제 가더라도 아름답지만 새별오름이 가장 아름다운 시기는 단연코 11월이다. 10월 중순부터 피어나기 시작하는 억새는 10월 말에서 11월 초에 절정을 이룬다. 키 큰 억새들이 오름 초입부터 올라가는 길 내내 은빛 물결로 출렁인다. 제주의 옛 목축문화를 발전시킨 들불축제가 매년 새별오름에서 열려 화려한 볼거리를 제공한다.

**주변 볼거리·먹거리**

**새빌** 한때 최고의 관광 명소 중 하나였던 그린리조트를 리모델링한 베이커리 카페. 오래된 외관은 그대로 유지하고 호텔의 특징을 적절하게 살려 새단장했다. 새별오름과 5만 평 부지 목장에 위치해 시원한 창으로 보이는 아름다운 풍경은 두말할 나위 없다.

Ⓐ 제주도 제주시 애월읍 평화로 1529 Ⓞ 09:00~19:00(라스트오더 18:30) Ⓣ 0507-1315-0080 Ⓜ 아메리카노 6,000원, 새빌라테 9,000원, 당근주스 8,000원 Ⓗ www.instagram.com/sae bilcafe

**카페이시도르** 성이시돌목장에서 사계절 내내 유기농 목초와 깨끗한 물을 먹으며 방목한 젖소의 원유를 사용해 진하고 고소한 우유로 음료와 베이커리를 만든다. 정물오름과 시원스레 펼쳐지는 초원을 볼 수 있어 절로 힐링이 된다.

Ⓐ 제주도 제주시 한림읍 금악북로 353 Ⓞ 08:30~16:50(라스트오더 16:30, 토~일요일 마감 14:00) Ⓣ 064-796-0677 Ⓜ 성이시돌 유기농 밀크 코르타도 6,000원, 아인슈페너 6,000원, 성이시돌 유기농 우유 5,500원

11월 셋째 주

# 46 week

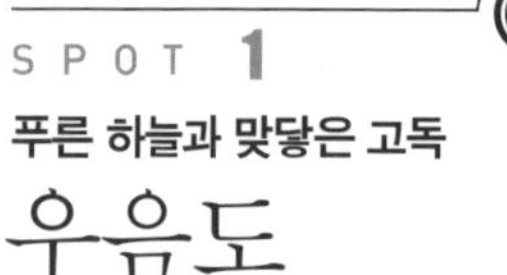

SPOT 1

## 푸른 하늘과 맞닿은 고독

# 우음도

**주소** 경기도 화성시 송산면 고정리 · **가는 법** 4호선 고잔역 2번 출구 → 도보 이동(약 5분) → 500번 버스(배차 간격 30분) → 아티스큐브 하차 → 도보 이동(약 30분) 버스를 놓쳤을 경우 사강시내버스 정류장에서 우음도까지 택시를 타고 이동할 것을 추천./우음도까지 가는 대중교통이 다소 험난하므로 자동차로 이동할 것을 추천한다 · **운영시간** 방문자센터 앞의 갈대밭은 오후 4시 30분까지 입장할 수 있는 데다 오후 5시에는 출입문을 닫으니 갈대밭을 배경으로 낙조 사진을 촬영하려면 조금 서두르는 것이 좋다.

시화호 간척지 개발로 섬에서 육지로 바뀐 우음도. 겨울과 봄 사이의 우음도는 온통 갈색빛이다. 쓸쓸한 갈대밭이 황량하게 펼쳐진 벌판 한가운데 그냥 서 있기만 해도 화보가 된다. 덕분에 사진 좀 찍는다 하는 사람들에게는 출사의 명소로 손꼽히는 곳이다. 하늘을 나는 패러글라이딩 등 도심에서는 볼 수 없는 이색적인 풍경을 만끽할 수 있다. 우음도 끝자락에 위치한 공룡알화석산지 방문자센터도 놓치지 말자. 간척지 위로 긴 데크가 깔려 있어 가볍게 산책하기도 좋다(공룡알화석산지까지 20분가량 소요).

**TIP**

- 우음도는 명확한 주소가 있는 것은 아니다. 자동차로 갈 경우 내비게이션에서 '송산그린시티전망대'를 검색하면 찾아가기 편하다. 주차는 공룡알화석산지 방문자센터에 하면 된다.
- 우음도 갈대밭은 석양 무렵이 가장 아름답다.
- 우음도의 갈대는 고독의 상징이니 날이 화창하지 않아도 좋다. 흐린 날에 떠나기 좋은 여행지로 이만한 곳도 없다.
- 사계절 내내 일몰과 일출로 워낙 유명한 곳이지만 특히 하얗게 반짝거리는 삘기꽃이 한창 피는 5월에 가면 환상적인 우음도를 만날 수 있다.
- 현재 우음도는 친환경, 관광, 레저 복합도시로 개발한다는 명목하에 송산그린시티 개발산업이 추진되고 있어서 곧 거대한 갈색빛의 우음도를 볼 수 없게 될 예정이니 서둘러 방문해 보자.

**주변 볼거리 · 먹거리**

**송산그린시티전망대** 우음도의 공룡알화석산지에서 3km만 더 가면 송산그린시티전망대가 나오는데 이곳을 빼놓지 말고 꼭 방문하자. 이곳 옥상 전망대에서 환상적인 우음도의 일몰과 일출을 한눈에 감상할 수 있다.

Ⓐ 경기도 화성시 송산면 고정리 산1-38 Ⓞ 10:00~17:00/주말 휴관(방문 가능 문의 031-369-8311) Ⓒ 무료 Ⓣ 031-369-8315

**어섬** 어섬은 주변에 장애물 하나 없이 넓디넓은 벌판이 펼쳐져 있고 사계절 내내 바람이 불어오며, 풍경이 아름다워 레저를 즐기기에 최적의 환경을 갖추고 있다.

Ⓐ 경기도 화성시 송산면 고포리 828-8 Ⓣ 031-357-0000(어섬레저휴양지) Ⓗ www.osum.co.kr

SPOT 2

**영월 복합문화공간**

# 젊은달Y파크

**주소** 강원도 영월군 주천면 송학주천로 1467-9 · **가는 법** 영월버스터미널에서 자동차 이용(약 28km) · **입장료** 성인·청소년 15,000원, 어린이 10,000원, 특별관 관람권 5,000원 · **전화번호** 0507-1326-9411 · **홈페이지** ypark.kr

강원도

젊은달 Y파크의 색은 RED! 들어서자마자 붉은색 입구이자 포토존이 눈에 띈다. 젊은달 Y파크가 SNS에서 인기몰이를 한 바로 그곳이 이 붉은색 대나무 포토존이다. 안쪽으로 들어서면 실내에서 야외로 그리고 야외에서 실내로 전시가 이어진다. 실제 젊은달 Y파크를 걷다 보면 볼거리가 계속 이어져 다채로움에 감탄을 자아낸다. 대부분 사진 촬영이 자유로우며 비교적 작품별 전시 공간이 넓고 나무, 꽃, 철사 등 다양한 형태의 작품들이 많아 남녀노소 인기가 좋다. 이 외에도 맥주 뮤지엄, 술샘 박물관 등 다양한 테마가 있어 취향 따라 혹은 전부 다 함께 즐겨보기에도 좋다.

## 주변 볼거리·먹거리

**세심다원** 보덕사 안에 위치한 작은 찻집으로 몇백 년이 된 보호수들이 주변에 위치해 마치 비밀의 공간에 초대받은 듯한 느낌이 드는 곳이다. 추운 날씨에 따뜻한 차 한잔을 시켜 몸을 녹이고 주변을 거닐며 산책해 보아도 좋다. 봄, 가을에는 야외 테라스에서 선선한 바람과 그 정취를 느껴보고, 여름에는 바로 앞 연못에서 연꽃들을 볼 수 있어 사계절 내내 방문하기 좋다.

Ⓐ 강원도 영월군 영월읍 보덕사길 34) Ⓞ 11:00~18:00(라스트오더 17:30)/매주 월요일 휴무 Ⓜ 아메리카노 3,000원, 쌍화차 6,000원, 대추차 5,000원 Ⓣ 0507-1494-1524

SPOT 3

이국적인 가을 풍경

# 주천생태공원

전라도

**주소** 전북특별자치도 진안군 주천면 신양리 634-2 · **가는 법** 자동차 이용

11월이 되면 용담호 주변 풍경은 1년 중 가장 아름다운 모습으로 변한다. 드라이브하기 좋은 곳으로 입소문이 나면서 용담호를 찾고 있는 사람이 늘어나고 있다. 용담호의 북서쪽 끝자락에 위치한 주천생태공원은 늦가을에 특히 아름답다. 일교차가 큰 이른 아침에 피어나는 물안개와 억새, 단풍이 어우러진 가을 풍경은 가히 환상적이다. 이런 절경을 담으려고 가을이 되면 전국에서 사진가들이 몰려오고 있다. 좋은 자리를 선점하기 위해 이른 새벽부터 방문하는 사람도 많다.

주천생태공원은 용담댐을 건설한 뒤 3개의 인공호수를 만들고 조경수와 유실수 등을 심어 화훼 단지를 조성해 만든 공원이다. 전체 면적이 축구장 70배가 넘을 정도로 규모가 크다. 풍광이 가장 아름다운 곳은 주천생태공원 축구장 앞 호수 주변이다. 붉은 단풍과 은빛 억새가 호수에 비친 데칼코마니 같은 풍경은 여행객들이 가을의 정취에 더욱 깊이 빠져들게 만든다.

**주변 볼거리·먹거리**

**용담호 호반도로**

Ⓐ 전북특별자치도 진안군 용담면 진용로 2216

12월 49주 소개(628쪽 참고)

**TIP**

- 산책 구간이 길고, 길이 질척거릴 수 있기 때문에 편한 신발을 신고 가는 것이 좋다.
- 물안개와 단풍이 어우러진 풍경을 보고 싶다면 날씨를 미리 확인해 일교차가 큰 이른 아침에 방문해야 한다.

SPOT 4

하늘 위로 올라가볼까

# 환호공원 스페이스워크

**주소** 경상북도 포항시 북구 환호공원길 30 · **가는 법** 포항역(흥해행)에서 버스 9000번 승차 → 환호해맞이그린빌 하차 → 도보 이동(약 8분) · **운영시간** 4~10월 평일 10:00~20:00, 11~3월 평일 10:00~17:00/매월 첫째 주 월요일 휴무 · **전화번호** 054-270-5180 · etc 주차 무료, 우천, 돌풍, 폭염, 한파, 태풍 등 기상악화 시 유지보수 및 안전점검, 진동발생 시 운영 중지

경상도

스페이스워크는 북구 해수욕장 영일대가 보이는 환호공원 안에 위치해 있다. 환호공원에서도 바다가 보이지만 스페이스워크를 걸으며 바라보는 바다는 동해의 매력에 빠져들게 한다. 멀리서 보면 놀이동산의 롤러코스터를 닮아있지만 가까이서 보면 철로 만들어진 기둥과 철계단으로 제작되어 롤러코스터보다 더 짜릿하다. 바람이 조금이라도 불면 손잡이를 잡아야 할 정도로 스릴감이 넘치는데 강풍 시에는 운영이 중지되니 이해가 된다.

스페이스워크는 '우주선을 벗어나 우주를 유영하는 혹은 공간을 걷는'이라는 2가지 의미를 담고 있다. 포스코가 기획 · 제작 · 설치하여 포항시민에게 기부한 작품으로 주 재료는 포스코에서 생산한 탄소강과 스테인리스강이다. 이 작품은 독일의 세계적인 작가인 하이케 무터와 울리히 겐츠 부부가 디자인하고 포스코가 제작했으며, 철재로 만들어진 트랙을 따라 걷다 보면 구름 위를 걸으며 신비로운 경험을 하는 느낌이다. 밤이면 곡선 따라 조명이 켜지고 360도로 펼쳐지는 전경을 내려다보며 포항의 아름다운 풍광과 제철소의 야경 그리고 일몰을 감상할 수 있다.

### 주변 볼거리·먹거리

**영일대해수욕장** 포항의 대표적인 북구 해수욕장에 영일대 바다전망대가 조성되면서 영일대해수욕장으로 바뀌었다. 일출 명소로도 유명하며 밤이면 불을 밝히는 포스코 야경이 멋지다.

Ⓐ 경상북도 포항시 북구 두호동 685-1 Ⓞ 24시간/연중무휴 Ⓣ 054-246-0041 Ⓔ 공영주차장 이용

**이가리닻전망대** 포항의 끄트머리에 위치한 이가리닻전망대는 배의 닻 모양으로 그 끝은 독도를 향하고 있다. 옛날 도 씨와 김 씨 두 가문이 합쳐진 곳이라고 해서 이곳 지명을 이가리라 불렀으며 바다와 기암절벽이 어우러져 아름답기로 유명하다.

Ⓐ 경상북도 포항시 북구 청하면 이가리 산67-3 Ⓞ 09:00~18:00, 6~8월 09:00~20:00/강풍, 풍랑, 해일 등 기상특보 시 출입금지 Ⓣ 054-270-3204 Ⓔ 주차 무료

SPOT 5

### 이국적인 메타세쿼이아숲

# 온빛 자연휴양림

충청도

**주소** 충청남도 논산시 벌곡면 황룡재로 480-113 · **가는 법** 논산시외버스터미널에서 버스 323번 승차 → 한삼천리 하차 → 도보 이동(약 4분)

2019년 처음 이곳을 찾았을 때 옥색 물빛과 주황색 메타세쿼이아숲 그리고 노란색 집을 보고 여긴 스위스라며 감탄했었다. 매 계절 이곳을 찾아 기록을 남기고 공유하면서 조금씩 이국적인 사진 명소로 소문이 나기도 했다. 이제는 드라마 촬영지로 더 잘 알려지면서 조용한 시간을 찾기가 더욱 어려워졌다.

**TIP**

- 주차장에서 5분 정도 걸으면 나오는 노란색 집과 그 앞에 있는 사방댐이 이곳의 주요 명소다.
- 봄에는 철쭉, 여름에는 초록숲, 가을에는 주황빛 메타세쿼이아숲, 겨울에는 설경이 아름다운 사계절 사진 맛집이다.

### 주변 볼거리·먹거리

**김종범사진문화관** 사진 전시관과 카페가 함께 있다. 산책로를 따라 대나무숲이 있고 그곳에 있는 숲속교회는 사진찍기 좋은 곳이다.

Ⓐ 충청남도 논산시 양촌면 대둔로351번길 48 Ⓞ 10:00~18:00 Ⓣ 0507-1341-3233

SPOT 6

**깊고 넓은 분화구와 끝없이 펼쳐진 억새 물결**

# 산굼부리

**주소** 제주도 제주시 조천읍 교래리 166-2 · **가는 법** 간선버스 212, 222번 승차 → 산굼부리 정류장 하차 → 서쪽으로 65m → 좌측 길로 27m → 우측 길로 15m · **운영시간** 하절기(3~10월) 09:00~18:40, 동절기(11~2월) 09:00~17:40(매표 마감 종료 40분 전) · **입장료** 성인 7,000원, 청소년·어린이 6,000원 · **전화번호** 064-783-9900 · **홈페이지** www.sangumburi.net

제주 북동

굼부리는 '분화구'를 뜻하는 제주어로 국내에서 유일하고 세계적으로도 흔치 않은 넓고 깊은 마르형 화구이다. 땅이 꺼진 것처럼 주변 평지보다 100m 정도 푹 들어가 있다. 분화구 안에 온대림과 난대림, 상록활엽수림, 낙엽활엽수림이 공존하는 곳으로 바닥 넓이만 해도 약 8천 평에 이른다. 한라산 백록담보다 깊고 넓다고 하니 볼수록 신기하다. 식생의 가치와 지질학적 가치가 뛰어나 천연기념물 제263호로 지정 보호되고 있다.

분화구 주변의 드넓은 평원 역시 사계절을 느끼기에 충분하다. 봄여름에는 초록빛으로, 가을이면 억새 군락이 은빛으로, 겨울에는 황금빛으로 물든다. 한라산과 주변 오름 군락들이 어우러지는 풍경은 가만히 보고만 있어도 평화로워진다. 특히 깊어진 가을에 바닷물이 밀려오듯 바람에 흔들리는 억새 물결이 아름다우니 가을의 정점에 꼭 방문해보길 추천한다.

**TIP**

- 탐방로는 총 4개로 일정과 취향에 따라 선택 가능! 여행 일정이 촉박하다면 계단으로 올라가 억새길로 내려오면 된다. 빠르면 40분이면 충분하지만 주변 풍경이 아름다우니 1시간 30분 정도 충분히 시간을 두고 한 바퀴 돌아보는 것이 좋다.
- 유모차나 휠체어도 충분히 갈 수 있을 만큼 길이 잘되어 있다.
- 전망대에서는 1일 5회 해설 프로그램도 진행된다.(해설 시간 09:30, 10:30, 14:00, 15:00, 16:00/매주 화요일 휴무, 해설은 날씨나 기타 상황에 따라 취소 및 변경될 수 있다.)

### 주변 볼거리·먹거리

**카페글렌코** 카페 방문객이라면 별도의 입장료 없이 음료 주문만으로 아름다운 정원을 감상할 수 있다. 수국, 동백, 국화 등 계절별 꽃이 피어나며 정원이 깔끔하게 관리되어 있어 아이들이 뛰놀기에도 좋다. 늦가을에는 한층 더 그윽해진 핑크뮬리와 국화, 동백꽃을 만날 수 있다.

Ⓐ 제주도 제주시 구좌읍 비자림로 1202 Ⓞ 09:30~18:00(라스트오더 17:30) Ⓣ 010-9587-3555 Ⓜ 아메리카노 7,000원, 카푸치노 7,500원, 생강차 9,000원, 한라봉차 9,000원 Ⓗ www.instagram.com/cafe_glencoe

**각지불** 홍합, 꽃게, 전복, 딱새우, 낙지 등이 들어간 해물찜은 보기에도 푸짐하고 매콤하니 맛있다. 해물은 먹기 좋게 손질해준다.

Ⓐ 제주도 제주시 조천읍 남조로 1751 Ⓞ 11:30~20:30(라스트오더 19:30)/매주 화요일·설날·추석 당일 휴무 Ⓣ 064-784-0809 Ⓜ 해물찜, 아귀찜 45,000~55,000원

11월 넷째 주

# 47 week

올림픽공원의 심벌 '나홀로 나무'(6경)

SPOT 1

사계절 내내 멋지다

## 올림픽공원 9경

서울·경기

**주소** 서울시 송파구 올림픽로 424 · **가는 법** 5호선 올림픽공원역 3번 출구/8호선 몽촌토성역 1번 출구 · **운영시간** 상시 개방 · **입장료** 무료 · **전화번호** 02-410-1114 · **홈페이지** www.ksponco.or.kr/olympicpark

일명 '올팍'이라 불리는 올림픽공원은 소마미술관을 비롯해 다양한 공연과 행사 및 전시회, 스포츠 강좌 수업, 조각공원, 산책 및 조깅 코스, 거대한 장미정원 등 건강은 물론 문화와 휴식, 놀이까지 한 번에 겸할 수 있는 곳으로 웬만한 유명 관광지보다 훨씬 더 아름다운 서울의 대표 휴식 공간이다. 특히 세계평화의 문(1경), 대형 엄지손가락 조각(2경), 몽촌해자 음악분수(3경), 대화 조각(4경), 몽촌토성 산책로(5경), 나홀로 나무(6경), 88호수(7경), 계절별로 다양한 들꽃이 피어나는 들꽃마루(8경), 장미정원(9경) 등 올림픽공원 내에서 가장 아름다운 9곳은 한국사진작가협회

서울올림픽기념 상징조형물, 세계평화의 문(1경)

몽촌토성 산책로(5경)

에서 추천한 사진 촬영 명소답게 사계절 내내 아름다운 풍광을 자랑한다. 가족, 연인, 친구들과 함께 멋진 추억을 담아보자.

**TIP**

- 올림픽공원은 코스에 따라 전경이 완전히 달라진다. 8호선 몽촌토성역에서 시작할 것을 추천한다. 8호선 몽촌토성역 1번 출구로 나오자마자 보이는 세계평화의 문을 거쳐 몽촌토성 산책로를 쉬엄쉬엄 걷다 보면 '나홀로 나무'가 있는 올림픽공원까지 한 바퀴 돌아볼 수 있다.
- 올림픽공원의 가장 아름다운 9경을 스탬프 투어로 즐겨보자.
- 도보나 자전거 출입 시간은 오전 5시~밤 10시까지(광장 지역은 밤 12시까지)다.
- 차량 출입은 오전 6시~밤 10시까지이며, 시설물 안전과 방문객의 신변 보호를 위해 밤 10시 이후에는 평화의 광장, 만남의 광장을 제외한 공원 안쪽 출입을 금한다.

## 주변 볼거리·먹거리

**소마미술관** 올림픽공원 내 드넓은 녹지를 배경으로 서 있는 소마미술관에서 우아하게 그림도 보고, 미술관 앞에 연결된 조각공원의 황토길을 따라 걸으며 조각 작품들과 드넓은 녹색 자연을 감상해 보자.

Ⓐ 서울시 송파구 올림픽로 424 올림픽공원 내 Ⓞ 10:00~18:00(입장 마감 17:30)/매주 월요일 휴관 Ⓒ 어른 5,000원, 청소년 4,000원, 어린이 3,000원 Ⓣ 02-425-1077 Ⓗ soma.kspo.or.kr/main

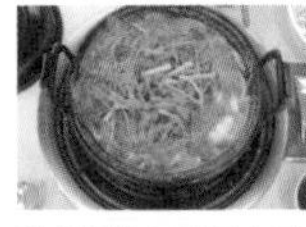

**방이 샤브샤브칼국수** 얼큰한 국물에 미나리와 버섯이 아낌없이 들어간 샤브샤브와 칼국수 그리고 누룽지같이 바삭바삭한 볶음밥이 유명하다.

Ⓐ 서울시 송파구 방이 1동 213-8 Ⓞ 11:00~22:00(라스트오더 21:00)/매주 일요일 휴무 Ⓣ 02-423-3450 Ⓜ 샤브샤브용 소고기 1인분 9,000원, 버섯칼국수 10,000원 Ⓔ 주차 가능

SPOT 2

에메랄드빛 호수를 품은

# 무릉별유천지

**주소** 강원도 동해시 이기로 97 · **가는 법** 동해시종합버스터미널에서 자동차 이용(약 12km) · **운영시간** 09:30~17:30(매표 마감 16:30, 루지 매표 마감 15:30)/매주 월요일 휴무 · **입장료** 성인 6,000원, 경로·장애인·국가유공자 4,000원, 어린이·청소년 3,000원, 유아 2,000원 · **전화번호** 033-533-0101 · **홈페이지** dh.go.kr/mubu · **주차** 대형차 5,000원, 소형차 2,000원

강원도

무릉별 유천지는 석회석 채광지의 색다른 변신, 그 과정을 함께할 수 있는 장소이다. 이곳은 이전 모습을 최대한 살리기 위해 개조를 최소화해 복합문화공간으로 재탄생했으며, 내부에는 채석장에서 실제로 사용하던 물품들이 전시되어 있다. 포토존 역시도 안전모를 쓰고 채석장에 가 사진을 찍을 수 있게 되어 있어 이색적이다.

카페에서는 석회암의 겉모양을 딴 흑임자 아이스크림과 삽 모양의 스푼을 사용해 더욱 재밌게 맛을 즐길 수 있다. 외부로 나가

면 스카이글라이더, 알파인코스터, 루지, 집라인 등 다양한 액티비티를 체험할 수도 있다. 스릴 만점! 재미 가득! 탈 것, 볼 것들이 풍성한 동해 핫플레이스에서 색다른 추억을 만들어 보자.

### 주변 볼거리·먹거리

**거동탕수육** 묵호 필수 여행 코스 중 하나로 자리 잡은 이곳은 문어탕수육을 판매하는 거동탕수육이다. 대표메뉴 거동탕수육에는 국내산 돼지고기와 문어가 함께 들어가 있어 우리가 흔히 알고 있는 탕수육에 비해 쫄깃함이 더욱 극대화된다. 100% 문어로 만든 리얼문어탕수육의 경우 소진이 더욱 빠르니 확인 후 방문하는 것을 추천한다.

Ⓐ 강원도 동해시 일출로 83 Ⓞ 월요일 11:00~15:00(라스트오더 13:50), 수~일요일 11:00~19:30(브레이크타임 15:00~17:00, 라스트오더 18:20)/매주 화요일 휴무 Ⓣ 0507-1407-4778

SPOT 3

## 자연이 빚어낸 데칼코마니

# 백양사

전라도

**주소** 전라남도 장성군 북하면 백양로 1239 · **가는 법** 자동차 이용 · **입장료** 무료(주차비 4,000원) · **전화번호** 061-392-0100 · **홈페이지** www.baekyangsa.com

전북에 내장산이 있다면 전남에는 백암산이 있다. 아기단풍으로 유명한 백암산에는 천 년이 넘은 고찰 백양사가 자리하고 있는데, 이곳의 단풍이 일품이다. 이른 아침에 방문해야 햇살을 담뿍 머금은 단풍을 즐길 수 있다. 매표소에서 백양사까지 드리워진 약 1.5km의 단풍터널은 형언할 수 없이 아름답다. 찬란한 단풍터널을 따라 백양사 입구에 다다르면 불끈 솟은 백학봉을 병풍 삼아 명경지수에 비친 쌍계루와 마주한다. 기품 있고 당당한 모습이 단박에 시선을 휘어잡는다. 연못 위에 새겨진 백학봉과 쌍계루의 반영은 위아래를 뒤집어 놓아도 구별할 수 없을 만큼 선연하다.

쌍계루를 지나 다리를 건너면 백양사 경내에 들어서게 된다. 천 년이 넘은 대가람인데도 불구하고 위압감 없이 소박하고 정감 넘친다. 고색창연한 대웅전에 매달린 단풍의 모습은 그대로 오려 액자를 만들어 걸고 싶을 만큼 아름답다. 천황문을 나와 좌측으로 올라가면 약사암으로 가는 길이 나온다. 백양사의 단풍을 제대로 즐기려면 약간의 발품을 팔아야 한다. 가파른 길을 따라 30분 정도를 올라야 하는데, 쉬지 않고 가면 숨이 턱까지 차오를 무렵 약사암에 다다른다. 이곳에 오르면 백양사 일대가 한눈에 내려다보이는데, 발아래 펼쳐지는 오색 풍광이 기가 막힐 정도다. 이 풍경을 놓친다면 두고두고 후회할 것이다.

**주변 볼거리·먹거리**

**장성호관광지** 장성댐이 건설되면서 생긴 인공호수로, 다양한 민물고기가 서식하여 낚시터로도 유명하다. 수상스키, 카누 등 각종 스포츠를 즐길 수 있고, 취사장과 체육시설 등을 갖춘 야영장이 있다.

Ⓐ 전라남도 장성군 북하면 송정공원길 13

SPOT 4

## 경천섬이 보이는

# 학전망대

경상도

**주소** 경상북도 상주시 중동면 갱다불길 96-42 · **가는 법** 상주종합버스터미널에서 버스 421, 422번 승차 → 머그티 하차 → 도보 이동(약 28분) · **운영시간** 24시간/연중무휴 · **전화번호** 054-531-1996 · etc 주차 무료

멀리서 보면 학의 모습을 하고 있다 하여 이름 붙인 학전망대는 낙동강 주변의 아름다운 자연경관 조망과 탁 트인 하천 절경을 한눈에 볼 수 있는 곳이다. 우리 민족의 상징인 학(두루미)을 상징하며 전망대에서는 낙동강 줄기 따라 천혜의 비경인 경천섬과 회상나루터, 그리고 수상탐방로까지 볼 수 있고 날씨가 좋은 때에는 병풍산과 백화산, 멀리 문경새재까지 볼 수 있다.

높이 11.9m에 전망대 위쪽은 유리로 되어 있어 짜릿함과 아찔함을 동시에 느낄 수 있다. 전망대까지는 차로 이동이 가능해 어르신이나 아이들도 편하게 다녀갈 수 있으며 회상나루터부터 걸어 올라가면 양쪽으로 길게 늘어선 나무들로 인해 숲속을 산책하는 기분이 든다.

팔각정에서 전망대 입구까지 나무계단이라는 것 외에는 전망대까지 편하게 올라갈 수 있다. 낙동강 위에 펼쳐진 절경에 가슴이 뚫리고 아름다운 풍광에 잠시 넋을 잃는다.

### 주변 볼거리·먹거리

**경천섬공원** 낙동강 상주보 상류에 위치해 있으며 봄에는 유채꽃을, 가을에는 코스모스와 메밀을 심어 관광객을 맞이하는 생태공원이다. 도보로 이동할 수 있는 경천섬 둘레길과 낙동강 위에 테크길을 통해 수상탐방로를 걸어도 좋다.

Ⓐ 경상북도 상주시 중동면 오상리 968-1 Ⓞ 24시간/연중무휴 Ⓣ 054-531-1996 Ⓔ 주차 무료

**상주주막** 낙동강을 오가던 보부상이 들러 국밥과 막걸리 한 잔으로 허기진 배를 채우고 피로를 풀던 주막촌이다. 모든 건물이 초가집으로 지어졌으며 드라마 〈상도〉를 촬영한 곳이기도 하다.

Ⓐ 경상북도 상주시 중동면 갱다불길 147 Ⓞ 11:00~18:00(라스트오더 17:00)/매주 월요일 휴무 Ⓔ 주차 무료

SPOT 5

최고의 뷰 포인트를 찾아

# 장태산 자연휴양림

충청도

**주소** 대전광역시 서구 장안로 461 · **가는 법** 대전역 역전시장에서 버스 20번 승차 → 장태산자연휴양림 하차 · **운영시간** 24시간 연중무휴 · **전화번호** 042-270-7885 · **홈페이지** www.jangtaesan.or.kr:454/

개인이 20년 동안 조성한 메타세쿼이아숲을 대전시에서 관리하며 모든 사람이 볼 수 있는 자연휴양림이 되었다. 숲속의집과 산림휴양관이 있어 숙박하며 산림욕을 즐길 수도 있다. 메타세콰쿼이아숲 곳곳에 산림욕을 즐길 수 있도록 휴식 시설이 잘 조성되어 있다. 306m 높이의 장태산 등산과 연계할 수 있으며 형제바위에서는 일몰을 바라보며 숲속어드벤처를 조망할 수 있는 곳이다. 전망대가 되는 숲속어드벤처 또한 뷰가 좋은 곳이다. 출렁다리가 생기면서 그곳을 조망할 수 있는 바위가 최고의 뷰 포인트로 꼽히고 있다.

## 주변 볼거리·먹거리

**인터뷰카페 장태산** 장태산 자연휴양림 입구에 있는 카페로 숙소와 함께 운영중이다. 계곡 옆 야외 좌석도 있어 계절을 느낄 수 있다.

Ⓐ 대전광역시 서구 장안로 452 Ⓞ 09:00~19:00 Ⓜ 아메리카노 5,000원, 카페라테 5,500원 Ⓗ stayinterview.co.kr/pension/13

**장안저수지** 장태산 자연휴양림으로 가는 길에 있는 저수지로 반영과 물안개를 볼 수 있는 곳이다. 가는 길이 비포장이라 운전에 주의가 필요하다.

Ⓐ 대전광역시 서구 장안동 산11-5

**TIP**

- 아찔한 전망을 자랑하는 바위는 당나귀가 있는 식당 매점 옆 계단으로 오르면 되고 이곳에서 일출을 볼 수 있다. 일몰은 형제바위 전망대에서 볼 수 있다.
- 숲길을 걸으며 산림욕을 즐길 수 있도록 편한 신발을 추천한다.

SPOT 6

**탁 트인 바다 풍경을 감상하며 절벽을 따라 걷는 길**

# 송악산 둘레길

**주소** 제주도 서귀포시 대정읍 상모리 산 2 송악산 잔디광장(서귀포시 대정읍 상모리 179-3)에서 남쪽부터 시작 · **가는 법** 지선버스 752-2번 승차 → 산이수동 정류장 하차 → 바닷가 방향으로 139m → 남서쪽으로 188m → 좌측 길로 207m → 좌측 길로 70m

제주 남서

푸른 바다 전경과 멋진 해안절벽, 평화로운 초원지대까지 두루두루 만날 수 있는 송악산 둘레길은 해안절벽을 따라 걷는 총 2.8km 도보 산책 코스. 제주 최고의 해안 절경은 송악산이라고 할 만큼 걷는 내내 다채로운 제주의 풍경을 만날 수 있다. 송악산은 세계적으로도 유래를 찾기 어려운 이중 분화구를 가지고 있다. 화산 폭발로 형성된 분화구 안에서 다시 폭발이 일어나 2개의 분화구가 생겼으며, 수만 년 전 화산활동의 흔적을 곳곳에서 찾아볼 수 있다.

중간중간 오르막길이 있지만 경사가 높지 않고 탐방로가 잘되어 있어 둘레길을 한 바퀴 돌아보는 데 큰 어려움은 없다. 오르막과 내리막, 굴곡진 길들이 적당히 있어 눈앞의 풍경이 그림처럼 펼쳐진다. 산책로를 걷다 보면 일제강점기 말 일본군이 구축한 진지동굴이 해안절벽에만 17개, 송악산 전체에 크고 작은 진지동굴이 60여 개 정도 있다고 한다. 비극적 역사의 현장을 돌아보는 다크투어리즘은 송악산 둘레길을 시작으로 알뜨르비행장과 섯알오름까지 이어진다.

**TIP**
송악산 정상 일부 탐방로는 자연휴식년제로 인해 2027년 7월 31일까지 출입이 통제된다.

**주변 볼거리·먹거리**

**형제해안도로** 드라마 〈인생은 아름다워〉 촬영지. 올레길 10코스 구간으로 사계포구에서 시작해 사계해안을 지나 송악산 입구까지 이어진다.

Ⓐ 제주도 서귀포시 안덕면 사계리

**선채향** 몸에 좋은 전복을 부담 없는 가격으로 다양하게 맛볼 수 있는 곳이다. 전복칼국수는 도내에서도 만나기가 쉽지 않은 메뉴로, 전복 내장을 곱게 갈아 미역과 끓여낸 전복칼국수는 진한 국물 색이 더욱 눈길을 끈다.

Ⓐ 제주도 서귀포시 안덕면 사계남로84번길 6 Ⓞ 11:00~16:00/매주 월요일 휴무 Ⓣ 064-794-7177 Ⓜ 전복칼국수 11,000원, 전복죽 17,000원(1일 한정 판매), 전복회 45,000원

12월의 대한민국

# 한 해의 끝,
# 또 다른 여행의 시작

12월 첫째 주

# 48week

SPOT 1

**하루 종일 먹방 여행**

## 인천 차이나타운

**주소** 인천시 중구 차이나타운로 59번길 12(선린동) · **가는 법** 1호선 인천역 1번 출구 바로 건너편 · **운영시간** 영업시간은 각 상점마다 다르므로 홈페이지에서 확인/공식적으로 명절 당일 휴무이지만 연중무휴인 곳이 많다 · **전화번호** 032-810-2851 · **홈페이지** ic-chinatown.co.kr · **etc** 속이 텅 빈 공갈빵, 양꼬치구이, 월병 등 그들만의 상징적인 먹거리를 맛보자. 단, 끝없는 줄을 기다리는 인내심은 필수!

서울·경기

1호선 인천역 바로 맞은편에 위치한 차이나타운, 여기를 둘러봐도 저기를 둘러봐도 온통 빨갛다. 편한 교통편이 한몫해 주말이면 발 디딜 틈 없이 사람들이 몰리는 이곳은 분명 한국이지만 분위기는 중국에 가깝다. 개항기 이래 모여든 중국인들이 최초로 집단을 이룬 곳으로 역사적 의미가 깊다. 특히 인천 차이나타운에 왜 가냐고 묻는다면 망설임 없이 먹으러 간다고 대답할 만큼 인천 먹거리의 보고다. 그리고 차이나타운에서 도보 10분 거리에 송월동 동화마을, 삼국지 벽화거리, 근대개항거리, 신포국제시장까지 있으니 꼭 들러보자. 1883년 일본이 지금의 중구청 일대를 중심으로 7천 평을 조차지로 설정하자 다음 해 청국도 일본 조계지를 경계로 하여 지금의 차이나타운 일대를 조계지로 설정했다. 길 양쪽으로 설치된 석등까지 중국식과 일본식으로 구별된다. 계단이 끝나는 곳에 공자상이 세워져 있다.

**TIP**

- 주말에는 그야말로 주차 전쟁이니 반드시 대중교통을 이용하자.
- 무슨 일이 있어도 차를 가져가야겠다면 차이나타운 밖의 골목이나 공용주차장, 신포국제시장 공용주차장에 주차하고 걸어갈 것을 추천한다(도보 10분).
- 자장면은 물론 월병과 공갈빵은 꼭 먹어봐야 할 별미다.
- 차이나타운에서 굳이 유명한 식당을 찾아보려 애쓰지 않아도 주말이면 길게 줄이 늘어선 곳으로 들어가면 된다.

### 주변 볼거리 · 먹거리

**삼국지 벽화거리** 차이나타운 내에서 가장 유명한 볼거리. 《삼국지》 내용을 주제로 한 80여 개의 그림이 양쪽 벽에 길게 이어진다.

Ⓐ 인천시 중구 선린동 인천 차이나타운 내 Ⓗ www.icjgss.or.kr

**짜장면 박물관** 우리나라 최초로 자장면을 만들었던 옛 '공화춘' 건물이 지금은 자장면의 역사를 한눈에 볼 수 있는 박물관으로 탈바꿈했다.

Ⓐ 인천시 중구 차이나타운로 56-14(인천 차이나타운 내) Ⓞ 09:00~18:00/매주 월요일 휴무 Ⓣ 032-773-9812 Ⓗ www.icjgss.or.kr/jajangmyeon

SPOT 2

박물관의 색다른 변신!

# 국립 춘천박물관

강원도

**주소** 강원도 춘천시 우석로 70 · **가는 법** 춘천시외버스터미널에서 국립춘천박물관까지 차로 이동(약 4km) · **운영시간** 화~일 09:00~18:00/매주 월요일 휴무 · **입장료** 무료 · **전화번호** 033-260-1500

최근 SNS에서 유명세를 타며 새롭게 핫플레이스로 재탄생한 곳이다. 본관 입구에 들어서자마자 1층에서부터 계단, 2층 실감영상 카페로 이어지는 대형 미디어아트에 두 눈이 휘둥그레진다. 이것은 약 25~30분간 진행되는데 관람하다 보면 마치 실제로 그곳에 들어간 듯 몰입하게 된다. 이는 모란꽃이 피오니, 동쪽 바다 아름다운 여덟 곳, 총석정, 신의 기둥, 구곡의 끝에서 마주한 나의 이상향, 곡운구곡, 창량사터 오백나한, 영원의 미소 총 5가지 테마로 구성되어 있으며, 오백나한의 경우 상설전시와 연결되어 있어 전시를 관람하고 미디어아트를 보면 더욱 감동이 클 것이다. 구석기부터 시작해 고려시대 관음보살, 문수보살, 조선시대 무덤의 석물, 삼층석탑과 광배와 아미타불이 전시된 야외 정원까지! 새단장을 마치고 다채로운 미디어아트와 함께 태어난 국립춘천박물관에서 겨울철 추위를 피해 실내데이트를 즐겨보자.

### 주변 볼거리·먹거리

**춘천시립장난감도서관** 무려 3,600개의 장난감을 보유한 곳으로 아이와 가볼만한 곳이다. 1~7세 영유아를 대상으로 하며 안전 검사를 승인받은 친환경 원목 장난감이 주를 이루어 보다 안심하고 이용할 수 있다. 또한, 매주 회차별 프로그램이 진행되어 방문 전 인터넷 사전접수를 하고 오는 것을 추천한다. 사전접수 마감 시에는 현장 접수가 가능한 경우도 있으니 참고하자.

Ⓐ 강원도 춘천시 우석로 100 Ⓞ 장난감도서관 회차별 운영(1부 10:00~11:30, 2부 13:00~15:00, 3부 16:00~18:00)/매주 금요일 및 공휴일·12월 30~31일 휴무 Ⓣ 033-245-5102

SPOT 3

### 눈꽃이 시가 되어 내리다

# 내소사

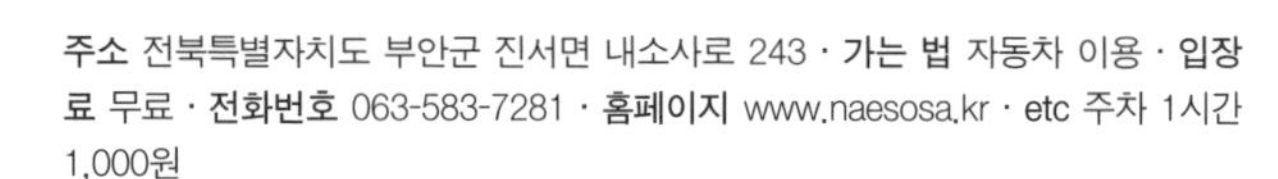

**주소** 전북특별자치도 부안군 진서면 내소사로 243 · **가는 법** 자동차 이용 · **입장료** 무료 · **전화번호** 063-583-7281 · **홈페이지** www.naesosa.kr · **etc** 주차 1시간 1,000원

전라도

전라도에서도 부안은 겨울에 눈이 많기로 유명하다. 12월에 들어서면 예외 없이 부안에 많은 눈이 내린다. 내소사는 벚꽃과 단풍으로 유명하지만 눈 쌓인 설경도 아름답다. 〈나의 문화유산답사기〉에서 유홍준 교수는 내소사를 우리나라의 5대 사찰 중 하나로 꼽았다. 사찰 자체도 매력 있지만 주변 산세와 조화를 이루는 풍경이 더없이 아름답다. 일주문에서 천왕문까지 이어지는 전나무숲길에 들어서면 초록빛 가지마다 송이송이 눈꽃이 어우러져 장관이다. 사시사철 초록을 잃지 않는 전나무숲길은 내소사의 자랑거리 중 하나로, 수많은 드라마와 영화의 배경이 되었다. 천왕문을 뒤로하고 야트막한 축대와 계단을 몇 차례 오르면 경내에 들어서게 된다. 하얀 솜이불을 덮은 능가산 봉우

리가 포근히 감싸고 있는 내소사는 자연이 그려 낸 한 폭의 수묵화다.

허리 굽은 소나무 사이로 단아하면서도 기품 있는 대웅보전이 눈에 들어오는데, 쇠못 하나 박지 않고 오롯이 나무로만 끼워 맞춰 건축한 선조들의 기술과 노력에 감탄하지 않을 수 없다. 대웅보전의 상징과도 같은 정면 여덟 짝의 문살은 연꽃, 국화, 모란 등의 꽃무늬가 수놓아져 화사한 꽃밭을 이룬다. 단청이 없어도 그 어떤 문양보다 아름답다. 설선당 마루에 걸터앉아 앞마당 위로 흩날리는 눈발을 바라보면 시름이 절로 씻겨 내려가고, 꿈인지 생시인지 모를 몽환적인 느낌마저 든다.

**TIP**

- 아름다운 설경을 보려면 눈이 내린 이른 아침, 사람들이 방문하기 전이 좋다.
- 주차장에서 내소사까지 약 1km 정도를 걸어야 하므로 눈이 많이 내린 날에는 아이젠과 스패츠를 준비하는 것이 좋다.

**주변 볼거리·먹거리**

**작당마을** 부안 마실길 코스 중 아름답기로 유명한 작은 어촌이다. 넓은 갯벌이 펼쳐진 마을 지형이 까치집 모양과 비슷해 까치 '작(鵲)' 자를 써서 '작당마을'이라 불린다.

Ⓐ 전북특별자치도 부안군 진서면 작당길 12

SPOT 4

소백산의 수려한 경관이 보이는

# 하늘자락공원

경상도

**주소** 경상북도 예천군 용문면 내지리 산74-1 · **가는 법** 예천시외버스터미널에서 농어촌버스 두천행, 사부행 승차 → 용문사입구 하차 → 택시 이동/도보 이동(약 47분) · **운영시간** 24시간/연중무휴 · **전화번호** 054-650-6391(문화관광과) · etc 주차 무료

소백산의 자연경관을 볼 수 있는 하늘자락공원과 전망대는 예천 양수발전소 상부댐과 어림호가 있는 곳에 위치해 있다. 전망대에 오르면 탁 트인 주변 경관과 백두대간 소백산 능선까지 날이 좋으면 문경새재도 볼 수 있고 야생화와 진달래가 피는 계절에는 천상의 화원을 보는 것 같다. 양수발전소의 상부댐은 2011년 7월 완공해 700만 톤을 저장할 수 있다고 한다. 상부댐 주변으로는 어림산성이 있어 후삼국 통일기의 역사적 자취도 느낄 수 있다.

전망대는 높이 23.5m, 폭 16m로 아파트 10층 높이인데, 밤하늘의 은하수를 모티브로 별빛이 소백산으로 흘러내리는 형상을 하고 있다. 소백산 하늘자락공원전망대로 오르는 길은 계단이 없으니 어르신도 쉽게 오를 수 있을 뿐만 아니라 나무로 된 데크 길은 예천 상부댐의 자연경관을 느끼며 산책할 수 있어 지루할 틈이 없다. 예로부터 백두대간의 정기와 소백산 자연경관의 속내를 그대로 엿볼 수 있는 길지이며, 인재가 많고 장수하기로 유명한 지형이기에 산 능선만 보고 있어도 건강해지는 듯하다.

지형적으로 예천은 봉황이 품고 있는 지역으로 다툼과 굶주림이 없고 전쟁과 병마가 피해 가는 십승지지라 했고 봉황은 예천에서 흐르는 물이 아니면 물을 마시지 않을 정도로 물이 좋기로 유명하다.

**주변 볼거리·먹거리**

**초간정** 소백산자락 용문산 골짜기에 세워진 초간정은 소나무숲과 계곡이 어우러져 우리나라의 전통적인 아름다움을 보여주는 정자다. 조선시대 선조 때 초간 권문해가 노후를 위해 정자를 세우고 심신을 수양했던 곳으로 초간이라는 호에서 따와 초간정이라 불렀다. 금곡천을 내려다볼 수 있도록 절벽 위에 세워졌으며 굽이쳐 흐르는 계곡과 기암괴석, 노송과 어우러진 모습이 한폭의 산수화를 보는 듯하다.

Ⓐ 경상북도 예천군 용문면 용문경천로 874 Ⓞ 24시간/연중무휴 Ⓣ 054-650-6391 Ⓔ 주차 무료

SPOT 5

해 질 무렵 은빛 물결

# 신성리갈대밭

**주소** 충청남도 서천군 한산면 신성리 125-1 · **가는 법** 서천여객터미널에서 버스 6-3번 승차 → 온동리 하차 → 도보 이동(약 2.5km, 택시 이용 시 20분 소요) · **전화번호** 041-950-4018

충청도

서천군과 군산시가 만나는 금강하구에 펼쳐진 갈대밭으로 너비 200m, 길이 1.5km, 면적 10만여 평이 넘는 규모이다. 금강 하류에 위치한 까닭에 퇴적물이 쉽게 쌓이고 범람의 우려로 인해 강변습지에 농사를 짓지 않아 자연스럽게 무성한 갈대밭이 형성되었다.

신성리 갈대밭은 영화 〈공동경비구역 JSA〉로 유명해진 곳이다. 그 이외에도 〈킹덤〉, 〈추노〉 등 다양한 드라마 촬영지로 알려진 아름다운 갈대밭으로 우리나라 4대 갈대밭 중 하나다. 주차를 하고 제방에 올라서서 보면 한눈에 갈대밭을 내려다볼 수 있고 스카이워크와 전망대에서 은빛 갈대 물결을 조망하며 산책을 즐길 수도 있다.

겨울이 되면 이곳은 청둥오리를 비롯한 오리류, 고니류 등 40여 종, 10만여 마리의 철새가 찾아드는 곳이기도 하다.

**TIP**

- 5월부터는 초록빛 갈대를, 10월 초에서 12월 초까지는 은빛 갈대를 만날 수 있다.
- 해 질 무렵 방문하면 일몰 빛에 반짝이는 금빛 갈대를 볼 수 있다.
- 해가 지는 방향은 제방 너머이니 스카이워크에서 제방을 바라보면 역광에 반짝이는 갈대와 일몰을 즐길 수 있다.

### 주변 볼거리·먹거리

**선도리갯벌마을** 기암괴석 너머 일몰을 볼 수 있는 곳이다. 이곳은 '낙조 감상하기 좋은 해안길'로 꼽힌 국도 5호선의 한 부분이다. 갯벌이 드러나면 쌍섬까지 걸어갈 수도 있다. 비인해변으로 가면 기암괴석 너머 일몰을 바라볼 수도 있다.

Ⓐ 충청남도 서천군 비인면 선도리 383번지

**춘장대해수욕장**

Ⓐ 충청남도 서천군 서면 춘장대길 20 Ⓣ 041-953-3383 Ⓗ www.chunjangdaebeach.com

8월 34주 소개(445쪽 참고)

SPOT 6

**바다가 보이는 옛 영화관의 변신**

# 아라리오 뮤지엄 탑동시네마

제주 북

**주소** 제주도 제주시 탑동로 14 · **가는 법** 지선버스 461번 승차 → 제주해변공연장 정류장 하차 → 동쪽으로 200m 이동 후 맞은편으로 도보 이동(약 4분) · **운영시간** 10:00~19:00(입장 마감 18:00)/매주 월요일 휴무 · **입장료** 성인 15,000원, 청소년 9,000원, 어린이 6,000원 · **전화번호** 064-720-8201 · **홈페이지** www.arariomuseum.org

극장에서 지정 좌석이 없던 시절 입장객이 많으면 계단에 빼곡히 앉아 영화를 보던 때가 있었다. 탑동시네마는 도내 여러 극장 중 탑동방파제가 내려다보이는 탁 트인 풍경과 그 당시 젊은 이들이 좋아할 만한 먹거리와 놀 거리가 제법 있던 곳이었다. 하지만 대형 멀티플렉스 영화관이 늘어나면서 2005년에 폐관했다가 사업가이자 콜렉터인 김창일 회장이 인수해 2014년 아라리오뮤지엄 탑동시네마로 탈바꿈했다. 건물 외관은 강렬한 빨간색을 입혀 제주 원도심의 포인트가 되며, 노출 콘크리트, 부서진

벽면, 예전 타일 등 기존 건물의 모습을 부분적으로 보존해 제주에서 보기 힘든 현대미술 작품들을 전시하고 있다. 백남준, 앤디 워홀, 키스 해링 등 국내외 유명 작가 29명의 작품 53점이 상설 전시되어 있다. 그중 중국 작가 장환과 인도 작가 수보드 굽타의 설치미술 작품은 거대한 스케일로 압도적인 분위기를 자아낸다. 상설전 외에 여러 작가들의 개인전도 시즌별로 진행하고 있으니 자세한 사항은 홈페이지에서 확인하자.

**TIP**

- 탑동시네마와 동문모텔 I, II 통합권으로 구매하면 할인된 요금으로 입장할 수 있다. 동문모텔은 탑동시네마에서 도보 10분 정도 소요된다.(통합권 성인 24,000원, 청소년 14,000원, 어린이 9,000원)
- 지상 5층, 지하 1층으로 구성되어 있으며, 맨 먼저 5층부터 한 층씩 내려오면서 작품을 감상하는 걸 추천한다.

## 주변 볼거리·먹거리

**클래식문구사** 문구 애호가라면 그냥 지나칠 수 없는 참새 방앗간 같은 곳. 펜과 연필, 종이 등 다양한 브랜드의 문구들을 판매하고 있는 편집숍이다. 빈티지 가구에 놓여 있는 제품들은 보기만 해도 소장 욕구를 부른다. 문구뿐 아니라 간식과 일상 용품도 판매하는데 평범해 보이는 것은 단 하나도 없다.

Ⓐ 제주도 제주시 관덕로4길 1-2 Ⓞ 11:00~19:00/휴무 인스타그램 별도 공지 Ⓣ 0507-1441-5128 Ⓗ www.instagram.com/classic_moongusa

**제주관덕정분식** 카페 분위기의 분식집이자 올레 18코스의 시작점이다. 모닥치기, 크림떡볶이 등 다양한 퓨전 스타일의 깔끔한 분식 메뉴를 맛볼 수 있다. 감자채 위에 올라간 한치 튀김은 맥주 안주로도 제격!

Ⓐ 제주도 제주시 관덕로8길 7-9 Ⓞ 11:00~19:30(라스트오더 19:00)/명절 당일 휴무, 임시 휴무 인스타그램 공지 Ⓣ 0507-1352-0503 Ⓜ 제주놈삐떡볶이 6,500원, 관덕정 단청김밥 5,300원, 한치튀김 14,000원 Ⓗ www.instagram.com/gwan_ddeok_jeong

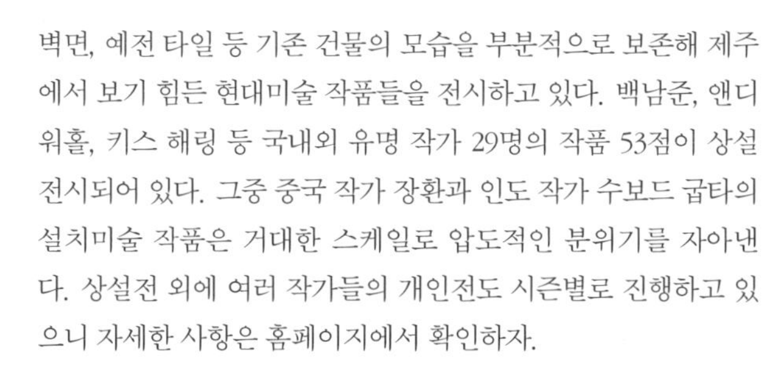

12월 둘째 주

# 49 week

SPOT 1

현명한 소비의 시작

## 오브젝트

**주소** 서울시 마포구 와우산로35길 13 · **가는 법** 2호선 홍대입구역 7번 출구 → 도보 이동(약 4분) · **운영시간** 12:00~21:00 · **전화번호** 02-3144-7738 · **홈페이지** www.object lifelab.com · **etc** 반려동물 동반 가능

서울·경기

젊은 작가들의 수공예 액세서리와 패브릭, 아기자기한 생활소품, 베이직 스타일 의류, 독립출판물, 디자인 문구, 인테리어 소품 등 지름신을 불러일으키는 제품들을 한곳에서 만날 수 있는 오브젝트 서교점. 1층 카페, 2층 액세서리 및 문구류, 프린트, 패브릭, 3층 리빙과 핸드메이드 액세서리 매장으로 구성돼 있다.

오브젝트는 유통 제약이 많았던 아마추어 브랜드와 신진 디자이너를 위한 공간을 마련해주고, 그들이 만든 상품을 판매할 뿐 아니라 정기적으로 전시 및 팝업스토어를 운영하는 특별한 복합문화공간이다. 톡톡 튀는 젊은 작가들의 특별한 영감을 찾고 싶을 때 들르면 좋다.

전시 굿즈도 판매한다.

B1층(지하)에서 젊은 작가들의 전시 및 팝업스토어가 정기적으로 운영된다.

소장 욕구를 자극하는 신진 디자이너들의 아기자기한 패브릭 제품, 리빙 용품, 문구, 핸드메이드 액세서리

## 주변 볼거리·먹거리

**경의선책거리** 홍대입구역 6번 출구로 나와서 직진하다 보면 경의선책거리가 나온다. 마포구가 경의선 홍대 복합역사에 조성한 책 테마 거리다. 출판문화예술 네트워크 공간일 뿐 아니라 시민들과 함께할 수 있는 다양한 체험 프로그램, 작가와의 만남, 유명 인사들의 강의 등을 요일별 특화된 프로그램으로 만날 수 있다.

Ⓐ 서울시 마포구 와우산로35길 50-4

SPOT 2

어서 와! 너와집은 처음이지?

# 신리 너와마을

강원도

**주소** 강원도 삼척시 도계읍 문의재로 1113 · **가는 법** 도계역(영동선)에서 자동차 이용(약 13km) · **전화번호** 033-552-1659

강원도 산골에서만 볼 수 있다는 화전민의 전통 가옥, 기와나 짚 대신 나무를 이용해 만든 너와집이다. 안타깝게도 너와집은 점차 사라져가는 추세인데 다행히도 삼척 신리에서는 너와집과 너와마을을 만나볼 수 있어 특별하다. 서로 다른 크기의 너와가 한데 어우러져 더욱 자연스럽고 조화롭다. 주변에는 생활 도구 전시장, 머루 발사믹 식초 가공 공장, 시음 판매장 등 구경거리도 다양하다. 예능 프로그램 〈1박2일〉 촬영지로도 잘 알려진 이곳은 숙박과 체험을 진행하고 있으니 이를 통해 강원도를 더욱 특별하게 기억해 보아도 좋겠다.

자동차로 조금만 이동하면 주변에 국가민속문화재 김진호 가옥도 볼 수 있다. 김진호 가옥은 약 150년 정도 된 것으로 추정

되며 토속적이고 전통적인 분위기가 멋스러운 곳이다. 집 내부 관람은 불가능하지만 외관과 집터를 살펴보며 마치 과거로 시간 여행을 온 듯한 기분을 느껴볼 수 있다.

**주변 볼거리·먹거리**

**하이원추추파크** 국내 유일의 산악철도와 영동선을 활용한 기차테마파크다. 입구에서부터 보이는 옛 기차 모양 조형물에 스위치백트레인, 레일바이크, 미니트레인, 회전목마, 관람차 등 놀이시설뿐만 아니라 실제 기차 모양이지만 내부는 숙소로 꾸며진 트레인빌도 있다. 합리적인 가격에 이색적인 경험을 할 수 있어 방문하기 좋은 곳이다.

Ⓐ 강원도 삼척시 도계읍 심포남길 99 Ⓣ 033-550-7788 Ⓗ choochoopark.com

SPOT 3

64km의 드라이브 코스

# 용담호 호반도로

전라도

**주소** 전북특별자치도 진안군 용담면 진용로 2216 · **가는 법** 자동차 이용

용담호 호반도로는 바다가 아닌 내륙에 있는 독특한 드라이브 코스다. 2001년 전북 지역의 식수 해결을 위해 용담댐이 건설되면서 우리나라에서 다섯 번째로 큰 호수인 용담호가 만들어졌다. 약 70개의 마을을 수몰시킨 이 거대한 담수호는 실향민의 눈물을 담고 있지만, 아이러니하게도 진안에서 빼놓을 수 없는 관광명소가 되었다. 이맘때 용담호의 새벽 풍경은 그림처럼 아름답다. 고즈넉한 수면 위로 춤추듯 피어오르는 물안개는 무희의 치맛자락처럼 몽환적이다. 물안개가 점점 산허리를 휘감고, 아침 햇살이 호수를 비추면 겨울날의 용담호 풍경이 황홀한 자태를 드러낸다. 용담호라고 아무 때나 물안개를 볼 수 있는 것은 아니다. 물안개는 호수와 대기의 온도 차이 때문에 생기는 현상으로, 습도가 높고 일교차가 큰 아침에 주로 만날 수 있다.

용담호 주변 64km에 이르는 호반도로는 산과 호수가 어우러진 환상적인 풍경 덕분에 드라이브 코스로 각광받고 있다. 그중 가장 아름다운 곳은 안천휴게소에서 신용담교에 이르는 구간과 호암교에서 용담대교를 지나는 구간이다. 차를 타고 달리면 산자락에 가렸다 다시 나타나며 숨바꼭질하는 호수와 파란 하늘의 조화에 눈이 부시다. 용담대교를 건너면 좌측으로 태고정에 오르는 길이 있는데, 이곳에 오르면 사방이 트여 굽이굽이 이어진 용담호의 전경이 파노라마처럼 펼쳐진다.

**주변 볼거리·먹거리**

**기배기** 용담호 주변에서 가장 뷰가 좋은 카페로 소문난 곳이다. 멀리서 봐도 눈에 띄는 깔끔한 흰색 건물이 인상적이다. 실내의 밝고 경쾌한 인테리어는 감성 카페의 느낌을 잘 보여주고 있다. 카페의 통창 너머로 보이는 호수의 잔잔한 수면이 마음에 안정을 주고 기분을 차분하게 한다.

Ⓐ 전북특별자치도 진안군 상전면 진성로 373-20 Ⓞ 10:00~20:00(라스트오더 18:50)/매주 수요일 휴무 Ⓣ 063-432-3600 Ⓜ 아메리카노 5,000원, 카페라테 5,800원, 바닐라라테·레몬차·플레인스무디 각 6,000원

SPOT **4**

**커다란 도화지에 꿈이 가득한**

# 동피랑 벽화마을

경상도

**주소** 경상남도 통영시 동피랑1길 6-18 · **가는 법** 통영시외버스터미널에서 버스 101, 141, 200, 240, 300, 341, 400번 승차 → 중앙시장 하차 → 도보 이동 · **운영시간** 24시간/연중무휴 · **입장료** 무료 · **전화번호** 055-650-7418 · etc 중앙시장 공영주차장 이용 후 도보 이동

'동쪽 벼랑'이라는 뜻을 가진 동피랑마을. 예전에는 언덕 위에 자리 잡은 작은 마을로 강구안을 내려다보기 위해 찾는 정도였다. 하지만 언제부터인가 골목마다 낡은 시멘트 벽에 그림이 그려지고 차 한잔 마실 수 있는 작은 카페가 생기면서 사람들의 입소문을 타고 지금은 통영에서 가장 유명한 관광지가 되었다. '무섭어라, 사진기를 왜 넘의 집 밴소까지 들이대노? 여름 내도록 홀딱 벗고 살다가 사진기 무섭어서 덥어 죽는 줄 알았는 기라.' 재미있는 사투리로 적힌 당부의 글에 미소가 절로 나온다.

동피랑의 낡은 벽에 형형색색 고운 색이 입혀지면서 초라한 골목길에 생기가 돈다. 골목마다 먼저 인사하는 꽃과 동물들을 보며 걷노라면 어릴 적 담벼락에 낙서를 하다 엄마한테 크게 혼났던 기억들이 스친다. 그 당시에는 벽에 그림을 그린다는 것을 상상도 못 했는데, 지금은 벽이 커다란 도화지가 되어 꿈과 희망이 그려진다.

### 주변 볼거리·먹거리

**디피랑** 밤이면 조명으로 환상적이고 아름다운 곳 디피랑은 남망산 전체에 다양한 테마로 조명을 설치해 낮보다 밤이 더 아름답다. 통영의 유명벽화마을인 동피랑과 서피랑을 모티브로 미디어아트 기술을 접목한 국내 최대 야간 디지털 테마파크로 디피랑산장, 신비폭포, 은하수광장과 빛의 오케스트라로 이어지는 길은 신비감을 느끼게 한다.

Ⓐ 경상남도 통영시 남망공원길 29 Ⓞ 춘계(3~4월, 9월) 19:30~24:00, 하계(5~8월) 20:00~24:00, 동계(10~2월) 19:00~24:00/매주 월요일·1월 1일·설날·추석 당일, 공휴일 경우 다음날 휴무 Ⓒ 성인 15,000원, 청소년(만 13~18세) 12,000원, 어린이(만 6~12세) 10,000원 Ⓣ 1544-3303 Ⓔ 주차 무료

SPOT 5

물안개와 일출을 동시에

# 중앙탑 사적공원

충청도

**주소** 충청북도 충주시 중앙탑면 탑정안길 6 · **가는 법** 충주공용버스터미널에서 버스 112-1, 413번 승차 → 중앙탑 하차 → 도보 이동(약 338m) · **운영시간** 하절기 09:30~17:30, 동절기 10:00~17:00/매월 둘째·넷째 주 월요일 휴무 · **전화번호** 043-842-0532

국보 제6호로 지정된 통일신라시대 탑평리 칠층석탑을 기념하기 위해 만들어진 공원이다. 이 탑은 우리나라의 중앙에 있어 중앙탑이라고도 부른다. 앞으로는 남한강이 흐르고 야외 조각공원이 있으며 공원 곳곳에는 포토존이 가득해 데이트 장소로도 좋다.

이곳은 〈사랑의 불시착〉, 〈빈센조〉 등 다양한 드라마의 촬영지로도 알려져 있다. 남한강 너머로 일출을 볼 수도 있는데 겨울에는 물안개 너머 일출이 환상적이다. 무지개다리와 중앙탑 앞 달 조형물은 야간 인생 사진 명소로 인기를 끌고 있다.

**TIP**

- 주차장에 내리면 1분 거리에서 일출을 볼 수 있어 겨울철 일출 보기에 좋은 장소다.
- 물안개는 일교차가 큰 날 해가 뜨고 난 후에 만날 수 있으니 일기예보 확인 후 물안개를 기다리자.

### 주변 볼거리·먹거리

**탄금대** 우륵이 가야금을 탔다고 해서 이곳을 탄금대라 부른다. 달천과 남한강이 만나는 지점 해발 108m에 위치해 전망이 좋다. 탄금대공원 주차장에 차를 세워두고 소나무 길을 따라 걷다 보면 남한강을 마주한 탄금대가 나온다. 이곳은 임진왜란 시 신립 장군이 8천여 명의 병사들과 왜군에 맞서 싸우다 장렬하게 전사한 전쟁터이기도 하다.

Ⓐ 충청북도 충주시 탄금대안길 105 Ⓣ 043-848-2246

**수주팔봉** 충주시민의 식수원인 탄천은 물맛이 달아 '감천', '달래강'이라 불리기도 한다. 달천을 따라 병풍처럼 웅장한 바위 능선이 있는 데 이곳이 바로 수주팔봉이다. 수주팔봉은 '물 위에 선 8개의 봉 우리'라는 뜻이다. 이곳은 조선시대 철종이 8개의 봉우리가 비 치는 물가에서 노는 꿈을 꾸고 수소문해서 찾은 곳으로도 잘 알려져 있다.

Ⓐ 충청북도 충주시 살미면 팔봉로 669 두룽산등산로관리사무소

SPOT 6

**공원 곳곳 진분홍 동백꽃으로 물드는**

# 휴애리

**주소** 제주도 서귀포시 남원읍 신례동로 256 · **가는 법** 지선버스 623번 승차 → 휴애리 자연생활공원 정류장 하차 → 북쪽으로 60m · **운영시간** 09:00~19:00(입장 마감 하절기 17:30, 동절기 16:30, 감귤체험 16:00까지) · **입장료** 성인 13,000원, 청소년 11,000원, 어린이 10,000원 · **전화번호** 064-732-2114 · **홈페이지** www.hueree.com

제주 남동

동백이 피어나면 제주에 겨울이 왔음을 알 수 있다. 흰색, 분홍, 진분홍, 빨강 등 다양한 색이 있지만 휴애리 동백은 대부분 진분홍색이다. 11월 중순부터 피어나기 시작하는 동백꽃은 12월 절정에 이르며, 이후 서서히 떨어지기 시작하는 꽃잎들 덕분에 양탄자를 깔아놓은 듯하다. 휴애리 곳곳에 각각 다른 컨셉으로 동백꽃 스팟들이 있어 탐방로를 걷는 즐거움이 있다.

공원 곳곳 산책길에 야생화들이 어여쁘게 피고, 봄에는 매화, 여름에는 수국, 가을에는 핑크뮬리가 오감을 즐겁게 한다. 이외

에도 동물 먹이 주기 체험과 흑돼지 공연, 전통놀이 체험이 상설 운영되고 있으며, 매실 따기 체험과 감귤 따기 체험 등 계절별 즐길 거리도 많다. 특히 매 시간마다 진행하는 흑돼지 공연은 흑돼지와 거위들이 졸졸졸 따라 나와 미끄럼틀을 내려오는 단순한 공연이지만, 그 모습이 너무나 사랑스러워 먹이를 주지 않을 수가 없다.

TIP

- 동백축제는 11~12월 진행되며 축제가 끝나도 1월까지는 동백꽃을 볼 수 있다.
- 동물 먹이 주기 체험은 봉지당 1,000원으로 무인 가판대에서 판매하기 때문에 현금만 사용할 수 있다.
- 흑돼지 공연은 11시, 13시, 15시, 17시 하루 4번 운영한다.
- 매표소에서 흑돼지 공연장까지 거리가 있기 때문에 공연 시간 30분 전에는 입장해서 걸어가야 한다.
- 감귤 따기 체험은 10~1월까지 진행된다. 지역 농부가 감귤 따는 방법을 알려주고, 시식도 하며, 직접 딴 귤을 가져올 수 있다. 매표소에서 티켓을 구매하면 된다.

### 주변 볼거리·먹거리

**테이블앤데스크** 포실포실한 오믈렛과 매콤한 카레가 함께 나오는 오믈렛카레와 여러 종류의 채소구이가 함께 나오는 햄버거스테이크가 고정 메뉴. 제철 식재료와 주방장의 기분 따라 만들어지는 이 주의 메뉴는 대부분 파스타가 준비된다.

Ⓐ 제주도 서귀포시 남원읍 태위로360번길 192 바깥집 Ⓞ 11:30~15:00(라스트오더 14:30)/재료 소진 시 조기 마감, 매주 수~목요일 휴무 Ⓣ 0507-1356-9919 Ⓜ 오믈렛카레 12,000원, 햄버거스테이크 16,000원 Ⓗ www.instagram.com/table.desk

**큰엉해안경승지** 오랜 시간 제주의 바람과 파도가 만들어낸 높이 약 30m의 절벽으로, 해안 절벽을 따라 약 1.5km 산책로가 조성되어 있다. 옆에서 본 모습이 마치 사냥을 하는 호랑이를 닮았다고 해서 호두암, 어머니의 가슴을 닮았다는 유두암, 인디언 추장 얼굴처럼 보이는 바위를 보는 재미도 있다.

Ⓐ 제주도 서귀포시 남원읍 태위로 522-17

12월 셋째 주

# 50week

SPOT 1

**<별에서 온 그대>**
**도민준이 장기 두던 그곳!**

## 대학로 학림다방

서울·경기

**주소** 서울시 종로구 대학로 119 · **가는 법** 4호선 혜화역 3번 출구 → 도보 이동(약 1분) · **운영시간** 10:00~24:00/연중무휴 · **전화번호** 02-742-2877 · **홈페이지** hakrim.pe.kr · **대표메뉴** 아메리카노(학림커피) 6,000원, 비엔나커피 6,500원, 크림치즈케이크 6,500원

허름하고 비좁은 계단을 올라가 삐걱거리는 낡은 유리문을 열고 들어서면 거대한 낡은 전축에서 들려오는 클래식 선율 뒤로 칠이 다 벗겨진 낡은 테이블, 해진 소파가 눈에 들어온다. 이곳에서는 '낡음'마저 낭만적이다. 모든 것이 변해 가는 시간 앞에서 60년의 세월을 고스란히 버텨낸 대학로의 학림다방. 그 옛날 이청준, 전혜린, 천상병, 김지하, 황석영, 김승옥 등 문인들의 사랑방이자 1980년대 학림사건의 발원지인 이곳은 서울대학교 문리대학 건너편 2층 건물 앞을 흐르던 개천과 다리를 내려다볼 수 있었던 명소였다. 문리대의 옛 축제 '학림제'의 이름도 여기서

유래했다. 최근에는 <별에서 온 그대> 등 드라마와 영화 촬영지로 알려지면서 외국 관광객의 발길도 눈에 띄게 늘었다. 학림다방에서 가장 유명한 세 가지는 부드럽고 하얀 휘핑크림과 시나몬 가루가 가득 올려진 비엔나커피와 학림커피, 그리고 입안에 넣자마자 살살 녹는 크림치크케이크다. 특히 커피를 직접 블렌딩 및 로스팅해서 향과 맛이 깊은 학림커피를 꼭 맛보자.

**주변 볼거리·먹거리**

**낙산성곽길**

Ⓐ 서울시 종로구 낙산길 41 Ⓞ 상시 개방 Ⓒ 무료 Ⓣ 02-743-7985

3월 11주 소개(151쪽 참고)

**TIP**

- 차와 음료, 디저트 외에 맥주, 와인, 위스키, 칵테일 등의 주류와 안주류도 판매한다.
- 1층보다 복층으로 된 2층 다락 난간에 앉아보자. 그곳에서 아래를 내려다보면 빼곡히 들어찬 1,500여 장의 낡은 클래식 LP 레코드판과 학림다방의 풍경이 한눈에 들어온다.
- 사람 없는 고즈넉한 분위기를 즐기고 싶다면 이른 오전 시간에 방문하자.
- 원두 별도 판매(150그램 13,000원).

SPOT 2

새하얀 눈꽃 구경

# 소양강 댐정상길

강원도

**주소** 강원도 춘천시 신북읍 신샘밭로 1128(소양강 물문화관) · **가는 법** 춘천역(경춘선)에서 춘천역환승센터 버스정류장 이동 → 버스 11, 12번 승차 → 소양강댐정상 하차 → 도보 이동(약 300m) · **운영시간** 10:00~17:00/홍수·폭설·결빙 등 안전이 우려되는 경우 개방 제한 · **전화번호** 033-242-2455

아침에 눈을 뜨니 소복하게 눈이 내려앉은 날, 이런 날은 어린 아이처럼 신이나 밖에 나가고 싶어진다. 춘천, 양구, 인제에 걸쳐 흐르는 큰 규모의 인공호수 소양강댐은 봄에 벚꽃길로 잘 알려져 있지만 겨울의 설경 역시도 아름다운 곳이다. 그중에서도 소양강댐 댐정상길은 우리나라 최대 다목적댐인 소양강댐 정상을 걸어 올라 팔각정 전망대까지 왕복하는 산책길이다. 전망대로 향하는 길은 오르막길로 되어 있으니 미끄럼방지 신발 착용을 추천한다. 산 능선의 설경과 호수를 보며 약 2.5km의 산책길을 걷다 보면 약 40분 정도가 소요된다.

도착지점인 전망대에 다다르면 댐보다도 더 높은 곳에서 춘천의 산 지형을 볼 수 있어 잠시 숨을 고르며 전망을 구경하기 좋다. 소양강댐에서 20분 정도 자동차를 타고 이동하면 나오는 소양강스카이워크 역시도 춘천의 유명 관광명소 중 하나이니 소양강처녀상과 함께 둘러보자!

**주변 볼거리·먹거리**

**해피초원목장** 작은 호수를 둘러싸고 있는 산 능선이 아름다운 곳. SNS에서 한국의 스위스로 불리며 춘천 핫플레이스로 자리 잡은 곳이다. 외곽에 위치해 대중교통보다 승용차, 택시 이용을 추천한다. 다양한 종류의 동물이 있으며 먹이 주기 프로그램도 있어 아이와 함께 방문하기에 좋다.

Ⓐ 강원도 춘천시 사북면 춘화로 330-48 Ⓞ 매일 10:00~19:00 Ⓒ 성인 7,000원(동물 먹이 포함), 경로 및 장애인 3,000원, 소형견(평일만 입장) 5,000원, 춘천시민 5,000원 Ⓣ 033-244-2122 Ⓗ happy-chowon.imweb.me

**풀내음** 시골에서 먹는 맛있는 집밥 느낌의 한식당. 아직 많이 알려지지 않아 아는 사람만 가는 로컬 맛집이다. 저녁 시간은 영업하지 않아 점심 식사만 가능하다.

Ⓐ 강원도 춘천시 신북읍 상천3길 36 Ⓞ 09:00~14:30(라스트오더 14:00)/매주 화요일 휴무 Ⓜ 청국장 10,000원, 감자전 15,000원, 매실주 동동주 6,000원 Ⓣ 033-241-0049

SPOT 3

**동화 속 겨울왕국**

# 한국도로공사 전주수목원

전라도

**주소** 전북특별자치도 전주시 덕진구 번영로 462-45 · **가는 법** 자동차 이용 · **운영시간** 09:00~18:00(입장 마감 17:00)/매주 월요일 휴무 · **전화번호** 063-714-7200 · **홈페이지** www.ex.co.kr/arboretum

한국도로공사전주수목원은 전주 시민들 사이에서는 흔히 '전주수목원'이라 불린다. 1970년대에 조경용 수목과 잔디를 생산하는 묘포장으로 출발하여 1990년대에 일반인에게 전주수목원으로 처음 개방되었기 때문이다. 이후 산림청에 수목원으로 공식 등록하고, 현재의 이름인 '한국도로공사전주수목원'으로 명칭을 변경하여 오늘에 이르고 있다. 공기업에서 운영하는 유일한 수목원으로, 지금은 축구장의 열 배가 넘는 넓이에 3천여 종의 식물을 보유한 대규모 수목원이 되었다.

이곳의 설경은 말 그대로 동화 속 겨울왕국이다. 드넓은 수목원이 순백으로 뒤덮인 풍경은 입이 떡 벌어질 만큼 황홀하다. 바

깥세상과는 완전히 다른 또 하나의 세상이다. 아무도 밟지 않은 눈길에 발자국을 남기기가 미안할 정도다. 단언컨대 한국도로공사전주수목원의 백미는 설경이다. 올겨울 눈이 내리면 조금도 망설이지 말고 이곳으로 달려가자.

**TIP**

- 날씨가 너무 추울 경우 유리온실에 들러 몸을 따뜻하게 덥히자.

### 주변 볼거리·먹거리

**기지제** 전북혁신도시 근처의 호수로, 아파트숲 뒤로 넘어가는 일몰이 아름답다. 일몰 후 아파트에 조명이 들어오면 호반도시의 아름다운 풍경이 펼쳐진다.

Ⓐ 전북특별자치도 전주시 덕진구 장동 37-6

SPOT 4

해안 절경을 따라 즐기는

# 해운대 블루라인파크

**주소** (미포정거장)부산광역시 해운대구 달맞이길62번길 13, (송정정거장)부산광역시 해운대구 송정중앙로8번길 60 · **가는 법** (미포정거장)부산역에서 버스 1003번 승차 → 미포, 문텐로드 하차 → 도보 이동(약 10분), (송정정거장)부산역에서 버스 1003, 1001, 40번 승차 → 송정해수욕장 하차 → 도보 이동(약 4분) · **운영시간** 11~2월 09:30~19:00, 3~4월·10월 09:30~19:30, 5~6월·9월 09:30~20:30, 7~8월 09:30~21:30/연중무휴 · **입장료** 해변열차 7,000원, 스카이캡슐 2인승 59,000원, 3인승 78,000원, 4인승 94,000원 · **전화번호** 051-701-5548 · **홈페이지** bluelinepark.com · etc 주차 2시간 무료(이후 10분당 500원 추가)

경상도

몇 해 전 만 해도 기차가 다니지 않는 미포 철길을 걸었지만 지금은 해운대 해안열차와 스카이캡슐을 타고 지날 수 있다. 달맞이고개부터 청사포까지 이어지는 철길은 낭만적이고 바다향을 맡으며 걷기 좋았는데 그 길이 사라져 아쉽기도 했다.

해안열차는 송정과 미포를 왕복으로 운행되고 있으며 해운대 미포정거장이 복잡하다고 해서 송정역에 주차하고 조금 덜 복잡한 송정정거장에서 출발했다. 송정역은 동해남부선 기차가

## 주변 볼거리·먹거리

**청사포** 일출이 아름답고 쌍둥이 등대가 유명한 청사포에서 초저녁에 뜨는 저녁달은 부산8경으로 꼽힌다. 청사포는 해운대와 송정 사이에 위치해 있으며 예전에는 조개구이집과 장어구이집이 많던 곳에 지금은 카페가 생겨 카페거리로 유명해졌다. 푸른뱀이라는 뜻의 청사였다가 지금은 푸른 모래의 포구라는 의미로 바뀌었다.

Ⓐ 부산광역시 해운대구 중1동 Ⓣ 051-749-4000

**청사포다릿돌전망대** 청사포 마을의 수호신으로 전해지는 푸른 용을 형상화한 유선형의 전망대로 높이 20m, 길이 72.5m이며 전망대 끝자락에는 반달 모양의 강화유리를 깔아 바다 위를 걷는 짜릿한 경험을 할 수 있다. 전망대에서는 청사포의 해안경관과 일출, 일몰을 볼 수 있다.

Ⓐ 부산광역시 해운대구 중동 산3-9 Ⓞ 09:00~18:00/연중무휴(눈·비·강풍 시 개방제한) Ⓣ 051-749-5720

지나던 역사로 동해안의 해산물과 연안지역 자원을 수송했지만 블루라인파크가 생기면서는 해안열차 출발지가 되었다.

송정역을 출발한 열차는 청사포역과 미포역까지 4.8km 구간을 왕복 운행하고 동해 남부의 수려한 해안절경을 볼 수 있는 낭만 넘치는 관광열차다. 청사포를 지나 미포정거장에 내리면 산책길로 바로 연결되어 광안대교와 이기대를 볼 수도 있다.

미포정거장에서 탑승하는 스카이캡슐은 지상에서 10m 위의 레일을 따라 해안열차 위로 지나며 청사포정거장까지 약 2km 구간을 천천히 운행한다. 여유로움이 느껴지고 바다 풍경과 신비로운 해안절경이 막힘없이 이어지며 일출이 아름답고 쌍둥이 등대로 유명한 청사포정거장에 내리게 된다. 하차 후 해안절경을 따라 송정역까지 걸으며 부산의 또 다른 매력을 느낄 수도 있다.

**TIP**

- 온라인 예매 이용고객은 현장발권 없이 바로 탑승장으로 이동 가능하며, 해변열차 이용 시 최초 탑승 예약된 시각에 우선 탑승 가능하다.
- 출발 시간이 30분 이상 경과하여 도착한 고객은 탑승이 제한될 수 있으니 사전에 확인하자.
- 해변열차는 지정좌석제가 아니며 좌석 부족 시 입석으로도 이용이 가능하다.

SPOT 5

온실에서 만나는 크리스마스

# 국립 세종수목원

충청도

**주소** 세종특별자치시 연기면 수목원로 136 · **가는 법** 세종고속시외버스터미널에서 버스 221번 승차 → 국립세종수목원, 중앙공원 하차 · **운영시간** 하절기(3~10월) 09:00~18:00, 동절기(11~2월) 09:00~17:00/매주 월요일 휴관 · **입장료** 성인 5,000원, 청소년 4,000원, 어린이 3,000원 · **전화번호** 044-251-0001 · **홈페이지** www.sjna.or.kr/intro

세종시 도심 한가운데 위치한 수목원으로 국내 최초 도심형 수목원이다. 사계절온실, 한국전통정원 등 다양한 테마로 2,834종, 172만 본의 식물 관람이 가능하다. 사계절온실은 추운 겨울에 방문하기 최적이며 두꺼운 외투는 잠시 벗어두고 다녀도 될 만큼 따뜻하다.

사계절온실은 지중해전시실, 열대전시온실, 특별기획관으로 구성되어 다양한 기후대의 식물을 만날 수 있다. 특히 특별기획관에서는 계절에 맞춰 다양한 전시가 열리는데 겨울에 방문하면 대형 크리스마스트리 장식을 볼 수 있어 크리스마스 즈음 방문하면 좋다.

TIP

• 사계절온실은 더우니 외투는 입구에 있는 보관함에 보관하고 관람할 것을 추천한다.
• 온실 내에서 삼각대 사용은 불가하다.

### 주변 볼거리·먹거리

**금강보행교(이응다리)**

Ⓐ 세종특별자치시 연기면 세종리 29-111(금강보행교 남측주차장), 세종특별자치시 연기면 세종리 548-115(금강보행교 북측주차장) Ⓞ 06:00~23:00

12월 51주 소개(656쪽 참고)

**세종호수공원** 세종시에 있는 인공호수 공원으로 2013년 세종시가 시작되면서 함께 문을 연 세종시를 상징하는 곳이다. 호수공원 중심에는 조약돌을 형상화해 만든 수상무대섬이 있으며, 저녁이 되면 화려한 조명이 들어오고 세종시 문화 공연의 중심이 되는 곳이다.

Ⓐ 세종특별자치시 호수공원길 155 Ⓞ 05:00~23:00 Ⓣ 044-301-3922

SPOT 6

여행에 쉼표를 찍는 잔잔한 시간

# 만춘서점

**주소** 제주도 제주시 조천읍 함덕로 9 · **가는 법** 간선버스 201번, 지선버스 704-4번 승차 → 함덕리(4구) 정류장 하차 → 서쪽 횡단보도 건너 북쪽으로 107m 이동 후 맞은편 · **운영시간** 11:00~18:00(3~10월 19:00까지) · **전화번호** 064-784-6137 · **홈페이지** www.instagram.com/manchun.b.s

제주 북동

짙은 주황색 벽돌이 강렬한 2층 건물과 군더더기 없이 깔끔한 흰색 단층 건물의 강한 대비, 키 큰 가로수들과 야자수까지! 다른 나라의 골목을 탐험하는 기분으로 마주하는 이곳은 바로 만춘서점이다. 작지만 단정한 입구로 들어서니 내부 구조가 꽤 독특하다. 삼각형 모양으로 지어졌다는 걸 한 바퀴 둘러보고 나서야 눈치챈다.

편집 디자이너 출신 사장님의 안목으로 선택된 책들과 지인들이 추천한 책들, 그리고 신간 서적들이 책장을 메우고 있다. 책꽂이에는 좋은 구절과 페이지를 손으로 직접 적어둔 메모지가 붙어

있다. 사장님의 취향이 담긴 메모지를 찬찬히 읽다 보면 마음이 차분해진다. 음악도 빼놓을 수 없는데, 만춘서점 3주년을 맞아 3명의 싱어송라이터와 함께 만든 '우리의 만춘'이라는 음반은 아티스트들이 각자 좋아하는 책에서 영감을 받아 곡을 쓰고 속삭이듯 노래를 부른다. 만춘은 늦은 봄이라는 뜻이다. 봄을 살 수 있을 것 같은 이곳, 만춘서점을 방문한다면 따뜻하고 잔잔한 분위기가 추억으로 남을 것이다.

### 주변 볼거리·먹거리

**걸어가는 늑대들** 따뜻한 그림과 글로 많은 이들에게 위로와 감동을 주는 동화 작가 전이수의 작품이 전시된 갤러리 카페이다.

Ⓐ 제주도 제주시 조천읍 조함해안로 556 Ⓞ 10:00~19:00 Ⓣ 010-2592-9482 Ⓜ 만 13세 이상 10,000원, 어린이 1,000원 Ⓗ www.instagram.com/gallery_walkingwolves

**김택화미술관** 일평생 제주의 풍경만을 그려온 김택화 화백의 예술 세계를 담은 공간으로 1층에는 김택화 화백의 유화 작품 122점과 아트숍, 2층은 카페이다. 전시실에는 화백의 서재를 재현해놓은 공간과 1993년 한라산 소주 라벨 디자인의 원화와 습작도 있다.

Ⓐ 제주도 제주시 조천읍 신흥로 1 Ⓞ 10:00~18:00/매주 목요일 휴관 Ⓒ 성인 15,000원, 청소년 12,000원, 어린이 9,000원 Ⓣ 064-900-9097 Ⓗ www.kimtekhwa.com

12월 넷째 주

# 51 week

SPOT 1

### 과거로 가는 어른들의 타임머신

## 국립민속박물관 추억의 거리

서울·경기

**주소** 서울시 종로구 삼청로 37 국립민속박물관 내 · **가는 법** 3호선 안국역 1번 출구 → 동십자각까지 직진(약 5분) → 안국동사거리 지나 오른쪽 삼청동길을 따라 도보 이동(약 15분) · **운영시간** 09:00~18:00(동절기 17:00까지)/매년 1월 1일·설·추석 당일 휴관 · **입장료** 무료 · **전화번호** 02-3704-3114 · **홈페이지** www.nfm.go.kr

서울의 대표 관광지 경복궁 집경당에서 오른쪽으로 이어진 길 끝에 '국립민속박물관 추억의 거리'가 있다는 사실을 모르는 사람들이 의외로 많다. 국립민속박물관 옆에 자리한 '추억의 거리'는 우리나라 1970~1980년대의 옛 거리를 고스란히 재현해 놓은 곳이다. 이 거리에는 다방, 식당, 만화방, 레코드점, 이발소, 양장점, 사진관 등이 들어서 있다. 규모는 그리 크지 않지만 거리의 모든 가게들의 간판부터 아기자기한 소품 하나하나까지 옛 느낌을 간직하고 있어서 영화 세트장을 둘러보는 듯하다. 아이들에게는 색다른 볼거리와 즐거움을, 어른들에게는 잠시나마 추억에 젖어볼 수 있는 시간을 선사한다.

## 주변 볼거리·먹거리

**국립민속박물관** 선사시대부터 현대까지 한국인의 생활문화를 보고, 듣고, 체험하는 우리나라 대표 생활사 박물관이다.

Ⓐ 서울시 종로구 삼청로 37 Ⓞ 09:00~18:00(동절기 17:00까지)/매년 1월 1일·설날·추석 당일 휴관 Ⓣ 02-3704-3114 Ⓗ www.nfm.go.kr

**어린이박물관** 국립민속박물관 옆에 있으며, 어린이 눈높이에 맞는 다양한 체험형 전시가 상시 마련되어 있는 교육의 장. 과거 한국의 모습과 오래된 생활용품 등을 터치스크린과 영상 등 현대적인 시설로 보여주며 아이들의 호기심을 자극한다.

Ⓐ 서울시 종로구 삼청로 37 Ⓞ 3~10월 09:00~18:00, 6월, 11~2월 09:00~17:00/매년 1월 1일·설날·추석 휴관 Ⓒ 무료 Ⓣ 02-3704-3014 Ⓗ www.kidsnfm.go.kr

담장 하나를 사이에 두고 경복궁과 이웃하고 있다.

**TIP**

- '추억의 거리'의 묘미는 바로 옛날 교복을 입고 사진을 찍어보는 것이다.
- 경복궁은 유료 관람.

고바우만화방은 추억의 만화들을 모아놓았으며, 은하사진관에서는 오래된 필름카메라를 볼 수 있다.

SPOT 2

단연코 가장 화려한 동굴

# 화암동굴

**주소** 강원도 정선군 화암면 화암동굴길 12 · **가는 법** 정선공영버스터미널에서 자동차 이용(약 18km) · **운영시간** 매일 09:30~16:30 · **입장료** 성인 7,000원, 중·고등학생·군인 5,500원, 어린이 4,000원/모노레일 성인 3,000원, 중·고등학생 2,000원, 어린이 1,500원 · **전화번호** 033-560-3410 · etc 주차 무료

강원도

화암동굴은 일제강점기 당시 금을 채광하던 곳이었으나 채광 중 석회동굴을 발견하면서 이를 개발해 관광지로 자리 잡게 되었다. 동굴로 들어가기 위해서는 도보 혹은 모노레일을 이용해야 하는데, 도보로 이동할 경우 약 20분 정도가 소요된다. 동굴 내부에는 과거 금을 채굴하던 당시 현장의 모습, 금광맥, 아이들이 좋아할만한 도깨비 포토존, 어린왕자 포토존, 미디어아트 그리고 천연동굴과 분수까지 다양하게 구성되어 있다. 특히 이곳의 미디어아트는 마치 동굴에 들어왔다는 사실을 잊을 만큼 화려해 눈길을 사로잡는다. 석회동굴 내부로 들어가면 석순, 석주,

종유석 등 신비로운 생성물이 가득해 자연의 신비를 느낄 수 있다. 다만, 계단이 많고 미끄러운 구간이 있어 어린이나 노약자, 거동이 불편한 사람은 별도의 주의가 필요하다. 감탄이 절로 나오는 신비한 동굴의 세계, 정선여행을 계획한다면 빠지지 않고 가봐야 할 곳 중 하나다.

**TIP**

- 동굴 내부 관람 소요시간은 약 1시간~1시간 30분이다.
- 일부 가파른 구간 등을 포함하고 있으니 운동화 착용을 권장한다.
- 여름에도 동굴 안은 선선하니 얇은 긴팔 옷을 챙기는 것이 좋다.

**주변 볼거리·먹거리**

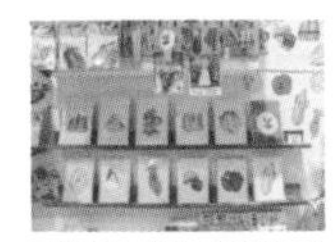

**다희마켓** 정선에서만 만날 수 있는 이색 굿즈숍! 사장님이 직접 그린 귀여운 캐릭터들은 연탄, 화암동굴, 할미꽃, 민둥산 등 정선을 모티브로 만들어졌다. 옆쪽에는 굿즈가 정선의 여행지나 특산품과 어떠한 관련이 있는지 설명되어 있어 읽는 재미도 있다. 굿즈 종류도 마그넷, 엽서, 키링, 스티커 등 다양해서 구경하기에 좋다.

Ⓐ 강원도 정선군 사북읍 사북2길 10 사북시장 청년몰 103호 Ⓞ 금~수요일 11:00~20:00/매주 목요일 휴무 Ⓣ 0507-1319-7657

SPOT 3

가장 인간적인 도시로 가는 길

# 첫마중길

전라도

**주소** 전북특별자치도 전주시 덕진구 우아동3가 746 · **가는 법** 전주역 → 도보 이동(약 200m)

전주는 매년 천만 명 이상의 관광객이 방문하는 우리나라 대표 관광도시 중 하나다. 도시의 첫인상은 관광객이 그 도시 전체의 이미지를 결정하는 데 큰 역할을 하므로 중요하다. 첫마중길은 기차를 타고 전주를 찾는 사람들에게 좋은 첫인상을 심어 주려는 목적으로 조성된 길이다. 전주역 앞 8차선 도로를 6차선으로 줄이고, 도로 중앙에 보행자를 위한 가로수길 광장을 만들었다. 황량하고 생기 없던 도로에 느티나무와 이팝나무를 심고 아름다운 조명을 설치했다.

첫마중길은 자동차보다는 사람, 콘트리트보다는 생태, 그리고 직선보다는 곡선의 도시를 지향하는 전주 시민들의 마음을

담아 만든 길이다. 이곳의 가로수는 시민들의 성금으로 심은 것이다. 고사리손으로 모은 아이들의 돼지저금통, 아들을 먼저 떠나보낸 어머니의 마음 등 수많은 시민의 진심이 이곳에 모였다.

봄가을에는 주말마다 갖가지 공연과 전시가 열리고, 겨울에는 광장 전체가 빛의 거리로 바뀐다. 연말이 되면 대형 트리와 LED 불빛 터널 등이 조성되어 황홀한 야경을 뽐낸다. 특히 전주역 방향의 바닥에 있는 워터미러에 비친 야경은 눈부시게 아름다워 첫마중길 최고의 포토존으로 꼽히고 있다.

**TIP**

- 눈이 내릴 때는 길이 미끄러울 수 있으니 주의하자.
- 멋진 야경을 촬영하기 위해서는 삼각대를 꼭 준비하자.

**주변 볼거리·먹거리**

**덕진공원** 덕진공원은 전주 시민에게 가장 사랑받는 휴식공간이다. 드넓은 호수를 품고 있으며, 호수에는 호수를 가로지르는 연화교가 놓여 있다. 연화교 중간에는 전주 최초의 한옥 도서관인 연화정 도서관이 자리 잡고 있다.

Ⓐ 전북특별자치도 전주시 덕진구 권삼득로 390 Ⓣ 063-239-2607

SPOT 4

노을이 아름다운 곳

# 온더선셋

**주소** 경상남도 거제시 사등면 성포로 65 · **가는 법** 고현버스터미널에서 버스 40, 41, 42, 44번 승차 → 사등면사무소 하차 → 도보 이동(약 6분) · **운영시간** 10:00~22:00 · **전화번호** 055-634-2233 · **홈페이지** www.instagram.com/onthesunset · **대표메뉴** 선셋커피 9,000원, 선셋주스 9.000원, 선셋에이드 8,500원, 아메리카노 6,500원 · etc 주차 무료

경상도

노을이 아름다운 성포항은 해 질 무렵이면 하늘이 붉은빛으로 물들어 일상에 지친 사람들에게 위로를 준다. 그곳엔 이름도 어울리는 대형카페 온더선셋이 위치해 있어 바다와 석양이 환상적인 곳으로 볼거리와 먹거리, 즐길거리를 제공해 주니 저절로 힐링이 된다. 곳곳에 보이는 야자수는 거제도가 아닌 동남아시아로 휴가를 온 듯 호사를 누리게 한다. 카페는 1층부터 3층까지 세련되고 깔끔하며 바다로 향해 있는 빈백 소파는 안락하고 포근하다. 소파에 앉아 바라보는 석양은 어떤 모습일까 상상만으로도 행복해진다.

### 주변 볼거리·먹거리

**성포해안산책로&선셋브릿지** 거제도에서도 성포는 유난히 노을이 아름다운 곳으로, 카페 온더선셋 앞으로 놓인 해안산책길을 따라 하사근마을과 성포항까지 약 700m의 길이 노을 맛집으로 유명해졌다. 바다 한가운데 해상전망대가 있어 해 질 무렵 바다를 붉게 물들이는 환상적인 일몰을 감상할 수 있다.

Ⓐ 경상남도 거제시 사등면 성포로 65 Ⓞ 연중무휴 Ⓒ 무료 Ⓣ 055-639-3000 Ⓔ 주차 무료

SPOT 5

세종의 새로운 랜드마크

# 금강보행교 (이응다리)

충청도

**주소** 세종특별자치시 연기면 세종리 29-111(금강보행교 남측주차장), 세종특별자치시 연기면 세종리 548-115(금강보행교 북측주차장) · **가는 법** 세종시고속시외버스터미널에서 버스 221번 승차 → 세종시청 하차 → 도보 이동(약 12분) · **운영시간** 06:00~23:00

2022년 3월 세종의 새로운 랜드마크 금강보행교가 개통했다. 금강보행교는 금강을 건널 수 있는 국내에서 가장 긴 보행교로 그 모양이 특별하다. 바로 하늘에서 내려다보면 동그라미 모양이기 때문인데, 이는 '함께 둥글게 행복하자'라는 의미를 담고 있다. 또한 금강보행교는 세종대왕이 한글을 반포한 1446년을 기념하기 위해 길이 1,446m, 폭은 460m로 건설되어 조선 4대 임금인 세종과 행복도시 6개 생활권의 의미를 담고 있다.

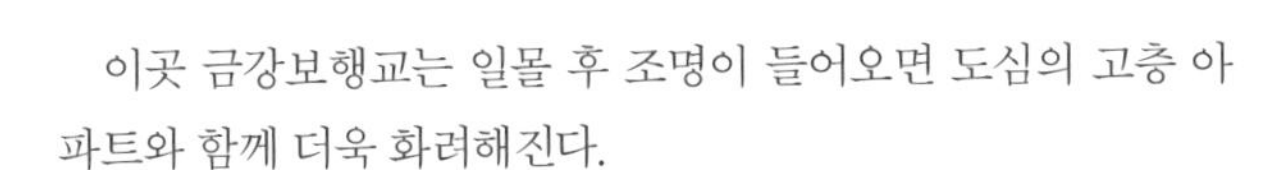

이곳 금강보행교는 일몰 후 조명이 들어오면 도심의 고층 아파트와 함께 더욱 화려해진다.

**TIP**

- 북쪽 주차장에서는 바로 전망대로 오를 수 있다.
- 전망대 중앙에서 파노라마 기능으로 사진을 찍으면 전체를 찍을 수 있다.
- 복층 구조로 되어 있으며 1층은 자전거, 2층은 보행자 전용이다.
- 조명은 일몰 후 23시까지 켜져 있으며 야경 명소로 알려져 있다.

### 주변 볼거리·먹거리

**원수산** 해발 251m의 낮은 산이지만 짧은 등산으로 세종시를 한눈에 내려다볼 수 있는 곳이다. 일몰이 아름다우며 야경 명소이기도 하다. 아이들이 숲체험을 할 수 있는 놀이터가 곳곳에 있어 아이들과 함께하기도 좋은 곳이다.

Ⓐ 세종특별자치시 연기면 세종리 734-40

SPOT 6

**아름다운 자연 속에 위치한 미술관**

# 제주현대미술관

제주 북서

**주소** 제주도 제주시 한경면 저지14길 35 · **가는 법** 순환버스 820-2번 승차 → 제주현대미술관, 김창열미술관 정류장 하차 → 서쪽으로 91m 이동 후 주차장 도착 → 미술관까지 249m · **운영시간** 09:00~18:00(입장 마감 종료 30분 전까지)/매주 월요일·1월 1일·설날·추석 휴무 · **입장료** 성인 2,000원, 청소년 1,000원, 어린이 500원 · **전화번호** 064-710-7801 · **홈페이지** www.jeju.go.kr/jejumuseum/index.htm

아름다운 숲이 있는 저지오름과 저지곶자왈이 있는 중산간 마을 저지리에 있어 예술과 자연의 향기를 함께 느낄 수 있는 예술문화공간이다. 본관에는 김흥수 화백이 기증한 작품이 전시된 특별전시실과 상설전시실, 2개의 기획전시실이 있고, 분관에서는 전시 일정에 따라 박광진 화백이 기증한 작품을 감상할 수 있다. 미술관이 아름다운 숲에 있다 보니 야외 프로젝트를 지속적으로 기획 및 운영하고 있어 자연과 예술이 하나 되는 프로젝트들도 만날 수 있다.

인근에는 저지문화예술인마을도 있다. 서양화, 조각, 서예 등 다양한 예술 활동을 하는 작가들이 모여 사는 곳으로 30여 동의 예술인 건물이 있다. 작품을 볼 수 있는 개인 미술관도 있고, 길목마다 아름다운 시와 글이 쓰여진 표지석이 있어 한적하고 고풍스러운 분위기에서 산책하듯 천천히 둘러보기 좋다.

**TIP**

- 사진 촬영 여부는 전시 성격에 따라 달라진다. 매표소에서 물어보고 가능하다면 플래시를 끄고 촬영하자.

### 주변 볼거리·먹거리

**제주도립김창열미술관** 프랑스 문화예술공로 훈장 '오피시에'를 수상한 물방울 작가 김창열 화백의 예술 정신을 기리는 공간으로, 3개의 전시실과 중정, 실외에서 테마별로 감상할 수 있다. 한국전쟁 때 제주도에서 피난 생활을 한 후 제주를 제2의 고향으로 생각하며 대표 작품 220개를 제주도에 무상 기증했다.

Ⓐ 제주도 제주시 한림읍 용금로 883-5 Ⓞ 09:00~18:00(7~9월 09:00~19:00)/매주 월요일 휴관 Ⓣ 064-710-4150 Ⓒ 성인 2,000원, 청소년 1,000원, 어린이 500원 Ⓗ kimtschang-yeul.jeju.go.kr

**책방소리소문** 조용하고 한적한 중산간 마을에 젊은 부부가 운영하는 독립서점이다. '작은 마을의 작은 글'이라는 뜻이지만 그곳에 담긴 모든 것들이 결코 작지 않음을 느낄 수 있다. 한옥 느낌의 깔끔한 건물 안에는 직접 큐레이션한 다양한 책들로 가득하며 공간이 잘 나누어져 있다.

Ⓐ 제주도 제주시 한경면 저지동길 8-31 Ⓞ 11:00~18:00(화~수요일 12:00~18:00) Ⓣ 0507-1320-7461 Ⓗ www.instagram.com/sorisomoonbooks

12월 다섯째 주

# 52 week

SPOT 1

**초대형 트리가 있는 로맨틱 크리스마스 일루미네이션**

## 시몬스테라스

**주소** 경기도 이천시 모가면 사실로 988 · **가는 법** 부발역(KTX) → 버스 10, 29-31, 29-21번 승차 → 이천터미널 하차 → 직행버스 8203번 환승 → 테루미앞 하차 → 도보 이동(약 60m) · **운영시간** 월~목요일, 일요일 11:00~20:00, 금~토요일 11:00~21:00 · **전화번호** 031-631-4071 · **입장료** 무료 · **홈페이지** www.simmons.co.kr · etc 넓은 주차장이 있지만 주말에는 만차일 경우가 많으니 도보 5분 거리에 있는 테르메덴 주차장 이용 추천

서울·경기

이천의 랜드마크가 된 시몬스테라스는 쇼룸, 카페, 뮤지엄, 전시장이 모두 모여 있는 복합문화 공간 겸 라이프 스타일 공간이다. 2018년에 처음 선보인 이래 매년 겨울이면 이국적인 연말 감성을 물씬 자아내는 8m의 대형 트리와 화려하게 반짝이는 로맨틱한 일루미네이션이 장관이라 겨울철의 인증샷 명소다.

이곳은 시몬스의 전시 공간이자 거대한 광고 매장이다. 150년 전에 한 땀 한 땀 메트리스를 만들었을 기계부터 시몬스의 모든 역사를 생생히 경험할 수 있는 '헤리티지 앨리'는 실제 박물관이라 해도 부족함이 없다. 실생활처럼 꾸며진 쇼룸이 있는 지하에서는 직접 시몬스 침대를 체험하면서 내 몸의 수면 컨디션을 분석해서 자기 몸에 맞는 침대까지 알아볼 수 있다.

**TIP**

- 시몬스테라스의 일루미네이션 점등과 소등 시간, 트리 전시 기간 등에 대한 정보를 확인하고 방문하자.
- 낮의 대형 트리 또한 빼놓을 수 없다. 정원 전체가 로맨틱한 일루미네이션으로 가득 채워지는 밤과는 또 다른 감성을 느낄 수 있다.

### 주변 볼거리·먹거리

**테르메덴** 시몬스테라스에서 도보 5분 거리에 한국 최초의 독일식 천연온천인 테르메덴이 있으니 가족들 또는 친구들, 연인끼리 두 곳을 모두 즐겨보는 것도 좋다.

Ⓐ 경기도 이천시 모가면 사실로 984 Ⓞ 실내 풀앤스파 09:00~19:00(주말 21:00까지), 실외 풀앤스파 10:00~17:00(주말 21:00까지)/연중무휴 Ⓣ 031-645-2000 Ⓗ www.termeden.com

창립 150주년을 맞아 선보이는 이국적인 느낌의 시몬스 팝업 스토어. 레트로 감성 가득한 깡통에 담긴 이천 쌀부터 시몬스 로고가 찍힌 다양한 아이템을 판매한다.

시몬스의 150년 모든 역사를 생생히 경험할 수 있는 시몬스테라스 내부.

SPOT **2**

**동심 가득 메리 크리스마스!**

# 산타우체국 대한민국 본점

[QR] 강원도

**주소** 강원도 화천군 화천읍 산수화로 10 · **가는 법** 화천공영버스터미널에서 도보 이동(약 400m) · **운영시간** 화~일요일 09:00~18:00(점심시간 12:00~13:00)/매주 월요일 및 1월 1일·설날·추석·법정공휴일 다음날 휴무 · **입장료** 무료 · **전화번호** 033-442-9400 · **홈페이지** hwacheonsanta.modoo.at

12월의 마지막 주는 곳곳에 크리스마스, 연말 분위기가 가득하다. 강원도 화천에는 이 크리스마스를 더욱 풍성하게 즐길 수 있는 화천 산타우체국 대한민국 본점이 있다. 이곳에서는 산타할아버지에게 편지를 보낼 수 있다. 방문해서뿐만 아니라 우편 접수도 가능해 학교 등에서 단체로 이용하는 경우도 있는데, 이렇게 작성된 편지는 화천 산타우체국에 1년 동안 모아두었다가 11월 중 핀란드 산타마을로 한꺼번에 보낸다. 따라서 10월 말까지 편지 작성, 발송은 필수! 기간을 놓친다면 내년 크리스마스에 편지가 도착할 수도 있으니 주의하자. 크리스마스 전쯤에는 국제 우편을 통해 핀란드 산타할아버지의 답장도 받을 수 있어 특

별하다. 이외에도 크리스마스 쿠키 만들기, 공예품 만들기 등의 체험 프로그램도 상시 운영되고 있으니 참고하자.

### 주변 볼거리·먹거리

**평화의댐** 탁 트인 풍경에 전망대에서 내려다보며 힐링하기 좋은 곳이다. 겨울에는 강물이 꽁꽁 얼어 그 위에 쌓인 눈과 주변 경관을 구경하는 것도 하나의 포인트이다. 세계평화의 종, 물문화관 등 주변 볼거리와 함께 즐겨보자.

Ⓐ 강원도 화천군 화천읍 평화로 3481-18 Ⓒ 무료

**선등거리** 겨울 시즌 선등거리 페스티벌이 진행되는 곳이다. 알록달록한 물고기들의 향연에 낮에도 예쁘지만, 밤에 조명과 함께라면 더욱 로맨틱하다. 거리 조명은 주로 2월 초까지 지속된다.

Ⓐ 강원도 화천군 화천읍 하리(화천대교 오거리부터 화천삼거리까지)

SPOT 3

담양 속의 작은 유럽

# 메타프로방스

**주소** 전라남도 담양군 담양읍 깊은실길 2-17 · **가는 법** 담양공용버스터미널 → 담양여객버스터미널에서 농어촌버스 10-1, 13-1번 승차 → 깊은실·메타프로방스 정류장 하차 → 도보 3분(약 170m) · **전화번호** 061-383-1710 · **홈페이지** www.metaprovence.co.kr

전라도

메타프로방스는 이름만 들어도 어떤 풍경일지 상상이 되는 곳이다. '프로방스(Provence)'는 프랑스 남동부의 옛 지방을 부르는 이름으로, 우리나라에는 20여 년 전 파주에 '프로방스마을'이 조성되면서 널리 알려졌다. 메타프로방스 역시 유럽풍의 분위기를 느낄 수 있는 독특한 여행지로 담양의 대표 관광지로 떠올랐다. 특히 KBS 드라마 〈겨울연가〉 촬영지와 걷기 좋은 여행지로 소문나면서 가족, 연인들에게 인기가 높다. 패션 거리, 음식 거리, 디자인 공방 및 체험장, 펜션 단지 등이 있고, 중심에는 다비드상의 얼굴을 닮은 대형 상징 조형물이 있다.

메타프로방스는 해가 지고나면 더욱 아름다워진다. 어둠이 깔리고 거리에 하나둘 조명이 들어오면 낮에는 몰랐던 또 다른 매력이 피어난다. 프랑스의 남부 마을 하나를 통째로 옮겨 놓은 듯 이국적인 풍경이 펼쳐진다. 골목마다 형형색색의 조명이 빛나고 데이트하기에 더 없이 좋은 로맥틱한 공간이 된다. 또한 메타프로방스는 12월이 되면 산타마을로 변신한다. 대형 성탄 트리와 산타 등의 조형물이 거리를 장식하고 12월 중순부터 말일까지 공연, 거리 퍼포먼스 등이 열리며 축제가 이어진다.

**TIP**

- 메타프로방스의 매력을 제대로 느끼려면 낮부터 밤까지 즐겨야 한다.
- 야간 축제를 즐기려면 두꺼운 외투, 목도리, 담요 등을 여분으로 준비하는 것이 좋다.

### 주변 볼거리·먹거리

**담양메타세콰이아가로수길** 1970년대 가로수 조성 사업이 한창일 때 심은 나무가 지금의 메타세콰이아길이 되었다. 본래 담양에서 순창으로 이어지는 24번 국도였는데, 바로 옆으로 새로운 길이 뚫리면서 산책할 수 있는 길을 조성하였다. 보통 초여름과 늦가을에 많이 방문하지만 겨울에 가면 또 다른 매력을 만날 수 있다

Ⓐ 전라남도 담양군 담양읍 메타세쿼이아로 25 Ⓞ 하절기(5~8월) 09:00~19:00, 동절기(9~4월) 09:00~18:00 Ⓣ 061-380-3149 Ⓒ 어른 2,000원, 청소년 1,000원, 어린이 700원

SPOT 4

**최고의 낙원이라는 카페**

# 엘파라이소 365

경상도

**주소** 경상북도 청도군 화양읍 소라2길 36-13 · **가는 법** 청도공용버스정류장에서 청도역군청 방향 농어촌버스 2번 승차 → 소라리 하차 → 도보 이동(약 7분) · **운영시간** 10:00~19:00(라스트오더 18:30)/연중무휴 · **전화번호** 0507-1480-0399 · **대표메뉴** 아메리카노 5,800원, 카페라테 6,500원, 아인슈패너 7,500원 · **etc** 주차 무료

최고의 전망을 자랑하는 엘파라이소365 카페는 언덕 위에 위치해 청도 전체를 볼 수 있다. 엘파라이소(El paraiso)는 스페인어로 '지상 최고의 낙원'이라는 뜻으로 카페가 있는 이곳은 정남향의 용이 흐르는 형상으로 강과 함께 청도 전체를 조망할 수 있다.

카페 앞으로는 청도천이 흐르고 전망이 탁 트여 365일 해가 비치는 곳에서 자연과 더불어 건강을 찾고 스트레스를 날려버리라는 의미로 건강한 체온 36.5도를 지키자는 의미에서 엘파라이소365라 이름지었다고 한다. 집을 짓기 위한 주택부지로 매입했다가 풍광에 반해 많은 이들이 풍경을 즐겼으면 하는 바람으로 카페를 오픈했다는데 그 취지에 맞아떨어진 듯하다.

1층은 젊은 세대가 선호하는 공간으로, 2층은 커피와 베이커리를 주문하는 세련된 감각으로, 3층은 강과 산을 감상할 수 있는 공간으로 층마다 색다른 분위기로 꾸몄고 누구나 쉬면서 책을 볼 수 있도록 책도 꽂아 두었다.

#### 주변 볼거리·먹거리

**청도읍성** 읍성은 지방관아가 소재한 고을의 방어를 목적으로 축성된 성곽으로 지역마다 있다. 청도에도 읍성이 축성되었는데 축성된 시기는 명확히 알 수 없지만 고려시대부터 있었다고 전해지며 현재 규모는 조선시대 선조 재위 시기에 이루어졌다고 한다. 일제강점기를 거치면서 문루가 철거되고 성벽 일부가 훼손되었지만 문화재적 가치를 인정받아 1995년 경상북도 기념물 제103호로 지정되었다.

Ⓐ 경상북도 청도군 화양읍 동상리 48-1 Ⓞ 24시간/연중무휴 Ⓣ 054-370-6114 Ⓔ 주차 무료

SPOT 5

케이블카를 타고 만나는 눈꽃

# 대둔산 눈꽃 산행

충청도

**주소** 충청남도 금산군 진산면 묵산리 산87-11(케이블카 이용 시 : 전북특별자치도 완주군 운주면 대둔산공원길 55) · **가는 법** 대둔산공용버스터미널 → 도보 이동(약 5분) · **운영시간** 동절기(12~2월) 09:00~17:00(16:00까지 입장 가능)/하절기(3~11월) 09:00~18:00(17:00까지 입장 가능) · **케이블카 이용료** 성인(왕복) 15,000원, 성인(편도) 12,000원, 어린이(왕복) 11,500원, 어린이(편도) 9,500원

대둔산은 금산군, 논산시, 완주군 3개 시군에 걸쳐 있는 산으로 충청남도 도립공원, 전라북도 도립공원으로 나뉘어 있다. 완주에서는 편하게 케이블카를 타고 출렁다리까지 접근할 수 있기에 이번에는 충청권이 아닌 다른 지역에서 시작하는 일정이지만 최종 목적지는 금산 대둔산이다.

케이블카에서 내려 편하게 출렁다리를 구경하고 마천대로 가는 대신 능선을 따라 금산 방면 장군봉을 거쳐 대둔산의 제대로 된 암봉과 암벽을 접해보길 추천한다.

**TIP**

- 마천대 정상을 오르고 싶다면 출렁다리인 구름다리와 아찔한 경사도를 자랑하는 삼선계단을 지나게 된다. 고소공포증이 있다면 삼선계단 대신 조금 돌아서 가는 일반 등산로를 추천한다.
- 눈꽃 산행은 일반 산행보다 시간이 오래 걸리니 여유롭게 시간을 안배해서 움직이자.

**대둔산 등산코스**

- **1코스(5.2km, 소요시간 3시간 30분)** : 대둔산주차장-매표소-동심바위-구름다리 천대-칠성봉-용문골입구-주차장(케이블카 이용 시 매표소에서 구름다리로 바로 이동 가능)
- **2코스(2.2km, 소요시간 1시간 50분)** : 용문골 입구-장군봉 갈림길-능선안부-마천대
- **3코스(5.7km, 소요시간 3시간 50분)** : 운주면 완창리 안심사-주능선안부-829봉-마천대-주차장

## 주변 볼거리·먹거리

**천주교 진산성지성당**

천주교 역사에서 최초의 박해였던 신해박해(1791년)의 진원지다. 절충식 한옥 성당으로 작고 소박한 규모이지만 충청남도지역 천주교의 시작을 알린 의미 있는 공간이다.

Ⓐ 충청남도 금산군 진산면 실학로 257-8 사제마을 Ⓣ 041-754-7285 Ⓗ jinsan.djcatholic.or.kr

SPOT 6

### 동그란 애기동백나무 사이로

# 제주동백 수목원

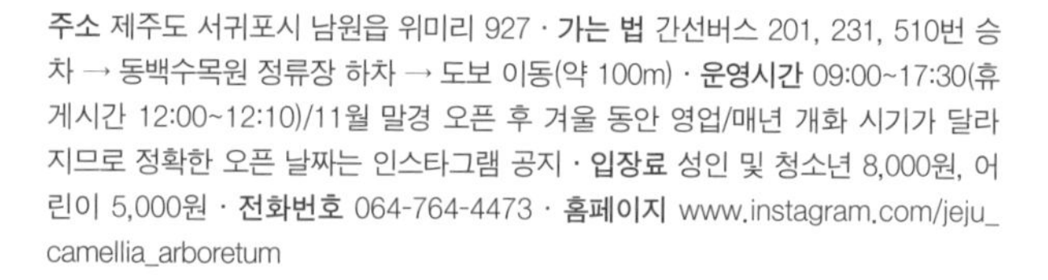

**주소** 제주도 서귀포시 남원읍 위미리 927 · **가는 법** 간선버스 201, 231, 510번 승차 → 동백수목원 정류장 하차 → 도보 이동(약 100m) · **운영시간** 09:00~17:30(휴게시간 12:00~12:10)/11월 말경 오픈 후 겨울 동안 영업/매년 개화 시기가 달라지므로 정확한 오픈 날짜는 인스타그램 공지 · **입장료** 성인 및 청소년 8,000원, 어린이 5,000원 · **전화번호** 064-764-4473 · **홈페이지** www.instagram.com/jeju_camellia_arboretum

제주 남동

애기동백나무들을 둥글게 다듬어 진홍빛 솜사탕처럼 보이는 동백수목원은 약 3천 평의 땅에 애기동백 500여 그루가 식재되어 있다. 나무를 좋아하는 부부가 40년 넘게 정성껏 심고 다듬어 5m가 훌쩍 넘은 나무들은 고개를 힘껏 뒤로 젖혀야 꼭대기가 보인다. 11월부터 피기 시작해 12월과 1월에 만발하는 진홍빛 동백꽃은 피어날 때도, 질 때도 너무나 아름답다.

나무와 나무 사이가 가까운 편이라 그 사이를 걷다 보면 CF의 한 장면처럼 느껴진다. 어디에서 사진을 찍든 인생샷을 건질 수 있다. 게다가 동백나무 사이사이 심어놓은 야자수와 종려나무들이 이국적인 감성을 물씬 느끼게 해준다. 동백숲을 걸으며 감성 가득한 제주의 아름다운 풍경을 마음 가득 담았다면 마지막으로 전망대에 올라보자. 동글동글한 동백나무들과 야자수들이 조화롭게 어우러진 모습이 한눈에 들어온다.

TIP
- 주차 장소 : 1주차장 931-1, 2주차장 위미리 897-5
- 휠체어는 일부 구간까지만 진입할 수 있으며, 유모차는 진입이 금지된다.

**주변 볼거리·먹거리**

**쇠소깍산물관광농원** 수십 년간 전국을 돌며 수집한 민속 자료로 가득 채워놓은 이색 박물관이다. 비닐하우스 안에 민속박물관이라니, 독특한 조합에 의구심이 들 법도 하지만 들어가는 순간 어마어마한 자료에 입이 다물어지지 않는다. 특히 한라봉이 익기 시작하는 12월에는, 노란 나무 사이로 오래된 농기구와 생활용품, 항아리, 그릇, 고재가 독특한 풍경을 연출한다.

Ⓐ 제주도 서귀포시 남원읍 하례로 90 Ⓞ 09:30~18:30(종료 30분 전 입장 마감) Ⓒ 성인·청소년 7,000원, 유공자·장애인 3,000원 Ⓣ 064-767-9953 Ⓗ www.instagram.com/sanmool_jeju

**하례점빵** 벼농사가 힘든 데다 쌀도 무척 귀했던 제주에서 밀가루나 메밀가루, 보릿가루를 막걸리로 발효해 만든 상웨빵을 제사에 떡 대신 올리기도 했다. 소화가 잘되고 식감이 폭신해 남녀노소 누구에게나 사랑받았다. 하례점빵은 제주 전통 상웨빵을 현대적으로 해석해 쑥, 감귤, 한라봉 등을 넣어 다양하게 만든다.

Ⓐ 제주도 서귀포시 남원읍 하례로 272 Ⓞ 10:00~15:20(라스트오더 14:50)/매주 일요일·법정공휴일 휴무 Ⓣ 064-767-4545 Ⓜ 한라봉상웨빵 1,500원, 쉰다리 3,000원/상웨빵+귤청 만들기 체험 30,000원(체험은 2인 이상) Ⓗ haryeshop.kr